Cálculo de probabilidades

Isaías Uña Juárez
Universidad Politécnica de Madrid
Jesús San Martín Moreno
Universidad Politécnica de Madrid
Venancio Tomeo Perucha
Universidad Complutense de Madrid

Cálculo de probabilidades

Garceta
grupo editorial

Cálculo de probabilidades

Isaías Uña Juárez
Jesús San Martín Moreno
Venancio Tomeo Perucha
ISBN: 978-84-9281-211-0
IBERGARCETA PUBLICACIONES, S.L., Madrid 2010

Edición: 1.ª
Impresión: 1.ª
N.º de páginas: 320
Formato: 20 × 26 cm

Materia CDU: . Probabilidad y estadística matemática. 519.2

Cálculo de probabilidades

Isaías Uña Juárez
Jesús San Martín Moreno
Venancio Tomeo Perucha

1.ª edición, 1.ª impresión
OI: 28-2009
ISBN: 978-84-9281-211-0

Deposito Legal: M-46311-2009
Imagen de cubierta: © Vladimir Wrangel_Fotolia.com

Impresión:
PRINT HOUSE, marca registrada de Coplar, S.A.

IMPRESO EN ESPAÑA - PRINTED IN SPAIN

Es preciso que el azar sea otra cosa
que el nombre que damos a nuestra ignorancia.

H. Poincaré

Índice general

Prólogo

El libro que nuestro lector acoge es un texto de nivel intermedio en la materia de Cálculo de probabilidades, a cuyo campo pretendemos acercarle con sus fundamentos y recursos básicos. Nos gustaría que su lectura le resultase cómoda y formativa, ya que hemos pretendido animarlo con una metodología en la que se desarrollan de manera detallada todos los razonamientos precisos en cada paso. Los años de dedicación en este campo por parte de los autores nos han llevado a la necesidad de mostrar los desarrollos en forma comentada con la ilusionante pretensión de situar al lector en una clase presencial para que obtenga una eficiente asimilación de los conceptos y su aplicabilidad.

Permítasenos ahora hacer algunas reflexiones, que el lector seguramente compartirá, en cuanto a la necesidad que los autores tenemos por la justificación de nuestro trabajo en el ámbito científico que le es propio.

El desarrollo vital y la actividad económico-científica, en particular desde mediados del siglo XX, han hecho sentir como nunca la necesidad ineludible de matematizar los procesos científicos y productivos. Esta intensidad en el modo de actuar matemáticamente era impensable en tiempos aún no lejanos. Se han concretado nuevos campos y métodos de investigación científica y técnica, así como diferentes estrategias para materializar los procesos productivos y el seguimiento de su aplicación. La moderna Matemática aplicada ha ampliado en forma creciente su campo de actuación, ya que técnicas suyas o el desarrollo de ramas nuevas como la Estadística matemática, la Investigación operativa, la Teoría de colas, la Matemática discreta, la Teoría del caos o la Programación matemática, por citar sólo algunas, son requeridas para diseñar y concretar los proyectos científicos, tecnológicos y productivos. De algún modo se trata de poner orden en el caos de la gran diversidad.

Se considera que las técnicas estadísticas son las más adecuadas para la validación de las concreciones experimentales que suponemos regidas por el azar. Parafraseando a M. Kline, nuestra matemática ha perdido la certidumbre y dificulta aún más su aplicabilidad eficiente.

En el ámbito de la Estadística matemática el objetivo básico en cada proceso se concreta en obtener conclusiones fiables respecto de determinadas características de un colectivo a través de la información obtenida de una parte pequeña del mismo. La información obtenida orientará nuestra actuación posterior. El modo de hacerlo con garantía científica hace obligado el conocimiento de los recursos que proporcionan dos partes notables de la Estadística matemática: nos estamos refiriendo concretamente al Análisis de inferencia y a la Teoría de la decisión.

Nuestra materia es recurso para estas disciplinas ya que el Cálculo de probabilidades fundamenta los métodos matemáticos conducentes a la obtención de información fiable previa a la toma de decisiones.

La Estadística matemática como cuerpo de doctrina científica parte de la Teoría de la probabilidad. En el campo de la Matemática aplicada, técnicas de probabilidad y estadística se usan de forma sistemática en Ingeniería, Ciencias económicas, biomédicas, políticas y sociales. Sus ámbitos de actuación van desde el análisis de datos y su ajuste para detectar, y consecuentemente, minimizar errores, pasando por el control de calidad en la producción agrícola e industrial, hasta la regulación del tráfico, predicciones meteorológicas, organización y tratamiento de la información, análisis econométrico y técnicas de mercado o el seguimiento de la opinión pública en sus necesidades, costumbres, tendencias políticas, aficiones, etc.

En base a estas consideraciones hemos elaborado un texto que se estructura en diez capítulos con desarrollo sistemático de los recursos fundamentales. Cada tema presenta dos colecciones de problemas similares, estando una desarrollada en forma deductiva y comentando los ejercicios a modo de una clase presencial; los problemas de la colección paralela aparecen con su resultado. Ésta es una oportunidad de autoevaluación para el lector interesado.

Hemos de resaltar el especial interés en dedicar la primera lección al Análisis combinatorio por la necesidad constante de contar elementos de un conjunto, que pueden ser sucesos de cierto tipo o situaciones concretas. Estar bien entrenado en el arte de «contar sin contar», como definían a la Combinatoria los matemáticos de la modernidad, propicia la estrategia adecuada para resolver una amplia gama de cuestiones en probabilidad. Esta concreción del «bien contar» la puso de manifiesto Galileo al rechazar por errónea la afirmación de sus interlocutores sobre la igualdad de casos con suma de nueve puntos y la de diez puntos en el lanzamiento de tres dados.

Esperamos que el texto resulte útil en los ámbitos científicos en los que la probabilidad es un tópico fundamental en la formación académica y también confiamos en la generosidad del lector para disculpar las deficiencias, ausencias y errores que pueda detectar.

Madrid, mayo 2009

Los autores

Capítulo

1

Análisis combinatorio

1.1. Introducción

En muchas situaciones de la vida ordinaria, y en las Matemáticas en particular, se nos presenta con frecuencia el problema de agrupar elementos de un cierto conjunto siguiendo un determinado criterio. La parte de las Matemáticas que se ocupa de este fin recibe el nombre genérico de *Combinatoria* o *Análisis combinatorio*.

Si en cada colección formada, los elementos aparecen una sola vez, estamos en la llamada *Combinatoria simple*, en tanto que si en las agrupaciones de objetos, uno o varios de ellos aparecen más de una vez, las colecciones establecidas caen dentro de la *Combinatoria con repetición*.

Tanto en la Combinatoria simple como en la Combinatoria con repetición se distinguen tres tipos de agrupaciones: *variaciones*, *permutaciones* y *combinaciones*. Estaremos en cada uno de los casos según sea el criterio adoptado al formar las correspondientes agrupaciones. En todo caso y ante cualquiera de los tipos anteriores caben tres preguntas fundamentales: ¿qué son?, ¿cómo se forman estas agrupaciones en cada caso? y, la pregunta más interesante desde el punto de vista matemático, ¿cuántas son las posibles colecciones de cada uno de estos tipos?

Vamos a hacer un estudio elemental de cada una de estas formas de agrupar objetos. Para distinguir estas distintas formas de agrupar, basta responder a las preguntas: ¿pueden repetirse elementos?, ¿influye el orden? y ¿cuántos objetos entran a formar parte?

1.2. Variaciones simples

Dado un conjunto A con m elementos, $A = \{a_1, a_2, \ldots, a_m\}$, se llama **variación simple** n-aria, o de orden n, a todo agrupamiento con n elementos de A. Diremos que dos de estas colecciones son distintas como variaciones simples cuando tengan algún elemento diferente o cuando, teniendo los mismo elementos, el orden de colocación sea distinto. De la propia definición se deduce que en cada colección no puede aparecer ningún elemento repetido. Los números m y n son números naturales con la única condición de ser $m \geq n$.

Vamos a formar ahora las variaciones simples de los distintos órdenes posibles a partir de los m elementos dados.

Las de orden uno serán, evidentemente, las siguientes:

$$a_1, \quad a_2, \quad a_3, \quad \ldots \quad a_{m-1}, \quad a_m.$$

Las de orden dos se forman a partir de las de orden uno, añadiendo cada uno de los restantes $m - 1$ elementos en la forma siguiente:

a_1a_2	a_2a_1	a_3a_1	$\cdots$	$a_{m-1}a_1$	a_ma_1
a_1a_3	a_2a_3	a_3a_2	$\cdots$	$a_{m-1}a_2$	a_ma_2
a_1a_4	a_2a_4	a_3a_4	$\cdots$	$a_{m-1}a_3$	a_ma_3
$\vdots$	$\vdots$	$\vdots$	$\ddots$	$\vdots$	$\vdots$
a_1a_{m-1}	a_2a_{m-1}	a_3a_{m-1}	$\cdots$	$a_{m-1}a_{m-2}$	a_ma_{m-2}
a_1a_m	a_2a_m	a_3a_m	$\cdots$	$a_{m-1}a_m$	a_ma_{m-1}

Las de orden tres se tienen añadiendo a cada una de orden dos los restantes $m - 2$ elementos, en la forma:

$$
\begin{array}{cccccc}
a_1a_2a_3 & a_1a_3a_2 & a_1a_4a_2 & \cdots & a_ma_{m-2}a_1 & a_ma_{m-1}a_1 \\
a_1a_2a_4 & a_1a_3a_4 & a_1a_4a_3 & \cdots & a_ma_{m-2}a_2 & a_ma_{m-1}a_2 \\
a_1a_2a_5 & a_1a_3a_5 & a_1a_4a_3 & \cdots & a_ma_{m-2}a_3 & a_ma_{m-1}a_3 \\
\vdots & \vdots & \vdots & \ddots & \vdots & \vdots \\
a_1a_2a_{m-1} & a_1a_3a_{m-1} & a_1a_4a_{m-1} & \cdots & a_ma_{m-2}a_{m-3} & a_ma_{m-1}a_{m-3} \\
a_1a_2a_m & a_1a_3a_m & a_1a_4a_m & \cdots & a_ma_{m-2}a_{m-1} & a_ma_{m-1}a_{m-2}
\end{array}
$$

Y así sucesivamente hasta llegar a las variaciones de orden n, que se formarán a partir de las de orden $n-1$, añadiendo a cada una de éstas, de uno en uno, los restantes $m-(n-1)$ elementos de A.

También pueden obtenerse las distintas variaciones simples siguiendo un diagrama de árbol del modo que se indica en la Figura 1.1.

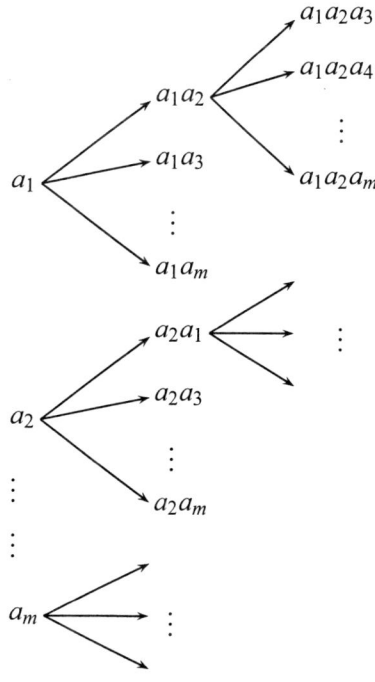

Figura 1.1. Diagrama de árbol para la formación de las variaciones

El procedimiento de formación seguido nos indica la manera de saber cuántas son todas las variaciones posibles de cada orden. Indicaremos con V_m^n, en algunos libros se utiliza $V_{m,n}$, el número total de variaciones simples n-arias formadas a partir de m objetos dados.

De acuerdo con la ley de formación podemos escribir que

$$
\begin{aligned}
V_m^1 &= m \\
V_m^2 &= V_m^1(m-1) \\
V_m^3 &= V_m^2(m-2) \\
&\vdots \\
V_m^n &= V_m^{n-1}[m-(n-1)]
\end{aligned}
$$

Si multiplicamos estas n igualdades y simplificamos los factores iguales en ambos miembros, nos queda que

$$V_m^n = m(m-1)(m-2)\cdots[m-(n-1)]. \tag{1.1}$$

Esta fórmula nos indica que el número de variaciones n-arias que pueden hacerse con m objetos viene dado por el producto de n factores consecutivos decrecientes comenzando en m.

EJEMPLO 1.1. El número de variaciones simples de orden cuatro con doce elementos dados es

$$V_{12}^4 = 12 \cdot 11 \cdot 10 \cdot 9 = 11\,880.$$

Vamos a obtener otra expresión del número V_m^n. Para ello recordamos que si n es un número natural, se define **factorial** de n, y se denota por $n!$, al número

$$n! = n(n-1)(n-2)\cdots 3\cdot 2\cdot 1.$$

Es decir, $n!$ es el producto de los n factores consecutivos decrecientes existentes entre n y 1.

EJEMPLO 1.2. Factorial de cinco es el número

$$5! = 5\cdot 4\cdot 3\cdot 2\cdot 1 = 120.$$

De la propia definición de factorial se deduce la validez de las dos fórmulas siguientes

$$\begin{aligned} n! &= n(n-1)! \\ n! &= \frac{(n+1)!}{n+1} \end{aligned}$$

Admitiremos por convenio que $0! = 1$ y justificaremos dicha igualdad cuando estudiemos las *combinaciones*.

Considerando ahora la fórmula

$$V_m^n = m(m-1)(m-2)\cdots(m-n+1),$$

si en ella multiplicamos y dividimos por $(m-n)!$, se tiene

$$V_m^n = \frac{m(m-1)(m-2)\cdots(m-n+1)(m-n)(m-n-1)\cdots 3\cdot 2\cdot 1}{(m-n)(m-n-1)(m-n-2)\cdots 3\cdot 2\cdot 1} = \frac{m!}{(m-n)!}$$

que expresa el número de variaciones en forma factorial, es decir, tenemos la fórmula

$$V_m^n = \frac{m!}{(m-n)!} \tag{1.2}$$

Desde el punto de vista de la teoría de aplicaciones podemos afirmar que el número de variaciones simples n-arias formadas a partir de m objetos, coincide con el número de aplicaciones inyectivas que pueden establecerse entre un conjunto con n elementos, como conjunto original, y otro conjunto con m elementos como conjunto final.

EJEMPLO 1.3. Del conjunto $A = \{1,2,3\}$ al conjunto $B = \{a,b,c,d,e\}$ pueden construirse

$$V_5^3 = 5\cdot 4\cdot 3 = 60$$

aplicaciones inyectivas.

1.3. Permutaciones simples

Dado un conjunto $A = \{a_1, a_2, \ldots, a_n\}$ con n elementos, llamaremos **permutaciones simples** de los elementos de A, a todas las colecciones posibles, entrando los n elementos de A, diferenciándose dos de estas colecciones únicamente en el orden de los elementos dentro de las colecciones.

De este modo, para el conjunto $A = \{a_1, a_2, a_3\}$, las posibles permutaciones simples de sus elementos son

$$a_1 a_2 a_3, \quad a_1 a_3 a_2, \quad a_2 a_1 a_3, \quad a_2 a_3 a_1, \quad a_3 a_1 a_2, \quad a_3 a_2 a_1.$$

Por la definición dada de permutaciones simples, se deduce que éstas no son sino variaciones simples en las cuales el número de elementos disponibles coincide con el número de ellos que entran a formar parte en cada colección.

El número de permutaciones simples formadas con n objetos dados, se indica con el símbolo P_n; por lo dicho anteriormente se tiene que $P_n = V_n^n$. En definitiva es

$$P_n = n(n-1)(n-2)\cdots(n-n+1) = n(n-1)(n-2)\cdots 3 \cdot 2 \cdot 1 = n!$$

y la fórmula a aplicar es

$$P_n = n! \tag{1.3}$$

EJEMPLO 1.4. El número de permutaciones simples de seis objetos es

$$P_6 = 6! = 720.$$

EJEMPLO 1.5. Con los signos $1, X, 2$ pueden formarse $P_3 = 3! = 6$ permutaciones simples y éstas son

$$1X2, \quad 12X, \quad X12, \quad X21, \quad 21X, \quad 2X1.$$

Es importante observar que el número de permutaciones simples de orden n coincide con el número de aplicaciones biyectivas que pueden establecerse entre dos conjuntos cada uno de ellos con n elementos.

1.4. Combinaciones simples. Números combinatorios

Sea $A = \{a_1, a_2, \ldots, a_m\}$ un conjunto con m elementos y sea n un número natural tal que $n \leq m$. Por **combinaciones** n-arias de los m elementos de A, se entienden todas las colecciones posibles de n objetos de entre los elementos de A y diremos que dos de estas colecciones son distintas como combinaciones si tienen algún elemento diferente. En cada colección no puede aparecer ningún elemento repetido. Podemos también decir que cada combinación n-aria es un subconjunto de A con n elementos.

De esta forma, dado el conjunto $A = \{a_1, a_2, a_3, a_4, a_5\}$, las posibles y únicas combinaciones simples de orden tres que pueden obtenerse con los cinco elementos de A son

$$a_1 a_2 a_3, \quad a_1 a_2 a_4, \quad a_1 a_2 a_5, \quad a_1 a_3 a_4, \quad a_1 a_3 a_5, \quad a_1 a_4 a_5,$$
$$a_2 a_3 a_4, \quad a_2 a_3 a_5, \quad a_2 a_4 a_5,$$
$$a_3 a_4 a_5.$$

El criterio seguido para formar estas diez combinaciones ternarias con los elementos de A ha sido el de considerar las imágenes de todas las posibles aplicaciones estrictamente crecientes entre un conjunto ordenado de tres elementos, $I = \{1, 2, 3\}$ y el conjunto dado A, que también está ordenado.

El número de combinaciones simples n-arias de m objetos dados, lo indicaremos por C_m^n. Vamos a encontrar este número.

De acuerdo con la definición de variaciones simples n-arias de m elementos dados, éstas se pueden formar del siguiente modo. En primer lugar se forman aquellas variaciones diferentes por tener algún elemento distinto, es decir, las diferentes combinaciones n-arias, si ahora en cada una de estas combinaciones permutamos sus n elementos tenemos que por cada combinación n-aria obtenemos P_n colecciones que son variaciones de orden n, diferenciándose lógicamente en el orden de colocación de los elementos. De este modo tenemos que el número de variaciones n-arias que pueden obtenerse con m elementos es igual al producto del número de combinaciones del mismo orden de esos m elementos por el número de permutaciones de orden n. Es decir, $V_m^n = C_m^n \cdot P_n$, de donde

$$C_m^n = \frac{V_m^n}{P_n} \tag{1.4}$$

Puesto que es $V_m^n = \frac{m!}{(m-n)!}$ y $P_n = n!$, se obtiene que

$$C_m^n = \frac{m!}{n!\,(m-n)!} \tag{1.5}$$

Esta última expresión que nos da el número de combinaciones n-arias que pueden obtenerse con m objetos dados, se llama **número combinatorio** y suele escribirse en la forma

$$\binom{m}{n} = \frac{m!}{n!\,(m-n)!} \tag{1.6}$$

Justifiquemos aquí la necesidad de convenir que sea $0! = 1$. En efecto, como es $C_m^m = \binom{m}{m} = 1$, tenemos que

$$\frac{m!}{m!\,(m-m)!} = 1,$$

luego debe ser $0! = 1$, para la validez de esta fórmula.

EJEMPLO 1.6. El número de combinaciones simples, de orden 6, con 8 elementos dados es

$$C_8^6 = \binom{8}{6} = \frac{8!}{6!(8-6)!} = \frac{8!}{6!2!} = \frac{8 \cdot 7 \cdot 6!}{6!2!} = \frac{8 \cdot 7}{2} = 28.$$

EJEMPLO 1.7. Con los elementos a, b, c, d se pueden formar $C_4^2 = \binom{4}{2} = \frac{4!}{2!2!} = 6$ combinaciones binarias y éstas son

$$ab, \qquad ac, \qquad ad, \qquad bc, \qquad bd, \qquad cd.$$

Algunas propiedades importantes de los números combinatorios

1. *Números combinatorios extremos:*

$$\binom{m}{0} = 1 \qquad \text{y} \qquad \binom{m}{m} = 1. \tag{1.7}$$

2. *Números combinatorios complementarios:*

$$\binom{m}{n} = \binom{m}{m-n} \tag{1.8}$$

3. *Suma de números combinatorios consecutivos:*

$$\binom{m}{n} + \binom{m}{n+1} = \binom{m+1}{n+1} \tag{1.9}$$

4. *Suma de una fila completa de números combinatorios:*

$$\binom{n}{0} + \binom{n}{1} + \binom{n}{2} + \cdots + \binom{n}{n-1} + \binom{n}{n} = 2^n \tag{1.10}$$

5. *Suma de una línea paralela a un costado hasta un número combinatorio concreto:*

$$\binom{n}{0} + \binom{n+1}{1} + \binom{n+2}{2} + \cdots + \binom{n+h}{h} = \binom{n+h+1}{h} \tag{1.11}$$

y la otra opción

$$\binom{n}{n} + \binom{n+1}{n} + \binom{n+2}{n} + \cdots + \binom{n+h}{n} = \binom{n+h+1}{n+1}$$

Estas propiedades y muchas otras se encuentran reflejadas en el llamado **triángulo de Tartaglia** o de Pascal, que es una disposición triangular de números combinatorios, en la que las primeras filas son las siguientes:

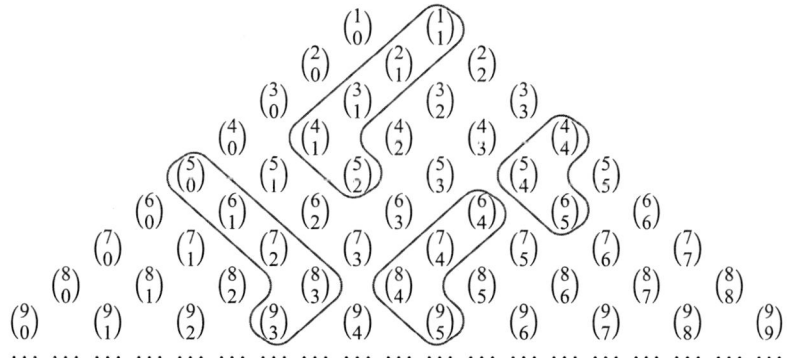

La propiedad 5 nos dice que la suma de términos consecutivos de una línea paralela a un costado y que comienza en el otro es igual al número de la fila inferior que forma con la anterior un ángulo recto.

EJEMPLO 1.8. Tomando números combinatorios a partir del $\binom{5}{0}$ se tiene que

$$\binom{5}{0} + \binom{6}{1} + \binom{7}{2} + \binom{8}{3} = \binom{9}{3}$$

EJEMPLO 1.9. De forma análoga por simetría resulta que

$$\binom{1}{1} + \binom{2}{1} + \binom{3}{1} + \binom{4}{1} = \binom{5}{2}$$

EJEMPLO 1.10. Si la suma de términos de una línea paralela a un costado no comienza en el borde, basta restarle la suma de los anteriores obtenida del mismo modo, por lo que

$$\binom{6}{4} + \binom{7}{4} + \binom{8}{4} = \binom{9}{5} - \binom{6}{5}$$

1.5. Variaciones con repetición

Siendo $A = \{a_1, a_2, \ldots, a_m\}$ un conjunto con m elementos, llamaremos **variaciones** n-arias **con repetición** de los elementos del conjunto A a todas las agrupaciones de n elementos cada una que pueden hacerse con los m elementos de A. Dos agrupaciones se considerarán distintas, como variaciones con repetición, cuando tengan algún elemento diferente o bien cuando, teniendo los mismos, el orden de colocación en ambas no coincide. En cada colección pueden aparecer elementos repetidos.

Formamos las sucesivas variaciones con repetición a partir de los elementos de A. Las de orden uno son:

$$a_1, \quad a_2, \quad a_3, \quad \ldots \quad, a_{m-1}, \quad a_m.$$

Las de orden dos se forman a partir de las de orden uno, añadiendo a cada una, sucesivamente, todos los elementos de A, es decir,

$$
\begin{array}{cccccc}
a_1 a_1 & a_2 a_1 & a_3 a_1 & \cdots & a_{m-1} a_1 & a_m a_1 \\
a_1 a_2 & a_2 a_2 & a_3 a_2 & \cdots & a_{m-1} a_2 & a_m a_2 \\
a_1 a_3 & a_2 a_3 & a_3 a_3 & \cdots & a_{m-1} a_3 & a_m a_3 \\
\vdots & \vdots & \vdots & \ddots & \vdots & \vdots \\
a_1 a_{m-1} & a_2 a_{m-1} & a_3 a_{m-1} & \cdots & a_{m-1} a_{m-1} & a_m a_{m-1} \\
a_1 a_m & a_2 a_m & a_3 a_m & \cdots & a_{m-1} a_m & a_m a_m.
\end{array}
$$

Las de orden tres se forman a partir de las de orden dos y cada una de orden dos da lugar a m de orden tres, es decir,

$$
\begin{array}{cccccc}
a_1 a_1 a_1 & a_1 a_2 a_1 & a_1 a_3 a_1 & \cdots & a_m a_{m-1} a_1 & a_m a_m a_1 \\
a_1 a_1 a_2 & a_1 a_2 a_2 & a_1 a_3 a_2 & \cdots & a_m a_{m-1} a_2 & a_m a_m a_2 \\
a_1 a_1 a_3 & a_1 a_2 a_3 & a_1 a_3 a_3 & \cdots & a_m a_{m-1} a_3 & a_m a_m a_3 \\
\vdots & \vdots & \vdots & \ddots & \vdots & \vdots \\
a_1 a_1 a_{m-1} & a_1 a_2 a_{m-1} & a_1 a_3 a_{m-1} & \cdots & a_m a_{m-1} a_{m-1} & a_m a_m a_{m-1} \\
a_1 a_1 a_m & a_1 a_2 a_m & a_1 a_3 a_m & \cdots & a_m a_{m-1} a_m & a_m a_m a_m.
\end{array}
$$

Y análogamente se sigue el proceso hasta llegar a las variaciones con repetición de orden n, que se formarán a partir de las de orden $n-1$, añadiendo a cada una de ellas todos los elementos de A. También se pueden formar estas variaciones con repetición siguiendo un diagrama de árbol, en el cual siempre de cada punto de ramificación emergen m ramas.

Contar el número de variaciones con repetición de los sucesivos órdenes resulta inmediato siguiendo el proceso de formación. Indicamos el número de variaciones n-arias con repetición de m elementos dados, en la forma VR_m^n. Con lo dicho anteriormente se tiene que

$$
\begin{aligned}
VR_m^1 &= m \\
VR_m^2 &= VR_m^1 \cdot m \\
VR_m^3 &= VR_m^2 \cdot m \\
&\vdots \\
VR_m^n &= VR_m^{n-1} \cdot m
\end{aligned}
$$

y si ahora multiplicamos estas n igualdades, simplificando los factores iguales, resulta que

$$ VR_m^n = m^n. \tag{1.12} $$

EJEMPLO 1.11. El número de variaciones con repetición, de orden 3, formadas a partir de cinco elementos son

$$ VR_5^3 = 5^3 = 125. $$

EJEMPLO 1.12. Al lanzar tres monedas, los posibles resultados son

$$ CCC, CCX, CXC, CXX, XCC, XCX, XXC, XXX, $$

resultando ser tantos como

$$ VR_2^3 = 2^3 = 8. $$

Se puede demostrar que el número de variaciones n-arias con repetición de m elementos dados coincide con el número de aplicaciones que pueden establecerse entre un conjunto con n elementos y el conjunto de los m elementos dados.

1.6. Permutaciones con repetición

Por **permutaciones con repetición** de n elementos, entre los cuales existen n_1 iguales entre sí, n_2 iguales entre sí y distintos de los anteriores y así sucesivamente hasta un número final n_k de ellos iguales entre sí, de forma que $n_1 + n_2 + \cdots + n_k = n$, entendemos colecciones distintas obtenidas con los n objetos, estando en cada colección los n_1 objetos iguales entre sí, los otros n_2 iguales entre sí, etc., hasta llegar a los n_k iguales entre sí.

El número de colecciones diferentes de este tipo lo indicaremos con $P_n^{n_1, n_2, \ldots, n_k}$. Para calcular este número supongamos por un momento que los n elementos los consideráramos diferentes, habría entonces $n!$ permutaciones. Al considerar los n_1 elementos iguales del primer grupo sin alterar la colocación de los restantes, éstos n_1 elementos pueden permutarse de $n_1!$ formas, que serían la misma, por lo que el número de permutaciones al considerar iguales los elementos del primer grupo será $n!/n_1!$ El segundo grupo de elementos iguales consta de n_2 elementos, que pueden permutarse de $n_2!$ formas, por lo que al considerarlos como iguales en lugar de como diferentes habrá que dividir entre $n_2!$ el número de permutaciones. Continuando este proceso de grupos de elementos iguales, el número resultante es

$$ P_n^{n_1, n_2, \ldots, n_k} = \frac{n!}{n_1! \, n_2! \cdots n_k!}, \tag{1.13} $$

siendo $n_1 + n_2 + \cdots + n_k = n$.

EJEMPLO 1.13. Con tres elementos iguales y otros cuatro iguales pero diferentes de los anteriores, el número de permutaciones con repetición de orden 7 es

$$P_7^{3,4} = \frac{7!}{3!4!} = \frac{7\cdot6\cdot5\cdot4!}{3!4!} = \frac{7\cdot6\cdot5}{6} = 35.$$

EJEMPLO 1.14. La cantidad de palabras que tienen dos veces la letra a y tres veces la letra b, está dada por

$$P_5^{2,3} = \frac{5!}{3!2!} = \frac{5\cdot4\cdot3!}{3!2!} = \frac{5\cdot4}{2} = 10.$$

Estas palabras son

aabbb	*baabb*	*bbaab*	*bbbaa*
ababb	*babab*	*bbaba*	
abbab	*babba*		
abbba			

Se puede comprobar que el número de permutaciones con repetición de n elementos, de los que n_1 son iguales entre sí, n_2 son iguales entre sí y diferentes de los anteriores, y así sucesivamente hasta los n_k elementos iguales pero diferentes de todos los anteriores, coinciden con las aplicaciones sobreyectivas que pueden establecerse entre los conjuntos $X = \{1,2,\ldots,n\}$ e $Y = \{a_1,a_2,\ldots,a_k\}$, de forma que a_1 sea imagen de n_1 elementos de X, a_2 sea imagen de n_2 elementos de X, y así sucesivamente hasta a_k que deberá ser imagen de n_k elementos de X.

1.7. Combinaciones con repetición

Sea $A = \{a_1,a_2,\ldots,a_m\}$ un conjunto con m elementos y n un número natural cualquiera. Por **combinaciones** n-arias **con repetición** de los m elementos de A entendemos todas las colecciones de n elementos de A y diremos que dos colecciones son distintas como combinaciones con repetición cuando tengan algún elemento diferente. En cada colección pueden aparecer elementos repetidos.

El número de combinaciones con repetición de orden n formadas a partir de m elementos se representa por CR_m^n. Veamos cómo se forman las combinaciones con repetición y cómo se calcula su número.

Para empezar, sea $A = \{a_1,a_2,a_3\}$ un conjunto con tres elementos. Las combinaciones unitarias son evidentemente

$$a_1, \quad a_2, \quad a_3,$$

que, aunque la repetición está permitida, no es posible. Las binarias son

$$a_1a_1, \quad a_1a_2, \quad a_1a_3, \quad a_2a_2, \quad a_2a_3, \quad a_3a_3.$$

Las de orden tres son

$$a_1a_1a_1, \quad a_1a_1a_2, \quad a_1a_1a_3, \quad a_1a_2a_2, \quad a_1a_2a_3, \quad a_1a_3a_3,$$
$$a_2a_2a_2, \quad a_2a_2a_3, \quad a_2a_3a_3, \quad a_3a_3a_3.$$

Para contar estas combinaciones ternarias con repetición, sin necesidad de escribirlas, procederemos del siguiente modo: las combinaciones anteriores escritas con la letra a las escribiremos con la letra b, cambiando su subíndice de la forma siguiente: el subíndice de b será el de la letra a a la que sustituye más el número de elementos que preceden al elemento a en la combinación. Con este criterio las combinaciones ternarias con repetición del cuadro anterior se convertirán respectivamente en las del cuadro siguiente:

$$b_1b_2b_3, \qquad b_1b_2b_4, \qquad b_1b_2b_5, \qquad b_1b_3b_4, \qquad b_1b_3b_5, \qquad b_1b_4b_5,$$
$$b_2b_3b_4, \qquad b_2b_3b_5, \qquad b_2b_4b_5, \qquad b_3b_4b_5,$$

donde las colecciones escritas con b, que son tantas como las escritas con a, son precisamente las combinaciones simples de orden tres de los elementos del conjunto $B = \{b_1, b_2, b_3, b_4, b_5\}$, por lo que $CR_3^3 = C_5^3 = C_{3+3-1}^3$.

Veamos ahora el caso general. Sea $A = \{a_1, a_2, \ldots, a_m\}$ un conjunto con m elementos. Si suponemos escritas todas las combinaciones n-arias con repetición, de los elementos de A, una cualquiera de ellas puede ser, por ejemplo

$$a_1 a_1 a_2 a_2 a_2 a_3 \ldots a_m$$

y podemos escribirla en la forma

$$b_1 b_2 b_4 b_5 b_6 b_8 \ldots b_{m+(n-1)},$$

donde cada a_k se ha sustituido por un elemento b_{k+h}, siendo h el número de elementos que en la combinación preceden al elemento a_k. El máximo subíndice correspondiente a la letra a es m, lo que ocurre cuando a_m está al final de la combinación con repetición. Por tanto, cada combinación con repetición de orden n de los m elementos del conjunto A se puede representar mediante una combinación simple de orden n de los elementos del conjunto $B = \{b_1, b_2, \ldots, b_{m+n-1}\}$. Recíprocamente, a cada combinación simple n-aria de los $m + n - 1$ elementos de B, le podemos hacer corresponder una combinación con repetición de los elementos de A, sin más que sustituir cada elemento b por una a, rebajando el subíndice en tantas unidades como elementos le preceden dentro de la combinación. Por tanto, se tiene que

$$CR_m^n = C_{m+n-1}^n = \binom{m+n-1}{n} \tag{1.14}$$

EJEMPLO 1.15. El número de combinaciones con repetición de orden 5 obtenidas a partir de 4 elementos es

$$CR_4^5 = CR_{4+5-1}^5 = C_8^5 = \binom{8}{5} = \binom{8}{3} = \frac{8 \cdot 7 \cdot 6}{3!} = 56.$$

El número de combinaciones n-arias con repetición formadas a partir de los m elementos de un conjunto A, coincide con el número de aplicaciones crecientes que pueden establecerse entre el conjunto $X = \{1, 2, \ldots, n\}$ y el conjunto A.

Resumen de fórmulas

	Variaciones	Permutaciones	Combinaciones
Simples	$V_m^n = \dfrac{m!}{(m-n)!}$	$P_n = n!$	$C_m^n = \dfrac{m!}{n!(m-n)!}$
Con Repetición	$VR_m^n = m^n$	$P_n^{n_1,n_2,\ldots,n_k} = \dfrac{n!}{n_1!n_2!\cdots n_k!}$	$CR_m^n = C_{m+n-1}^n$

EN DETALLE

1.1 ¿Cuántos números de teléfono de cinco cifras distintas pueden existir con el sistema de numeración decimal? Y de ellos, ¿cuántos son múltiplos de 5?

RESOLUCIÓN

En una primera respuesta $V_{10}^5 = 10 \cdot 9 \cdot 8 \cdot 7 \cdot 6$, pero teniendo en cuenta que si un número comienza por cero no es de cinco cifras, tendremos que descontar los de ese tipo, que son $V_9^4 = 9 \cdot 8 \cdot 7 \cdot 6$, en total

$$V_{10}^5 - V_9^4 = 10 \cdot 9 \cdot 8 \cdot 7 \cdot 6 - 9 \cdot 8 \cdot 7 \cdot 6 = 30\,240 - 3\,024 = 27\,216.$$

Razonando de otro modo, comienzan por la cifra 1 tantos como V_9^4, comienzan por 2 otros tanto, y por tres y así sucesivamente, luego en total, el total de números pedidos será

$$9 \cdot V_9^4 = 9 \cdot 9 \cdot 8 \cdot 7 \cdot 6 = 27\,216.$$

Serán múltiplos de 5 los que terminen en 0 o en 5. Terminan por cero V_9^4 y terminan por cinco otros tantos salvo los que comienzan por cero, es decir $V_9^4 - V_8^3$. Los múltiplos de cinco serán, por tanto

$$V_9^4 + V_9^4 - V_8^3 = 3\,024 + 3\,024 - 336 = 5\,712.$$

1.2 Seis personas toman el ascensor en la planta baja de un edificio que tiene nueve. ¿De cuántas formas pueden abandonar el ascensor si todos lo hacen en planta distinta? ¿Y si dos personas concretas van a la misma planta?

RESOLUCIÓN

Nombrando a las personas por A, B, C, D, E y F y numerando las plantas del 1 al 9, tenemos el siguientes esquema de posibilidades

A	B	C	D	E	F
1	2	3	4	5	6
1	2	3	4	5	7
$\vdots$	$\vdots$	$\vdots$	$\vdots$	$\vdots$	$\vdots$
4	5	6	7	8	9

donde se indica debajo de cada persona la planta en la que sale del ascensor. Las formas de dejar el ascensor son colecciones de 6 objetos realizados con las nueve plantas y en cada agrupación no hay elementos repetidos; el cambio de elementos en cada agrupación origina otra diferente. Tenemos en definitiva que las formas de dejar el ascensor son

$$V_9^6 = 9 \cdot 8 \cdot 7 \cdot 6 \cdot 5 \cdot 4 = 60\,480.$$

Si dos personas concretas dejan el ascensor en la misma planta, las dos actúan como una y por tanto las formas pedidas son tantas como

$$V_9^5 = 9 \cdot 8 \cdot 7 \cdot 6 \cdot 5 = 15\,120.$$

1.3 ¿De cuántas formas se pueden extraer sucesivamente cuatro cartas de una baraja española de 40, si no existe reemplazamiento? ¿En cuántos de los casos hallados la primera carta obtenida es un rey?

RESOLUCIÓN

Cada extracción de cuatro cartas es distinta de otra si alguna de las cartas obtenidas es diferente y también cuando en dos extracciones en las que resultan las mismas cartas el orden de aparición no coincide. Por ello el número de posibles extracciones coincide con el número de variaciones simples de orden 4 de 40 objetos dados, es decir,

$$V_{40}^4 = 40 \cdot 39 \cdot 38 \cdot 37 = 2\,193\,360.$$

De entre ellas aparece como primera carta un rey en aquellos que son de la forma

$$Rey, \_\,, \_\,, \_\,.$$

Por cada rey concreto hay tantas colecciones como V_{39}^3 y como existen cuatro reyes, el total de extracciones que comienzan con rey son

$$4 \cdot V_{39}^3 = 4 \cdot 39 \cdot 38 \cdot 37 = 219\,336.$$

1.4 Un estudiante cursa ocho asignaturas y dispone de un libro de texto para cada una. ¿De cuántas formas distintas los puede alinear en su estantería? ¿De cuántas si desea que el libro de Álgebra esté al lado del libro de Cálculo? ¿Y de cuántas si desea que los libros de Álgebra y Cálculo ocupen las posiciones extremas?

RESOLUCIÓN

La formas de alinear los ocho libros en la estantería son tantas como las permutaciones simples de ocho objetos, es decir, $P_8 = 8! = 40\,320$ formas.

Si desea que los libros de Álgebra y Cálculo estén juntos, los consideramos como uno sólo y los permutamos con los otros seis libros de las P_7 formas posibles, pero ellos dos pueden estar de dos formas posibles, uno junto al otro, por lo que serán

$$2 \cdot P_7 = 2 \cdot 7! = 10\,080 \text{ formas.}$$

Si desea que el Álgebra y el Cálculo estén en los extremos, podrá hacerlo, permutando los otros seis libros, de P_6 formas si el Álgebra está el primero y el Cálculo el último y otras tantas si están al contrario, en total
$$2 \cdot P_6 = 2 \cdot 6! = 1\,140 \text{ formas.}$$

1.5 En una fiesta folclórica se presentan cinco guerreros mandinga y cuatro lanceros masai. ¿De cuántas formas pueden alinearse los nueve si se pretende que no haya nunca dos guerreros juntos ni dos lanceros juntos? ¿Y si hubiese cinco guerreros y cinco lanceros?

RESOLUCIÓN

Con cinco guerreros y cuatro lanceros, se tienen las disposiciones

$$GLGLGLGLG$$

de nueve hombres. Por cada colección de los guerreros en los lugares impares, los lanceros ocupan las posiciones pares de tantas formas como P_4. Como a su vez los guerreros se pueden colocar de P_5 formas en total y en forma alternada, los nueve hombres pueden colocarse de

$$P_5 P_4 = 5!4! = 2\,880 \text{ formas.}$$

En el caso de tener cinco hombres de cada tribu, se pueden tener dos tipos de alineación en forma alternada, una comenzando por mandinga y terminando por masai y otra, al contrario, comenzando por lancero masai y terminando por guerrero mandinga, por lo que total habrá

$$2P_5P_5 = 2 \cdot 5!\, 5! = 28\,800 \text{ formas.}$$

1.6 Hállense el número de claves con todos los dígitos distintos que se pueden formar con las cifras 1, 3, 5, 7, 9. Supuestas ordenadas en sentido creciente, determínese el lugar que ocupará la clave 57193.

RESOLUCIÓN

El número de claves pedido coincide con el de permutaciones simples con cinco objetos y éstos son tantos como
$$P_5 = 5! = 5 \cdot 4 \cdot 3 \cdot 2 \cdot 1 = 120.$$

Ordenadas en sentido creciente, la primera o principal es 13579 y la última 97531. El lugar que ocupa la permutación 57193 se determina considerando que anteriores a ella son todas las que comienzan por 1, que son tantas como $P_4 = 4! = 24$ y otras tantas que comienzan por 3. Anteriores a la dada son también las que comienzan por 51 y por 53, que son $2 \cdot P_3 = 2 \cdot 3! = 12$. Comenzando por 57, las primeras lo hacen por 571 y son dos: la 57139 y la que nos ocupa 57193, que está situada en el lugar dado por el número

$$2 \cdot P_4 + 2 \cdot P_3 + 2 = 52.$$

1.7 En una reunión a la que asisten quince personas, ¿cuántos grupos diferentes de siete individuos pueden formarse? ¿En cuántos de esos grupos están dos personas determinadas? ¿En cuántos de esos mismos grupos no están tres personas concretas?

RESOLUCIÓN

Cada grupo de siete personas es distinto de otro al tener alguna persona diferente, por tanto, hay tantos grupos como combinaciones simples de orden 7 pueden formarse con 15 objetos, es decir,

$$C_{15}^7 = \frac{15 \cdot 14 \cdot 13 \cdot 12 \cdot 11 \cdot 10 \cdot 9}{7 \cdot 6 \cdot 5 \cdot 4 \cdot 3 \cdot 2 \cdot 1} = 6435.$$

Observamos que cada grupo establecido de siete personas origina, con los restantes, otro grupo de ocho personas, lo que nos pone de manifiesto la igualdad de los números combinatorios $\binom{15}{7} = \binom{15}{8}$.

Dos personas concretas están en un grupo de siete personas cuando se hacen acompañar de otras cinco más, lo que puede hacerse de

$$C_{13}^5 = 1\,287 \text{ maneras.}$$

Los grupos de siete personas en los que no están tres personas determinadas, son los que se obtienen haciendo los grupos con las doce personas que pueden estar, es decir, son tantos como

$$C_{12}^7 = C_{12}^5 = \frac{12 \cdot 11 \cdot 10 \cdot 9 \cdot 8}{5 \cdot 4 \cdot 3 \cdot 2 \cdot 1} = 792$$

1.8 Determínese el número de diagonales que tiene un polígono convexo de n vértices.

RESOLUCIÓN

Sean $A_1, A_2, \ldots, A_n$ los vértices del polígono. Los segmentos determinados tomando dos a dos estos puntos son

$$\overline{A_1 A_2}, \ \overline{A_1 A_3}, \ldots, \ \overline{A_{n-1} A_n},$$

que son tantos como C_n^2 y constituyen la totalidad de lados y diagonales del polígono. Restando el número n de lados tendremos el número de diagonales:

$$n_d = C_n^2 - n = \frac{n(n-1)}{2} - n = \frac{n^2 - 3n}{2} = \frac{1}{2}n(n-3).$$

1.9 El examen de una asignatura que consta de 20 temas se realiza extrayendo al azar tres bolas de una urna que contiene 20 numeradas, correspondiendo una a cada tema. Un alumno aprueba cuando se sabe uno de los tres temas correspondientes a las bolas extraídas. Pedro se sabe 15 temas. ¿Cuántas elecciones de tres temas son posibles por parte del alumno? ¿En cuantos casos aprueba el examen? ¿En cuántos suspende?

RESOLUCIÓN

Como el orden de extracción de las bolas no influye en los tres temas elegidos, las formas posibles de obtener tríos de temas son

$$C_{20}^3 = \frac{20 \cdot 19 \cdot 18}{3!} = 1\,140.$$

El alumno aprueba cuando se sabe los tres temas de las bolas que hayan salido, lo que ocurrirá en C_{15}^3 casos, o cuando se sepa dos de los tres temas y el otro no, lo que ocurrirá en $C_{15}^2 C_5^1$ casos, o cuando se sepa uno y los otros dos no, lo que ocurrirá en $C_{15}^1 C_5^2$ casos. El total de casos será

$$C_{15}^3 + C_{15}^2 C_5^1 + C_{15}^1 C_5^2 = 455 + 525 + 150 = 1\,130.$$

Los casos en que suspende se obtendrán como diferencia entre el total de los casos y los casos en que aprueba y serán

$$1\,140 - 1\,130 = 10.$$

Al mismo resultado podemos llegar en forma directa, pues el alumno suspenderá cuando elige tres bolas entre las cinco correspondientes a los temas que no sabe, lo que puede ocurrir de

$$C_5^3 = C_5^2 = 10 \text{ maneras.}$$

1.10 Demuéstrese que

$$\binom{n}{0} + \binom{n}{1} + \binom{n}{2} + \cdots + \binom{n}{n-1} + \binom{n}{n} = 2^n$$

RESOLUCIÓN

Primer método.

A partir de la fórmula del binomio de Newton

$$(x+y)^n = \binom{n}{0}x^n + \binom{n}{1}x^{n-1}y + \binom{n}{2}x^{n-2}y^2 + \cdots + \binom{n}{n-1}xy^{n-1} + \binom{n}{n}y^n,$$

igualdad válida para todo par de números reales x e y, y para todo número natural n.

Haciendo $x = y = 1$, se obtiene

$$\binom{n}{0} + \binom{n}{1} + \binom{n}{2} + \cdots + \binom{n}{n-1} + \binom{n}{n} = 2^n$$

Segundo método.

Por inducción matemática. Para $n = 1$ es $\binom{1}{0} + \binom{1}{1} = 1 + 1 = 2 = 2^1$. Se cumple la igualdad.

Hipótesis de recurrencia: supongamos la fórmula válida para $n = k$, es decir,

$$\binom{k}{0} + \binom{k}{1} + \binom{k}{2} + \cdots + \binom{k}{k-1} + \binom{k}{k} = 2^k,$$

de esta hipótesis hemos de probar que la fórmula es válida para $n = k + 1$. En efecto:

$$\binom{k}{0} + \binom{k}{1} + \binom{k}{2} + \cdots + \binom{k}{k} = 2^k, \quad \text{y también}$$

$$\binom{k}{0} + \binom{k}{1} + \cdots + \binom{k}{k-1} + \binom{k}{k} = 2^k.$$

Sumando las dos igualdades anteriores y teniendo en cuenta la propiedad de la suma de números combinatorios consecutivos, se tiene

$$\binom{k}{0} + \left[\binom{k}{0} + \binom{k}{1}\right] + \left[\binom{k}{1} + \binom{k}{2}\right] + \cdots + \left[\binom{k}{k-1} + \binom{k}{k}\right] + \binom{k}{k} = 2 \cdot 2^k,$$

es decir

$$\binom{k}{0} + \binom{k+1}{1} + \binom{k+1}{2} + \cdots + \binom{k+1}{k} + \binom{k}{k} = 2^{k+1}.$$

Como $\binom{k}{0} = \binom{k+1}{0}$ y $\binom{k}{k} = \binom{k+1}{k+1}$, resulta

$$\binom{k+1}{0} + \binom{k+1}{1} + \binom{k+1}{2} + \cdots + \binom{k+1}{k} + \binom{k+1}{k+1} = 2^{k+1},$$

que es la fórmula pedida para $n = k + 1$.

1.11 Basándose en la propiedad de la suma de números combinatorios consecutivos, demuéstrese la igualdad:

$$\binom{n}{0} + \binom{n+1}{1} + \binom{n+2}{2} + \cdots + \binom{n+h}{h} = \binom{n+h+1}{h}$$

RESOLUCIÓN

Por la propiedad citada se tiene que

$$\binom{n}{0} = \binom{n+1}{0}$$

$$\binom{n+1}{0} + \binom{n+1}{1} = \binom{n+2}{1}$$

$$\binom{n+2}{1} + \binom{n+2}{2} = \binom{n+3}{2}$$

$$\binom{n+3}{2} + \binom{n+3}{3} = \binom{n+4}{3}$$

$$\vdots$$

$$\binom{n+h}{h-1} + \binom{n+h}{h} = \binom{n+h+1}{h}.$$

Sumando las $h+1$ igualdades se obtiene la fórmula pedida, al reducir términos iguales en ambos miembros.

Un caso particular del resultado anterior es

$$\binom{7}{0} + \binom{8}{1} + \binom{9}{2} + \binom{10}{3} = \binom{11}{3}$$

Utilizando los combinatorios complementarios respectivos en la igualdad anterior resulta

$$\binom{n}{n} + \binom{n+1}{n} + \binom{n+2}{n} + \cdots + \binom{n+h}{n} = \binom{n+h+1}{n+1}$$

Un ejemplo concreto de ella es

$$\binom{5}{5} + \binom{6}{5} + \binom{7}{5} + \binom{8}{5} = \binom{9}{6}$$

1.12 Demuéstrese la igualdad

$$\binom{m+n}{k} = \binom{m}{k}\binom{n}{0} + \binom{m}{k-1}\binom{n}{1} + \binom{m}{k-2}\binom{n}{2} + \cdots + \binom{m}{1}\binom{n}{k-1} + \binom{m}{0}\binom{n}{k}$$

siendo m, n, k números naturales con $k \le \min\{m,n\}$.

RESOLUCIÓN

Considerando los conjunto $M = \{a_1, a_2, \ldots, a_m\}$ y $N = \{b_1, b_2, \ldots, b_n\}$, con m y n elementos respectivamente y siendo disjuntos, el conjunto $M \cup N$ tiene exactamente $m+n$ elementos. El números de combinaciones simples k-arias con los elementos de $N \cup N$ es $\binom{m+n}{k}$. Estas combinaciones se pueden clasificar en las siguientes clases:

Clase 0: se toman 0 elementos de N y k de M.

Clase 1: se toma un elemento de N y $k-1$ de M.

Clase 2: se toman dos elementos de N y $k-2$ de M.

$\vdots$

Clase k: se toman los k elementos de N y 0 de M.

El número de combinaciones de orden k que hay en cada clase es

$$\binom{m}{k}\binom{n}{0}, \binom{m}{k-1}\binom{n}{1}, \binom{m}{k-2}\binom{n}{2}, \ldots, \binom{m}{1}\binom{n}{k-1}, \binom{m}{0}\binom{n}{k}$$

La suma de las combinaciones de todas las clases coincide con el número $\binom{m+n}{k}$.

1.13 Calcúlese el valor de la suma:

$$S = 0\binom{n}{0} + 1\binom{n}{1} + 2\binom{n}{2} + \cdots + (n-1)\binom{n}{n-1} + n\binom{n}{n}.$$

RESOLUCIÓN

Primer método.

Como es

$$S = 0\binom{n}{0} + 1\binom{n}{1} + 2\binom{n}{2} + \cdots + (n-1)\binom{n}{n-1} + n\binom{n}{n}$$

escribiendo los sumandos en orden contrario, tenemos

$$S = n\binom{n}{n} + (n-1)\binom{n}{n-1} + (n-2)\binom{n}{n-2} + \cdots + 1\binom{n}{1} + 0\binom{n}{0}$$

Sustituyendo cada número combinatorio por su complementario, que tiene el mismo valor, resulta

$$S = n\binom{n}{0} + (n-1)\binom{n}{1} + (n-2)\binom{n}{2} + \cdots + 1\binom{n}{n-1} + 0\binom{n}{n}.$$

Basta sumar la primera y tercera de estas expresiones para obtener

$$2S = n\binom{n}{0} + n\binom{n}{1} + n\binom{n}{2} + \cdots + n\binom{n}{n-1} + n\binom{n}{n}$$

y sacando factor común n, y teniendo en cuenta que la suma de los números combinatorios de la fila n vale 2^n, resulta $2S = n2^n$, luego es $S = n2^{n-1}$.

Segundo método.

Consideramos el desarrollo por la fórmula del binomio de Newton para $(1+x)^n$, se tiene

$$(1+x)^n = \binom{n}{0} + \binom{n}{1}x + \binom{n}{2}x^2 + \cdots + \binom{n}{n-1}x^{n-1} + \binom{n}{n}x^n,$$

fórmula válida para todo $x \in \mathbb{R}$ y todo $n \in \mathbb{N}$.

Derivando en ambos miembros, obtenemos

$$n(1+x)^{n-1} = 0 + 1\binom{n}{1} + 2\binom{n}{2}x + \cdots + (n-1)\binom{n}{n-1}x^{n-2} + n\binom{n}{n}x^{n-1}$$

y haciendo ahora $x = 1$ queda

$$S = n(1+1)^{n-1} = n2^{n-1}.$$

1.14 Calcúlese el valor de la siguiente suma:

$$S = \binom{n}{0}^2 + \binom{n}{1}^2 + \binom{n}{2}^2 + \cdots + \binom{n}{n-1}^2 + \binom{n}{n}^2.$$

RESOLUCIÓN

La suma dada puede escribirse como

$$\begin{aligned} S &= \binom{n}{0}\binom{n}{0} + \binom{n}{1}\binom{n}{1} + \binom{n}{2}\binom{n}{2} + \cdots + \binom{n}{n-1}\binom{n}{n-1} + \binom{n}{n}\binom{n}{n} \\ &= \binom{n}{n}\binom{n}{0} + \binom{n}{n-1}\binom{n}{1} + \binom{n}{n-2}\binom{n}{2} + \cdots + \binom{n}{1}\binom{n}{n-1} + \binom{n}{0}\binom{n}{n} \end{aligned}$$

sin más que utilizar la propiedad de números combinatorios complementarios.

Si consideramos dos conjuntos disjuntos X e Y, cada uno de ellos con n elementos y formamos todos los subconjuntos posibles de n elementos con los $2n$ objetos que tiene el conjunto $X \cup Y$, resulta que el número total de subconjuntos de este tipo es $\binom{2n}{n}$.

Por otra parte, la suma anterior representa la totalidad de subconjuntos de n elementos que pueden formarse con los elementos de X e Y. El primer sumando indica la cantidad de subconjuntos con los n elementos de X y ninguno de Y. El segundo nos da la cantidad de subconjuntos con $n - 1$ elementos de X y 1 de Y y así sucesivamente, con lo cual también esta suma vale $\binom{2n}{n}$.

Obsérvese que este problema es un caso particular del problema resuelto 1.12, con $m = n = k$ y por tanto la solución es $\binom{2n}{n}$.

1.15 ¿De cuántas formas se pueden repartir cinco figuras diferentes en seis cajas distintas?

RESOLUCIÓN

Nombrando las figuras con F_1, F_2, F_3, F_4, F_5 y las cajas con $1, 2, 3, 4, 5, 6$, se tiene el siguiente esquema que representa las figuras y la caja en la que se introducen:

F_1	F_2	F_3	F_4	F_5
1	1	1	1	1
1	1	1	1	2
⋮	⋮	⋮	⋮	⋮
1	1	1	2	1
⋮	⋮	⋮	⋮	⋮
6	6	6	6	6

El esquema nos muestra que cada forma de reparto es una colección de 5 elementos siendo éstos los números de las cajas. Dos de estas formas de reparto son distintas cuando tienen algún elemento diferente o cuando teniendo los mismos, el orden de escritura es distinto. Como además en las colecciones pueden aparecer elementos repetidos, se trata de variaciones con repetición. En consecuencia, el número pedido es

$$VR_6^5 = 6^5 = 7776.$$

1.16 Con las cifras 2, 3, 4, ¿cuántos números de seis cifras existen en el sistema de numeración decimal? ¿Cuánto vale la suma de todos ellos?

RESOLUCIÓN

Algunos de estos números son

$$222\,222,\ 222\,223,\ 222\,224,\ 222\,232, \ldots, 444\,444,$$

y todos se obtienen al formar las variaciones con repetición de orden 6 con los tres elementos dados. Por tanto, la cantidad pedida es $VR_3^6 = 3^6 = 729$ números.

Si colocáramos todos esos números unos bajo otros, dispuestos para sumar, el 2 aparecería en el lugar de las unidades la tercera parte de las veces, el 3 otra tercera parte y el 4 la otra tercera, es decir, 243 veces cada uno, por lo que la suma de las unidades sería

$$243 \cdot 2 + 243 \cdot 3 + 243 \cdot 4 = 243(2 + 3 + 4) = 2\,187.$$

Lo mismo ocurriría con la cifra de las decenas, lo mismo con las centenas, etc. Por tanto la suma total será

$$2\,187 + 2\,187 \cdot 10 + 2\,187 \cdot 100 + 2\,187 \cdot 1\,000 + 2\,187 \cdot 10\,000 + 2\,187 \cdot 100\,000 =$$
$$= 2\,187 \cdot (1 + 10 + 100 + 1\,000 + 10\,000 + 100\,000) = 2\,187 \cdot 111\,111 = 242\,999\,757.$$

1.17 ¿De cuántas formas posibles pueden cumplir años los veinticinco alumnos de un aula? ¿Y de cuántas para que nunca coincidan dos?

RESOLUCIÓN

Hay tantas formas posibles de cumplir años como colecciones de veinticinco números elegidos entre el 1 y el 366, ya que puede haber alumnos nacidos el 29 de febrero. En estas colecciones se pueden repetir elementos y dos de ellas serán diferentes cuando dos elementos distintos se intercambien. Es decir, se trata de variaciones con repetición, luego las formas pedidas están dadas por

$$VR_{366}^{25} = 366^{25} \simeq 1,2219 \cdot 10^{64}.$$

En el caso de cumplir años en fechas distintas todos los alumnos, los casos posibles son ahora tantos como variaciones simples, es decir,

$$V_{366}^{25} = 366 \cdot 365 \cdots 343 \cdot 342 \simeq 5,2824 \cdot 10^{63}.$$

1.18 Con las diez letras de la palabra COPACABANA:

(a) ¿Cuántas contraseñas de ordenador, pronunciables o no, se pueden escribir?

(b) ¿Cuántas de ellas comienzan por COPA?

(c) ¿Cuántas terminan por ANA?

RESOLUCIÓN

(a) En orden alfabético la primera contraseña es AAAABCCNOP. Las restantes se obtienen de ella por intercambio de letras de nombre distinto. Cuando se cambian dos letras del mismo nombre, no se obtiene contraseña nueva. Por tanto el número de contraseñas coincide con el de permutaciones con repetición de las letras que hay, que son 4 aes, 2 ces y las letras O, P, B, N, es decir,

$$P_{10}^{4,2,1,1,1,1} = \frac{10!}{4! \cdot 2! \cdot 1! \cdot 1! \cdot 1! \cdot 1!} = \frac{10 \cdot 9 \cdot 8 \cdot 7 \cdot 6 \cdot 5 \cdot 4!}{4! \cdot 2!} = 75\,600.$$

(b) Si deben empezar por COPA, quedan para permutar 3 aes y las letras C, B y N, luego

$$P_6^{3,1,1,1} = \frac{6!}{3! \cdot 1! \cdot 1!} = \frac{6 \cdot 5 \cdot 4 \cdot 3!}{3!} = 120.$$

(c) Para que terminen por ANA, debemos permutar dos aes, dos ces y las letras O, P, B, por lo que serán

$$P_7^{2,2,1,1,1} = \frac{7!}{2! \cdot 2! \cdot 1! \cdot 1! \cdot 1!} = \frac{7!}{4} = 1\,260.$$

1.19 ¿De cuántas formas distintas pueden alinearse 4 signos más y ocho signos menos?

RESOLUCIÓN

Se trata de permutar estos signos, por lo que las formas pedidas serán

$$P_{12}^{8,4} = \frac{12!}{8! \cdot 4!} = \frac{12 \cdot 11 \cdot 10 \cdot 9}{4 \cdot 3 \cdot 2 \cdot 1} = 11 \cdot 5 \cdot 9 = 495.$$

El número hallado coincide con $C_{12}^4 = C_{12}^8$, ya que basta con elegir 4 lugares de entre los 12 donde se sitúan los 4 signos más y los 8 signos menos se colocarán en los lugares restantes. La propiedad

$$P_m^{n_1,n_2} = C_m^{n_1} = C_m^{n_2}$$

es válida en los casos en que los m elementos sean sólo de dos clases.

1.20 En el lanzamiento de tres dados:

(a) ¿Cuántos resultados posibles se obtienen?

(b) ¿En cuántos casos la suma de puntos es igual a nueve?

(c) ¿Y en cuántos la suma es de diez puntos?

RESOLUCIÓN

(a) Suponiendo que los dados sean distinguibles por color, tamaño,..., o por el orden en que observamos el resultado, los casos posibles son tantos como

$$VR_6^3 = 6^3 = 216.$$

(b) Casos con suma igual a nueve puntos se logran cuando sumemos las ternas

$$(1,2,6), \ (2,2,5), \ (3,3,3), \ (1,3,5), \ (2,3,4), \ (1,4,4).$$

Ahora bien la terna $(1,2,6)$ aparece $P_3 = 3! = 6$ veces, al igual que las ternas $(1,3,5)$ y $(2,3,4)$. La terna $(2,2,5)$ se presenta $P_3^{2,1} = 3$ veces, al igual que la terna $(1,4,4)$. La terna $(3,3,3)$ aparece una sola vez.

En total la suma de puntos igual a 9 aparece $6+6+6+3+3+1 = 25$ veces.

(c) La suma de puntos igual a diez aparece con las ternas $(1,3,6)$, $(1,4,5)$ y $(2,3,5)$ en seis veces cada una, y con las ternas $(2,2,6)$, $(2,4,4)$ y $(3,3,4)$ en tres casos cada una, por lo que el total de casos es $6+6+6+3+3+3 = 27$ veces.

Como resolvió Galileo, «en largas series de lanzamientos de tres dados, resulta más ventajoso apostar a obtener una suma de puntos igual a diez que hacerlo a obtener suma nueve». Sus contemporáneos, erróneamente, al no tener en cuenta las posibles permutaciones, asignaban la misma probabilidad al acontecimiento de obtener suma de nueve puntos que al de obtener diez.

1.21 Justifíquese que el número de fichas del dominó es exactamente veintiocho. ¿Cuántas fichas tendría un dominó que alcanzase hasta el nueve doble?

RESOLUCIÓN

Teniendo en cuenta la bivalencia de las fichas, pues la $(1,2)$ es la misma que la $(2,1)$ y que existen fichas dobles desde la *blanca doble* hasta el *seis doble*, podemos decir que hay tantas fichas en el dominó usual como combinaciones binarias con repetición existen con las siete cifras del cero al seis, es decir,

$$CR_7^2 = C_{7+2-1}^2 = C_8^2 = \frac{8 \cdot 7}{2} = 28.$$

Con razonamiento análogo, el número de fichas de un dominó que tuviese hasta el nueve doble estaría dado por

$$CR_{10}^2 = C_{10+2-1}^2 = C_{11}^2 = \frac{11 \cdot 10}{2} = 55.$$

1.22 ¿Cuántos elementos distintos puede tener una matriz simétrica A de orden n?

RESOLUCIÓN

Si representamos los elementos de la matriz por a_{ij}, se tiene que $i, j \in \{1, 2, \ldots, n\}$ y puesto que estos elementos verifican $a_{ij} = a_{ji}$, por ser simétrica la matriz, resulta que el número máximo de elementos distintos en la matriz A coincide con el número de combinaciones binarias con repetición de n elementos, que son

$$CR_n^2 = C_{n+2-1}^2 = C_{n+1}^2 = \frac{(n+1)n}{2}$$

Existe una forma elemental y ajena a la Combinatoria para saber cuántos elementos diferentes puede tener una matriz simétrica. Se trata de contar cuántos elementos hay en una matriz cuadrada en la región definida por la diagonal y uno de los triángulos que separa la diagonal. En la diagonal de una matriz cuadrada de orden n hay n elementos, y los que hay en cada triángulo se obtienen hallando la mitad de los obtenidos al restar del total n^2 los n de la diagonal, es decir, $\frac{1}{2}(n^2 - n)$. Sumando los n de la diagonal tenemos todos los diferentes en la matriz simétrica, que serán

$$\frac{1}{2}(n^2 - n) + n = \frac{1}{2}n^2 + \frac{1}{2}n = \frac{n(n+1)}{2}$$

1.23 ¿De cuántas formas pueden distribuirse tres bolas en dos cajas? Considérense los casos en que bolas y cajas puedan ser distintas o indistinguibles.

RESOLUCIÓN

Bolas diferentes y cajas diferentes.

Sean b_1, b_2, b_3 las bolas y 1, 2 las cajas; se trata de elegir tres números entre el 1 y el 2, para indicar a qué caja irá cada bola; así la terna $(2, 2, 1)$ significa que las bolas b_1 y b_2 van a la caja 2, mientras que la bola b_3 a la caja 1. Las formas de reparto serán por ello tantas como variaciones con repetición de tres números elegidos en el conjunto $\{1, 2\}$, luego

$$VR_2^3 = 2^3 = 8 \text{ formas.}$$

Bolas iguales y cajas diferentes.

Sean b, b, b las bolas y 1,2 las cajas; se trata de elegir tres números entre el 1 y el 2, pero sin orden; serán combinaciones con repetición:

$$CR_2^3 = C_{2+3-1}^3 = C_4^3 = C_4^1 = 4 \text{ formas.}$$

Bolas diferentes y cajas iguales.

Sean b_1, b_2, b_3 las bolas y no numeraremos las cajas por ser iguales. Se trata de elegir las bolas que entran en una caja, las restantes irán a la otra. Si elegimos las tres bolas, sólo hay un caso: $C_3^3 = 1$. Si elegimos dos bolas en una caja, la bola restante irá a la otra caja; esto puede hacerse de $C_3^2 = 3$ formas. Luego en total hay 4 formas.

Bolas iguales y cajas iguales.

Puesto que ni bolas ni cajas se pueden distinguir, los únicos casos posibles dependerán de la cantidad de bolas; éstos casos son: 3 bolas en una caja y 0 bolas en la otra, y 2 bolas en una caja y 1 en la otra. En total, 2 formas.

1.24 Demuéstrese la igualdad

$$\binom{n}{k}\cdot\binom{n-k}{p-k} = \binom{p}{k}\cdot\binom{n}{p}$$

siendo n, p, k números naturales verificando $n \geq p \geq k$. Basándose en ella pruébese que

$$\binom{n}{0}\cdot\binom{n}{p}+\binom{n}{1}\cdot\binom{n-1}{p-1}+\binom{n}{2}\cdot\binom{n-2}{p-2}+\cdots+\binom{n}{p}\cdot\binom{n-p}{0}=2^p\binom{n}{p}$$

RESOLUCIÓN

Para demostrar que los dos miembros de la fórmula son iguales, calculemos la diferencia entre ellos. Utilizando la expresión de los números combinatorios por medio de factoriales y simplificando la expresión se tiene que

$$\binom{n}{k}\binom{n-k}{p-k}-\binom{p}{k}\binom{n}{p} = \frac{n!}{k!\,(n-k)!}\frac{(n-k)!}{(p-k)!\,(n-p)!}-\frac{p!}{k!\,(p-k)!}\frac{n!}{p!\,(n-p)!}=$$
$$=\frac{n!}{k!\,(p-k)!\,(n-p)!}-\frac{n!}{k!\,(p-k)!\,(n-p)!}=0.$$

Utilizando la fórmula anterior para los distintos sumandos con $k=0,1,\dots,p$ resulta

$$\binom{n}{0}\cdot\binom{n}{p}+\binom{n}{1}\cdot\binom{n-1}{p-1}+\binom{n}{2}\cdot\binom{n-2}{p-2}+\cdots+\binom{n}{p}\cdot\binom{n-p}{0}=$$
$$=\binom{p}{0}\cdot\binom{n}{p}+\binom{p}{1}\cdot\binom{n}{p}+\binom{p}{2}\cdot\binom{n}{p}+\cdots+\binom{p}{p}\cdot\binom{n}{p}=$$
$$=\left[\binom{p}{0}+\binom{p}{1}+\binom{p}{2}+\cdots+\binom{p}{p}\right]\cdot\binom{n}{p}=2^p\binom{n}{p}.$$

1.25 Demuéstrese que el producto de los m primeros números naturales es divisible por el producto $a!b!\dots k!$ siendo $m=a+b+\cdots+k$.

RESOLUCIÓN

Si consideramos m objetos de los cuales a son iguales entre sí, b son iguales entre sí y diferentes de los anteriores,... y k son iguales entre sí y distintos de todos los demás, el número de permutaciones que pueden hacerse con estos objetos es el número natural $P_m^{a,b,\dots,k}$, es decir, la cantidad de permutaciones con repetición, y que está dada por

$$P_m^{a,b,\dots,k} = \frac{m!}{a!b!\dots k!}$$

siendo $a+b+\cdots+k=m$, por lo que el producto $a!b!\dots k!$ es divisor de $m!$

1.26 Se dispone de ocho objetos de los cuales cuatro son iguales y el resto son diferentes. ¿Cuántas permutaciones pueden hacerse si se toman de cinco en cinco?

RESOLUCIÓN

Si se toman cuatro iguales y uno distinto pueden hacerse $P_5^{4,1}$, si se toman tres iguales y dos distintos pueden formarse $P_5^{3,1,1}$, si se toman dos iguales y tres distintos pueden hacerse $P_5^{2,1,1,1}$ y si los cinco objetos son todos diferentes entre sí serán P_5. En consecuencia el número de permutaciones posibles será

$$
\begin{aligned}
P_5^{4,1} + P_5^{3,1,1} + P_5^{2,1,1,1} + P_5 &= \frac{5!}{4!\,1!} + \frac{5!}{3!\,1!\,1!} + \frac{5!}{2!\,1!\,1!\,1!} + 5! = \\
&= 5!\left(\frac{1}{4!} + \frac{1}{3!} + \frac{1}{2!} + 1\right) = \\
&= 5!\frac{1 + 4 + 4\cdot 3 + 4\cdot 3\cdot 2}{4!} = \\
&= 5(1 + 4 + 12 + 24) = 5\cdot 41 = 205.
\end{aligned}
$$

1.27 Se dispone de n objetos distintos a repartir entre tres personas A, B y C, con la condición de que A no reciba más objetos que B o C. ¿Cuántos repartos posibles existen?

RESOLUCIÓN

Si A recibe un objeto, B y C pueden recibir

B	1	2	3	$\cdots$	$n-2$
C	$n-2$	$n-3$	$n-4$	$\cdots$	1

es decir, hay $n-2$ casos. Si A recibiese dos objetos, B y C podrían recibir

B	2	3	4	$\cdots$	$n-4$
C	$n-4$	$n-5$	$n-6$	$\cdots$	2

que son $n-5$ casos más. Si A recibiese tres objetos serían $n-8$ casos, si recibiera cuatro serían $n-11$ casos más. Por tanto el número de casos será la suma

$$(n-2) + (n-5) + (n-8) + (n-11) + \cdots$$

Para hallar el valor de esta suma hemos de distinguir tres casos:

- Si n es múltiplo de 3 será, como suma de los $\frac{n}{3}$ términos de una progresión aritmética de diferencia 3,

$$(n-2) + (n-5) + (n-8) + (n-11) + \cdots + 4 + 1 = \frac{n-2+1}{2}\cdot\frac{n}{3} = \frac{(n-1)n}{6}$$

- Si n es igual a un múltiplo de 3 más uno, la suma de los $\frac{n-1}{3}$ términos es

$$(n-2) + (n-5) + (n-8) + (n-11) + \cdots + 5 + 2 = \frac{n-2+2}{2}\cdot\frac{n-1}{3} = \frac{(n-1)n}{6}$$

- Análogamente si n es igual a un múltiplo de 3 más 2, queda

$$(n-2) + (n-5) + (n-8) + (n-11) + \cdots + 6 + 3 = \frac{n-2+3}{2}\cdot\frac{n-2}{3} = \frac{(n-2)(n+1)}{6}$$

1.28 Hállese el valor de la suma

$$\binom{m-2}{k-1}+2\binom{m-3}{k-1}+3\binom{m-4}{k-1}+\cdots+(m-k)\binom{k-1}{k-1}.$$

RESOLUCIÓN

Sumando parcialmente en la forma

$$\binom{m-2}{k-1}+\binom{m-3}{k-1}+\binom{m-4}{k-1}+\cdots+\binom{k-1}{k-1}=\binom{m-1}{k}$$

$$\binom{m-3}{k-1}+\binom{m-4}{k-1}+\cdots+\binom{k-1}{k-1}=\binom{m-2}{k}$$

$$\binom{m-4}{k-1}+\cdots+\binom{k-1}{k-1}=\binom{m-3}{k}$$

$$\vdots$$

$$\binom{k-1}{k-1}=\binom{k}{k}$$

donde se ha utilizado la fórmula (1.11) de suma de términos de una paralela a un costado del triángulo de Tartaglia, se tiene que la suma vale

$$\binom{m-2}{k-1}+2\binom{m-3}{k-1}+3\binom{m-4}{k-1}+\cdots+(m-k)\binom{k-1}{k-1}=$$

$$=\binom{m-1}{k}+\binom{m-2}{k}+\binom{m-3}{k}+\cdots+\binom{k}{k}=\binom{m}{k+1},$$

sin más que volver a utilizar la misma fórmula.

PROPUESTOS

P 1.1 ¿Cuántas palabras, pronunciables o no, pueden escribirse con cinco letras distintas elegidas de entre las que tiene la palabra PROBABILIDAD? ¿Cuántas de ellas comienzan y terminan por vocal?

P 1.2 ¿De cuántas maneras se pueden distribuir cinco bolas diferentes en siete cajas distintas si en cada caja puede haber a lo sumo una bola?

P 1.3 ¿Cuántos números comprendidos entre 10 000 y 100 000 no tienen ninguna cifra repetida?

P 1.4 ¿De cuántas formas se pueden colocar en una estantería tres manuales científicos que constan de 5, 4 y 6 volúmenes respectivamente? ¿En cuántas de esas formas aparecen juntos los tomos de cada manual?

P 1.5 ¿De cuántas formas puede subir al tren una familia compuesta por el matrimonio y sus cinco hijos? ¿Y si los padres deben ocupar los lugares primero y último?

P 1.6 Con las letras de la palabra IMPRESO, ¿cuántas claves de impresora de siete letras distintas, pronunciables o no, se pueden formar? Si las ordenamos alfabéticamente, ¿qué lugar ocupa la palabra dada?

P 1.7 ¿De cuántas formas se pueden alinear cinco signos más y cinco signos menos? ¿Y de cuántas si se quiere que vayan alternadamente?

P 1.8 Disponemos de ocho puntos y cinco guiones. ¿De cuántas formas se pueden alinear si se desea que no haya dos guiones juntos?

P 1.9 Una apuesta de Lotería Primitiva consiste en elegir seis números entre el uno y el cuarenta y nueve. ¿Cuántas apuestas diferentes pueden hacerse? ¿Cuántas contienen los números 31 y 49?

P 1.10 Demuéstrese que

$$\binom{n}{0} + \binom{n}{2} + \binom{n}{4} + \cdots = \binom{n}{1} + \binom{n}{3} + \binom{n}{5} + \cdots$$

es decir, que la suma de los coeficientes binómicos de lugar impar coincide con la suma de los de lugar par.

P 1.11 Demuéstrese la igualdad entre números combinatorios:

$$\binom{n}{n} + \binom{n+1}{n} + \binom{n+2}{n} + \cdots + \binom{n+h-1}{n} + \binom{n+h}{n} = \binom{n+h+1}{n}$$

P 1.12 Calcúlese el valor de la suma

$$\binom{m}{0}\binom{m}{2} + \binom{m}{1}\binom{m}{3} + \binom{m}{2}\binom{m}{4} + \cdots + \binom{m}{m-2}\binom{m}{m}$$

P 1.13 Hállese

$$S = 2\binom{n}{0} + 4\binom{n}{1} + 6\binom{n}{2} + \cdots + (2n+2)\binom{n}{n}$$

P 1.14 Determínese el valor de S:

$$S = 2\binom{n}{n} + 3\binom{n}{n-1} + 4\binom{n}{n-2} + \cdots + (n+1)\binom{n}{1} + (n+2)\binom{n}{0}$$

P 1.15 ¿De cuántas formas diferentes pueden abandonar cinco personas el ascensor si lo toman en la planta baja de un edificio que tiene nueve? ¿Y de cuántas en el caso en que dos personas concretas dejan juntas el ascensor?

P 1.16 ¿Cuántos números capicúa de seis cifras existen en el sistema de numeración decimal? ¿Y de cinco cifras?

P 1.17 ¿De cuántas formas posibles pueden estar distribuidos, en relación al sexo, los cinco hijos de un matrimonio?

P 1.18 ¿Cuántos números de nueve cifras existen en el sistema de numeración decimal formados todos ellos por dos ceros, tres unos y cuatro cincos?

P 1.19 Calcúlese el número de quinielas de 14 resultados que pueden pronosticarse con 8 unos y 6 equis.

P 1.20 Determínese el número de soluciones que, en el conjunto de los números naturales, tiene la ecuación $x+y+z = 12$.

P 1.21 El desarrollo de la potencia $(x+y+z)^5$ es un polinomio homogéneo, ¿de cuántos términos consta? Escríbase su desarrollo. ¿Cuántos términos tendrá la potencia $(x+y+z+t)^{47}$ al ser desarrollada como polinomio?

P 1.22 Se tienen cinco urnas conteniendo cada una de ellas dos bolas, una con el número 0 y otra con el 1. Si se extrae una bola de cada urna y se suman los puntos, ¿en cuántos casos se tiene suma mayor que tres?

P 1.23 ¿Cuántos términos tiene un polinomio completo no homogéneo con cinco variables y de grado nueve?

P 1.24 Determínese la suma de los números que están situados en la fila n-ésima en la siguiente configuración de los números naturales

$$
\begin{array}{ccccccccc}
 & & & & 1 & & & & \\
 & & & 2 & 3 & 4 & & & \\
 & & 5 & 6 & 7 & 8 & 9 & & \\
 & 10 & 11 & 12 & 13 & 14 & 15 & 16 & \\
\cdots & \cdots & \cdots & \cdots & \cdots & \cdots & \cdots & \cdots & \cdots
\end{array}
$$

P 1.25 Demuéstrese que el producto de k números naturales consecutivos es divisible por $k!$

P 1.26 ¿Cuántas comisiones de seis miembros pueden formarse con quince hombres y diez mujeres con la condición de que al menos haya una mujer y como mucho haya tres?

P 1.27 ¿De cuántos modos pueden repartirse 16 objetos idénticos en tres cajas diferentes de modo que ninguna caja quede vacía?

P 1.28 Calcúlese el valor de la suma

$$
\binom{m}{k}\binom{m}{0} + \binom{m-1}{k-1}\binom{m}{1} + \cdots + \binom{m-k}{0}\binom{m}{k}
$$

Capítulo

Sucesos aleatorios

2.1. Experimentos deterministas y aleatorios

Las experiencias que el hombre realiza en la vida, y también los fenómenos naturales que observa, son de dos tipos. **Experimentos deterministas** son aquellos ante los cuales el hombre está en condición de realizarlos siempre del mismo modo y obtener siempre los mismos resultados, debido a que el principio de causalidad que los rige, es conocido por medio de una ley que permite conocer de antemano los resultados de dicha experiencia.

Aquellos experimentos que el hombre no puede repetir en idénticas condiciones, y algunos fenómenos naturales de los que no se conocen las leyes que los rigen, se llaman **experimentos aleatorios** o experimentos estocásticos y de ellos no podemos conocer de antemano los resultados concretos. Se dice que estos experimentos están regidos por la **ley del azar**.

Suele admitirse que un experimento es aleatorio si verifica las siguientes condiciones:

(a) se realiza mediante reglas que determinan la ejecución completa del mismo;

(b) se puede repetir en forma análoga cuantas veces se desee, y

(c) el resultado de cada realización se rige por el azar, es decir, depende de causas que no pueden controlarse y por tanto de antemano no se puede predecir el resultado.

El químico es capaz de fabricar algunos compuestos considerando ciertos elementos en las condiciones adecuadas y está seguro de que repitiendo el proceso en las mismas condiciones obtiene siempre el mismo resultado. Éste es un experimento determinista. En cambio el hombre no conoce el sexo de un nuevo ser en la reproducción humana en el momento de la fecundación. Diremos que esto es un fenómeno aleatorio. En el experimento tan sencillo como es el de lanzar un dado homogéneo al aire, no podemos predecir el número de puntos que aparecerán en la cara superior. Hecha una experiencia de ese tipo, si intentamos repetirlo en las mismas condiciones no estamos seguros de obtener el mismo resultado. Esto es debido a que no podemos repetir exactamente las mismas condiciones del lanzamiento; ante esta manifiesta limitación no tenemos garantía previa del resultado concreto y diremos que tal experiencia está regida por la ley del azar.

Muchos fenómenos naturales y casi todas nuestras experiencias diarias son de tipo aleatorio. El Cálculo de probabilidades tiene por objetivo fundamental la caracterización matemática de estos fenómenos de tipo aleatorio o estocástico.

2.2. Sucesos aleatorios. Espacio muestral

Se llama **suceso aleatorio** a cada uno de los posibles resultados de un experimento aleatorio. Así, por ejemplo, en el experimento consistente en lanzar un dado, el obtener número mayor que dos es un suceso asociado a dicho experimento aleatorio; también lo es el consistente en obtener al menos una cara en el lanzamiento simultáneo de tres monedas.

Los **sucesos elementales** son los sucesos más simples que se obtienen en la realización de un experimento aleatorio; puede decirse también que son los resultados primarios o inmediatos de un experimento aleatorio. En el experimento de lanzar un dado al aire, se consideran sucesos elementales cada uno de los posibles números que aparecen en la cara superior, como por ejemplo obtener un dos. Sin embargo, el poder obtener un número par es un suceso que no es elemental para ese experimento. Llamaremos **espacio muestral** al conjunto constituido por todos los sucesos elementales asociados a ese experimento aleatorio; suele designarse con la letra E.

EJEMPLO 2.1. En el experimento que consiste en lanzar un dado, el espacio muestral es el conjunto de los números que pueden aparecer en la cara superior, es decir,

$$E = \{1,2,3,4,5,6\}.$$

EJEMPLO 2.2. En el experimento que consiste en lanzar dos dados, el espacio muestral está formado por 36 pares de números, es decir,

$$E = \{(1,1),(1,2),(1,3),(1,4),(1,5),(1,6),(2,1),(2,2),\ldots,(6,4),(6,5),(6,6)\}.$$

EJEMPLO 2.3. Si la experiencia consiste en lanzar dos monedas al aire, el espacio muestral es en este caso
$$E = \{(C,C),(C,X),(X,C),(X,X)\}.$$

Conviene observar que una experiencia física puede dar lugar a varios espacios muestrales, dependiendo de la finalidad que se persiga.

EJEMPLO 2.4. En el lanzamiento de tres monedas, si nos interesa el número de caras resultantes, el espacio muestral es $E = \{0,1,2,3\}$, mientras que si en la misma realización nos interesa el resultado concreto para estas monedas, el espacio muestral es

$$E = \{CCC,CCX,CXC,CXX,XCC,XCX,XXC,XXX\}.$$

Si tenemos definido el espacio muestral, podemos decir que cada suceso asociado a un experimento aleatorio es un subconjunto del espacio muestral. Designaremos a los sucesos con las letras mayúsculas A, B, C...

Se llama **espacio de sucesos** al conjunto de todos los sucesos que son resultados posibles de un experimento aleatorio; este espacio de sucesos no es más que el conjunto de los subconjuntos de E o conjunto de las partes de un conjunto, que designaremos por $\mathscr{P}(E)$. En consecuencia, si el número de sucesos elementales de un experimento aleatorio es igual a n, entonces el número de sucesos posibles asociados a este experimento aleatorio es igual a 2^n.

EJEMPLO 2.5. Para el experimento que consiste en lanzar un dado al aire, el número de sucesos elementales es 6 y, en consecuencia, el número total de sucesos asociados a ese experiencia es igual a $2^6 = 64$. Uno de estos sucesos es el de obtener número par, que no es un suceso elemental.

Al realizar un determinado experimento aleatorio diremos que ha ocurrido un suceso A cuando en la experiencia resulta uno de los elementos de A.

Si A y B son dos sucesos asociados a un mismo experimento aleatorio, se dice que el suceso A está *incluido* en el suceso B, siempre que al verificarse A también se de el B. Esta relación entre sucesos la indicamos por $A \subset B$.

EJEMPLO 2.6. Para el experimento consistente en lanzar dos dados al aire, si consideramos los sucesos

$$A = \textit{Obtener cifras iguales en ambos dados y}$$
$$B = \textit{Obtener una suma de puntos que sea par},$$

se tiene claramente que $A \subset B$.

Dos sucesos A y B se dice que son *iguales* cuando A está incluido en B y recíprocamente B está incluido en A, es decir, cuando al darse A se da B y a su vez cuando se da B también se verifica A. Simbólicamente

$$A = B \quad \Leftrightarrow \quad A \subset B \quad \wedge \quad B \subset A. \tag{2.1}$$

El conjunto $\mathscr{P}(E)$ con la relación $\subset$, es un conjunto parcialmente ordenado, que indicamos por $(\mathscr{P}(E), \subset)$, en el que $\emptyset$ es minimal, E es maximal y los *átomos* (conjuntos que sólo contienen al vacío y a sí mismos) son los subconjuntos unitarios de E, es decir, los sucesos elementales.

2.3. Unión e intersección de sucesos

Consideramos un experimento aleatorio y sea $\mathscr{P}(E)$ el espacio de sucesos asociados. Llamamos **unión** de sucesos y se simboliza por $\cup$, a la aplicación

$$\cup: \quad \mathscr{P}(E) \times \mathscr{P}(E) \longrightarrow \mathscr{P}(E)$$
$$(A,B) \longmapsto A \cup B$$

tal que asocia a cada pareja de sucesos A y B el suceso $A \cup B$. El suceso $A \cup B$ se verifica al realizar una experiencia cuando, en esa experiencia, se verifica al menos uno de los sucesos A o B.

Se llama **intersección** de sucesos y se simboliza por $\cap$, a la aplicación

$$\cap: \quad \mathscr{P}(E) \times \mathscr{P}(E) \longrightarrow \mathscr{P}(E)$$
$$(A,B) \longmapsto A \cap B$$

que asocia a cada par de sucesos A y B de una misma experiencia, el suceso $A \cap B$. Este suceso $A \cap B$ se define como aquél suceso que se verifica cuando se dan ambos sucesos A y B a la vez.

EJEMPLO 2.7. Si en el experimento consistente en lanzar simultáneamente dos dados al aire, consideramos los sucesos:

$$A = \textit{Obtener cifras iguales en ambos dados, y}$$
$$B = \textit{Obtener una suma de puntos igual a cuatro},$$

que mediante los sucesos elementales se describen como

$$A = \{(1,1),(2,2),(3,3),(4,4),(5,5),(6,6)\},$$
$$B = \{(1,3),(2,2),(3,1)\},$$

por lo que el suceso unión es el suceso consistente en obtener cifras iguales en ambos dados o bien que sumen cuatro, es decir

$$A \cup B = \{(1,1),(2,2),(3,3),(4,4),(5,5),(6,6),(1,3),(3,1)\},$$

mientras que el suceso intersección es el suceso que se da al obtener a la vez cifras iguales y que sumen cuatro, es decir,

$$A \cap B = \{(2,2)\}.$$

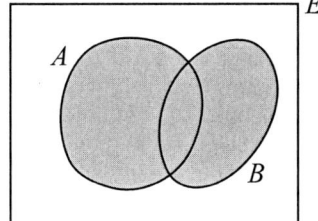 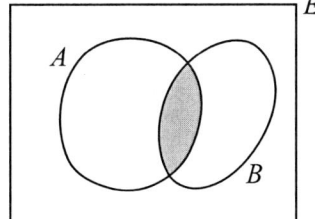

Figura 2.1. Sucesos unión e intersección

2.4. Suceso seguro y suceso imposible

Al realizar un experimento aleatorio, se llama **suceso seguro** asociado a esa experiencia, a aquel suceso que se verifica siempre al realizar dicho experimento. Se representa mediante el conjunto E que corresponde al espacio muestral. Se llama **suceso imposible** al suceso que nunca ocurre al realizar un experimento aleatorio; se representa por el símbolo $\emptyset$ que corresponde al conjunto vacío de entre los subconjuntos de E.

EJEMPLO 2.8. En el experimento consistente en lanzar el dado al aire, es un suceso seguro

$$E = \textit{Obtener un número menor que ocho,}$$

si bien hay muchas formas de definirlo, y el suceso imposible puede definirse por

$$\emptyset = \textit{Obtener número mayor que ocho.}$$

Llegados a este punto podríamos decir que **suceso elemental** o **átomo** asociado a un experimento aleatorio es todo suceso que no puede escribirse como unión de sucesos diferentes de él mismo y del suceso imposible.

2.5. Sucesos incompatibles

Dos sucesos A y B asociados a un mismo experimento aleatorio, diremos que son **incompatibles**, o mutuamente excluyentes, cuando no se pueden presentar a la vez, lo que es equivalente a que el suceso intersección sea el suceso imposible, es decir,

$$A \text{ y } B \text{ son incompatibles cuando } A \cap B = \emptyset. \tag{2.2}$$

EJEMPLO 2.9. En el experimento que consiste en lanzar dos dados al aire, los sucesos

$$
\begin{aligned}
A &= \textit{Obtener puntos iguales en ambos dados, y}\\
B &= \textit{Obtener una suma de puntos igual a cinco,}
\end{aligned}
$$

son dos sucesos incompatibles, pues al ser

$$A = \{(1,1),(2,2),(3,3),(4,4),(5,5),(6,6)\} \quad \text{y} \quad B = \{(1,4),(4,1),(2,3),(3,2)\},$$

se tiene que $A \cap B = \emptyset$.

2.6. Suceso contrario

Siendo A un suceso asociado a un cierto experimento aleatorio, se llama **suceso contrario** de A y se indica por $\overline{A}$, al suceso que se verifica cuando no ocurre A.

EJEMPLO 2.10. Para el suceso A consistente en obtener cifras iguales en el lanzamiento de dos dados, el suceso contrario, $\overline{A}$, es el que ocurre cuando no aparecen dos cifras iguales, es decir, resultan cifras diferentes en ambos dados.

El suceso $\overline{A}$, contrario del suceso A, se representa dentro del conjunto E, mediante el complementario del conjunto que representa al conjunto A. Gráficamente

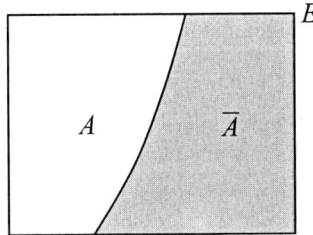

Figura 2.2. Representación del suceso contrario

De la definición de suceso contrario se deducen de forma inmediata las siguientes propiedades:

1. $\overline{\emptyset} = E$,
2. $\overline{E} = \emptyset$,
3. $A \cup \overline{A} = E$,
4. $A \cap \overline{A} = \emptyset$,
5. $A \subset B \Rightarrow \overline{A} \supset \overline{B}$,

en esta última propiedad, siempre y cuando ambos sucesos correspondan al mismo experimento aleatorio.

La propiedad cuarta nos pone de manifiesto que un suceso y su contrario son incompatibles; sin embargo dos sucesos incompatibles no tienen por qué ser contrarios.

EJEMPLO 2.11. Los sucesos

$$A \;=\; \textit{Obtener cifra igual en el lanzamiento de dos dados,}$$
$$B \;=\; \textit{Obtener suma de puntos igual a tres,}$$

que, escritos por sus sucesos elementales, son

$$A = \{(1,1),(2,2),(3,3),(4,4),(5,5),(6,6)\} \quad \text{y} \quad B = \{(1,2),(2,1)\},$$

verifican que $A \cap B = \emptyset$, y por tanto son incompatibles, pero A y B no son contrarios, pues existen casos del lanzamiento de los dos dados en que no se da el suceso A y tampoco se da el suceso B, tal es el caso en el que en un lanzamiento de los dos dados resultase el par $(2,5)$.

2.7. Álgebra de Boole de sucesos

Para todo experimento aleatorio de espacio muestral E y espacio de sucesos $\mathscr{P}(E)$, en virtud de las definiciones de unión e intersección de dos sucesos y de contrario de un suceso, se cumplen, para todo $A, B, C \in \mathscr{P}(E)$, las siguientes propiedades:

1. *Propiedades conmutativas:*

$$A \cup B = B \cup A, \qquad A \cap B = B \cap A.$$

2. *Propiedades asociativas:*

$$A \cup (B \cup C) = (A \cup B) \cup C, \qquad A \cap (B \cap C) = (A \cap B) \cap C.$$

3. *Propiedades de existencia de elemento neutro:*

$$A \cup \emptyset = A, \qquad A \cap E = A.$$

4. *Propiedades distributivas:*

$$A \cup (B \cap C) = (A \cup B) \cap (A \cup C), \qquad A \cap (B \cup C) = (A \cap B) \cup (A \cap C).$$

5. *Propiedades del complementario:*

$$A \cup \overline{A} = E, \qquad A \cap \overline{A} = \emptyset.$$

El espacio de sucesos $\mathscr{P}(E)$ asociado a todo experimento aleatorio, con las operaciones unión e intersección de sucesos y la existencia de suceso contrario, por cumplir las propiedades anteriores, cuyas sencillas demostraciones no vamos a hacer aquí, se dice que tiene estructura de **Álgebra de Boole**. Abreviadamente diremos que $(\mathscr{P}(E), \cup, \cap, \overline{})$ es un álgebra de Boole. Como consecuencia de estas cinco propiedades, se demuestra la validez de las siguientes:

6. *Propiedades idempotentes:*

$$A \cup A = A, \qquad A \cap A = A.$$

7. *Propiedades de maximalidad-minimalidad:*

$$A \cup E = E, \qquad A \cap \emptyset = \emptyset.$$

8. *Propiedad de involución:*

$$\overline{\overline{A}} = A.$$

9. *Propiedades de simplificación:*

$$A \cup (A \cap B) = A, \qquad A \cap (A \cup B) = A.$$

10. *Leyes de De Morgan:*

$$\overline{A \cup B} = \overline{A} \cap \overline{B}, \qquad \overline{A \cap B} = \overline{A} \cup \overline{B}.$$

Existen otras formas de definir el álgebra de Boole con menos propiedades que las pedidas aquí, la más conocida es la axiomática de Huntington, que dice que $(\mathscr{P}(E), \cup, \cap, \overline{})$ es álgebra de Boole si y sólo si verifica las propiedades 1, 3, 4 y 5 de la lista anterior; el resto de propiedades pueden deducirse de esas cuatro, tomadas como axiomas. También es habitual definir el álgebra de Boole como un retículo distributivo y complementario, es decir, que verifica las propiedades 6, 1, 2 y 3 (retículo) y 4 y 5 de la lista anterior.

Como en todo modelo de álgebra de Boole, está presente el **principio de dualidad** por el cual un suceso expresado a partir de otros mediante operaciones del álgebra permite definir el que resulta de sustituir la unión por la intersección, la intersección por la unión, el suceso seguro por el imposible y viceversa. Esa es la razón por la que, salvo la 8, todas las propiedades anteriores sean dobles.

Otras operaciones con sucesos

En el espacio de sucesos $\mathscr{P}(E)$ pueden definirse además dos operaciones, la diferencia y la diferencia simétrica de sucesos. Si $A, B \in \mathscr{P}(E)$, se llama **diferencia** de los sucesos A y B, al suceso consistente en la verificación de A y la no verificación de B. Empleando los sucesos elementales, se define como

$$A - B = \{x \in A : x \notin B\}. \tag{2.3}$$

Se llama **diferencia simétrica** de los sucesos A y B, al suceso que se verifica cuando ocurre la unión pero no la intersección. Mediante los sucesos elementales se describe como

$$A \Delta B = \{x \in A \cup B : x \notin A \cap B\}. \tag{2.4}$$

Estas operaciones pueden recordarse fácilmente con los diagrama de la Figura 2.3.

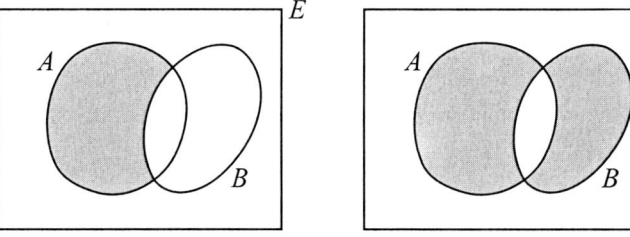

Figura 2.3. Diferencia y diferencia simétrica de sucesos

Puede comprobarse fácilmente que

$$A - B = A \cap \overline{B}, \qquad A \Delta B = (A - B) \cup (B - A).$$

EN DETALLE

2.1 Sean los objetos a, b, c y d. Se escogen dos de ellos al azar, según dos procedimientos: primero sin sustitución y luego con sustitución. Constrúyase en ambos casos el espacio muestral respectivo, dando el número total de sucesos asociados a cada experimento.

RESOLUCIÓN

El enunciado del problema no dice si debe considerarse o no el orden. Vamos a resolverlo teniendo en cuenta el orden, es decir, consideraremos como diferentes los sucesos en que «primero escogemos a y luego b» y «primero escogemos b y luego a».

Según esto, en el caso de hacer la elección sin sustitución del elemento elegido en primer lugar, el espacio muestral, que es el conjunto de todos los sucesos elementales, será

$$E = \{ab, ac, ad, ba, bc, bd, ca, cb, cd, da, db, dc\},$$

que son todas las formas posibles de elegir dos elementos de entre los cuatro de que se dispone, considerando orden y sin repetición, es decir las variaciones binarias de cuatro elementos; su número es

$$V_4^2 = 4 \cdot 3 = 12.$$

El espacio de sucesos $\mathscr{P}(E)$ tendrá $2^{12} = 4\,096$ elementos y será

$$\mathscr{P}(E) = \{\emptyset, \{ab\}, \{ac\}, \ldots, \{dc\}, \{ab, ac\}, \ldots, \{da, db, dc\}, E\}.$$

Si la extracción del segundo objeto se hace después de reemplazar el escogido en primer lugar, puede haber repetición de elemento; el espacio muestral será entonces

$$E = \{aa, ab, ac, ad, ba, bb, bc, bd, ca, cb, cc, cd, da, db, dc, dd\},$$

es decir, las variaciones binarias con repetición de cuatro elementos, su número es

$$VR_4^2 = 4^2 = 16.$$

El espacio de sucesos $\mathscr{P}(E)$ tendrá $2^{16} = 65\,536$ elementos.

2.2 Dados tres sucesos A, B y C relativos a un determinado experimento aleatorio, se consideran los sucesos

$$S_1 = \overline{A} \cap \overline{B} \cap C \qquad y \qquad S_2 = (A \cup B) \cap C.$$

Explíquese lo que significan respecto a A, B y C y estúdiese si son compatibles.

RESOLUCIÓN

Entre los sucesos aleatorios correspondientes a un experimento, están definidas la unión, la intersección y el contrario o complementario.

El suceso S_1 es el que ocurre cuando no se verifica A, ni B, pero sí C. El suceso S_2 ocurre cuando se verifica C y $A \cup B$, es decir, C y al menos uno de los sucesos A y B.

Dos sucesos son incompatibles cuando su intersección es el suceso imposible; para saber si S_1 y S_2 lo son, calculamos su intersección y tenemos

$$S_1 \cap S_2 = (\overline{A} \cap \overline{B} \cap C) \cap [(A \cup B) \cap C] =$$

aplicamos dos veces la propiedad distributiva de la $\cap$,

$$= (\overline{A} \cap \overline{B} \cap C) \cap [(A \cap C) \cup (B \cap C)] =$$
$$= [(\overline{A} \cap \overline{B} \cap C) \cap (A \cap C)] \cup [(\overline{A} \cap \overline{B} \cap C] \cap (B \cap C)] =$$

por las propiedades asociativa y conmutativa de la $\cap$,

$$= [(A \cap \overline{A}) \cap \overline{B} \cap C \cap C] \cup [(B \cap \overline{B}) \cap \overline{A} \cap C \cap C] =$$

como $A \cap \overline{A} = \emptyset$ y $B \cap \overline{B} = \emptyset$, queda

$$= (\emptyset \cap \overline{B} \cap C \cap C) \cup (\emptyset \cap \overline{A} \cap C \cap C) = \emptyset \cup \emptyset = \emptyset,$$

luego los sucesos S_1 y S_2 son incompatibles.

Otra forma más breve de probar la incompatibilidad de S_1 y S_2 es, comenzando con una de las leyes de De Morgan,

$$S_1 \cap S_2 = (\overline{A} \cap \overline{B} \cap C) \cap [(A \cup B) \cap C] =$$
$$= [(\overline{A \cup B}) \cap C] \cap [(A \cup B) \cap C] = [(\overline{A \cup B}) \cap (A \cup B)] \cap C = \emptyset \cap C = \emptyset.$$

Una manera sencilla de saber si son incompatibles es hacer el correspondiente diagrama de Venn de los sucesos. En la Figura 2.4 se observa que los sucesos S_1 y S_2, sombreados de distinta forma, son disjuntos, por tanto incompatibles.

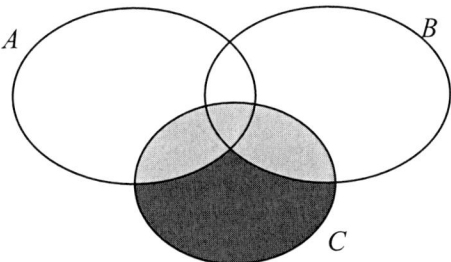

Figura 2.4. Sucesos incompatibles

2.3 En un encuentro de fuerza entre Hércules y Goliat, será vencedor el que gane dos asaltos seguidos o tres alternos. Escríbase el espacio muestral de los posibles resultados.

RESOLUCIÓN

Construyamos un diagrama de árbol poniendo G cuando gane Goliat y H cuando gane Hércules. Después de cada asalto hay dos posibilidades según quién gane: pondremos dos ramas, una con G y otra con H; cuando se cumpla alguna de las condiciones para terminar el encuentro, pondremos una cruz para no continuar con más ramas, como se observa en la Figura 2.5.

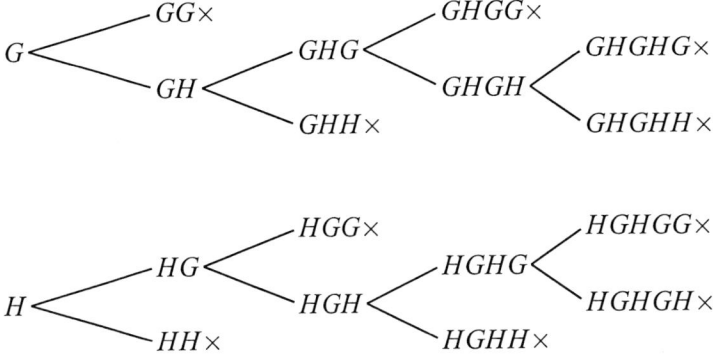

Figura 2.5. Diagrama de árbol del problema 2.3

El espacio muestral es entonces

$$\{GG, HH, GHH, HGG, GHGG, HGHH, GHGHG, HGHGH, GHGHH, HGHGG\}.$$

2.4 En el álgebra de Boole de sucesos, utilizando únicamente los axiomas, pruébense las propiedades idempotentes:
$$A \cup A = A \quad \text{y} \quad A \cap A = A.$$

RESOLUCIÓN

$$A \cup A = (A \cup A) \cap E = (A \cup A) \cap (A \cup \overline{A}) = A \cup (A \cap \overline{A}) = A \cup \emptyset = A,$$

donde hemos utilizado, respectivamente, las propiedades neutro de $\cap$, complementario, distributiva de $\cup$, complementario y neutro de $\cup$. Por el principio de dualidad se tiene:

$$A \cap A = (A \cap A) \cup \emptyset = (A \cap A) \cup (A \cap \overline{A}) = A \cap (A \cup \overline{A}) = A \cap E = A.$$

2.5 Demuéstrense las leyes de De Morgan:
$$\overline{A \cup B} = \overline{A} \cap \overline{B} \quad \text{y} \quad \overline{A \cap B} = \overline{A} \cup \overline{B}.$$

RESOLUCIÓN

La primera de ellas nos dice que el suceso contrario del $A \cup B$ es el suceso $\overline{A} \cap \overline{B}$. Según las propiedades del complementario, es preciso ver que la unión de éstos es E y la intersección es $\emptyset$, es decir, que $(A \cup B) \cup (\overline{A} \cap \overline{B}) = E$ y que $(A \cup B) \cap (\overline{A} \cap \overline{B}) = \emptyset$. Tenemos que

$$\begin{aligned}
(A \cup B) \cup (\overline{A} \cap \overline{B}) &= \left[(A \cup B) \cup \overline{A}\right] \cap \left[(A \cup B) \cup \overline{B}\right] = \\
&= \left[\overline{A} \cup (A \cup B)\right] \cap \left[(A \cup B) \cup \overline{B}\right] = \\
&= \left[(\overline{A} \cup A) \cup B\right] \cap \left[A \cup (B \cup \overline{B})\right] = \\
&= (E \cup B) \cap (A \cup E) = E \cap E = E,
\end{aligned}$$

donde hemos utilizado, respectivamente, distributiva, conmutativa, asociativa, complementario, maximalidad de E y neutro. Y que

$$\begin{aligned}
(A \cup B) \cap (\overline{A} \cap \overline{B}) &= \left[A \cap (\overline{A} \cap \overline{B})\right] \cup \left[B \cap (\overline{A} \cap \overline{B})\right] = \\
&= \left[A \cap (\overline{A} \cap \overline{B})\right] \cup \left[(\overline{A} \cap \overline{B}) \cap B\right] = \\
&= \left[(A \cap \overline{A}) \cap \overline{B}\right] \cup \left[\overline{A} \cap (\overline{B} \cap B)\right] = \\
&= (\emptyset \cap \overline{B}) \cup (\overline{A} \cap \emptyset) = \emptyset \cup \emptyset = \emptyset.
\end{aligned}$$

La segunda ley de De Morgan se obtiene por dualidad.

2.6 Simplifíquense los sucesos:

(a) $[(A \cap B) \cap C] \cup [(A \cap B) \cap \overline{C}] \cup (\overline{A} \cap B)$

(b) $\overline{(A \cup B)} \cup (\overline{A} \cap B)$

RESOLUCIÓN

(a)
$$\begin{aligned}
[(A \cap B) \cap C] \cup [(A \cap B) \cap \overline{C}] \cup (\overline{A} \cap B) &= [(A \cap B) \cap (C \cup \overline{C})] \cup (\overline{A} \cap B) = \\
&= [(A \cap B) \cap E] \cup (\overline{A} \cap B) = \\
&= (A \cap B) \cup (\overline{A} \cap B) = \\
&= (A \cup \overline{A}) \cap B = E \cap B = B,
\end{aligned}$$

donde hemos aplicado las propiedades distributiva, complementario, maximalidad, distributiva, complementario y maximalidad.

(b) $$(\overline{A \cup B}) \cup (\overline{A} \cap B) = (\overline{A} \cap \overline{B}) \cup (\overline{A} \cap B) = \overline{A} \cap (\overline{B} \cup B) = \overline{A} \cap E = \overline{A},$$

habiendo aplicado una ley de De Morgan, distributiva, complementario y maximalidad.

2.7 Se considera el experimento consistente en lanzar un dado dos veces y los sucesos $S_1 =$ «*En un lanzamiento se obtiene un 5*» y $S_2 =$ «*La suma de puntos obtenida en ambos lanzamientos excede de 9*». Obténganse:

(a) S_1 y S_2 por sus sucesos elementales.

(b) Los sucesos $S_1 \cup S_2, S_1 \cap S_2, \overline{S}_1$ y $\overline{S}_2$.

RESOLUCIÓN

(a) Los sucesos pedidos son

$$S_1 = \{(5,1),(5,2),(5,3),(5,4),(5,5),(5,6),(1,5),(2,5),(3,5),(4,5),(6,5)\},$$

$$S_2 = \{(4,6),(6,4),(5,5),(5,6),(6,5),(6,6)\}.$$

(b) El suceso $S_1 \cup S_2$ es el que ocurre cuando en un lanzamiento se obtiene 5 o bien cuando la suma de puntos de los dos lanzamientos vale diez o más puntos. Por los sucesos elementales es

$$\begin{aligned} S_1 \cup S_2 = \quad &\{(5,1),(5,2),(5,3),(5,4),(5,5),(5,6), \\ &(1,5),(2,5),(3,5),(4,5),(6,5),(4,6),(6,4),(6,6)\}. \end{aligned}$$

Por su parte, el suceso $S_1 \cap S_2$ ocurre cuando en un lanzamiento se obtiene un 5 y además la suma de puntos en ambos lanzamientos es mayor que nueve, es decir,

$$S_1 \cap S_2 = \{(5,5),(5,6),(6,5)\}.$$

El suceso $\overline{S}_1$ ocurre cuando en los dos lanzamientos del dado aparece cifra distinta de 5. A su vez, el suceso $\overline{S}_2$ se presenta cuando la suma de puntos resultante de los dos lanzamientos es un número menor o igual que nueve.

2.8 De 120 jóvenes encuestados, hemos obtenido que 15 practican el fútbol, tenis y baloncesto, 23 practican fútbol y baloncesto, 36 fútbol y tenis, 48 tenis y baloncesto, 61 practican fútbol, 64 baloncesto y 75 tenis. Si se elige uno de estos jóvenes al azar, ¿en cuántos casos se presenta el suceso «*el joven elegido no practica ningún deporte*»?

RESOLUCIÓN

Primer método.

Generalizando para tres sucesos la conocida fórmula relativa al cardinal de la unión,

$$\text{card}(A \cup B) = \text{card}(A) + \text{card}(B) - \text{card}(A \cap B),$$

e indicando por F, T y B el practicar estos deportes, tenemos que el número de alumnos que practican alguno de estos deportes es

$$\begin{aligned} \text{card}(F \cup T \cup B) = \quad &\text{card}(F) + \text{card}(T) + \text{card}(B) - \text{card}(F \cap T) - \\ &- \text{card}(F \cap B) - \text{card}(T \cap B) + \text{card}(F \cap T \cap B) = \\ = \quad &61 + 64 + 75 - 23 - 36 - 48 + 15 = 108, \end{aligned}$$

luego no practican ningún deporte $120 - 108 = 12$ alumnos. Los casos pedidos serán 12.

Segundo método.

Podemos hacerlo por un diagrama de Venn, utilizado en Teoría de conjuntos, si convenimos que los números que coloquemos en el diagrama, con una línea inferior, corresponden al recinto mínimo en que están colocados, como se observa en la Figura 2.6.

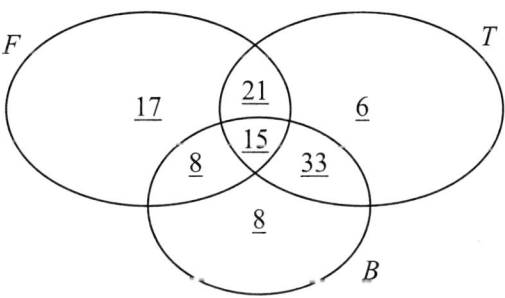

Figura 2.6. Diagrama de Venn del problema 2.8

De este modo se observa de forma inmediata que

$$\text{Practican alguno} \quad : \quad 15 + 8 + 21 + 33 + 8 + 17 + 6 = 108,$$
$$\text{No practican} \quad : \quad 120 - 108 = 12.$$

2.9 En una clase de 100 alumnos han aprobado el Álgebra al menos 82 alumnos, el Cálculo 73 o más, la Estadística 77 o más y la Informática 89 por lo menos. Si se elige un alumno al azar, determínese el número mínimo de casos en que puede ocurrir el suceso *«el alumno elegido aprobó las cuatro materias»*.

RESOLUCIÓN

Primer método.

Indicando por A, C, E e I las asignaturas y por $n(X)$ el número de alumnos que aprueban la asignatura X, se tiene que

$$n(A \cup C) = n(A) + n(C) - n(A \cap C),$$

por lo que

$$n(A \cap C) = n(A) + n(C) - n(A \cup C);$$

el número de los que han aprobado A y C será mínimo cuando $n(A \cup C)$ sea máximo, es decir igual a 100, luego

$$n_{\text{mín}}(A \cap C) = n(A) + n(C) - 100 = 82 + 73 - 100 = 55.$$

Análogamente

$$n[(A \cap C) \cap E] = n(A \cap C) + n(E) - n[(A \cap C) \cup E],$$

y este número será mínimo cuando $n(A \cap C)$ sea mínimo, es decir sea 55, y $n[(A \cap C) \cup E)]$ sea máximo, es decir 100, luego

$$n_{\text{mín}}[(A \cap C) \cap E] = 55 + n(E) - 100 = 55 + 77 - 100 = 32.$$

Finalmente tenemos que

$$n[(A \cap C \cap E) \cap I] = n(A \cap C \cap E) + n(I) - n[(A \cap C \cap E) \cup I],$$

será mínimo cuando lo sea $n(A\cap C\cap E)$, es decir 32, y $n[(A\cap C\cap E)\cup I]$ sea máximo, es decir igual a 100. Luego

$$n_{\text{mín}}[(A\cap C\cap E)\cap I] = 32 + n(I) - 100 = 32 + 89 - 100 = 21.$$

Por tanto, elegido un alumno al azar entre los 100, existen al menos 21 casos favorables a la verificación del suceso.

Segundo método.

Resulta que

$$
\begin{aligned}
100 - 82 &= 18 \quad \text{no aprueban el Álgebra, a lo sumo,}\\
100 - 73 &= 27 \quad \text{no aprueban el Cálculo, a lo sumo,}\\
100 - 77 &= 23 \quad \text{no aprueban la Estadística, a lo sumo, y}\\
100 - 87 &= 11 \quad \text{no aprueban la Informática, a lo sumo,}
\end{aligned}
$$

por tanto, como máximo $18 + 27 + 23 + 11 = 79$ no aprueban alguna. En consecuencia, por lo menos $100 - 79 = 21$ aprueban todas las materias. Luego al menos hay 21 casos.

PROPUESTOS

P 2.1 Se dispone de tres cajas numeradas (1, 2 y 3) y dos bolas (a y b). Estas bolas se distribuyen en esas cajas de todas las maneras posibles.

(a) Descríbase el espacio muestral en el caso de que las bolas sean distinguibles.

(b) Lo mismo en el caso de que las bolas no sean distinguibles entre sí.

P 2.2 Sean A, B y C sucesos de un experimento aleatorio. Se consideran los sucesos
$S_1 = $ *al menos dos de los sucesos A, B, C ocurren,*
$S_2 = $ *exactamente dos de los sucesos A, B, C ocurren,*
$S_3 = $ *no más de dos sucesos A, B, C ocurren.*
Exprésense S_1, S_2, S_3 en función de A, B, C.

P 2.3 Una bolsa contiene tres bolas blancas, dos negras y una roja. El experimento consiste en extraer las bolas al azar, hasta que aparezca la bola roja. Descríbase el espacio muestral de resultados posibles.

P 2.4 Demuéstrense las propiedades del maximalidad de E y de minimalidad de $\emptyset$ en el álgebra de sucesos aleatorios.

P 2.5 Demuéstrense las propiedades de simplificación o absorción:

$$A\cup(A\cap B)=A \quad \text{y} \quad A\cap(A\cup B)=A.$$

P 2.6 Simplifíquense los sucesos

(a) $[A\cap(\overline{A}\cup B)]\cup[B\cap(B\cup C)]\cup B.$

(b) $\overline{(A\cup\overline{B})}\cup\overline{A}.$

P 2.7 Tres amigos juegan a sacar independientemente dedos de una de sus manos.

(a) Obténgase el espacio muestral asociado a este experimento aleatorio.

(b) ¿En cuántos casos los tres amigos sacan diferente número de dedos?

(c) Se consideran los sucesos S_1 = «*Obtener suma de dedos igual a siete*» y S_2 = «*Sacar cada uno un número impar de dedos*». ¿En cuántos casos se presenta S_1? ¿En cuántos lo hace S_2? ¿Son incompatibles S_1 y S_2?

P 2.8 Gatos de *Peleas de Arriba* se enfrentaron con otros gatos de *Peleas de Abajo* y resultó que el 70% tuvieron lesiones en la cabeza, el 50% en el cuerpo, el 80% en las patas, el 40% en cabeza y cuerpo, el 60% en cabeza y patas, el 50% en cuerpo y patas y sólo el 10% resultaron ilesos. Si se elige al azar un gato, ¿en cuántos casos puede ocurrir el suceso «*presentar los tres tipos de lesiones*»?

P 2.9 En una excursión de clase hay más chicas que chicos, más chicos con gafas que chicas no rubias y menos chicas rubias que no llevan gafas que chicos que ni llevan gafas ni son rubios. Si se elige una persona al azar, demuéstrese que el suceso «*ser chica rubia con gafas*» se presenta más veces que el de «*ser chico rubio sin gafas*».

Capítulo

Concepto
de probabilidad

3.1. Frecuencias absolutas y relativas

Si realizamos una prueba o experimento aleatorio, cuyo espacio muestral es E y repetimos la prueba N veces, un suceso A se habrá verificado un número determinado de veces, sea n ese número, naturalmente será $0 \leq n \leq N$. Llamamos **frecuencia absoluta** del suceso A al número de veces que se ha presentado dicho suceso, es decir n, y llamamos **frecuencia relativa** del suceso A al cociente entre el número de veces que se ha presentado el suceso y el número de veces que se ha realizado el experimento, es decir,

$$f(A) = \frac{n}{N} \tag{3.1}$$

Si A y B son dos sucesos del mismo experimento aleatorio, se verifican las siguientes propiedades:

1. $0 \leq f(A) \leq 1$.

2. $f(\overline{A}) = 1 - f(A)$.

3. $A \subset B \Rightarrow f(A) \subset f(B)$.

4. $A \cap B = \emptyset \Rightarrow f(A \cup B) = f(A) + f(B)$.

5. $f(E) = 1$.

6. $f(A \cup B) = f(A) + f(B) - f(A \cap B)$.

DEMOSTRACIÓN

1. Como es $0 \leq n \leq N$, tenemos que $\frac{0}{N} \leq \frac{n}{N} \leq \frac{N}{N}$, luego es $0 \leq f(A) \leq 1$.

2. Si el suceso A ocurre n veces, el suceso $\overline{A}$ ocurre $N - n$ veces, por lo que

$$f(\overline{A}) = \frac{N-n}{N} = 1 - \frac{n}{N} = 1 - f(A).$$

3. Si el suceso A ocurre n veces y el suceso B ocurre m veces, es $n \leq m$, de donde

$$f(A) = \frac{n}{N} \leq \frac{m}{N} = f(B).$$

4. Si A ocurre n veces y B ocurre m veces, siendo $A \cap B = \emptyset$, el suceso $A \cup B$ ocurre $n + m$ veces, luego es

$$f(A \cup B) = \frac{n+m}{N} = \frac{n}{N} + \frac{m}{N} = f(A) + f(B).$$

5. Se tiene que

$$f(E) = \frac{N}{N} = 1.$$

6. Supongamos que el suceso A ocurre n veces, el suceso B ocurre m veces y, de éstas, A y B ocurren simultáneamente p veces, tenemos entonces que

$$f(A \cup B) = \frac{n+m-p}{N} = \frac{n}{N} + \frac{m}{N} - \frac{p}{N} = f(A) + f(B) - f(A \cap B).$$

3.2. Definición clásica de probabilidad

La ley empírica del azar o ley de estabilidad de las frecuencias establece que, realizando un experimento muchas veces, las frecuencias relativas de cada suceso tienden a un número fijo, que nos interesa definir como probabilidad de ese suceso.

La definición clásica de probabilidad, basada en este hecho es la siguiente: *la probabilidad de que aparezca un determinado suceso es el cociente entre el número de casos favorables a ese suceso y el número total de casos, siendo éstos mutuamente simétricos.*

La definición clásica de probabilidad sigue utilizándose por su sencillez para la resolución de un gran número de problemas, la aplicación práctica consiste en la fórmula

$$P(A) = \frac{\text{número de casos favorables a } A}{\text{número de casos posibles}} \tag{3.2}$$

conocida como *regla de Laplace.*

Esta definición tiene dos inconvenientes. El primero de ellos es que al exigir la simetría de los casos se está suponiendo una idea de igualdad de probabilidad. El segundo inconveniente es que no puede aplicarse más que cuando el número total de casos es finito.

Estos inconvenientes condujeron a buscar una nueva definición de probabilidad. En esta búsqueda destacan la definición *frecuentista* de Von Mises, que define la probabilidad como límite de las frecuencias relativas de un suceso y la de De Finetti que define la probabilidad *subjetiva*, donde la probabilidad mide el grado de certeza del suceso.

EJEMPLO 3.1. Si de un lago se extraen peces regularmente y siempre obtenemos un 40 % de lucios y un 60 % de carpas aproximadamente, podemos decir que, si pescamos un pez, la probabilidad de que sea un lucio es 0,4 y la de que sea una carpa es 0,6, utilizando la definición basada en las frecuencias relativas.

La definición *axiomática* de Kolmogorov, establecida en 1933, se basa en la Teoría de la medida y proporcionó una base sólida al concepto de probabilidad y al Cálculo de probabilidades, siguiendo la tendencia de las matemáticas de la primera mitad del siglo XX.

3.3. Definición axiomática de probabilidad

Habitualmente no se trabaja con todo el espacio de sucesos $\mathscr{P}(E)$, sino con algún subconjunto suyo, esto nos lleva a dar una complicada definición que justificaremos después.

Si E es el espacio muestral correspondiente a un experimento aleatorio y $\mathscr{A}$ es un subconjunto no vacío de $\mathscr{P}(E)$, diremos que $\mathscr{A}$ es una **σ-álgebra** definida sobre E cuando verifica las siguientes dos propiedades:

$$\begin{aligned} &1. \quad A \in \mathscr{A} \;\Rightarrow\; \overline{A} \in \mathscr{A}. \\ &2. \quad \{A_i\}_{i=1}^{\infty} \subset \mathscr{A} \;\Rightarrow\; \bigcup_{i=1}^{\infty} A_i \in \mathscr{A}. \end{aligned} \tag{3.3}$$

La razón de exigir estas dos propiedades se debe a que si estamos interesados en saber cuándo ocurre un suceso, también nos interesará saber cuándo no ocurre, es decir, cuándo se verifica su contrario. Del mismo modo con dos o más sucesos, nos interesará saber cuándo ocurre el suceso unión. Se exige la unión infinita numerable y esto nos permite afirmarlo también para las uniones finitas.

Al exigir que $\mathscr{A}$ sea no vacío, tenemos al menos un suceso A en la σ-álgebra, por lo que también estará $\overline{A}$, por la primera condición. El suceso seguro y el imposible también están en la σ-álgebra. El suceso seguro, por ser unión de A y su contrario, según la segunda condición también está. El suceso imposible también, por ser contrario del seguro y por la primera condición.

De la definición de σ-álgebra, se deduce que si un suceso está en la σ-álgebra, su contrario también lo está, y que si tenemos una colección de sucesos en la σ-álgebra, su unión infinita numerable, y también finita, y su intersección infinita numerable, y también finita, están en la σ-álgebra. De este modo la unión, la intersección y el paso al suceso contrario son operaciones cerradas en la σ-álgebra. En resumen, toda σ-álgebra contiene a los sucesos $\emptyset$, E y también a las uniones, intersecciones y contrarios de los sucesos que estén en ella.

Entre todas las σ-álgebras que pueden definirse en un espacio muestral E, hay dos inmediatas, $\mathscr{P}(E)$ y $\{E, \emptyset\}$. La primera tiene todos los sucesos asociados al experimento aleatorio y la segunda tiene sólo los mínimos imprescindibles para cumplir las condiciones de la definición.

Llamamos **espacio probabilizable** y escribimos $(E, \mathscr{A})$, al par formado por el espacio muestral y una σ-álgebra $\mathscr{A}$ definida sobre él.

En un mismo espacio muestral pueden considerarse distintos espacios probabilizables, según la σ-álgebra considerada, y en cada espacio probabilizable podemos definir, como veremos, distintas probabilidades.

Si $(E, \mathscr{A})$ es un espacio probabilizable, llamamos **probabilidad** en el espacio $(E, \mathscr{A})$ a toda aplicación $P : \mathscr{A} \to \mathbb{R}^+$, definida en $\mathscr{A}$ y con valores en $\mathbb{R}^+$ tal que verifique los siguientes axiomas:

A1. $P(E) = 1$.

A2.   Si $\{A_i\}_{i=1}^{\infty} \subset \mathscr{A}$ *con* $A_i \cap A_j = \emptyset$, *cuando* $i \neq j$, *entonces*

$$P\left(\bigcup_{i=1}^{\infty} A_i\right) = \sum_{i=1}^{\infty} P(A_i).$$

(3.4)

Llamamos **espacio de probabilidad**, o espacio probabilístico, y escribimos $(E, \mathscr{A}, P)$, a la terna formada por el espacio muestral, una σ-álgebra definida sobre él y una probabilidad definida en $\mathscr{A}$.

Según esto, en un mismo espacio probabilizable pueden definirse distintas probabilidades, basta con que cumplan las condiciones pedidas.

EJEMPLO 3.2. Si consideremos en el lanzamiento de un dado, el espacio muestral $E = \{1, 2, 3, 4, 5, 6\}$, la σ-álgebra $\mathscr{A} = \{\emptyset, \{1, 2\}, \{3, 4, 5, 6\}, E\}$ y la función de probabilidad definida por

$$P(\emptyset) = 0, \qquad P(\{1, 2\}) = 1/3, \qquad P(\{3, 4, 5, 6\}) = 2/3, \qquad P(E) = 1,$$

podemos comprobar fácilmente que verifica los axiomas. También verificaría los axiomas la función de probabilidad definida en la misma σ-álgebra, dada por

$$P(\emptyset) = 0, \qquad P(\{1, 2\}) = 0, \qquad P(\{3, 4, 5, 6\}) = 1, \qquad P(E) = 1.$$

3.4.   Propiedades de una probabilidad

De los axiomas enunciados en la definición de probabilidad se deduce que, si A y B son sucesos de un espacio de probabilidad $(E, \mathscr{A}, P)$, se verifican las siguientes propiedades:

1. $P(\emptyset) = 0$.

2. $P(\overline{A}) = 1 - P(A)$.

3. $A \subset B \Rightarrow P(A) \leq P(B)$.

4. $0 \leq P(A) \leq 1$.

5. $P(A \cup B) = P(A) + P(B) - P(A \cap B)$.

Demostración

1. Como es $E \cap \emptyset = \emptyset$, por el axioma 2 tenemos que $P(E \cup \emptyset) = P(E) + P(\emptyset)$, luego $P(E) = P(E) + P(\emptyset)$, de donde $P(\emptyset) = 0$.

2. Es $A \cap \overline{A} = \emptyset$, por tanto $P(A \cup \overline{A}) = P(A) + P(\overline{A})$, como es $P(A \cup \overline{A}) = P(E) = 1$, queda $1 = P(A) + P(\overline{A})$ y entonces $P(\overline{A}) = 1 - P(A)$.

3. Consideremos los sucesos A y $B \cap \overline{A}$, que cumplen $A \cap (B \cap \overline{A}) = \emptyset$ y $A \cup (B \cap \overline{A}) = B$, de donde, por el segundo axioma es $P(B) = P(A) + P(B \cap \overline{A})$ y como es $P(B \cap \overline{A}) \geq 0$, queda $P(B) \geq P(A)$.

4. Como $A \subset E$, se tiene que $P(A) \leq 1$.

5. Es $A = (A \cap B) \cup (A \cap \overline{B})$, de donde $P(A) = P(A \cap B) + P(A \cap \overline{B})$, luego

$$P(A \cap \overline{B}) = P(A) - P(A \cap B).$$

Por otra parte es $B = (A \cap B) \cup (B \cap \overline{A})$, de donde $P(B) = P(A \cap B) + P(B \cap \overline{A})$, luego

$$P(B \cap \overline{A}) = P(B) - P(A \cap B).$$

Además tenemos que $A \cup B = (A \cap \overline{B}) \cup (A \cap B) \cup (B \cap \overline{A})$, de donde se obtiene que

$$\begin{aligned}
P(A \cup B) &= P(A \cap \overline{B}) + P(A \cap B) + P(B \cap \overline{A}) = \\
&= P(A) - P(A \cap B) + P(A \cap B) + P(B) - P(A \cap B) = \\
&= P(A) + P(B) - P(A \cap B),
\end{aligned}$$

sin más que sustituir los valores anteriores.

3.5. Diversos tipos de espacios de probabilidad

Dependiendo del número de elementos de que conste el espacio muestral, podemos distinguir tres tipos de espacio muestral:

- *Espacio muestral finito*, es el que consta de un número finito de elementos. Si estos sucesos son equiprobables, podemos utilizar la regla de Laplace.

  EJEMPLO 3.3. El espacio muestral asociado al lanzamiento de un dado o de una moneda es un espacio muestral finito.

- *Espacio muestral infinito numerable*, es el que contiene tantos elementos como números naturales.

  EJEMPLO 3.4. El número de automóviles que pueden circular por una calle hasta que ocurra un accidente y el número de lanzamientos de una moneda necesarios hasta que se obtenga la primera cruz son espacios muestrales infinitos numerables.

- *Espacio muestral continuo*, es el que tiene infinitos elementos pero no son numerables.

  EJEMPLO 3.5. Un intervalo de $\mathbb{R}$ y una región del plano son espacios muestrales continuos.

En el caso del espacio muestral finito, la probabilidad está totalmente determinada si se conocen las probabilidades de los sucesos elementales. En efecto, si $E = \{a_1, a_2, \ldots, a_n\}$ es el espacio muestral y conocemos la probabilidad de cada suceso elemental $\{a_i\}$, $i = 1, 2, \ldots, n$, podemos calcular la de cualquier suceso por el axioma 2, ya que cualquier suceso puede escribirse como unión de sucesos elementales. Si es $A = \{a_1, a_2, \ldots, a_k\}$, tenemos que $A = \{a_1\} \cup \{a_2\} \cup \cdots \cup \{a_k\}$, sucesos disjuntos, luego

$$P(A) = P(\{a_1\}) + P(\{a_2\}) + \cdots + P(\{a_k\}) = \sum_{i=1}^{k} P(\{a_i\}). \tag{3.5}$$

Probabilidades geométricas

Para poder aplicar la regla de Laplace, el número de casos posibles y favorables no tiene por qué ser necesariamente finito. Hay situaciones en que el número de casos es infinito no numerable y la indeterminación «infinito partido por infinito» que nos da la regla de Laplace, puede salvarse por medio de consideraciones geométricas.

En estas circunstancias, dependiendo de que las variables tomen valores uniformemente distribuidos en una recta, en el plano o en el espacio, se tomará como medida de los casos la longitud, el área o el volumen.

En estos casos se utiliza la σ-álgebra de Borel, que contiene todos los subconjuntos que se pueden formar con uniones, intersecciones y complementarios de una infinidad numerable de intervalos de la recta, o productos de ellos en los casos del plano y del espacio. En el Capítulo 9, que trata de distribuciones continuas, se desarrollarán problemas de este tipo. Analicemos ahora un ejemplo sencillo.

EJEMPLO 3.6. Si dos amigos A y B se han citado en la puerta de un cibercafé entre las 10 y las 11 de la mañana, acordando no esperar más de 15 minutos. ¿Cuál será la probabilidad de que se encuentren si llegan al azar e independientemente?

Como el número de instantes en que puede llegar cada uno de ellos es infinito, tantos como puntos tiene el intervalo $[10; 11]$, debemos colocar en dos ejes los posibles momentos de llegada, entre 0 y 60 minutos. Se encontrarán si el segundo en llegar lo hace dentro de los 15 minutos desde la llegada del primero. Así, si el primero en llegar es A, B debe llegar en la zona limitada por las rectas $y = x$ e $y = x + 15$. Si es B el primero en llegar, A debe llegar en la zona limitada por $y = x$ e $y = x - 15$.

De este modo deducimos que la probabilidad de que se encuentren es

$$P(Se\ encuentren) = \frac{\text{Área rayada}}{\text{Área total}} = \frac{60 \times 60 - 45 \times 45}{60 \times 60} = \frac{7}{16}$$

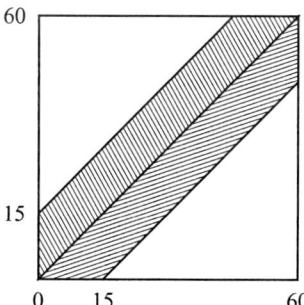

Figura 3.1. Área rayada y área total del Ejemplo 3.6

3.6. Evolución histórica del Cálculo de probabilidades

El origen histórico de la probabilidad se debe situar en los primeros juegos de azar, de aparición simultánea al *Homo sapiens*.

No tenemos certera precisión sobre el origen de la palabra *azar*. En 1959 Kendall nos dice que la palabra azar deriva del vocablo árabe «al zhar» con el cual nombraban un dado. El término se introdujo en Europa con motivo de las cruzadas.

Pinturas, grabados y utensilios encontrados en las tumbas egipcias del Imperio Antiguo, nos muestran que 3 500 años a.C. el hombre practicaba juegos de azar.

A Palamedes, héroe griego de la guerra de Troya, se le atribuye la invención de los juegos de damas, dados y tabas con los cuales se entretenían los soldados durante el asedio. En diez años de duración era oportuno llenar el tiempo de los soldados.

Entre los primeros juegos está el de astrágalos, y parece ser que de él deriva el juego de dados, imitando al hueso con trozos de piedra tallada para darle posteriormente la forma de un cubo.

Los juegos de cartas son también antiguos y orientales. Se sabe que su práctica existía en la antigua China, en la India, Arabia y Egipto.

Estos juegos de azar proliferan en Europa en la segunda mitad del siglo XIV y se llega a atribuir un sentido religioso uniendo el resultado del juego a los designios de la divinidad. Por este motivo la Iglesia y ciertos monarcas los prohibieron considerándolos prácticas ilegales. Pese a tales preceptos, la práctica de juegos de azar era habitual en gentes de toda condición hasta la modernidad.

Todas estas prácticas carecían de cuerpo establecido de doctrina científica, pero motivan los primeros escritos para organizar esta *ciencia del azar*. Los primeros escritos sobre juegos se deben a Cardano (1501-1576) con su obra *«Liber de ludo aleae»* de 1663 y a Galileo (1564-1642) con *«Sopra le scoperte de i dadi»* donde se establece que los resultados de cada cara son equiprobables en el lanzamiento de un dado. Se atribuye a Galileo la resolución correcta de decidir qué jugador tiene más ventaja de entre dos que, en el lanzamiento simultáneo de tres dados, uno de ellos apuesta por una suma de puntos igual a nueve y el otro lo hace a obtener una suma de diez.

Para Galileo la probabilidad es una medida de la incapacidad humana. Al no tener certeza sobre el resultado del lanzamiento de una moneda, nos justificamos diciendo que la probabilidad de que se obtenga cara en el lanzamiento es 0,5. Esta idea es retomada por Poincaré, quien afirma que *el azar es solamente la medida de nuestra ignorancia*.

Se acepta considerar el origen del Cálculo de probabilidades en la correspondencia mantenida entre los grandes matemáticos franceses del siglo XVII: B. Pascal (1623-1662) y P. Fermat (1601-1665). La comunicación fue iniciada por Pascal ante las insistentes peticiones de su amigo el caballero De Méré, quien en 1654 le planteó la siguiente cuestión: un jugador apuesta a obtener un uno en ocho lanzamientos sucesivos de un dado, pero el juego se ve interrumpido después de tres lanzamientos sin lograr éxito, ¿en qué cuantía debe ser compensado el jugador?

La moda extendida de cruzar apuestas fue el ambiente propicio para que se pusieran los recursos matemáticos en pro de la tarea de crear una ciencia sobre las arenas movedizas del azar. Pascal y Fermat pusieron en sus comunicaciones los fundamentos de la Probabilidad como disciplina típicamente matemática.

Si el caballero De Méré hubiese conocido las conclusiones teóricas de las comunicaciones entre Pascal y Fermat, no habría intervenido en apuestas como las que le llevaron a la incomprensión de lo ocurrido y además a la pérdida de su dinero. Había apostado fuertemente a obtener al menos un seis en cuatro lanzamientos de un dado y obtuvo un gran éxito. Después jugó con igual intensidad a veinticuatro lanzamientos de dos dados para obtener al menos un seis doble y perdió todo lo ganado. La razón del desenlace que un jugador pasional nunca aceptaría es que la probabilidad de la primera apuesta es 0,5177, mayor que en la segunda de valor 0,4914. En largas series de apuestas la primera opción es más ventajosa que la segunda.

El físico, matemático y astrónomo holandés Christian Huygens (1629-1695), creador inagotable y descubridor de los anillos de Saturno, es autor de la obra *«De ratiociniis in ludo aleae»* que constituye el primer tratado completo conocido sobre el Cálculo de probabilidades. Esta obra motivó el escrito de Jan Witt (1629-1672) *«Tratado sobre las anualidades de vidas»*, de 1671 en el cual aparece el concepto de lo que actualmente conocemos como *esperanza matemática*.

El primer tratado importante sobre probabilidad es el *«Ars conjectandi»* de Jacques Bernoulli (1654-1705), publicado en 1713 con posterioridad a la muerte del autor. La obra incluye reproducido el *«De ludo aleae»* de Huygens, que era un tratado introductorio al Cálculo de Probabilidades.

Daniel Bernoulli (1700-1782), hijo de Jean, desarrolló su actividad científica entre San Petersburgo y Basilea. Sus trabajos en probabilidad aportan aplicaciones a la medicina, la economía y la astronomía. De las discusiones con su hermano Nicolaus (1695-1726) surgió el conocido problema que se denominó «la paradoja de San Petersburgo».

Casi todos los hombres de ciencia del siglo XVIII tuvieron dedicación al estudio de las probabilidades. Lugar destacado merece Abraham De Moivre (1667-1754). Nació en Francia pero desarrolló toda su actividad científica en su país de adopción, Inglaterra, llegando a ser miembro de la Royal Society y máster de las academias de Berlín y París. Las aportaciones de De Moivre a la teoría de las probabilidades se publicaron en las Philosophical Translations, un tratado sobre las leyes del azar y en su obra más famosa *«The doctrine of chances»*. En ellas se analizan cuestiones sobre extracción de bolas y dados, analizando problemas ya estudiados en el *«Ars conjectandi»* y otros aportados por los Bernoulli menores. Se le considera el primero en calcular el valor de la llamada integral de probabilidades y presenta de forma inusual a la combinatoria como consecuencia de la teoría de la probabilidad.

En el siglo XVIII se establece la costumbre de aplicar resultados del Cálculo de probabilidades a la vida social. Euler, D'Alembert y los Bernoulli de la segunda generación, entre otros, escriben sobre problemas de loterías, anualidades, esperanza de vida y análisis sobre la conveniencia de la vacunación contra la viruela. D'Alembert propone que en la medida de lo posible las probabilidades se determinen experimentalmente en base a que se confirmen o no algunos de los principios aceptados de la teoría de las probabilidades. El libro de Buffon (1701-1788) sigue esta misma línea e introduce las probabilidades geométricas. En su obra *«Essai d'arithmétique morale»* aporta tablas de nacimientos, muertes y matrimonios en París a lo largo de cincuenta años, en pro de establecer la esperanza de vida y las bases de la llamada «estadística social».

Otro pionero de la matemática social es Condorcet (1743-1794), que animado por la idea del perfeccionamiento humano cifró en la educación pública y libre la esperanza para un futuro mejor. Dedicó su actividad científica fundamentalmente a las aplicaciones de la probabilidad y la estadística a los problemas sociales.

El mayor impulso al desarrollo de la teoría de la probabilidad corresponde a Pierre Simone de Laplace (1749-1827). Profesor de l'École Normale y de l'École Polytechnique, a diferencia de Monge y Lagrange, no publicó sus lecciones. Sus publicaciones se centraron fundamentalmente en el campo de la mecánica celeste. En 1812 publicó su obra más importante *«Théorie analytique des probabilités»* en la que se presentan diferentes enfoques de la probabilidad, con técnicas muy rigurosas del cálculo superior; en esta obra aporta el cálculo de la integral de probabilidad, la llamada función generatriz de momentos, revitaliza el problema de la aguja de Buffon y nos lega su conocida transformada de Laplace de tan importante aplicación en la teoría de las ecuaciones diferenciales.

Laplace basa toda la teoría de la probabilidad sobre el análisis combinatorio. Define la probabilidad de un suceso como la razón entre el número de casos en que se presenta y el número total de casos posibles, bajo la hipótesis de que todos los posibles sucesos sean igualmente probables.

Poisson (1781-1840) fue el sucesor de Laplace en su actividad matemática. Su aportación más notable en teoría de probabilidades se reúne en la obra *«Recherches sur la probabilité des jugements»*, aparecida en 1837. En ella describe la llamada distribución de Poisson y cómo ésta es el límite de la distribución binomial en las condiciones conocidas.

La dedicación a la teoría de la probabilidad disminuye de forma notable después de Laplace. A lo largo de todo el siglo XIX y las dos primeras décadas del XX no se aportan resultados nuevos de relevancia en este campo. Los matemáticos rusos P. L. Chebyshev (1821-1894) y, sus discípulos, A. A. Markov (1856-1922) y A. M. Liapunov (1857-1918) se cuentan entre los escasos y brillantes seguidores de la teoría de la probabilidad en esta época. De ellos procede la línea que culmina con un desarrollo notable de la probabilidad en la extinta Unión Soviética. Existieron en este momento, sin embargo, progresos y espectaculares aplicaciones de la teoría de la probabilidad a la física en el campo de la mecánica relativista, el estudio del movimiento browniano o la teoría cinética de los gases, ligados a los nombres de Einstein, Smoluchowski, Maxwell, Boltzmann, Gibbs y otros.

Hilbert (1862-1943) y Poincaré (1854-1912) como matemáticos universalistas aportan trabajos notables en este campo, pero su interés no fue seguido por los científicos de la época que, en general, rechazaban la probabilidad por no estar basada en el rigor; incluso algunos consideraban no aceptable la definición de probabilidad dada por Laplace y, como le ocurriera más tarde a la definición de conjunto dada por Cantor (1845-1918), resultaba un tanto vaga, llevando a la propia teoría de las probabilidades a paradojas aparentes de difícil explicación.

En los años treinta del siglo anterior la doctrina sobre probabilidad es tratada con las formas de hacer de la matemática del momento, con su rigor, ordenamiento de los recursos básicos y axiomatización, convirtiéndose en una rama notable de la matemática posterior. A esta dignificación colaboró el desarrollo moderno de la teoría de la medida, asunto intuido por Euclides, pero que se implantaría en las matemáticas con gran fuerza debido a los trabajos de E. Borel (1871-1956) y H. Lebesgue (1875-1941). Las probabilidades geométricas iniciadas con el problema de Buffon adquieren notable relevancia como consecuencia del impulso de la teoría de la medida.

En el siglo XX y siguiendo el método axiomático utilizado por Hilbert para la geometría, surgen varias teorías para definir el Cálculo de Probabilidades con diverso grado de aceptación entre la comunidad matemática. El más implantado es el formalista o axiomático de Kolmogorov (1903-1987). Este sistema, con las modificaciones pertinentes, es el que se sigue en la actualidad y se describe en esta obra.

A lo largo del siglo XX se pone de manifiesto la necesidad de utilizar técnicas de probabilidad en situaciones de la actividad social y científica que, siendo explicables con seguridad bajo una teoría determinista, ésta es muy complicada de establecer. Con esta consideración se han desarrollado las actividades en el campo de los seguros, la teoría de errores, las técnicas de muestreo, la teoría cinética de los gases y los problemas sanitarios en el campo de la epidemiología, prevención y seguimiento de enfermedades.

Se abandona la premisa de que la Naturaleza obedece a un orden preestablecido para ser considerada como algo más caótico que se manifiesta bajo un comportamiento medio que es el que aceptamos como más probable. Autoridades del mundo científico defienden que algunos procesos fundamentales de nuestra realidad sólo son explicables en términos probabilísticos. Esta idea es la que motiva la adopción de la técnicas estadísticas en el desarrollo de otras ramas del saber como por ejemplo la Economía, o creando áreas específicas de conocimiento con nuevo diseño como la Econometría.

La ingeniería en su afán de proporcionar al hombre actual medios materiales para una vida más confortable, lo hace en los últimos tiempos bajo las directrices del control de calidad en la producción. En esta actuación y en los notables avances de la moderna Teoría de los juegos, la Inferencia estadística, la Teoría de la decisión o la Matemática discreta, se nos muestra el Cálculo de probabilidades como necesario en la fundamentación de cada campo de doctrina e imprescindible en las aplicaciones concretas. En resumen y como ejemplo puntual, se produce un bien con calidad controlada en términos de probabilidad y duración garantizada también con criterios probabilísticos.

La lista de nombres relevantes ligados al Cálculo de Probabilidades contemporáneos o posteriores a Kolmogorov es muy numerosa, citemos como más destacados los de Fisher, que aplica los métodos bayesianos a la creación de los intervalos de confianza, Keynes que, entre otras cosas, establece la probabilidad lógica como alternativa a la probabilidad subjetiva, originaria de Jacques Bernoulli y Laplace, reinstaurada en el siglo XX por Savage y Finetti.

Los problemas prácticos tienen demasiada incertidumbre y en muchos casos se les califica de ambiguos, borrosos o difusos. Con la aportación por Zadeh del concepto de conjunto difuso en 1965 y apoyándose en la integral de Lebesgue-Stieltjes, se introduce el concepto de variable aleatoria difusa. Es otra línea de trabajo, en los años sesenta-setenta del siglo XX, partiendo de los métodos bayesianos de inferencia, se introducen las funciones de credibilidad, generalizando la probabilidad clásica, con el fin de controlar la incertidumbre, como ocurre en los campos de sistemas expertos y de la inteligencia artificial.

En el momento actual ya no existen territorios claramente delimitados para reconocer dónde termina el Cálculo de probabilidades y las ciencias estadísticas a las que fundamenta, ni tampoco los impulsos crecientes del primero a las demandas de las otras.

Profesionales acreditados consideran a la Estadística como una parte de la Teoría de la decisión y al Cálculo de probabilidades como ayuda imprescindible; sin embargo, la inferencia y el análisis de datos en Estadística o el cuerpo de doctrina propio del Cálculo de probabilidades como tal ciencia son independientes de la Teoría de la decisión.

EN DETALLE

3.1 Dado el espacio muestral $E = \{1,2,3,4\}$ y la aplicación P del conjunto $\mathscr{P}(E)$ de partes de E en $\mathbb{R}^+$, tal que $P(1) = 0{,}2$; $P(2) = 0{,}3$; $P(3) = 0{,}25$ y $P(4) = 0{,}25$; compruébese que la aplicación P, así definida, es una probabilidad en E.

RESOLUCIÓN

La aplicación P está definida de $\mathscr{P}(E)$ en $\mathbb{R}^+$, por lo que será una probabilidad si verifica los axiomas:

A1: $P(E) = 1$,

A2: $\forall A, B \in \mathscr{P}(E), A \cap B = \emptyset \Rightarrow P(A \cup B) = P(A) + P(B)$.

Puesto que los sucesos elementales $\{1\}$, $\{2\}$, $\{3\}$, $\{4\}$, son disjuntos, es

$$P(E) = P(\{1,2,3,4\}) = P(1) + P(2) + P(3) + P(4) = 0{,}2 + 0{,}3 + 0{,}25 + 0{,}25 = 1.$$

La probabilidad de cualquier otro suceso está determinada al tener las probabilidades de los sucesos elementales, mediante la suma de éstas, así por ejemplo

$$P(\{1,3,4\}) = P(1) + P(3) + P(4) = 0{,}2 + 0{,}25 + 0{,}25 = 0{,}7,$$

por lo que el segundo axioma también se verifica y, por lo anterior, P es una probabilidad definida en $\mathscr{P}(E)$.

3.2 En el experimento que consiste en lanzar un dado, ¿cuál es la mínima σ-álgebra que contiene como sucesos a $A = \{1,2\}$ y a $B = \{1,2,5,6\}$?

RESOLUCIÓN

Para que sea σ-álgebra debe contener $\emptyset$ y E y las uniones, intersecciones y complementarios de los sucesos que estén en la σ-álgebra. Por tanto deben estar $\overline{A} = \{3,4,5,6\}$ y $\overline{B} = \{3,4\}$. También

$$A \cup B = B, \quad A \cap B = A, \quad A \cup \overline{B} = \{1,2,3,4\}, \quad A \cap \overline{B} = \emptyset, \quad \overline{A} \cup B = E \quad \text{y} \quad \overline{A} \cap B = \{5,6\}.$$

No hay más. Por tanto la σ-álgebra buscada es

$$\{\emptyset, \{1,2\}, \{3,4\}, \{5,6\}, \{1,2,3,4\}, \{1,2,5,6\}, \{3,4,5,6\}, E\}.$$

3.3 Se lanzan simultáneamente dos dados, con las caras numeradas del 1 al 6. Descríbase el espacio muestral y la probabilidad de los sucesos elementales. Si la letra ξ representa la suma de los puntos obtenidos en un lanzamiento, calcúlese la probabilidad de que ξ sea menor que 7.

RESOLUCIÓN

Considerando que los dados sean indistinguibles, el espacio muestral será

$$E = \{\{1,1\},\{1,2\},\{1,3\},\{1,4\},\{1,5\},\{1,6\},\{2,2\},\{2,3\},\{2,4\},\{2,5\},\{2,6\},$$
$$\{3,3\},\{3,4\},\{3,5\},\{3,6\},\{4,4\},\{4,5\},\{4,6\},\{5,5\},\{5,6\},\{6,6\}\},$$

en que los sucesos elementales no son equiprobables, ya que el suceso $\{1,1\}$ necesita que aparezca el uno en ambos dados, mientras que el $\{1,3\}$ puede verificarse por aparecer el uno en un dado y el tres en el otro, o al revés.

Es preferible considerar el orden de lanzamiento o cualquier otro criterio de distinción de los dados, así el espacio muestral será

$$E' = \{11,12,13,14,15,16,21,22,23,24,25,26,31,32,33,34,35,36,$$
$$41,42,43,44,45,46,51,52,53,54,55,56,61,62,63,64,65,66\},$$

que son las variaciones binarias con repetición de las seis caras del dado; su número es $VR_6^2 = 6^2 = 36$, siendo en este caso los sucesos equiprobables, de forma que la probabilidad de cada uno de los 36 sucesos elementales es $P(a_i) = 1/36$.

La probabilidad de que la suma de puntos sea menor que 7 será, utilizando la regla de Laplace, el cociente entre los casos favorables a la realización del suceso y el número total de casos posibles, que es 36. Contando en el espacio muestral E' los casos en que la suma de puntos es menor que 7, resultan 15 casos, por lo que será

$$P(\xi < 7) = \frac{casos\ favorables}{casos\ posibles} = \frac{15}{36} = \frac{5}{12}$$

3.4 Sean A y B dos sucesos correspondientes a un experimento aleatorio, tales que

$$A \cup B = E, \qquad P(A) = 0,8, \qquad P(B) = 0,5.$$

Calcúlense:

(a) $P(A \cap B)$,   (b) $P(A \cup \overline{B})$,   (c) $P(\overline{A} \cup B)$,   (d) $P(\overline{A} \cup \overline{B})$.

RESOLUCIÓN

(a) De la fórmula de la probabilidad de la unión $P(A \cup B) = P(A) + P(B) - P(A \cap B)$ obtenemos

$$P(A \cap B) = P(A) + P(B) - P(A \cup B) = P(A) + P(B) - P(E) = 0,8 + 0,5 - 1 = 0,3.$$

(b) Para calcular $P(A \cup \overline{B})$, por la misma fórmula, necesitamos $P(A \cap \overline{B})$, que es

$$P(A \cap \overline{B}) = P(A - B) = P(A) - P(A \cap B) = 0,8 - 0,3 = 0,5$$

y como

$$P(\overline{B}) = 1 - P(B) = 1 - 0,5 = 0,5,$$

resulta que

$$P(A \cup \overline{B}) = P(A) + P(\overline{B}) - P(A \cap \overline{B}) = 0,8 + 0,5 - 0,5 = 0,8.$$

(c) Para calcular $P(\overline{A} \cup B)$, por la probabilidad del suceso contrario y las leyes de De Morgan, es

$$P(\overline{A} \cup B) = 1 - P(\overline{\overline{A} \cup B}) = 1 - P(A \cap \overline{B}) = 1 - 0{,}5 = 0{,}5.$$

(d) $P(\overline{A} \cup \overline{B})$ se calcula del mismo modo que (c):

$$P(\overline{A} \cup \overline{B}) = 1 - P(\overline{\overline{A} \cup \overline{B}}) - 1 - P(A \cap B) = 1 \quad 0{,}3 = 0{,}7.$$

Otra forma de resolver el apartado (b) es ver que

$$A \cup \overline{B} = A \cup (E - B) = A \cup ((A \cup B) - B) = A \cup (A - B) = A,$$

por lo que $P(A \cup \overline{B}) = P(A) = 0{,}8$.

3.5 Se considera un dado cargado. La probabilidad de que aparezca cada cara en un lanzamiento es inversamente proporcional al número que aparece. Se pide:

(a) probabilidad de que en un lanzamiento salga impar,

(b) probabilidad de que salga inferior a cuatro.

RESOLUCIÓN

Puesto que las probabilidades de los sucesos elementales son inversamente proporcionales a los números de las caras, llamando $k = P(1)$, las probabilidades serán

$$P(1) = k, \quad P(2) = \frac{k}{2}, \quad P(3) = \frac{k}{3}, \quad P(4) = \frac{k}{4}, \quad P(5) = \frac{k}{5}, \quad P(6) = \frac{k}{6}$$

Como la probabilidad del suceso seguro es 1, será

$$\begin{aligned} 1 &= P(\{1,2,3,4,5,6\}) = P(1) + P(2) + P(3) + P(4) + P(5) + P(6) \\ &= k + \frac{k}{2} + \frac{k}{3} + \frac{k}{4} + \frac{k}{5} + \frac{k}{6} = \frac{147k}{60} \end{aligned}$$

y así obtenemos el valor $k = 60/147$, que nos permite resolver las cuestiones propuestas.

(a)
$$P(Impar) = P(\{1,3,5\}) = P(1) + P(3) + P(5) = k + \frac{k}{3} + \frac{k}{5} = \frac{23k}{15} = \frac{23}{15} \frac{60}{147} = \frac{92}{147}$$

(b)
$$P(Inferior\ a\ 4) = P(\{1,2,3\}) = P(1) + P(2) + P(3) = k + \frac{k}{2} + \frac{k}{3} = \frac{11k}{6} = \frac{11}{6} \frac{60}{147} = \frac{110}{147}$$

3.6 En una urna hay 4 monedas de 1 euro y 3 monedas de 2 euros. Se sacan al azar dos monedas sucesivamente y sin devolución.

(a) Descríbase el espacio muestral correspondiente.

(b) Calcúlese la probabilidad de que se obtengan en total 4 euros al sacar dichas dos monedas.

RESOLUCIÓN

(a) Consideremos que las monedas de un euro son todas iguales y así mismo las de dos euros. Al extraer las monedas sucesivamente, vamos a considerar orden y entonces el espacio muestral es

$$E = \{(1,1),(1,2),(2,1),(2,2)\},$$

donde los sucesos elementales no son igualmente probables al no haber iguales cantidades de monedas y, aún habiéndolas, al hacer la extracción sin reemplazamiento, la composición de la urna se modifica.

(b) Para hallar la probabilidad pedida vamos a considerar que de las 7 monedas de la urna, se pueden extraer 2, de $\binom{7}{2}$ formas distintas e igualmente probables, sin considerar orden, que son los subconjuntos con 2 elementos que pueden formarse en un conjunto con 7 elementos; por lo que podemos considerar $\binom{7}{2} = 7 \cdot 6/2 = 21$ casos posibles. Como hay 3 monedas de 2 euros, podemos elegir 2 de ellas de $\binom{3}{2} = 3 \cdot 2/2 = 3$ formas posibles, que son los casos favorables al suceso. Por tanto, aplicando la regla de Laplace:

$$P(Obtener\ 4\ euros) = P(2\ y\ 2) = \frac{3}{21} = \frac{1}{7}$$

Este apartado puede resolverse más fácilmente con la probabilidad condicionada que se estudia en la lección siguiente.

3.7 Tres manuales científicos constan de 3, 5 y 2 volúmenes. Colocados al azar los diez tomos en una estantería, ¿cuál es la probabilidad de que los volúmenes de cada tratado estén juntos?

RESOLUCIÓN

Los diez tomos pueden colocarse de P_{10} formas, que serán los casos posibles para aplicar la regla de Laplace. Los casos favorables al suceso en que los tomos de un mismo manual estén juntos serán $P_3 \cdot P_3 \cdot P_5 \cdot P_2$, ya que P_3, P_5 y P_2 son las formas de colocar entre sí los tomos de cada manual y P_3 las formas de colocar los manuales independientemente del orden de los tomos. Por todo ello, será

$$P(Volúmenes\ juntos) = \frac{P_3 \cdot P_3 \cdot P_5 \cdot P_2}{P_{10}} = \frac{3! \cdot 3! \cdot 5! \cdot 2!}{10!} = \frac{3! \cdot 2}{10 \cdot 9 \cdot 8 \cdot 7} = \frac{1}{420}$$

3.8 Se consideran todos los números de tres cifras del sistema de numeración decimal. ¿Cuál es la probabilidad de que al elegir uno de ellos, sus tres cifras sean un trío pitagórico?

RESOLUCIÓN

Entre el 100 y el 999 hay 900 números que pueden ser elegidos. Por otra parte, los únicos números de una cifra que forman un trío pitagórico son los números 3, 4 y 5, con todas sus permutaciones, éstas son $P_3 = 6$, luego la probabilidad pedida será

$$P(Trío\ pitagórico) = \frac{P_3}{900} = \frac{6}{900} = \frac{1}{150} \simeq 0{,}0067.$$

3.9 Se propone un mismo problema a dos alumnos incomunicados. La probabilidad de que lo resuelva el primero es 1/2, la probabilidad de que lo resuelva el segundo es 1/4 y la probabilidad de que lo resuelvan ambos es 1/8. Hállese la probabilidad de que el problema no sea resuelto y la probabilidad de que lo resuelva un sólo alumno.

RESOLUCIÓN

Sean A y B los sucesos «*el primer alumno lo resuelve*» y «*el segundo lo resuelve*». Tenemos que

$$P(No\ se\ resuelva) \quad = \quad 1 - P(A \cup B) = 1 - [P(A) + P(B) - P(A \cap B)] =$$
$$= \quad 1 - \left[\frac{1}{2} + \frac{1}{4} - \frac{1}{8}\right] = 1 - \frac{5}{8} = \frac{3}{8}$$

y, con $P(A \cup B)$ ya calculada, tenemos que

$$P(Sólo\ uno\ lo\ resuelve) = P(A \cup B) - P(A \cap B) = \frac{5}{8} - \frac{1}{8} = \frac{1}{2}$$

3.10 ¿Qué es más probable, apostar a obtener seis doble en veinticuatro lanzamientos de dos dados o hacerlo a obtener un seis en cuatro lanzamientos de un dado? (*Problema del caballero De Méré*).

RESOLUCIÓN

De Méré había observado que la segunda apuesta era más ventajosa que la primera, pero decía no entender la razón ya que «se mantenía la proporción». El razonamiento era el siguiente: si lanzamos un dado la probabilidad de obtener un seis es $1/6$, y si hacemos cuatro lanzamientos será $4/6$; si lanzamos dos dados la probabilidad de obtener un seis doble es $1/36$, y si efectuamos 24 intentos será $24/36$, es decir $4/6$. El razonamiento es erróneo ya que no se está aplicando correctamente la fórmula en ninguna de los dos apuestas: en la primera, si A_i es el suceso «*obtener un seis en el lanzamiento i-ésimo*», la probabilidad de un seis en alguno de los lanzamientos es

$$
\begin{aligned}
P(A_1 \cup A_2 \cup A_3 \cup A_4) \quad = \quad & P(A_1) + P(A_2) + P(A_3) + P(A_4) - P(A_1 \cap A_2) - P(A_1 \cap A_3) - \\
& - P(A_1 \cap A_4) - P(A_2 \cap A_3) - P(A_2 \cap A_4) - P(A_3 \cap A_4) + \\
& + P(A_1 \cap A_2 \cap A_3) + P(A_1 \cap A_2 \cap A_4) + P(A_1 \cap A_3 \cap A_4) + \\
& + P(A_2 \cap A_3 \cap A_4) - P(A_1 \cap A_2 \cap A_3 \cap A_4) = \\
= \quad & \frac{1}{6} + \frac{1}{6} + \frac{1}{6} + \frac{1}{6} - \frac{1}{36} - \frac{1}{36} - \frac{1}{36} - \frac{1}{36} - \frac{1}{36} - \frac{1}{36} + \\
& + \frac{1}{216} + \frac{1}{216} + \frac{1}{216} - \frac{1}{1296} = \\
= \quad & \frac{671}{1296} \simeq 0{,}5177.
\end{aligned}
$$

De modo análogo puede calcularse la probabilidad de la primera apuesta, si bien es más interesante utilizar fórmulas combinatorias.

Un lanzamiento de dos dados presenta 36 casos posibles e igualmente probables. Si efectuamos 24 lanzamientos, los casos posibles son $VR_{36}^{24} = 36^{24}$. No se obtiene el seis doble cuando se quita de los 36 casos posibles, por lo que en 24 lanzamientos no estará el seis doble en $VR_{35}^{24} = 35^{24}$. Si consideramos el suceso $A = $ «*obtener al menos un seis doble*», se tiene que

$$P(\overline{A}) = \frac{VR_{35}^{24}}{VR_{36}^{24}} = \frac{35^{24}}{36^{24}} = \left(\frac{35}{36}\right)^{24},$$

luego $P(A) = 1 - (35/36)^{24}$.

Si lanzamos un sólo dado cuatro veces y B es el suceso «*obtener al menos un seis*», resulta que

$$P(\overline{B}) = \frac{VR_5^4}{VR_6^4} = \left(\frac{5}{6}\right)^4,$$

luego es $P(B) = 1 - (5/6)^4$. Operando se obtiene que $P(A) = 0,4914$ y que $P(B) = 0,5177$, así que De Méré tenía razón aunque no supiera por qué.

3.11 Una persona recibe al azar 5 cartas de una baraja española de 40. Escríbase de modo abreviado un espacio muestral asociado a esta experiencia y defínase una probabilidad asociada. Hállense las probabilidades de los siguientes sucesos:

(a) «*obtener al menos un rey y una sota*»,

(b) «*obtener 3 cartas de bastos y el rey de copas*».

RESOLUCIÓN

La persona recibe un subconjunto de 5 cartas de las 40 que tiene la baraja, por lo que es indiferente el orden en que las reciba. El número de estos subconjuntos es $\binom{40}{5} = 675\,792$, por lo que no podemos escribir aquí todos los sucesos elementales.

Si escribimos O, C, E y B como abreviaturas de los palos de la baraja y ponemos subíndices para los números de las cartas, del 1 (as) al 10 (rey), el espacio muestral correspondiente al experimento de observar las 5 cartas recibidas será, abreviadamente,

$$E = \left\{ \{O_1 O_2 O_3 O_4 O_5\}, \{O_1 O_2 O_3 O_4 O_6\}, \ldots, \{O_5 O_7 C_2 E_1 B_7\}, \ldots, \{B_6 B_7 B_8 B_9 B_{10}\} \right\}$$

y cada uno de estos sucesos equiprobables tendrá por probabilidad $1/675\,792$.

Si nos interesa sólo el número de cartas de oros recibidas por el jugador, el espacio muestral será

$$E' = \{0, 1, 2, 3, 4, 5\},$$

no siendo equiprobables los sucesos. El espacio muestral depende de las cantidades o cualidades que se vayan o observar.

Vamos a calcular las probabilidades pedidas.

(a) Para el suceso «*obtener al menos un rey y una sota*», nos resultará muy cómodo utilizar la probabilidad del suceso contrario. Si llamamos para abreviar

$$A = \text{«*obtener al menos un rey*»,}$$
$$B = \text{«*obtener al menos una sota*»,}$$

serán

$$\overline{A} = \text{«*no obtener ningún rey*»,}$$
$$\overline{B} = \text{«*no obtener ninguna sota*»}$$

y entonces, utilizando las leyes de De Morgan y la probabilidad de la unión:

$$
\begin{aligned}
P(\text{*obtener al menos un rey y una sota*}) &= P(A \cap B) \\
&= 1 - P(\overline{A \cap B}) = 1 - P(\overline{A} \cup \overline{B}) \\
&= 1 - P(\overline{A}) - P(\overline{B}) + P(\overline{A} \cap \overline{B}).
\end{aligned}
$$

Para no obtener rey disponemos de 36 cartas, igual que para no obtener sota; para no obtener ni rey ni sota disponemos de 32 cartas, por lo que será

$$P(obtener\ al\ menos\ un\ rey\ y\ una\ sota) = 1 - \frac{\binom{36}{5}}{\binom{40}{5}} - \frac{\binom{36}{5}}{\binom{40}{5}} + \frac{\binom{32}{5}}{\binom{40}{5}} = \frac{13\,175}{82\,251} \simeq 0,1602.$$

(b) Para hallar la probabilidad del suceso «*obtener 3 cartas de bastos y el rey de copas*», vamos a calcular en cuántos de los $\binom{40}{5}$ casos posibles se dan las condiciones pedidas. El rey de copas sólo puede estar de una forma, por ser una sola carta; los 3 bastos podemos elegirlos entre los 10 del palo de $\binom{10}{3}$ formas y la carta restante, que no debe ser de bastos ni el rey de copas, serán una de las 29 restantes, por lo que puede elegirse de 29 formas distintas. Así podemos formar $1 \cdot \binom{10}{3} \cdot 29$ casos favorables y tendremos

$$P(obtener\ 3\ cartas\ de\ bastos\ y\ el\ rey\ de\ copas) = \frac{1 \cdot \binom{10}{3} \cdot 29}{\binom{40}{5}} = \frac{145}{27\,417} \simeq 0,005\,289.$$

3.12 Se considera el espacio muestral $\mathbb{N} = \{1,2,3,\dots\}$ y se define la probabilidad de los sucesos elementales por

$$P(n) = \frac{q}{5^n}, \text{ con } n \in \mathbb{N} \text{ y } q \in \mathbb{R}.$$

Determínese el valor de q para que P sea una probabilidad en $\mathscr{P}(\mathbb{N})$ y hállese la probabilidad del suceso $A = \{n \in \mathbb{N} : n \text{ es impar}\}$.

RESOLUCIÓN

Para que P sea una probabilidad debe ser $P(\mathbb{N}) = 1$, para verificar el axioma 1, por lo que

$$1 = \sum_{n=1}^{\infty} P(n) = \sum_{n=1}^{\infty} \frac{q}{5^n} = q \sum_{n=1}^{\infty} \left(\frac{1}{5}\right)^n = q \left[\frac{1}{5} + \frac{1}{5^2} + \frac{1}{5^3} + \cdots\right] = q \frac{\frac{1}{5}}{1 - \frac{1}{5}} = \frac{q}{4}$$

donde hemos utilizado la fórmula de la suma de términos de una serie geométrica de razón $1/5$, por lo que debe ser $q = 4$, para que sea una probabilidad. El axioma 2 se verifica ya que tenemos definida la probabilidad de los sucesos elementales.

La probabilidad pedida, utilizando otra vez la serie geométrica, es

$$\begin{aligned} P(A) &= P(\{1,3,5,\dots\}) = q \left[\frac{1}{5} + \frac{1}{5^3} + \frac{1}{5^5} + \cdots\right] = \frac{q}{5}\left[1 + \frac{1}{5^2} + \frac{1}{5^4} + \cdots\right] \\ &= \frac{q}{5} \frac{1}{1 - \frac{1}{25}} = \frac{q}{5} \frac{25q}{24} = \frac{5q}{24} = \frac{5 \cdot 4}{24} = \frac{5}{6} \end{aligned}$$

3.13 El intervalo real $[1; +\infty)$ se considera como espacio muestral y se define la función

$$P([1;x]) = \int_1^x \frac{1}{t^2}\, dt, \qquad \text{con } x \in [1; +\infty).$$

¿Es una función de probabilidad en ese intervalo?

RESOLUCIÓN

Para todo $x \in [1; +\infty)$ es $P([1;x]) \geq 0$, ya que la función $\frac{1}{t^2}$ es positiva en ese intervalo y la integral coincide con el área que esa función deja por debajo entre los valores 1 y x.

Puesto que la integral impropia es convergente, ya que:

$$\int_1^{+\infty} \frac{1}{t^2} dt = \lim_{m \to +\infty} \int_1^m \frac{1}{t^2} dt = \lim_{m \to +\infty} \left[\frac{-1}{t}\right]_1^m = \lim_{m \to +\infty} \left(1 - \frac{1}{m}\right) = 1$$

se tiene que $P(E) = 1$.

El axioma 2 se verifica porque cada suceso tiene un área que representa su probabilidad y el área es aditiva (propiedad aditiva respecto al intervalo de las integrales definidas).

3.14 Una secretaria coloca aleatoriamente n cartas diferentes en n sobres con sus destinos. Calcúlese la probabilidad de que al menos una de las cartas llegue a su destinatario. Determínese como varía esta probabilidad cuando n crece indefinidamente.

RESOLUCIÓN

Sea A_i el suceso consistente en que haya coincidencia al elegir la i-ésima carta y el i-ésimo destino. Existen $n!$ formas de ordenar los n sobres y la carta i-ésima va a su sobre de tantas formas como $(n-1)!$, que son las posibles asignaciones de las restantes cartas. Por tanto es

$$P(A_i) = \frac{(n-1)!}{n!} = \frac{1}{n}$$

Sea el suceso $H = A_1 \cup A_2 \cup \ldots \cup A_n$ el suceso consistente en que haya al menos una coincidencia. Se verifica que

$$P(A_i \cap A_j) = \frac{(n-2)!}{n!} = \frac{1}{n(n-1)} \qquad i \neq j,$$

$$P(A_i \cap A_j \cap A_k) = \frac{(n-3)!}{n!} = \frac{1}{n(n-1)(n-2)} \qquad i, j, k, \text{ distintos,}$$

$$\vdots$$

$$P(A_1 \cap A_2 \cap \ldots \cap A_{n-1}) = \frac{(n(n-1))!}{n!} = \frac{1}{n(n-1)\cdots 2}$$

$$P(A_1 \cap A_2 \cap \ldots \cap A_n) = \frac{1}{n!}$$

luego

$$P(H) = P(A_1 \cup A_2 \cup \ldots \cup A_n) =$$

$$= \binom{n}{1}\frac{1}{n} - \binom{n}{2}\frac{1}{n(n-1)} + \cdots + (-1)^n \binom{n}{n-1} \frac{1}{n(n-1)\cdots 2} + (-1)^{n+1}\binom{n}{n}\frac{1}{n!} =$$

$$= 1 - \frac{1}{2!} + \frac{1}{3!} - \frac{1}{4!} + \cdots + (-1)^n \frac{1}{(n-1)!} + (-1)^{n+1}\frac{1}{n!}$$

es la probabilidad pedida.

Veamos lo que ocurre cuando n crece indefinidamente, es decir cuando n tiende a infinito. Sabemos que es

$$e^{-1} = 1 - \frac{1}{1!} + \frac{1}{2!} - \frac{1}{3!} + \cdots = 1 - \left(1 - \frac{1}{2!} + \frac{1}{3!} - \cdots\right) = 1 - \lim_n P(H),$$

luego resulta

$$\lim_n P(H) = 1 - e^{-1} = 1 - \frac{1}{e}$$

3.15 Se distribuyen 10 bolas indistinguibles en 7 cajas de modo que todas las distribuciones sean igualmente probables. Hállese la probabilidad de que:

(a) una caja dada contenga 3 bolas;

(b) todas las cajas estén ocupadas;

(c) haya 5 cajas vacías exactamente.

RESOLUCIÓN

Las formas de distribuir las k bolas indistinguibles en m cajas son

$$CR_m^k = C_{m+k-1}^k = \binom{m+k-1}{k},$$

sin más que asignar a cada bola la caja a la que va. En nuestro caso

$$CR_7^{10} = C_{16}^{10} = \binom{16}{10}.$$

(a) Si apartamos tres bolas para una determinada caja quedan 7 bolas para las 6 cajas restantes, luego

$$P = \frac{CR_6^7}{CR_7^{10}} = \frac{\binom{6+7-1}{7}}{\binom{7+10-1}{10}} = \frac{\binom{12}{7}}{\binom{16}{10}} = \frac{12! \cdot 10! \cdot 6!}{7! \cdot 5! \cdot 16!} = \frac{10 \cdot 9 \cdot 8 \cdot 6}{16 \cdot 15 \cdot 14 \cdot 13} = \frac{9}{7 \cdot 13} = \frac{9}{91}$$

(b) Pongamos una bola en cada caja, nos quedan por distribuir 3 bolas, luego

$$P = \frac{CR_7^3}{CR_7^{10}} = \frac{\binom{3+7-1}{3}}{\binom{7+10-1}{10}} = \frac{\binom{9}{3}}{\binom{16}{10}} = \frac{9! \cdot 10! \cdot 6!}{3! \cdot 6! \cdot 16!} = \frac{9 \cdot 8 \cdot 7 \cdot 6 \cdot 5 \cdot 4}{16 \cdot 15 \cdot 14 \cdot 13 \cdot 12 \cdot 11} = \frac{3}{286}$$

(c) Se dispone sólo de 2 cajas de entre las 7, que pueden elegirse de $C_7^5 = C_7^2$ formas, luego

$$P = \frac{C_7^2 CR_2^{10}}{CR_7^{10}} = \frac{\binom{7}{2}\binom{2+10-1}{10}}{\binom{7+10-1}{10}} = \frac{\binom{7}{2}\binom{11}{10}}{\binom{16}{10}} =$$
$$= \frac{7! \cdot 11! \cdot 10! \cdot 6!}{5! \cdot 2! \cdot 10! \cdot 1! \cdot 16!} = \frac{7 \cdot 6 \cdot 11 \cdot 6 \cdot 5 \cdot 4 \cdot 3 \cdot 2}{2 \cdot 16 \cdot 15 \cdot 14 \cdot 13 \cdot 12 \cdot 11} = \frac{3}{104}$$

3.16 Hállese la probabilidad de que al lanzar un dado tres veces, el producto de los resultados sea un múltiplo de 6.

RESOLUCIÓN

Los casos posibles son tantos como $VR_6^3 = 6^3 = 216$. Consideramos los sucesos

$$A_k = \text{«salgan } k \text{ seises»}, \quad k = 1, 2, 3,$$
$$B = \text{«no salga ningún 6 y salga un 3 y al menos un múltiplo de 2»},$$
$$C = \text{«no salga ningún 6, salgan dos treses y un múltiplo de 2»},$$

entonces es

$$P = P(A_1) + P(A_2) + P(A_3) + P(B) + P(C).$$

Puesto que

$$
\begin{aligned}
P(B) &= P(\text{«no salga 6 y salga un 3»}) - P(\text{«no salga 6, salga un 3 y no un múltiplo de 2»}) = \\
&= C_3^1 VR_4^2 - C_3^1 VR_2^2,
\end{aligned}
$$

resulta

$$
\begin{aligned}
P &= \frac{1}{VR_6^3}\left[C_3^1 VR_5^2 + C_3^2 VR_5^1 + C_3^3 + (C_3^1 VR_4^2 - C_3^1 VR_2^2) + C_3^2 VR_2^1\right] = \\
&= \frac{1}{216}\left[\binom{3}{1}5^2 + \binom{3}{2}5^1 + \binom{3}{3} + \binom{3}{1}4^2 - \binom{3}{1}2^2 + \binom{3}{2}2^1\right] = \\
&= \frac{75 + 15 + 1 + 48 - 12 + 6}{216} = \frac{133}{216} \simeq 0,616.
\end{aligned}
$$

3.17 Analícese la validez de esta afirmación: «Si la probabilidad de que ocurran simultáneamente dos sucesos no supera $1/2$, entonces la suma de sus probabilidades respectivas es inferior a $3/2$».

RESOLUCIÓN

El problema pide decidir si es cierto que

$$P(A \cap B) \le \frac{1}{2} \quad \Rightarrow \quad P(A) + P(B) < \frac{3}{2}$$

Como es

$$P(A \cup B) = P(A) + P(B) - P(A \cap B)$$

se tiene que

$$P(A) + P(B) = P(A \cup B) + P(A \cap B) \le 1 + \frac{1}{2} = \frac{3}{2}$$

No se puede garantizar el menor estricto en la anterior desigualdad, ya que si el espacio muestral fuese, por ejemplo, $\Omega = \{a, b, c, d\}$, siendo estos sucesos elementales equiprobables, y se consideran los sucesos

$$A = \{a, b, c\} \quad \text{y} \quad B = \{a, b, d\},$$

se tiene que es $A \cap B = \{a, b\}$ y $P(A \cap B) = \frac{1}{2}$, por lo que resulta

$$P(A) + P(B) = P(\{a, b, c\}) + P(\{a, b, d\}) = \frac{3}{4} + \frac{3}{4} = \frac{3}{2}$$

3.18 Cada paquete de un cierto producto contiene una tarjeta con uno de los números $1, 2, 3, \ldots, k$, y se supone que los k números aparecen con la misma frecuencia. Si se compran n paquetes $(n \ge k)$, ¿cuál es la probabilidad de que se tenga al menos una colección completa de los k números?

RESOLUCIÓN

La probabilidad de tener una colección completa es

$$P(\text{Una colección completa}) = 1 - P(\text{Falte alguno})$$

y considerando los sucesos

$$A_i = \text{«Falta el i-ésimo»}$$

se tiene

$$P(\textit{Una colección completa}) = 1 - P(\textit{Falte alguno}) = 1 - P(A_1 \cup A_2 \cup \cdots \cup A_n) =$$
$$= 1 - \left[\sum_{i=1}^{k} P(A_i) - \sum_{i=1}^{k} P(A_i \cap A_j) + \sum_{i=1}^{k} P(A_i \cap A_j \cap A_k) - \cdots \right],$$

y como son

$$p(A_i) = \frac{VR_{k-1}^n}{VR_k^n} = \frac{(k-1)^n}{k^n}, \quad P(A_i \cap A_j) = \frac{VR_{k-2}^n}{VR_k^n} = \frac{(k-2)^n}{k^n}, \cdots$$

ya que cada intento se puede considerar como sacar n tarjetas cada una con uno de los k números, con reemplazamiento y las posibles extracciones son $VR_k^n = k^n$ distintas, desde $111\ldots1$ a $kkk\ldots k$. En consecuencia

$$P(\textit{Una colección completa}) = 1 - P(\textit{Falte alguno}) =$$
$$= 1 - \left[\binom{k}{1}\frac{(k-1)^n}{k^n} - \binom{k}{2}\frac{(k-2)^n}{k^n} + \binom{k}{3}\frac{(k-3)^n}{k^n} + \cdots + \right.$$
$$\left. + (-1)^{k-1}\binom{k}{k-1}\frac{1}{k^n} \right] =$$
$$= \binom{k}{0}\frac{k^n}{k^n} - \binom{k}{1}\frac{(k-1)^n}{k^n} + \binom{k}{2}\frac{(k-2)^n}{k^n} - \cdots \pm \binom{k}{k}\frac{0}{k^n} =$$
$$= \frac{1}{k^n}\sum_{j=0}^{k}(-1)^j \binom{k}{j}(k-j)^n.$$

3.19 Tenemos un cubo y pintamos al azar tres caras de color rojo y tres de color amarillo.

(a) Calcular la probabilidad de que las tres caras de color rojo tengan un vértice en común.

(b) Calcular la probabilidad de que una de las tres caras de color rojo tenga una arista en común con las otras dos caras rojas.

(c) Tenemos ahora ocho cubos del mismo tamaño, cada uno pintado al azar con tres caras de color rojo y tres de color amarillo. Los colocamos aleatoriamente para que formen un cubo mayor. ¿Cuál es la probabilidad de que todas las caras exteriores de este cubo sean del mismo color?

RESOLUCIÓN

Al pintar 3 caras rojas de un cubo sólo hay dos posibilidades: comparten vértice o una de ellas comparte aristas con las otras dos.

(a) A la hora de pintar hay

$$\binom{6}{3} = \frac{6 \cdot 5 \cdot 4}{3!} = 20$$

casos posibles. Los casos favorables a vértice común son tantos como vértices, luego la probabilidad es

$$P(\text{Vértice común}) = \frac{8}{20} = \frac{2}{5}$$

(b) Por suceso contrario, la probabilidad de compartir aristas es

$$P(\text{Cara comparte aristas}) = 1 - P(\text{Vértice común}) = 1 - \frac{2}{5} = \frac{3}{5}$$

(c) Para que se pueda formar un cubo grande rojo todos los cubos deben tener la forma del apartado (a), lo cual tiene una probabilidad de

$$\left(\frac{2}{5}\right)^8$$

y que cada uno tenga bien colocado el vértice adecuado de los 8 que tiene, cuya probabilidad es $\left(\frac{1}{8}\right)^8$, y como puede ser rojo o amarillo, el doble, es decir

$$p = \left(\frac{2}{5}\right)^8 \cdot 2 \cdot \left(\frac{1}{8}\right)^8 = \frac{2}{5^8} \cdot \frac{1}{4^8} = \frac{2}{20^8}$$

3.20 Un examen de tipo test se compone de 15 preguntas numeradas del 1 al 15. Calificado el examen, se observa que ningún alumno ha contestado bien a dos preguntas consecutivas del test. Si el número de exámenes fue 1 600, ¿puede asegurarse que al menos dos alumnos han contestado de idéntica manera?

RESOLUCIÓN

Calculemos el número de exámenes en los que no aparecen 2 preguntas consecutivas bien contestadas. Procederemos secuencialmente.

Si no hay ninguna pregunta acertada, se cumple la condición y hay un sólo caso posible de examen, es decir

$$\binom{15}{0} = 1 \text{ caso.}$$

Si suponemos que sólo hay una pregunta bien contestada, hay entonces

$$\binom{15}{1} = 15 \text{ casos.}$$

Si suponemos que hay dos preguntas bien contestadas:

- Si la primera está bien, será *BM*, la segunda pregunta está mal y tendremos $\binom{13}{1} = 13$ casos, es decir, trece lugares para situar la segunda respuesta correcta.

- Si la segunda está bien, será *MBM*, la tercera pregunta está mal y tendremos $\binom{12}{1} = 12$ casos o lugares para la segunda correcta.

- Si la tercera está bien, será *MMBM*, la cuarta pregunta está mal y tendremos $\binom{11}{1} = 11$ casos.

En total habrá

$$13 + 12 + 11 + \cdots + 2 + 1 = \frac{13 \cdot 14}{2} = \binom{14}{2} = 91 \text{ casos.}$$

Si suponemos tres preguntas bien contestadas:

- Si la primera está bien, será *BM* y quedan 13 lugares para colocar 1 mal y otras 2 bien no consecutivas, pero esto puede hacerse de $\binom{12}{2}$ maneras, al igual que en el caso visto anteriormente que para 2 bien en 15 lugares había $\binom{14}{2}$ casos.

- Si la segunda está bien, será *MBM* y 2 correctas de 11, serán $\binom{11}{2}$ casos.

Contando todos estos casos tendremos

$$\binom{12}{2} + \binom{11}{2} + \binom{10}{2} + \cdots + \binom{3}{2} + \binom{2}{2} = \binom{13}{2} = 286.$$

El número de casos para 4 preguntas bien contestadas de 15 serán

$$\binom{12}{4} = 495.$$

En general el número de casos en que tenemos m preguntas bien contestadas de n son

$$\binom{n - m + 1}{m}$$

En consecuencia, el número de casos en que dos preguntas consecutivas no están bien contestadas es

$$1 + \binom{15}{1} + \binom{14}{2} + \binom{13}{3} + \binom{12}{4} + \binom{11}{5} + \binom{10}{6} + \binom{9}{7} + \binom{8}{8} =$$

$$= 1 + 15 + 91 + 286 + 495 + 462 + 210 + 36 + 1 = 1\,597.$$

En definitiva, entre los 1 600 exámenes necesariamente alguno está repetido.

3.21 Se considera una urna que contiene igual número de bolas de cada una de las clases *A*, *B* y *C*. Si se extraen sucesivamente y con reemplazamiento siete bolas, ¿cuál es la probabilidad de que haya salido igual número de bolas de las clases *A* y *B*?

RESOLUCIÓN

Consideremos los sucesos

$$S_{2k} = «sacar\ k\ bolas\ A\ y\ k\ bolas\ B»,$$

con $k = 0, 1, 2, 3$. Si ocurre el suceso S_{2k} habrán salido $7 - 2k$ bolas de la clase *C*.

Tenemos que

$$P(S_0) = \left(\frac{1}{3}\right)^7, \qquad P(S_2) = \binom{2}{1}\binom{7}{5}\left(\frac{1}{3}\right)^7, \qquad P(S_4) = \binom{4}{2}\binom{7}{3}\left(\frac{1}{3}\right)^7,$$

y también

$$P(S_6) = \binom{6}{3}\binom{7}{1}\left(\frac{1}{3}\right)^7.$$

En consecuencia la probabilidad pedida es

$$P = \sum_{k=1}^{3} P(S_{2k}) = \left(\frac{1}{3}\right)^7 \left[1 + \binom{2}{1}\binom{7}{5} + \binom{4}{2}\binom{7}{3} + \binom{6}{3}\binom{7}{1}\right] =$$

$$= \frac{1}{3^7}\left[1 + \frac{2! \cdot 7!}{5! \cdot 2!} + \frac{4! \cdot 7!}{2! \cdot 3! \cdot 2! \cdot 4!} + \frac{6! \cdot 7!}{3! \cdot 3! \cdot 6!}\right] =$$

$$= \frac{1}{2\,187}(1 + 42 + 210 + 140) = \frac{393}{2\,187} = \frac{131}{729}$$

3.22 Hállese la probabilidad de que al extraer 6 cartas de una baraja de 52 cartas, distribuidas en 4 palos, una a una con reemplazamiento, se obtenga al menos una carta de cada palo.

RESOLUCIÓN

Sean 1, 2, 3, 4, los cuatro palos de la baraja y consideramos los sucesos

$$C_n = \text{«hay carta del palo } n \text{ en la extracción de seis cartas»,}$$

para $n = 1, 2, 3, 4$. Sean $\overline{C_n}$ los sucesos contrarios de ellos, cuyas probabilidades son

$$P(\overline{C_1}) = \left(\frac{39}{52}\right)^6, \quad P(\overline{C_2}) = \left(\frac{39}{52}\right)^6, \quad P(\overline{C_3}) = \left(\frac{39}{52}\right)^6, \quad P(\overline{C_4}) = \left(\frac{39}{52}\right)^6,$$

ya que al haber 13 cartas de cada palo, para que no salga de un palo determinado quedan 39 cartas posibles.

La probabilidad de que no haya de dos palos determinados es

$$P(\overline{C_i} \cap \overline{C_j}) = \left(\frac{26}{52}\right)^6,$$

la de que no haya ninguna de tres palos determinados es

$$P(\overline{C_i} \cap \overline{C_j} \cap \overline{C_k}) = \left(\frac{13}{52}\right)^6$$

y no es posible la situación en que no haya de ninguno de los cuatro palos, es decir

$$P(\overline{C_i} \cap \overline{C_j} \cap \overline{C_k} \cap \overline{C_l}) = 0.$$

Al ser coincidentes las probabilidades de los palos, resulta

$$P(\overline{C_1} \cup \overline{C_2} \cup \overline{C_3} \cup \overline{C_4}) = \binom{4}{1}P(\overline{C_i}) - \binom{4}{2}P(\overline{C_i} \cap \overline{C_j}) + \binom{4}{3}P(\overline{C_i} \cap \overline{C_j} \cap \overline{C_k}) =$$

$$= 4\left(\frac{39}{52}\right)^6 - 6\left(\frac{26}{52}\right)^6 + 4\left(\frac{13}{52}\right)^6 - 0 =$$

$$= 4\left(\frac{3}{4}\right)^6 - 6\left(\frac{2}{4}\right)^6 + 4\left(\frac{1}{4}\right)^6 = \frac{4 \cdot 3^6 - 6 \cdot 2^6 + 4}{4^6} = \frac{317}{512}$$

Por tanto la probabilidad pedida es entonces

$$P(C_1 \cap C_2 \cap C_3 \cap C_4) = 1 - P(\overline{C_1} \cup \overline{C_2} \cup \overline{C_3} \cup \overline{C_4}) = 1 - \frac{317}{512} = \frac{195}{512}$$

3.23 Se distribuyen al azar n objetos en m casillas, siendo todas las distribuciones igualmente probables. Calcúlese la probabilidad de que una casilla dada tenga exactamente k objetos.

RESOLUCIÓN

Debemos entender que los objetos son diferentes, sean $b_1, b_2, \ldots, b_n$. Asignemos los objetos a las casillas del modo

$$\begin{aligned} b_1 &\longrightarrow c_1 \\ b_2 &\longrightarrow c_m \\ \vdots \quad & \quad \vdots \\ b_n &\longrightarrow c_1 \end{aligned}$$

por ejemplo $(1, m, 2, \ldots, 1)$. Los casos posibles son por tanto $VR_m^n = m^n$.

Una casilla determinada, por ejemplo c_1, va a tener k elementos, lo cual puede darse de $\binom{n}{k}$ formas diferentes; los $n - k$ restantes se distribuyen entre las $m - 1$ casillas, lo que puede hacerse de

$$VR_{m-1}^{n-k} = (m-1)^{n-k}$$

formas, luego resulta

$$P(k \text{ objetos en determinada casilla}) = \frac{\binom{n}{k}(m-1)^{n-k}}{m^n} = \frac{n!\,(m-1)^{n-k}}{k!\,(n-k)!\,m^n}$$

3.24 En una urna hay $2n$ bolas blancas y $2n$ bolas negras, idénticas salvo en el color.

(a) Calcúlese la probabilidad P_p de que al extraer al azar $2n$ bolas, haya p bolas negras y $2n - p$ bolas blancas ($0 \leq p \leq 2n$).

(b) Utilizando la expresión de P_p obtenida, demuéstrese la relación

$$1 + \binom{n}{1}^2 + \binom{n}{2}^2 + \cdots + \binom{n}{n}^2 = \binom{2n}{n}$$

RESOLUCIÓN

(a) Utilizando la regla de Laplace, supuesto que sacásemos todas, el número de casos posibles es el de ordenaciones de $4n$ elementos, siendo $2n$ bolas blancas y $2n$ bolas negras, es decir $P_{4n}^{2n,2n}$. Los casos favorables son aquellos en que en los primeros $2n$ lugares haya p bolas negras y $2n - p$ bolas blancas, es decir $P_{2n}^{p,2n-p}$, por cada posible ordenación de los $2n$ últimos lugares, para los que nos quedan $2n - p$ bolas negras y p bolas blancas, es decir $P_{2n}^{2n-p,p}$.

Teniendo en cuenta que si $\alpha + \beta = m$ se tiene que

$$P_m^{\alpha,\beta} = \frac{m!}{\alpha!\,\beta!} = \binom{m}{\alpha},$$

queda

$$P_p = \frac{P_{2n}^{p,2n-p} P_{2n}^{2n-p,p}}{P_{4n}^{2n,2n}} = \frac{\binom{2n}{p}\binom{2n}{2n-p}}{\binom{4n}{2n}} = \frac{\binom{2n}{p}\binom{2n}{p}}{\binom{4n}{2n}} = \frac{\binom{2n}{p}^2}{\binom{4n}{2n}}$$

(b) Si en lugar de tener $2n$ bolas blancas y $2n$ bolas negras se dispone de n bolas blancas y n negras, la probabilidad de que salgan k negras en la extracción de n bolas será, de acuerdo con el apartado anterior,

$$P_k = \frac{\binom{n}{k}^2}{\binom{2n}{n}}, \qquad 0 \le k \le n,$$

y si consideramos los sucesos

$$S_k = \text{«en la extracción de } n \text{ bolas hay } k \text{ negras»},$$

estos sucesos son incompatibles y $S_0 \cup S_1 \cup \cdots \cup S_n = E$, siendo E el suceso seguro, por lo que, por probabilidad de la unión de sucesos incompatibles, resulta

$$
\begin{aligned}
1 &= P(E) = P(S_0) + P(S_1) + \cdots + P(S_n) = \\
&= \frac{\binom{n}{0}^2}{\binom{2n}{n}} + \frac{\binom{n}{1}^2}{\binom{2n}{n}} + \cdots + \frac{\binom{n}{n}^2}{\binom{2n}{n}} = \frac{1}{\binom{2n}{n}} \left[\binom{n}{0}^2 + \binom{n}{1}^2 + \cdots + \binom{n}{n}^2 \right],
\end{aligned}
$$

de donde se obtiene finalmente

$$\binom{n}{0}^2 + \binom{n}{1}^2 + \cdots + \binom{n}{n}^2 = \binom{2n}{n}$$

Esta propiedad es un caso particular del problema resuelto 1.12, con $m = n = k$.

PROPUESTOS

P 3.1 Sea $E = \{a,b,c,d\}$ un espacio muestral y P una función de probabilidad sobre E. Hállese $P(a)$ en los siguientes casos

(a) $P(b) = P(c) = 0{,}1$, $P(d) = 0{,}5$;

(b) $P(b,c) = 1/2$, $P(d) = 1/4$;

(c) $P(b) = P(c) = P(d) = 2P(a)$.

P 3.2 Decídase si en el experimento consistente en lanzar un dado, el conjunto de sucesos

$$\{\emptyset, \{1,2,3\}, \{4,5,6\}, \{1,3,5\}, \{2,4,6\}\}$$

es una σ-álgebra.

P 3.3 Calcúlese la probabilidad de un suceso A sabiendo que la suma del cuadrado de su probabilidad y del cuadrado de la probabilidad del suceso contrario es $5/9$.

P 3.4 Sean A, B y C sucesos y P una probabilidad tal que $P(A) = 0{,}4$, $P(B) = 0{,}5$, $P(C) = 0{,}7$, $P(A \cap B) = 0{,}2$, $P(A \cap C) = 0{,}2$, $P(B \cap C) = 0{,}3$, $P(A \cap B \cap C) = 0{,}1$. Determínese la probabilidad de que se realicen al menos dos de ellos.

P 3.5 Hállese la probabilidad de que al tirar 3 monedas, sucesivamente al azar, en la primera tirada salga cruz y entre las dos últimas salga una cara y una cruz.

P 3.6 Se realiza un experimento consistente en sacar dos bolas de una urna que contiene 5 bolas blancas, 3 bolas verdes y 4 bolas negras. Escríbase el espacio muestral asociado a esta experiencia y defínase una probabilidad asociada. Calcúlese la probabilidad de los siguientes sucesos:

(a) *Obtener dos bolas del mismo color.*

(b) *Obtener al menos una bola blanca.*

P 3.7 Un pirata informático intenta «romper» la contraseña de un ordenador, de la cual sabe que se compone de las letras DGJLRUAAAAA. Determínese la probabilidad de que la contraseña sea GUADALAJARA. ¿Cuál es la probabilidad de que la contraseña comience por ADULA?

P 3.8 Mirando de frente a los seis reyes del patio de su mismo nombre en el monasterio de El Escorial se percibe una disposición no ordenada según nuestro abecedario. Considerando alfabéticamente ordenadas todas las posibles alineaciones, ¿qué lugar ocuparía la disposición actual? ¿En cuántas de ellas estarían juntos David y Salomón? Nota: Los reyes referidos son los relacionados con la construcción y embellecimiento del templo de Jerusalén y aparecen colocados así:

JOSAPHAT, EZECHIAS, DAVID, SALOMON, IOSIAS y MANASSES

P 3.9 La probabilidad de que un alumno matriculado en primer curso termine la carrera es 0,4. Hállese la probabilidad de que, de cuatro amigos que están en primer curso:

(a) al menos uno termine la carrera;

(b) a lo más dos terminen la carrera;

(c) sólo termine uno;

(d) terminen todos.

P 3.10 En una centralita telefónica hay preprogramados cincuenta números de teléfono de cinco empresas diferentes, habiendo diez de cada una de las empresas. ¿Cuál es la probabilidad de que cinco llamadas realizadas al azar sean todas a empresas diferentes? ¿Y cuál para que sean dos a una empresa y tres a otra?

P 3.11 Un jugador recibe 10 cartas de una baraja española de 40 cartas. Determínese la probabilidad de que obtenga:

(a) dos ases;

(b) ningún as;

(c) al menos dos ases.

P 3.12 En el espacio muestral infinito numerable $\mathbb{N} = \{1,2,3,\dots\}$ se considera la aplicación P que hace corresponder a cada suceso elemental un número real positivo dado por

$$P(k) = \frac{1}{2k}, \qquad k \in \mathbb{N}.$$

¿Es P así definida una probabilidad en la σ-álgebra $\mathscr{P}(\mathbb{N})$?

P 3.13 Se considera el espacio muestral real $[0;3]$ y se define la función

$$P([0;x]) = m \int_0^x t^2\,dt, \qquad x \in [0;3].$$

Hállese el valor de m para que sea una probabilidad.

P 3.14 Un cartero lleva tres cartas con diferentes destinatarios. Hállese la probabilidad de que al entregarlas al azar, al menos una de ellas lo haga de forma correcta.

P 3.15 Diez bolas distintas se distribuyen entre 4 urnas de modo que todas las distribuciones posibles sean igualmente probables, hállese la probabilidad de que:

(a) una urna fija contenga 6 bolas;

(b) todas las urnas estén ocupadas.

P 3.16 Del conjunto $\{1, 2, 3, \ldots, n\}$ se elige al azar un número que denotamos por a_n. Siendo p_n la probabilidad de que el número $a_n^2 - 1$ sea divisible por 10, calcúlese el valor de $\lim_{n \to \infty} p_n$.

P 3.17 Las decisiones de una sociedad se toman en una comisión formada por tres personas. Dos de ellas toman una decisión meditada y es correcta con probabilidad p; mientras que el tercero decide al azar lanzando una moneda. Se acepta una propuesta si ésta es votada por la mayoría. ¿Sería aconsejable, con criterios de probabilidad, que la decisión la tomase uno cualquiera de los miembros que votan razonadamente?

P 3.18 En el portal de una casa de cinco vecinos hay seis buzones, uno para cada vecino y el restante para las devoluciones. Un repartidor de propaganda que llega al portal lleva cinco sobres con el nombre de cada vecino, pero ha olvidado las gafas en casa y, como no ve nada, reparte al azar los cinco sobres en los seis buzones. Se pide:

(a) la probabilidad de que ningún sobre caiga en el buzón de las devoluciones;

(b) la probabilidad de que, como mínimo, uno de los cinco vecinos reciba en su buzón el sobre con su nombre.

P 3.19 Se dispone de 27 dados blancos y se construye un cubo de tres dados por arista, cuyas caras se pintan todas de negro. Se deshace el cubo y se vuelve a formar sin mirar los dados. Calcúlese la probabilidad de que resulte de nuevo un cubo pintado de negro.

P 3.20 Un opositor domina 80 temas de los 100 que componen el temario de una oposición y no sabe los restantes. Repite la oposición en idénticas condiciones de preparación 5 veces. En cada oposición saca al azar un solo tema. Determínese la probabilidad de que:

(a) las 5 veces le hayan salido temas desconocidos;

(b) las 4 primeras veces la hayan salido temas desconocidos y la quinta conocido;

(c) las 5 veces le hayan salido temas conocidos.

P 3.21 Si se colocan al azar y en fila las cartas de una baraja española, ¿cuál es la probabilidad de que al menos dos reyes estén juntos?

P 3.22 Un móvil está sobre un camino rectilíneo. Al lanzar una moneda el móvil se desplaza un kilómetro a la derecha si resultó cara y dos a la izquierda si se obtuvo cruz. Hállese la probabilidad de que el móvil se encuentre 2 km a la derecha de su posición inicial al cabo de 20 lanzamientos de la moneda.

P 3.23 Seis bolas de diferentes colores se introducen al azar en tres urnas.

(a) Calcúlese la probabilidad de que la tercera urna esté vacía.

(b) Calcúlese la probabilidad de que vayan tantas bolas a cada urna como el número de orden de la urna.

(c) Calcúlese la probabilidad de que todas las urnas estén ocupadas.

P 3.24 Los cuatro ases de un juego de cartas se colocan boca abajo al azar. ¿Cuál es la probabilidad de acertar exactamente 1, 2, 3 ó 4 al elegir una ordenación de ellos?

Capítulo

Probabilidad
condicionada

4.1. Probabilidad condicionada

En esta sección se trata de definir la probabilidad condicionada de un suceso cuando se sabe que previamente ha ocurrido otro. Si A y B son sucesos asociados a un mismo experimento aleatorio, diremos que el suceso B está condicionado por A cuando esperamos que ocurra B si previamente se ha dado A. Representaremos el suceso B condicionado por A en la forma B/A, y se trata de conocer su probabilidad. La idea que debe estar presente ahora es que la probabilidad conocida de un suceso puede variar cuando se supone que tal suceso ocurre después de haberse verificado otro. Un ejemplo sencillo nos ayudará a comprender el concepto.

EJEMPLO 4.1. Sea el experimento aleatorio que consiste en lanzar dos dados y sean A y B dos sucesos asociados a él: el suceso A ocurre cuando se obtienen cifras pares en ambos dados y el B cuando las dos cifras son iguales.

El espacio muestral E está formado por $VR_6^2 = 36$ sucesos elementales. Los casos en que se presenta A son $VR_3^2 = 9$, en tanto que B ocurre en 6 ocasiones del total de 36 posibles. De acuerdo con la regla de Laplace, sus probabilidades son

$$P(A) = \frac{9}{36} = \frac{1}{4} \quad y \quad P(B) = \frac{6}{36} = \frac{1}{6}$$

Si queremos calcular la probabilidad de B cuando previamente ha ocurrido A, hemos de considerar que el espacio muestral ha cambiado, pasando a ser A, y considerar entre los sucesos elementales de A los que corresponden a B, para tener

$$P(B/A) = \frac{3}{9} = \frac{1}{3}$$

Observamos que la probabilidad de B se ha modificado al ocurrir después de A. En consecuencia, la aparición previa de A influye en la verificación de B. En la situación descrita se dice que B es un *suceso dependiente* de A.

Definición de probabilidad condicionada

Sea $(E, \mathscr{A}, P)$ un espacio de probabilidad y sea $B \in \mathscr{A}$ un suceso con $P(B) > 0$, para cada suceso $A \in \mathscr{A}$ llamaremos **probabilidad de A condicionada por B**, que indicaremos por $P(A/B)$, al siguiente cociente:

$$P(A/B) = \frac{P(A \cap B)}{P(B)} \tag{4.1}$$

Veamos que fijado el suceso B con $P(B) > 0$, la probabilidad condicionada por B verifica las condiciones para ser una probabilidad y por ello $(E, \mathscr{A}, P(\cdot/B))$ es un espacio de probabilidad llamado **espacio de probabilidad condicionada por B**.

Por una parte, como $P(A \cap B) \geq 0$ y $P(B) \geq 0$, el cociente es $P(A/B) \geq 0$. Además verifica los axiomas de Kolmogorov:

A.1. Como es $P(E \cap B) = P(B)$, resulta

$$P(E/B) = \frac{P(E \cap B)}{P(B)} = \frac{P(B)}{P(B)} = 1$$

A.2. Si $\{A_i : i \in \mathbb{N}\}$ son disjuntos dos a dos, entonces también son disjuntos dos a dos los de $\{A_i \cap B : i \in \mathbb{N}\}$, por lo que

$$P\left(\bigcup_{i=1}^{\infty} A_i/B\right) = \frac{P([\bigcup_{i=1}^{\infty} A_i] \cap B)}{P(B)} = \frac{P(\bigcup_{i=1}^{\infty}(A_i \cap B))}{P(B)}$$
$$= \frac{\sum_{i=1}^{\infty} P(A_i \cap B)}{P(B)} = \sum_{i=1}^{\infty} \frac{P(A_i \cap B)}{P(B)} = \sum_{i=1}^{\infty} P(A_n/B).$$

De la definición de probabilidad condicionada, se deduce que

$$P(A \cap B) = P(B)P(A/B) \tag{4.2}$$

y también que $P(A \cap B) = P(A)P(B/A)$, que se llama *fórmula de la probabilidad compuesta*.

EJEMPLO 4.2. Veamos la forma de calcular la probabilidad de sacar dos figuras en la extracción simultánea de dos cartas de una baraja española. Tenemos que

$$P(Dos\ figuras) = P(A \cap B) = P(A)P(B/A) = \frac{16}{40}\frac{15}{39} = \frac{2}{13}$$

siendo

A = *Sacar figura en la primera extracción,*
B = *Sacar figura en la segunda extracción,* y
B/A = *Sacar figura en la segunda sabiendo que salió figura en la primera.*

Es evidente que sacar dos cartas simultáneamente es equivalente a sacarlas sucesivamente sin reemplazamiento. Obtenemos el mismo resultado utilizando la combinatoria

$$P(Dos\ figuras) = \frac{C_{16}^2}{C_4^2} = \frac{16 \cdot 15 \cdot 2!}{40 \cdot 39 \cdot 2!} = \frac{2}{13}$$

Esta fórmula del producto o de la probabilidad compuesta puede generalizarse a n casos, resultando

$$P\left(\bigcap_{i=1}^{n} A_i\right) = P(A_1)P(A_2/A_1)P(A_3/A_1 \cap A_2) \cdots P\left(A_n/\bigcap_{i=1}^{n-1} A_i\right) \tag{4.3}$$

supuesto que $P(\bigcap_{i=1}^{n-1} A_i) > 0$, pues en caso contrario la probabilidad sería nula.

4.2. Teorema de la probabilidad total

Sea $\mathscr{A}$ una σ-álgebra de sucesos asociada a un experimento aleatorio, sea E el espacio muestral, un conjunto de sucesos $\{A_i\}_{i=1}^{\infty} \subset \mathscr{A}$, se dice que es una **partición** o un **sistema completo** de sucesos si cumple:

1. $A_i \cap A_j = \emptyset$, si $i \neq j$.

2. $\bigcup_{i=1}^{\infty} A_i = E.$ $\tag{4.4}$

Teorema de la probabilidad total.

Sea $(E,\mathscr{A},P)$ un espacio de probabilidad y sea $\{A_i\}_{i=1}^{\infty}$ un sistema completo de sucesos tal que se conocen las probabilidades $P(A_i)$, sea $B \in \mathscr{A}$ un suceso cualquiera del que se conocen las probabilidades condicionadas $P(B/A_i)$, $i \in \mathbb{N}$, entonces la probabilidad de B está dada por

$$P(B) = \sum_{i=1}^{\infty} P(A_i)P(B/A_i) \tag{4.5}$$

DEMOSTRACIÓN.

Como es $E = \bigcup_{i=1}^{\infty} A_i$, resulta que $B = B \cap E = B \cap \left(\bigcup_{i=1}^{\infty} A_i\right) = \bigcup_{i=1}^{\infty}(B \cap A_i)$ y cuando sean $A_i \cap A_j = \emptyset$, también $(B \cap A_i) \cap (B \cap A_j) = \emptyset$, por lo que

$$P(B) = P\left(\bigcup_{i=1}^{\infty}(B \cap A_i)\right) = \sum_{i=1}^{\infty} P(B \cap A_i) = \sum_{i=1}^{\infty} P(A_i)P(B/A_i),$$

ya que $P(B \cap A_i) = P(A_i)P(B/A_i)$. $\qquad\square$

La expresión del teorema puede aplicarse incluso si algún A_i tiene probabilidad nula, ya que este caso el correspondiente término $P(A_i)P(B/A_i)$ será nulo.

La interpretación del teorema es la siguiente: puesto que cualquier sistema completo de sucesos cubre el espacio muestral, la probabilidad de un suceso cualquiera B del mismo experimento aleatorio puede ser calculada a través de las probabilidades de B condicionadas a los sucesos del sistema completo, debido a que B tiene que tener intersección no vacía con al menos uno de los sucesos del sistema completo. El siguiente dibujo ilustra bien esta situación.

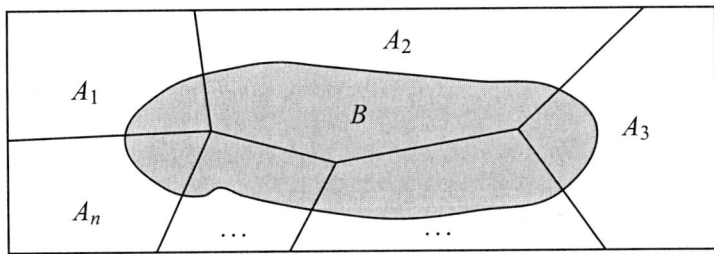

Figura 4.1. Interpretación del teorema de la probabilidad total

EJEMPLO 4.3. Se dispone de dos urnas U_1 y U_2. La urna U_1 contiene 3 bolas blancas y 7 negras y la urna U_2 contiene 6 blancas y 4 negras. Se elige una urna al azar y a continuación se extrae de ella una bola. Si llamamos A_1 y A_2 a los sucesos *elegir urna U_1* y *elegir urna U_2*, respectivamente, y B al suceso *obtener bola blanca*, se tiene que la probabilidad de que la bola elegida sea blanca es

$$P(\text{Obtener bola blanca}) = P(B) = P(A_1)P(B/A_1) + P(A_2)P(B/A_2) =$$
$$= \frac{1}{2} \cdot \frac{3}{10} + \frac{1}{2} \cdot \frac{6}{10} = \frac{9}{20}$$

4.3. Teorema de Bayes

Teorema de Bayes.
Sea $(E, \mathscr{A}, P)$ un espacio de probabilidad y sea $\{A_i\}_{i=1}^{\infty}$ un sistema completo de sucesos para E tal que $P(A_i) > 0$, $i \in \mathbb{N}$, entonces para cualquier suceso $B \in \mathscr{A}$ se cumple que

$$P(A_i/B) = \frac{P(A_i)P(B/A_i)}{\sum_{i=1}^{\infty} P(A_i)P(B/A_i)} \qquad \forall i = 1, 2, 3, \dots \tag{4.6}$$

DEMOSTRACIÓN.
Tenemos que

$$P(A_i/B) = \frac{P(A_i \cap B)}{P(B)} = \frac{P(A_i)P(B/A_i)}{P(B)}$$

y sustituyendo el denominador por la expresión del teorema de la probabilidad total, resulta

$$P(A_i/B) = \frac{P(A_i)P(B/A_i)}{\sum_{i=1}^{\infty} P(A_i)P(B/A_i)} \qquad \forall i = 1, 2, 3, \dots$$

$\square$

Los sucesos A_i se consideran hipótesis bajo las que puede ocurrir B. Una vez que el suceso B se ha producido, las probabilidades que teníamos, que se denominan «probabilidades a priori», $P(A_i)$, se transforman en otras nuevas con esta nueva información, «probabilidades a posteriori», $P(A_i/B)$, es decir, reflejan la alteración que produce la ocurrencia del suceso B en las hipótesis A_i. Este es el enfoque *bayesiano*, en el que la probabilidad no es algo estático, sino que va cambiando a medida que tenemos más información.

Es habitual llamar *probabilidades a priori* a las $P(A_i)$, *probabilidades a posteriori* a las $P(A_i/B)$ y *verosimilitudes* a las probabilidades $P(B/A_i)$ cuyo cálculo será simple, dado que se supone la verificación del suceso A_i.

EJEMPLO 4.4. Se dispone de dos urnas U_1 y U_2. La urna U_1 contiene 3 bolas blancas y 7 negras y la urna U_2 contiene 6 blancas y 4 negras. Se elige una urna al azar y a continuación se extrae de ella una bola y ésta resultó ser blanca. Para determinar la probabilidad de que la bola elegida provenga de la urna U_1, utilizamos el teorema de Bayes, siendo

$$P(A_1/B) = \frac{P(A_1)P(B/A_1)}{P(A_1)P(B/A_1) + P(A_2)P(B/A_2)} = \frac{\frac{1}{2} \cdot \frac{3}{10}}{\frac{1}{2} \cdot \frac{3}{10} + \frac{1}{2} \cdot \frac{6}{10}} = \frac{1}{3}$$

4.4. Independencia de sucesos

En numerosos experimentos aleatorios la información suministrada por un suceso B no afecta para nada a la probabilidad del suceso A, es decir, $P(A/B) = P(A)$. Luego diremos que

*el suceso A es **independiente** del B cuando $P(A/B) = P(A)$.*

En este caso, como consecuencia, se tiene que

$$P(B/A) = \frac{P(A \cap B)}{P(A)} = \frac{P(B)P(A/B)}{P(A)} = \frac{P(A)P(B)}{P(A)} = P(B),$$

por lo que también el suceso B es independiente de A.

Proposición 1. Se tiene que

$$A \text{ y } B \text{ son independientes} \Leftrightarrow P(A \cap B) = P(A)P(B).$$

DEMOSTRACIÓN.

$\Rightarrow)$
$$P(A \cap B) = P(A)P(B/A) = P(A)P(B)$$

$\Leftarrow)$
$$P(A/B) = \frac{P(A \cap B)}{P(B)} = \frac{P(A)P(B)}{P(B)} = P(A). \qquad \square$$

Proposición 2. Si A y B son dos sucesos independientes en $(E, \mathscr{A}, P)$, entonces se verifica:

(a) A y $\overline{B}$ son independientes.

(b) $\overline{A}$ y B son independientes.

(c) $\overline{A}$ y $\overline{B}$ son independientes.

DEMOSTRACIÓN.

(a) Como $A = (A \cap B) \cup (A \cap \overline{B})$, siendo éstos incompatibles, resulta que

$$P(A) = P\left[(A \cap B) \cup (A \cap \overline{B})\right] = P(A \cap B) + P(A \cap \overline{B}),$$

de donde

$$P(A \cap \overline{B}) = P(A) - P(A \cap B) = P(A) - P(A)P(B) = P(A)\left[1 - P(B)\right] = P(A)P(\overline{B}).$$

(b) Como es $B = (A \cap B) \cup (\overline{A} \cap B)$, siendo éstos incompatibles, se tiene

$$P(B) = P\left[(A \cap B) \cup (\overline{A} \cap B)\right] = P(A \cap B) + P(\overline{A} \cap B),$$

luego

$$P(\overline{A} \cap B) = P(B) - P(A \cap B) = P(B) - P(A)P(B) = \left[1 - P(A)\right]P(B) = P(\overline{A})P(B).$$

(c)
$$\begin{aligned}
P(\overline{A} \cap \overline{B}) &= P(\overline{A \cup B}) = 1 - P(A \cup B) = 1 - \left[P(A) + P(B) - P(A \cap B)\right] = \\
&= 1 - P(A) - P(B) + P(A \cap B) = 1 - P(A) - P(B) + P(A)P(B) = \\
&= \left[1 - P(A)\right] - P(B)\left[1 - P(A)\right] = \left[1 - P(A)\right]\left[1 - P(B)\right] = P(\overline{A})P(\overline{B}). \quad \square
\end{aligned}$$

La noción de independencia que hemos visto admite una generalización a n sucesos: sea $(E, \mathscr{A}, P)$ un espacio de probabilidad y sean $A_1, A_2, \ldots, A_n \in \mathscr{A}$, diremos que estos sucesos son *independientes*, o *globalmente independientes*, si cualquier subconjunto de ellos verifica que la probabilidad de la intersección es el producto de sus probabilidades, es decir, si

$$\begin{aligned}
P(A_i \cap A_j) &= P(A_i)P(A_j), \qquad i \neq j \\
P(A_i \cap A_j \cap A_k) &= P(A_i)P(A_j)P(A_k), \qquad i \neq j \neq k \\
&\vdots \\
P(A_1 \cap A_2 \cap \cdots \cap A_n) &= P(A_1)P(A_2) \cdots P(A_n),
\end{aligned}$$

Diremos que son *independientes dos a dos* si cualquier par de estos sucesos es independiente, es decir,

$$P(A_i \cap A_j) = P(A_i)P(A_j), \qquad i \neq j, \qquad i, j = 1, 2, \ldots, n.$$

La independencia global implica la independencia dos a dos, pero no se verifica el recíproco.

EJEMPLO 4.5. Se consideran los sucesos A =«*Obtener oros*», B =«*Obtener rey*», C =«*Obtener figura*», del experimento que consiste en extraer una carta de una baraja española. Las probabilidades de estos sucesos son

$$P(A) = \frac{10}{40} = \frac{1}{4} \qquad P(B) = \frac{4}{40} = \frac{1}{10} \qquad P(C) = \frac{12}{40} = \frac{3}{10}$$

Si consideramos la intersección de los dos primeros, se tiene

$$P(A \cap B) = \frac{1}{40} = P(A)P(B),$$

por lo que los sucesos A y B son independientes. La intersección de A y C tiene como probabilidad

$$P(A \cap C) = \frac{3}{40} = P(A)P(C) = \frac{1}{4} \cdot \frac{3}{10} = \frac{3}{40}$$

luego A y C son independientes. Sin embargo la intersección de los sucesos B y C tiene por probabilidad

$$P(B \cap C) = \frac{4}{40} = \frac{1}{10} \neq P(B)P(C) = \frac{1}{10} \cdot \frac{3}{10} = \frac{3}{100}$$

por lo que los sucesos B y C son dependientes.

4.5. Experimentos compuestos

Si un experimento se compone de dos experimentos distintos cuyos espacios muestrales son E_1 y E_2, el experimento compuesto tiene por espacio muestral el producto cartesiano de $E_1 \times E_2$.

Si los experimentos dados tienen por σ-álgebras $\mathscr{A}_1$ y $\mathscr{A}_2$, la σ-álgebra correspondiente al experimento compuesto, $\mathscr{A}$, es la mínima σ-álgebra que contenga al producto $\mathscr{A}_1 \times \mathscr{A}_2$. Si E_1 y E_2 son finitos o infinitos numerables, ésta coincide con $\mathscr{A}_1 \times \mathscr{A}_2$.

Si los resultados del primer experimento no influyen en el segundo, en el espacio probabilizable $(E_1 \times E_2, \mathscr{A})$ definimos la probabilidad

$$P(A_i, B_j) = P(A_i)P(B_j), \qquad \forall i, j = 1, 2, \ldots$$

pero si los resultados influyen, definimos

$$P(A_i, B_j) = P(A_i)P(B_j / A_i), \qquad \forall i, j = 1, 2, \ldots$$

Se comprueba que la probabilidad así definida, tanto en un caso como en el otro, verifica los axiomas de probabilidad.

La fórmula de la probabilidad compuesta permite calcular fácilmente la probabilidad de sucesos compuestos de otros.

EJEMPLO 4.6. Si de una baraja española de 40 cartas se extraen cuatro, la probabilidad de que las cuatro cartas sean reyes es, en el caso de que no haya reemplazamiento,

$$P(R_1 \cap R_2 \cap R_3 \cap R_4) = P(R_1)P(R_2/R_1)P(R_3/R_1 \cap R_2)P(R_4/R_1 \cap R_2 \cap R_3)$$
$$= \frac{4}{40} \cdot \frac{3}{39} \cdot \frac{2}{38} \cdot \frac{1}{37} = \frac{1}{91\,390}$$

donde es $R_i =$«*Obtener rey en la extracción i-ésima*».

EJEMPLO 4.7. En el caso en que las cartas se extraen con reemplazamiento, siempre están las 40 cartas, por lo que resulta

$$P(R_1 \cap R_2 \cap R_3 \cap R_4) = P(R_1)P(R_2/R_1)P(R_3/R_1 \cap R_2)P(R_4/R_1 \cap R_2 \cap R_3)$$
$$= \frac{4}{40} \cdot \frac{4}{40} \cdot \frac{4}{40} \cdot \frac{4}{40} = \frac{1}{10\,000}$$

que es algo menos difícil de conseguir.

EN DETALLE

4.1 Un dado se lanza dos veces. Sea A el suceso «*en el primer lanzamiento el número obtenido es menor o igual que 2*». Sea B el suceso «*en el segundo lanzamiento el número obtenido es al menos 5*».

(a) ¿Cuál es $P(A \cup B)$?

(b) ¿Cuál es $P(A/B)$?

(c) ¿Son independientes A y B?

RESOLUCIÓN

El suceso A se verifica cuando en el primer lanzamiento aparezca el 1 o el 2, independientemente del número que aparezca en el segundo lanzamiento, por tanto $P(A) = 2/6 = 1/3$.

El suceso B se verifica cuando aparezca el 5 o el 6 en el segundo lanzamiento, independientemente de lo que haya aparecido en el primero, de donde $P(B) = 2/6 = 1/3$.

El suceso $A \cap B$ se verificará en los siguientes casos: $\{(1,5),(1,6),(2,5),(2,6)\}$, de los 36 casos posibles, por lo que $P(A \cap B) = 4/36 = 1/9$.

Contestando ahora a las cuestiones:

(a)

$$P(A \cup B) = P(A) + P(B) - P(A \cap B) = \frac{1}{3} + \frac{1}{3} - \frac{1}{9} = \frac{5}{9}$$

(b)

$$P(A/B) = \frac{P(A \cap B)}{P(B)} = \frac{1/9}{1/3} = \frac{1}{3}$$

(c) Como es $P(A/B) = P(A) = 1/3$, resulta que A es independiente de B, por lo que A y B son independientes, como era de esperar ya que el suceso A hace referencia al primer lanzamiento y el B al segundo, sin relación entre ellos.

4.2 Sean A, B y C tres sucesos mutuamente independientes con $P(A) = P(B) = P(C) = p$, con $0 < p < 1$. Calcúlese la probabilidad de que ocurran exactamente dos de los tres sucesos considerados.

RESOLUCIÓN

Por ser $P(A) = P(B) = P(C) = p$, será $P(\overline{A}) = P(\overline{B}) = P(\overline{C}) = 1 - p$. El suceso que se verifica cuando ocurren dos de los sucesos dados y no el otro, es

$$(A \cap B \cap \overline{C}) \cup (A \cap C \cap \overline{B}) \cup (B \cap C \cap \overline{A})$$

y como los sucesos de los paréntesis son incompatibles, ya que por ejemplo

$$(A \cap B \cap \overline{C}) \cap (A \cap C \cap \overline{B}) = A \cap A \cap (B \cap \overline{B}) \cap (C \cap \overline{C}) = A \cap \emptyset \cap \emptyset = \emptyset,$$

y los sucesos A, B, C y sus contrarios, son independientes, será

$$P[(A \cap B \cap \overline{C}) \cup (A \cap C \cap \overline{B}) \cup (B \cap C \cap \overline{B})] =$$
$$= P(A \cap B \cap \overline{C}) + P(A \cap C \cap \overline{B}) + P(B \cap C \cap \overline{B}) =$$
$$= P(A) \cdot P(B) \cdot P(\overline{C}) + P(A) \cdot P(C) \cdot P(\overline{B}) + P(B) \cdot P(C) \cdot P(\overline{A}) =$$
$$= pp(1 - p) + pp(1 - p) + pp(1 - p) =$$
$$= 3p^2(1 - p).$$

4.3 En una fábrica se ha recibido una caja que contiene 5 piezas de las cuales 3 son defectuosas. Se extraen al azar y sin reposición una pieza cada vez, hasta que son extraídas las dos buenas. Hállese la probabilidad de que sean necesarias 4 extracciones o menos.

RESOLUCIÓN
Primer método.

El suceso «*necesitar 4 extracciones o menos*» es el contrario de «*necesitar 5 extracciones*», por tanto

$$P(necesitar\ 4\ extracciones\ o\ menos) = 1 - P(necesitar\ 5\ extracciones),$$

si escribimos B por pieza buena y d por defectuosa, este suceso ocurre en los casos

$$dddBB, \qquad ddBdB, \qquad dBddB, \qquad BdddB,$$

que naturalmente son incompatibles, por lo que queda

$$= 1 - P(dddBB, ddBdb, dBddB, BdddB)$$
$$= 1 - P(dddBB) - P(ddBdB) - P(dBddB) - P(BdddB),$$

la primera de estas probabilidades es, por probabilidad condicionada

$$P(dddBB) = P(d)P(d/d)P(d/dd)P(B/ddd)P(B/dddB) = \frac{3}{5}\frac{2}{4}\frac{1}{3}\frac{2}{2}\frac{1}{1} = \frac{1}{10}$$

y el mismo resultado dan las otras probabilidades, ya que son 4 de los $P_5^{3,2} = 10$ casos posibles de extracción de las piezas, igualmente probables, luego

$$P(necesitar\ 4\ extracciones\ o\ menos) = 1 - 4 \cdot \frac{1}{10} = \frac{3}{5}$$

Segundo método.

Aplicando la regla de Laplace se tiene que

$$P(\text{necesitar 4 extracciones o menos}) = 1 - P(\text{necesitar 5 extracciones}) =$$

$$= 1 - \frac{\text{casos favorable}}{\text{casos posibles}} =$$

$$= 1 - \frac{P_4^{3,1}}{P_5^{3,2}} = 1 - \frac{4!}{10 \cdot 3!1!} = 1 - \frac{4}{10} = 1 - \frac{2}{5} = \frac{3}{5}$$

ya que los casos favorables a necesitar 5 extracciones se dan cuando una de las dos buenas es la última en salir, lo que ocurre de $P_4^{3,1}$ maneras y los casos posibles son $P_5^{3,2} = 10$.

4.4 Dos jugadores A y B juegan 24 partidas de ajedrez, de las que A gana 12, B gana 8 y 4 terminan en tablas. Posteriormente deciden jugar un torneo a tres partidas. Determínese la probabilidad de que B gane al menos una partida y la probabilidad de que gane cada uno una partida alternativamente.

RESOLUCIÓN

Vamos a representar por A el suceso «*el jugador A gana*», por B el suceso «*el jugador B gana*» y por X el suceso «*hacen tablas*».

Con los datos de las partidas anteriores podemos suponer que en cada partida es

$$P(A) = \frac{12}{24} = \frac{1}{2} \qquad P(B) = \frac{8}{24} = \frac{1}{3} \qquad P(X) = \frac{4}{24} = \frac{1}{6}$$

La probabilidad de que B gane al menos una partida de las tres es

$$P(B \text{ gane al menos una}) = 1 - P(A \text{ gane las tres}) = 1 - P(A)P(A)P(A)$$

$$= 1 - [P(A)]^3 = 1 - \frac{1}{2^3} = \frac{7}{8}$$

ya que los sucesos son independientes, pues el resultado de una partida no debe depender del resultado de las anteriores.

La probabilidad de que ganen las partidas alternativamente es

$$P(ABA, BAB) = P(ABA) + P(BAB) = P(A)P(B)P(A) + P(B)P(A)P(B)$$

$$= \frac{1}{2}\frac{1}{3}\frac{1}{2} + \frac{1}{3}\frac{1}{2}\frac{1}{3} = \frac{5}{36}$$

por ser sucesos independientes.

4.5 La probabilidad de que nazca un varón es 0,5 y es independiente del sexo del hermano anterior.

(a) Hállese la probabilidad de que en una familia de 5 hermanos, dos sean varones y de que al menos dos sean varones.

(b) Si sabemos que el menor de los 5 es varón, respóndase al apartado (a).

RESOLUCIÓN

(a) Representando por V a los varones y por H a las mujeres, la probabilidad de que, en una familia de 5 hermanos, sean 2 varones y 3 hembras, por este orden $VHVHH$, es

$$P(VHVHH) = P(V)P(H)P(V)P(H)P(H) = (0,5)^5 = \frac{1}{32}$$

ya que el sexo de cada hermano es independiente del anterior.

Como 2 varones y 3 hembras pueden llegar a tenerse de $P_5^{3,2} = 10$ formas distintas, tenemos que

$$P(2\ varones\ y\ 3\ hembras) = 10 \cdot P(VHVHH) = 10 \cdot \frac{1}{32} = \frac{5}{16}$$

y puesto que 1 varón y 4 hembras pueden tenerse de 5 formas diferentes, será

$$\begin{aligned} P(Al\ menos\ 2\ varones) &= 1 - P(Ningún\ varón\ o\ uno) \\ &= 1 - P(HHHHH) - 5 \cdot P(VHHHH) \\ &= 1 - \frac{1}{32} - \frac{5}{32} = \frac{13}{16} \end{aligned}$$

(b) En familias de 5 hermanos, el dato de que el menor es varón va a modificar los valores de las probabilidades anteriores. Si llamamos M al suceso «*El menor es varón*», tenemos que

$$\begin{aligned} P(2\ varones/M) &= P(1\ varón\ en\ los\ cuatro\ primeros) \\ &= 4 \cdot P(VHHH) = 4 \cdot (0,5)^4 = 4 \cdot \frac{1}{16} = \frac{1}{4} \end{aligned}$$

ya que un varón entre los cuatro primero puede conseguirse de $P_4^{3,1} = 4$ formas distintas, y

$$\begin{aligned} P(Al\ menos\ 2\ varones/M) &= 1 - P(Ninguno\ o\ uno/M) \\ &= 1 - P(Ninguno/M) - P(Uno/M) \\ &= 1 - 0 - P(HHHH) = 1 - \frac{1}{16} = \frac{15}{16} \end{aligned}$$

Podemos concluir que en familias de 5 hermanos, es más difícil que haya 2 varones en la que sepamos que uno lo es, que en la que no sepamos nada. Y es mucho más fácil que haya al menos dos varones si ya sabemos que uno lo es.

4.6 Una bolsa contiene dos fichas marcadas con un 10, tres fichas marcadas con un 5 y cinco fichas marcadas con un 1. Se extraen simultáneamente dos fichas y se pide:

(a) La probabilidad de que se obtenga una suma de 6 puntos.

(b) Generalizando el caso anterior, se considera la variable aleatoria ξ que asocia a cada extracción de dos fichas la suma de sus puntos. Hállense los valores que puede tomar ξ y su ley de probabilidad.

RESOLUCIÓN

(a) El hecho de extraer dos fichas simultáneamente es equivalente a extraerlas una a una sin reemplazamiento, por lo que podemos utilizar la probabilidad condicionada y tenemos que

$$P(Suma\ 6) = P(1\ y\ 5,\ 5\ y\ 1) = P(1\ y\ 5) + P(5\ y\ 1) = P(1) \cdot P(5/1) + P(5) \cdot P(1/5),$$

donde se indican las probabilidades de sacar un valor condicionado por haber sacado antes otro. Sabemos que $P(1) = 5/10$ porque hay 5 fichas con el uno entre las 10; $P(5/1) = 3/9$ porque hay 3 cincos entre las 9 restantes, supuesto que salió el uno; análogamente tenemos que $P(5) = 3/10$ y $P(1/5) = 5/9$, por lo que

$$P(Suma\ 6) = \frac{5}{10}\frac{3}{9} + \frac{3}{10}\frac{5}{9} = \frac{1}{3}$$

(b) La variable ξ puede tomar los valores 2, 6, 10, 11, 15, 20 y sus probabilidades son

$$P(\xi = 2) = P(1 \; y \; 1) = P(1)P(1/1) = \tfrac{5}{10}\tfrac{4}{9} = \tfrac{2}{9}$$
$$P(\xi = 6) = P(1 \; y \; 5) + P(5 \; y \; 1) = \tfrac{1}{3}, \text{ ya calculada,}$$
$$P(\xi = 10) = P(5 \; y \; 5) = P(5)P(5/5) = \tfrac{3}{10}\tfrac{2}{9} = \tfrac{1}{15}$$
$$P(\xi = 11) = P(1 \; y \; 10) + P(10 \; y \; 1) = P(1)P(10/1) + P(10)P(1/10) = \tfrac{5}{10}\tfrac{2}{9} + \tfrac{2}{10}\tfrac{5}{9} = \tfrac{2}{9}$$
$$P(\xi = 15) = P(5 \; y \; 10) + P(10 \; y \; 5) = P(5)P(10/5) + P(10)P(5/10) = \tfrac{3}{10}\tfrac{2}{9} + \tfrac{2}{10}\tfrac{3}{9} = \tfrac{2}{15}$$
$$P(\xi = 20) = P(10 \; y \; 10) = P(10)P(10/10) = \tfrac{2}{10}\tfrac{1}{9} = \tfrac{1}{45}$$

La suma de las probabilidades de todos los valores de la variable ξ debe sumar 1, como así sucede:

$$\frac{2}{9} + \frac{1}{3} + \frac{1}{15} + \frac{2}{9} + \frac{2}{15} + \frac{1}{45} = 1.$$

4.7 Al controlar la calidad de un producto envasado, se eligen al azar tres envases de una caja que contiene 100. Por término medio, sabemos que en cada caja hay 10 cuya calidad es defectuosa. Hállense las probabilidades siguientes:

(a) De que entre los tres no haya ninguno, uno, dos o tres defectuosos.

(b) Si al tomar el primero resulta ser defectuoso, ¿cuáles son las probabilidades de que entre los tres haya uno, dos o tres defectuosos?

RESOLUCIÓN

(a) Como por término medio cada caja tiene 10 defectuosos, suponemos que estamos ante una caja con 90 envases buenos (B) y 10 defectuosos (d).

La probabilidad de que no haya ninguno defectuoso entre los tres elegidos es

$$P(Ninguno \; defectuoso) = P(BBB) = P(B)P(B/B)P(B/BB) = = \frac{90}{100}\frac{89}{99}\frac{88}{98} = \frac{178}{245}$$

La probabilidad de que haya uno defectuoso es

$$\begin{aligned} P(Uno \; defectuoso) &= P(BBd, BdB, dBB) = 3 \cdot P(BBd) = \\ &= 3 \cdot P(B)P(B/B)P(d/BB) = 3\frac{90}{100}\frac{89}{99}\frac{10}{98} = \frac{267}{1\,078} \end{aligned}$$

La probabilidad de dos es

$$\begin{aligned} P(Dos \; defectuosos) &= P(Bdd, dBd, ddB) = 3 \cdot P(Bdd) = \\ &= 3 \cdot P(B)P(d/B)P(d/Bd) = 3\frac{90}{100}\frac{10}{99}\frac{9}{98} = \frac{27}{1\,078} \end{aligned}$$

Y la de los tres defectuosos es

$$P(Tres \; defectuosos) = P(ddd) = P(d)P(d/d)P(d/dd) = \frac{10}{100}\frac{9}{99}\frac{8}{98} = \frac{2}{2\,695}$$

Naturalmente es $P(0, 1, 2 \; ó \; 3 \; defectuosos) = 1$, lo que nos sirve de comprobación.

(b) Llamando S al suceso «*el primero es defectuoso*», las probabilidades pedidas son:

$$P(\text{Uno en los tres}) = P(dBB/S) = 1 \cdot P(B/d)P(B/dB) = \frac{90}{99}\frac{89}{98} = \frac{445}{539}$$

$$
\begin{aligned}
P(\text{Dos en los tres}) &= P(ddB/S) + P(dBd/S) = \\
&= 1 \cdot P(d/d)P(B/dd) + 1 \cdot P(B/d)P(d/dB) = \\
&= \frac{9}{99}\frac{90}{98} + \frac{90}{99}\frac{9}{98} = \frac{90}{539}
\end{aligned}
$$

$$P(\text{Tres de los tres}) = P(ddd/S) = 1 \cdot P(d/d)P(d/dd) = \frac{9}{99}\frac{8}{98} = \frac{4}{539}$$

Observamos que un mayor conocimiento de la situación, el saber que el primer envase es defectuoso, nos modifica las probabilidades que teníamos sin el conocimiento de este hecho.

4.8 Determínese la probabilidad de que se acepte uno o más pedidos en m intentos de venta independientes, si la probabilidad de que se acepte un pedido cualquiera de ellos es p. Calcúlese el valor de p para que la probabilidad hallada sea $1 - \frac{1}{2^m}$.

RESOLUCIÓN

Si representamos por S_i al suceso «*vender en el i-ésimo intento*», se trata de hallar la probabilidad $P(S) = P(S_1 \cup S_2 \cup \cdots \cup S_m)$, que puede obtenerse como

$$
\begin{aligned}
P(S) &= P(S_1 \cup S_2 \cup \cdots \cup S_m) = \\
&= 1 - P(\overline{S_1 \cup S_2 \cup \cdots \cup S_m}) = 1 - P(\overline{S_1} \cap \overline{S_2} \cap \cdots \cap \overline{S_m})
\end{aligned}
$$

y como los sucesos son independientes, también lo son sus contrarios, por lo que

$$P(S) = 1 - P(\overline{S_1}) \cdot P(\overline{S_2}) \cdots P(\overline{S_m}) = 1 - (1-p)^m.$$

Para calcular el valor de p igualamos la probabilidad hallada con el valor dado en el enunciado, con lo cual

$$1 - (1-p)^m = 1 - \frac{1}{2^m},$$

de donde $1 - p = 1/2$ y por tanto $p = 1/2$.

4.9 Tres amigos juegan a «los chinos» ocultando, en una mano cerrada, de cero a tres monedas cada uno. Se consideran los sucesos S_1 y S_2 dados por «*obtener una suma de nueve monedas*» y «*cada mano tiene alguna moneda*».

(a) Obténganse $P(S_1)$ y $P(S_2)$.

(b) ¿Son incompatibles? Calcúlese $P(S_1 \cup S_2)$.

(c) ¿Son independientes? Calcúlese $P(S_2/S_1)$.

RESOLUCIÓN

(a) El espacio muestral $E = \{(0,0,0),(0,0,1),(0,1,0),\ldots,(6,6,6)\}$ tiene $VR_4^3 = 64$ elementos, mientras que el suceso $S_1 = \{(0,3,3),(3,0,3),(3,3,0),(1,2,3)\ldots(3,2,1),(2,2,2)\}$ tiene 10 elementos y el suceso $S_2 = \{(1,1,1),(1,1,2),(1,2,1),\ldots,(3,3,3)\}$ tiene 27 elementos, por lo que las probabilidades pedidas serán

$$P(S_1) = \frac{10}{64} \simeq 0,1562 \qquad y \qquad P(S_2) = \frac{27}{64} \simeq 0,4219.$$

(b) Los sucesos S_1 y S_2 pueden darse a la vez, ya que hay siete sucesos elementales de S_1 (aquéllos en que el cero no forma parte de la terna) que están en S_2, luego

$$P(S_1 \cap S_2) = \frac{7}{64} \simeq 0,1094.$$

Los sucesos son, por ello, compatibles. Además

$$P(S_1 \cup S_2) = P(S_1) + P(S_2) - p(S_1 \cap S_2) = \frac{10}{64} + \frac{27}{64} - \frac{7}{64} = \frac{30}{64} \simeq 0,4688.$$

(c) Como es

$$P(S_1) \cdot P(S_2) = \frac{10}{64} \cdot \frac{27}{64} \neq P(S_1 \cap S_2) = \frac{7}{64}$$

los sucesos S_1 y S_2 no son independientes. La probabilidad pedida es

$$P(S_2/S_1) = \frac{P(S_1 \cap S_2)}{P(S_1)} = \frac{7/64}{10/64} = \frac{7}{10} = 0,7.$$

4.10 Se consideran dos urnas numeradas, la urna número 1 contiene tres bolas blancas y tres rojas, la urna número 2 contiene cuatro bolas blancas y dos rojas. Se lanza una moneda y si sale cara se hace la extracción de la urna número 1, si sale cruz de la urna número 2. Se pide la probabilidad de extraer la bola roja.

RESOLUCIÓN

La elección de una urna u otra depende del resultado del lanzamiento de la moneda, vamos a llamar C y X a los sucesos «*salir cara*» y «*salir cruz*» respectivamente y llamaremos $R =$«*extraer bola roja*». La probabilidad de R dependerá de la urna en que se realice la extracción.

Como los sucesos C y X forman una partición, o sistema completo, en el experimento de lanzar una moneda, por el teorema de la probabilidad total, tenemos que

$$P(R) = P(C)P(R/C) + P(X)P(R/X),$$

y como es $P(C) = P(X) = 1/2$ y $P(R/C) = 1/2$, ya que la composición de la primera urna es $3B$ y $3R$, y $P(R/X) = 1/3$, ya que la composición de la segunda urna es $4B$ y $2R$, queda

$$P(R) = \frac{1}{2} \frac{1}{2} + \frac{1}{2} \frac{1}{3} = \frac{1}{4} + \frac{1}{6} = \frac{5}{12}$$

El problema se comprende mejor con el diagrama de árbol de la Figura 4.2. donde en cada tramo hemos colocado las correspondientes probabilidades. La probabilidad de R se obtiene multiplicando a lo largo de las ramas que terminan en R y sumando los resultados de las ramas. El diagrama de árbol es una representación clara y útil del teorema de la probabilidad total.

4.11 Una urna contiene dos bolas, que pueden ser blancas, negras o una blanca y una negra. Se añade una bola blanca a la urna y después se extrae una bola al azar. ¿Cuál es la probabilidad de que sea blanca?

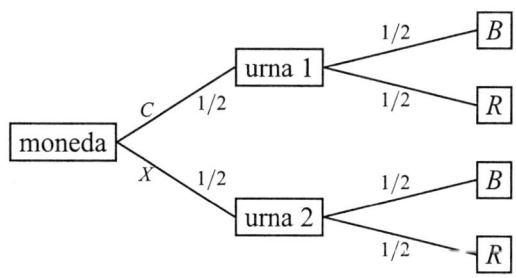

Figura 4.2. Diagrama de árbol del problema 4.10

RESOLUCIÓN

Debemos suponer que las tres posibles composiciones son igualmente probables, es decir, que los sucesos

$$A_1 = \text{«\textit{la composición es BB}»},$$
$$A_2 = \text{«\textit{la composición es NN}», y}$$
$$A_3 = \text{«\textit{la composición es BN}»},$$

tienen por probabilidad $1/3$.

Sea B el suceso $B = $«*extraer bola blanca*», por el teorema de la probabilidad total es

$$P(B) = P(A_1)P(B/A_1) + P(A_2)P(B/A_2) + P(A_3)P(B/A_3) = = \frac{1}{3} \cdot 1 + \frac{1}{3} \cdot \frac{1}{3} + \frac{1}{3} \cdot \frac{2}{3} = \frac{2}{3}$$

sin más que sustituir las probabilidades por sus valores.

Se observa que el suceso A_1 es el que más contribuye a la probabilidad de extraer bola blanca y el A_2 el que menos. El diagrama de árbol puede observarse en la Figura 4.3.

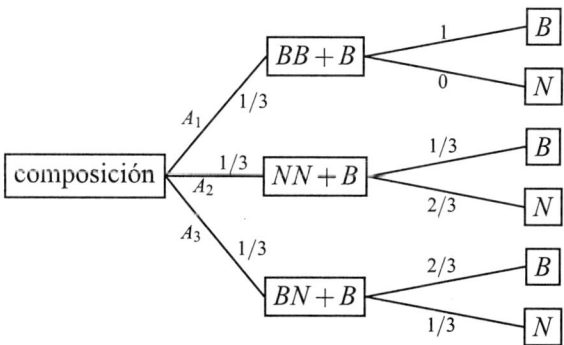

Figura 4.3. Diagrama de árbol del problema 4.11

4.12 Una caja A contiene dos bolas blancas y dos rojas, otra caja B contiene tres blancas y dos rojas. Se pasa una bola de A a B y después se extrae una bola de B que resulta ser blanca. Determínese la probabilidad de que la bola trasladada haya sido blanca.

RESOLUCIÓN

La bola extraída de la caja A e introducida en B puede ser blanca o roja con la misma probabilidad, ya que en la caja A hay 2 bolas blancas y 2 rojas. La composición de la caja B dependerá del color de la bola que se añada. Llamemos A_1, A_2 y S a los sucesos

$$A_1 = \text{«la bola pasada de } A \text{ a } B \text{ era blanca»,}$$
$$A_2 = \text{«la bola pasada de } A \text{ a } B \text{ era roja»,}$$
$$S = \text{«la bola extraída de } B \text{ es blanca».}$$

Esta situación se puede representar en el diagrama de la Figura 4.4.

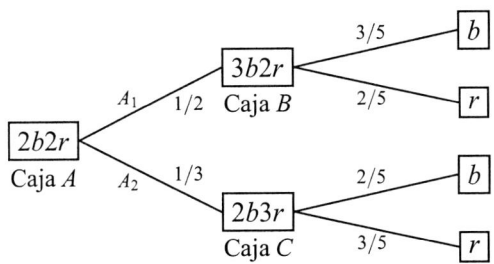

Figura 4.4. Diagrama de árbol del problema 4.12

Escribiendo la fórmula de Bayes para el suceso S, tenemos

$$P(A_1/S) = \frac{P(A_1)P(S/A_1)}{P(A_1)P(S/A_1) + P(A_2)P(S/A_2)}$$

y como es $P(A_1) = P(A_2) = 1/2$ y, por la composición de la caja B según se haya verificado A_1 o A_2, es

$$P(S/A_1) = \frac{3}{5} \quad y \quad P(S/A_2) = \frac{2}{5}$$

resulta que

$$P(A_1/S) = \frac{\frac{1}{2} \cdot \frac{3}{5}}{\frac{1}{2} \cdot \frac{3}{5} + \frac{1}{2} \cdot \frac{2}{5}} = \frac{3}{5}$$

Se observa que, en principio, $P(A_1) = P(A_2) = 1/2$, que se llaman «*probabilidades a priori*», pero al tener una mayor información: la bola extraída de la caja B fue blanca, nos modifica, nos mejora, las probabilidades de que la bola pasada haya sido de uno u otro color, $P(A_1/S) = 3/5$ y $P(A_2/S) = 2/5$, que se llaman «*probabilidades a posteriori*», es decir, después de observado el resultado; las probabilidades utilizadas en la fórmula, $P(B/A_i)$, se llaman «*verosimilitudes*» por ser unos valores evidentes ya que se conoce la composición de la caja en el supuesto que se hace.

4.13 Se tienen tres cartas A, B y C tales que:

A tiene dos caras rojas,

B tiene una cara roja y una blanca,

C tiene dos caras blancas.

Se elige una carta al azar y no se ve más que una de las caras, que resulta ser roja. ¿Cuál es la probabilidad de que sea la carta A?

RESOLUCIÓN

Puesto que va a elegirse una carta entre las tres, llamemos A, B, C y R a los sucesos

$$
\begin{aligned}
A &= \text{«la carta elegida fue A»,} \\
B &= \text{«la carta elegida fue B»,} \\
C &= \text{«la carta elegida fue C»,} \\
R &= \text{«la carta observada es roja».}
\end{aligned}
$$

Podemos representar la situación con el diagrama de la Figura 4.5.

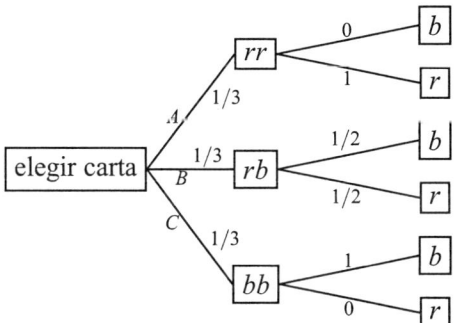

Figura 4.5. Diagrama de árbol del problema 4.13

Por la fórmula de Bayes es

$$
\begin{aligned}
P(\text{Haber elegido la carta } A) &= P(A/R) = \\
&= \frac{P(A)P(R/A)}{P(A)P(R/A)+P(B)P(R/B)+P(C)P(R/C)} = \\
&= \frac{\frac{1}{3}\cdot 1}{\frac{1}{3}\cdot 1+\frac{1}{3}\cdot\frac{1}{2}+\frac{1}{3}\cdot 0} = \frac{2}{3}
\end{aligned}
$$

Si pensamos detenidamente, al observar que una cara es roja, y no puede ser la carta C, es lógico que la carta A tenga doble probabilidad que la B, por tener dos caras rojas en lugar de una. Aparentemente puede parecer que A y B deberían ser igualmente probables.

4.14 Una urna contiene tres bolas blancas y cuatro azules. Tres bolas son transferidas a una segunda urna. Una bola es seleccionada a continuación de la segunda urna y resulta ser blanca. Encuéntrese la probabilidad de extraer una bola azul entre las otras dos restantes.

RESOLUCIÓN

La bola seleccionada de la segunda urna dependerá de la composición de ésta, es decir, de las bolas transferidas. Llamemos A_1, A_2, A_3, A_4 y B a los sucesos siguientes:

$$
\begin{aligned}
A_1 &= \text{«se pasan 3 bolas blancas»,} \\
A_2 &= \text{«se pasan 2 blancas y 1 azul»,} \\
A_3 &= \text{«se pasan 1 blanca y 2 azules»,} \\
A_4 &= \text{«se pasan 3 bolas azules»,} \\
B &= \text{«la bola de la segunda urna resulta blanca».}
\end{aligned}
$$

Las probabilidades a priori son entonces

$$P(A_1) = \frac{\binom{3}{3}}{\binom{7}{3}} = \frac{1}{35}, \quad P(A_2) = \frac{\binom{3}{2}\binom{4}{1}}{\binom{7}{3}} = \frac{12}{35}, \quad P(A_3) = \frac{18}{35}, \quad P(A_4) = \frac{4}{35}$$

Con las composiciones resultantes en la segunda urna, calculamos las verosimilitudes, son

$$P(B/A_1) = 1, \quad P(B/A_2) = \frac{2}{3}, \quad P(B/A_3) = \frac{1}{3}, \quad P(B/A_4) = 0,$$

por lo que la probabilidad total de B es

$$P(B) = \frac{1}{35} \cdot 1 + \frac{12}{35} \cdot \frac{2}{3} + \frac{18}{35} \cdot \frac{1}{3} + \frac{4}{35} \cdot 0 = \frac{3}{7}$$

Por la fórmula de Bayes, calculamos las probabilidades a posteriori, que son

$$P(A_1/B) = \frac{P(A_1)P(B/A_1)}{P(B)} = \frac{\frac{1}{35} \cdot 1}{\frac{3}{7}} = \frac{1}{15}$$

$$P(A_2/B) = \frac{P(A_2)P(B/A_2)}{P(B)} = \frac{\frac{12}{35} \cdot \frac{2}{3}}{\frac{3}{7}} = \frac{8}{15}$$

$$P(A_3/B) = \frac{P(A_3)P(B/A_3)}{P(B)} = \frac{\frac{18}{35} \cdot \frac{1}{3}}{\frac{3}{7}} = \frac{2}{5}$$

$$P(A_4/B) = \frac{P(A_4)P(B/A_4)}{P(B)} = \frac{\frac{4}{35} \cdot 0}{\frac{3}{7}} = 0$$

Naturalmente, si se extrajo bola blanca de la segunda urna, no pudo verificarse el suceso A_4.

Después de extraer la bola blanca en la segunda urna, las composiciones resultantes pueden ser

- 2b, con probabilidad 1/15;

- 1b1a, con probabilidad 8/15;

- 2a, con probabilidad 2/5,

por lo que la probabilidad pedida será

$$P(\textit{Una bola azul entre las dos}) = 0 \cdot \frac{1}{15} + \frac{1}{2} \cdot \frac{8}{15} + 1 \cdot \frac{2}{5} = \frac{2}{3}$$

4.15 En un programa de televisión el concursante debe elegir entre tres puertas, una de las cuales contiene el premio. Una vez hecha la elección, el presentador muestra que en una de las otras dos puertas no está el premio, ofreciendo al concursante la posibilidad de cambiar su elección. ¿Qué es mejor para el concursante, cambiar o mantenerse con la que eligió?

RESOLUCIÓN

Primer método.

Parece que, como al final sólo quedan dos puertas donde puede estar el premio, la probabilidad de cada una sería $1/2$, pero este razonamiento es erróneo. Si S es el suceso «*el premio está en la puerta elegida*», es claro que $P(S) = 1/3$ y $P(\overline{S}) = 2/3$; cuando el presentador abre una puerta que no contiene el premio, lo cual siempre es posible, seguirá siendo $P(S) = 1/3$, por lo que el concursante debe cambiar su elección. Para el concursante que decide mantenerse en su elección el problema es equivalente a elegir una puerta entre las tres mientras que el presentador se queda con dos puertas, enseñando una que no contiene el premio.

Segundo método.

Indicando por A_i el suceso «*el premio está en la puerta i*» y por B_j el suceso «*el concursante ha elegido la puerta j*», los casos posibles de este experimento compuestos son nueve e igualmente posibles:

$$\{A_1B_1, A_1B_2, A_1B_3, A_2B_1, A_2B_2, A_2B_3, A_3B_1, A_3B_2, A_3B_3\}$$

Por lo que si el concursante decide mantenerse con la puerta inicialmente elegida, ganará en los casos A_iB_j, con $i = j$, que son 3, mientras que si decide cambiar ganará en 6 de los nueve casos, que son los correspondientes a A_iB_j, con $i \neq j$.

Tercer método.

Profundizando en la explicación del segundo método, si representamos por C_k el suceso «*el presentador enseña la puerta k*», en algunos casos la puerta que muestra es la única posible, en otros puede elegir entre dos, supongamos que con probabilidad $1/2$, aunque esto no influye en el resultado final. Los casos posibles y resultados finales son los de la Figura 4.6, en la que los nueve casos de la primera columna tienen probabilidad $1/9$.

Por probabilidad total es

$$P(\text{Ganar/Se mantiene}) = \frac{1}{9}\left(\frac{1}{2}+\frac{1}{2}\right) + \frac{1}{9}\left(\frac{1}{2}+\frac{1}{2}\right) + \frac{1}{9}\left(\frac{1}{2}+\frac{1}{2}\right) = \frac{1}{3}$$

$$P(\text{Ganar/Si cambia}) = \frac{1}{9}+\frac{1}{9}+\frac{1}{9}+\frac{1}{9}+\frac{1}{9}+\frac{1}{9} = \frac{2}{3}$$

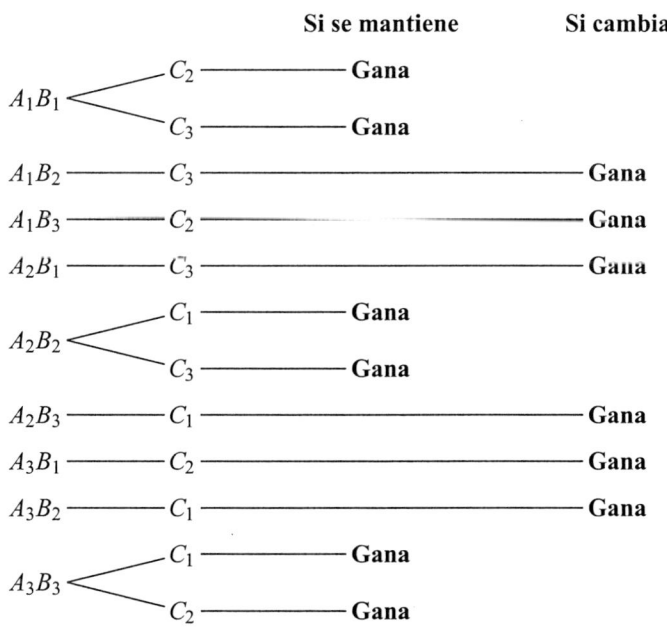

Figura 4.6. Explicación detallada del problema 4.15

4.16 Una encuesta determina que en una ciudad el 55% de la población consume aceite del tipo A, el 30% del tipo B y el 20% ambos aceites. Se elige al azar una persona.

(a) Si ésta consume aceite del tipo A, ¿cuál es la probabilidad de que consuma también del tipo B?

(b) Si consume del tipo B, ¿cuál es la probabilidad de que no consuma del tipo A?

(c) ¿Cuál es la probabilidad de que no consuma del tipo A ni del tipo B?

RESOLUCIÓN

Considerando los sucesos

$$A = \text{«consumir aceite del tipo A»,}$$
$$B = \text{«consumir aceite del tipo B»,}$$

se tienen las siguientes probabilidades:

$$P(A) = 0{,}55, \qquad P(B) = 0{,}30, \qquad P(A \cap B) = 0{,}20.$$

(a) La probabilidad de que consuma aceite del tipo B sabiendo que consume del tipo A es

$$P(B/A) = \frac{P(A \cap B)}{P(A)} = \frac{0{,}20}{0{,}55} = \frac{20}{55} = \frac{4}{11}$$

(b) La probabilidad de que no consuma del tipo A sabiendo que consume del tipo B es

$$P(\overline{A}/B) = 1 - P(A/B) = 1 - \frac{P(A \cap B)}{P(B)} = 1 - \frac{0{,}20}{0{,}30} = 1 - \frac{2}{3} = \frac{1}{3}$$

(c) La probabilidad de que no consuma ninguno de estos tipos de aceite es

$$P(\overline{A} \cap \overline{B}) = P(\overline{A \cup B}) = 1 - P(A \cup B) = 1 - [P(A) + P(B) - P(A \cap B)] =$$
$$= 1 - (0{,}55 + 0{,}30 - 0{,}20) = 1 - 0{,}65 = 0{,}35.$$

4.17 Resuélvanse las siguientes cuestiones:

(a) ¿Cuál es el número mínimo de veces que hay que lanzar una dado para que la probabilidad de que salga al menos una vez el 6 sea mayor que $1/2$?

(b) Se han lanzado unos dados y se ha obtenido una suma de 4 puntos. Calcúlese la probabilidad de que se haya jugado con dos dados.

RESOLUCIÓN

(a) La probabilidad de obtener un seis en n lanzamientos es

$$P(\text{«seis»}) = \frac{1}{6} + \frac{5}{6}\frac{1}{6} + \left(\frac{5}{6}\right)^2\frac{1}{6} + \cdots + \left(\frac{5}{6}\right)^{n-1}\frac{1}{6} =$$
$$= \frac{1}{6}\left(1 + \frac{5}{6} + \left(\frac{5}{6}\right)^2 + \cdots + \left(\frac{5}{6}\right)^{n-1}\right) = \frac{1}{6}\frac{1 - \left(\frac{5}{6}\right)^n}{1 - \frac{5}{6}} = 1 - \left(\frac{5}{6}\right)^n.$$

Esta probabilidad puede calcularse también por el suceso contrario, de la forma:

$$P(\text{«al menos un seis»}) = 1 - P(\text{«ningún seis»}) = 1 - \left(\frac{5}{6}\right)^n$$

Por tanto se tiene

$$1 - \left(\frac{5}{6}\right)^n \geq \frac{1}{2} \quad \Leftrightarrow \quad \frac{1}{2} \geq \left(\frac{5}{6}\right)^n \quad \Leftrightarrow \quad 2 \cdot 5^n \leq 6^n,$$

expresión que se verifica a partir de $n = 4$, pues $2 \cdot 5^4 = 1\,250 \leq 1\,296 = 6^4$. Luego cuatro es el número mínimo.

(b) El número de dados está entre 1 y 4, y debemos suponer que son equiprobables los sucesos

$$A_i = \text{«se lanzan } i \text{ dados»}, \qquad i = 1, 2, 3, 4,$$

es decir

$$P(A_i) = \frac{1}{4}$$

Por el teorema de la probabilidad total es

$$
\begin{aligned}
P(\text{«obtener suma 4»}) &= \sum_{i=1}^{4} P(A_i) P(\text{«obtener suma 4»}/A_i) = \\
&= \frac{1}{4}\left[\frac{1}{6} + \frac{3}{36} + \frac{3}{216} + \frac{1}{1296}\right] = \frac{216 + 108 + 18 + 1}{4 \cdot 1296} = \frac{343}{5\,184}
\end{aligned}
$$

Por el teorema de Bayes se tiene

$$P(A_2/\text{«obtener suma 4»}) = \frac{P(A_2)P(\text{«obtener suma 4»}/A_2)}{P(\text{«obtener suma 4»})} = \frac{\frac{1}{4}\cdot\frac{3}{36}}{\frac{343}{5\,184}} = \frac{108}{343}$$

4.18 El departamento de riesgos de un banco ha establecido que la probabilidad de que una persona falle los pagos de un préstamo personal es de 0.3. También ha estimado que el 40 % de los préstamos no pagados a tiempo se han hecho para financiar viajes de vacaciones y el 60 % de los préstamos pagados a tiempo se han hecho para financiar viajes de vacaciones.

(a) Hállese la probabilidad de que un préstamo que se haga para financiar un viaje de vacaciones no se pague a tiempo.

(b) Hállese la probabilidad de que si el préstamo se hace para propósitos distintos a viajes de vacaciones sea pagado a tiempo.

RESOLUCIÓN

Considerando los sucesos

$$
\begin{aligned}
F &= \text{«fallar en los pagos»}, \\
R &= \text{«recibir un préstamo para viaje»},
\end{aligned}
$$

se tienen las probabilidades

$$P(F) = 0{,}3, \qquad P(R/F) = 0{,}4, \qquad P(R/\overline{F}) = 0{,}6.$$

(a) La probabilidad de que un préstamo que se haga para financiar un viaje no se pague a tiempo es, utilizando el teorema de Bayes,

$$P(F/R) = \frac{P(F)P(R/F)}{P(F)P(R/F) + P(\overline{F})P(R/\overline{F})} = \frac{0{,}3 \cdot 0{,}4}{0{,}3 \cdot 0{,}4 + 0{,}7 \cdot 0{,}6} = 0{,}222.$$

(b) La probabilidad de que se pague a tiempo un préstamo que no es para viajes es

$$P(\overline{F}/\overline{R}) = \frac{P(\overline{F})P(\overline{R}/\overline{F})}{P(F)P(\overline{R}/F) + P(\overline{F})P(\overline{R}/\overline{F})}$$

y como $P(\overline{F}) = 1 - P(F) = 0{,}7$, $P(\overline{R}/F) = 1 - P(R/F) = 0{,}4$ y $P(\overline{R}/\overline{F}) = 1 - P(R/F) = 0{,}6$, se tiene

$$P(\overline{F}/\overline{R}) = \frac{0{,}7 \cdot 0{,}4}{0{,}3 \cdot 0{,}6 + 0{,}7 \cdot 0{,}4} = \frac{0{,}28}{0{,}18 + 0{,}28} = \frac{28}{46} \simeq 0{,}609.$$

4.19 Se tienen 100 urnas de tres tipos A, B, C. Las de tipo A contienen 8 bolas blancas y 2 negras. Las de tipo B contienen 4 bolas blancas y 6 negras. Las de tipo C contienen 1 blanca y 9 negras. Se escoge una urna al azar, se extrae una bola y es blanca. Se devuelve la bola a la urna y se repite el proceso obteniendo una bola que es negra. Si se sabe que la probabilidad de que la bola blanca extraída proceda de una urna de la clase A es 16/39 y que la probabilidad de que la bola negra que se ha extraído proceda de una urna de la clase B es 30/61, hállese el número de urnas de cada clase.

RESOLUCIÓN

Sean x e y el número de urnas de los tipos A y B respectivamente. El número de urnas del tipo C será $100 - x - y$. Sean S_A, S_B y S_C los sucesos *«elegir una urna de tipo A»*, *«de tipo B»* y *«de tipo C»*. Se tiene que

$$P(S_A) = \frac{x}{100}, \qquad P(S_B) = \frac{y}{100}, \qquad P(S_C) = \frac{100 - x - y}{100}$$

Sean B y N los sucesos *«extraer bola blanca»* y *«extraer bola negra»*.

Por el teorema de la probabilidad total se tiene que

$$
\begin{aligned}
P(B) &= P(S_A)P(B/S_A) + P(S_B)P(B/S_B) + P(S_C)P(B/S_C) = \\
&= \frac{x}{100}\frac{8}{10} + \frac{y}{100}\frac{4}{10} + \frac{100 - x - y}{100}\frac{1}{10} = \\
&= \frac{8x + 4y + 100 - x - y}{1\,000} = \frac{7x + 3y + 100}{1\,000}
\end{aligned}
$$

Aplicando ahora el teorema de Bayes, como la probabilidad de que la bola blanca se haya extraído de una urna del tipo A es 16/39, será

$$P(S_A/B) = \frac{P(S_A)P(B/S_A)}{P(B)} = \frac{\frac{x}{100} \cdot \frac{8}{10}}{\frac{7x+3y+100}{1\,000}} = \frac{8x}{7x + 3y + 100} = \frac{16}{39}$$

es decir

$$39x = 14x + 6y + 200 \qquad \text{o bien} \qquad 25x - 6y = 200.$$

Por otra parte, el teorema de la probabilidad total para el suceso N nos proporciona

$$
\begin{aligned}
P(N) &= P(S_A)P(N/S_A) + P(S_B)P(N/S_B) + P(S_C)P(N/S_C) = \\
&= \frac{x}{100}\frac{2}{10} + \frac{y}{100}\frac{6}{10} + \frac{100-x-y}{100}\frac{9}{10} = \\
&= \frac{2x + 6y + 900 - 9x - 9y}{1\,000} = \frac{900 - 7x - 3y}{1\,000}
\end{aligned}
$$

y el teorema de Bayes, como la probabilidad de que la bola sea negra se haya extraído de una urna del tipo B es $30/61$, nos da

$$P(S_A/N) = \frac{P(S_A)P(N/S_A)}{P(N)} = \frac{\frac{y}{100} \cdot \frac{6}{10}}{\frac{900-7x-3y}{1\,000}} = \frac{6y}{900 - 7x - 3y} = \frac{30}{61},$$

es decir

$$61y = 4\,500 - 35x - 15y \qquad \text{o bien} \qquad 35x + 76y = 4\,500.$$

Finalmente resolviendo el sistema queda

$$
\left.\begin{matrix} 25x - 6y = 200 \\ 35x + 76y = 4\,500 \end{matrix}\right\} \Rightarrow
\left.\begin{matrix} 25x - 6y = 200 \\ 60x + 70y = 4\,700 \end{matrix}\right\} \Rightarrow
\left.\begin{matrix} 25x - 6y = 200 \\ 6x + 7y = 470 \end{matrix}\right\} \Rightarrow
$$

$$
\Rightarrow \left.\begin{matrix} 175x - 42y = 1\,400 \\ 36x + 42y = 2\,820 \end{matrix}\right\} \Rightarrow
\left.\begin{matrix} 211x = 4\,420 \\ 6x + 7y = 470 \end{matrix}\right\} \Rightarrow
\left.\begin{matrix} x = 20 \\ 7y = 350 \end{matrix}\right\} \Rightarrow
\left.\begin{matrix} x = 20 \\ y = 50 \end{matrix}\right\}
$$

En consecuencia había 20 urnas del tipo A, 50 del tipo B y 30 del C.

4.20 Una clase de planta tiene n flores con probabilidad $(1-p)p^n$, con $p \in \mathbb{R}$ y n mayor o igual que cero. Cada flor tiene una probabilidad de $2/3$ de ser fecundada y dar fruto. Cada fruto tiene probabilidad $1/4$ de ser comido por los pájaros antes de la cosecha. Se desea saber:

(a) la probabilidad de que una flor produzca fruto cosechable;

(b) la probabilidad de que una planta con r frutos haya tenido n flores.

RESOLUCIÓN

La probabilidad de que una planta tenga n flores es $(1-p)p^n$. Veamos que esta probabilidad está bien definida, para ello calculamos la suma

$$(1-p)p^0 + (1-p)p^1 + (1-p)p^2 + \cdots = (1-p)\left[1 + p + p^2 + \cdots\right] = (1-p)\frac{1}{1-p} = 1,$$

supuesto que el corchete es la suma de una serie geométrica convergente, por lo que tiene que ser $-1 < p < 1$. Además para que sea $(1-p)p^n > 0$, para ser una probabilidad, deber ser $p > 0$, luego se tiene que $0 < p < 1$.

Consideramos los sucesos

$$
\begin{aligned}
H &= \text{«\textit{la flor es fecundada y da fruto}»}, \\
S &= \text{«\textit{el fruto es comido por los pájaros antes de la cosecha}»}.
\end{aligned}
$$

Se tiene que

$$P(H) = \frac{2}{3} \quad \text{y} \quad P(S) = \frac{1}{4}$$

(a) Si suponemos que los sucesos son independientes tendremos que

$$P(H)\,[1 - P(S)] = \frac{2}{3}\left(1 - \frac{1}{4}\right) = \frac{2}{3}\frac{3}{4} = \frac{1}{2}$$

(b) Sean también los sucesos

$$B_n = \text{«una planta tiene n flores»},$$
$$T_k = \text{«una planta tiene k frutos»}.$$

Tenemos

$$P(B_n) = (1-p)p^n \quad \text{y} \quad P(T_k/B_n) = \binom{n}{k}\left(\frac{1}{2}\right)^k \left(\frac{1}{2}\right)^{n-k} = \binom{n}{k}2^{-n}.$$

Lo que se pide es $P(B_n/T_k)$ y utilizando la probabilidad condicionada resulta

$$P(B_n/T_k) = \frac{P(B_n \cap T_k)}{P(T_k)} = \frac{P(B_n)P(T_k/B_n)}{\sum_{i=k}^{+\infty}P(B_i \cap T_k)} =$$

$$= \frac{(1-p)p^n\binom{n}{k}2^{-n}}{\sum_{i=k}^{+\infty}(1-p)p^i\binom{i}{k}2^{-i}} = \frac{p^n\binom{n}{k}2^{-n}}{\sum_{i=k}^{+\infty}\binom{i}{k}2^{-i}p^i} = \frac{\binom{n}{k}\left(\frac{p}{2}\right)^n}{\sum_{i=k}^{+\infty}\binom{i}{k}\left(\frac{p}{2}\right)^i}$$

Reconocemos en el denominador la serie binómica, haciendo $i - k = j$ podemos escribir

$$\sum_{i=k}^{+\infty}\binom{i}{k}\left(\frac{p}{2}\right)^i = \sum_{j=0}^{+\infty}\binom{k+j}{k}\left(\frac{p}{2}\right)^{k+j} = \left(\frac{p}{2}\right)^k\sum_{j=0}^{+\infty}\binom{k+j}{j}\left(\frac{p}{2}\right)^j =$$

$$= \left(\frac{p}{2}\right)^k\left[\binom{k}{0}\left(\frac{p}{2}\right)^0 + \binom{k}{1}\left(\frac{p}{2}\right)^1 + \binom{k}{2}\left(\frac{p}{2}\right)^2 + \cdots\right] = \left(\frac{p}{2}\right)^k\left[1 + \frac{p}{2}\right]^k$$

luego queda finalmente

$$P(B_n/T_k) = \frac{\binom{n}{k}\left(\frac{p}{2}\right)^n}{\sum_{i=k}^{+\infty}\binom{i}{k}\left(\frac{p}{2}\right)^i} = \frac{\binom{n}{k}\left(\frac{p}{2}\right)^n}{\left(\frac{p}{2}\right)^k\left[1 + \frac{p}{2}\right]^k} = \frac{\binom{n}{k}\left(\frac{p}{2}\right)^{n-k}}{\left[1 + \frac{p}{2}\right]^k}$$

4.21 Se dispone de una urna que contiene tres bolas blancas y cuatro rojas. Se eligen al azar tres bolas y se introducen en una urna vacía. Se selecciona seguidamente al azar una bola de la segunda urna y resulta ser blanca. ¿Cuál es la probabilidad de obtener de esta segunda urna una bola roja al extraer las dos restantes?

RESOLUCIÓN
Primer método.

Las trasferencias posibles a la segunda urna nos da la composición de la segunda urna. Estas transferencias son

$$\{BBB\}, \quad \{BBR\}, \quad \{BRR\}, \quad \{RRR\}.$$

Sean los sucesos A_i =«*el número de blancas transferidas es i*». Las probabilidades de estos sucesos, que son probabilidades a priori, son

$$P(A_3) = \frac{3}{7} \cdot \frac{2}{6} \cdot \frac{1}{5} = \frac{1}{35}$$

dado que a efectos de probabilidad es indistinto elegir las tres bolas simultáneamente que hacerlo de forma sucesiva,

$$P(A_2) = 3 \cdot \frac{3}{7} \cdot \frac{2}{6} \cdot \frac{4}{5} = \frac{12}{35}$$

$$P(A_1) = 3 \cdot \frac{3}{7} \cdot \frac{4}{6} \cdot \frac{3}{5} = \frac{18}{35}$$

$$P(A_0) = \frac{4}{7} \cdot \frac{3}{6} \cdot \frac{2}{5} = \frac{4}{35}$$

que naturalmente suman 1.

Consideramos ahora el suceso B_0 =«*salió una blanca*», y quedan en la urna otras 2 bolas, luego es claro que $P(A_0/B_0) = 0$. Ello nos lleva a calcular de nuevo las probabilidades de los sucesos A_i, éstas serán probabilidades a posteriori, es decir, con la información dada por B_0. Se tiene

$$P(A_3/B_0) = \frac{2}{6} \cdot \frac{1}{5} = \frac{1}{15}$$

$$P(A_2/B_0) = 2 \cdot \frac{2}{6} \cdot \frac{4}{5} = \frac{8}{15}$$

$$P(A_1/B_0) = \frac{4}{6} \cdot \frac{3}{5} = \frac{6}{15}$$

que también suman 1. Ahora tenemos que

$$P(\text{«sacar una roja»}) = P(BRR/B_0) + P(BBR/B_0) =$$
$$= P(A_2/B_0) + P(A_1/B_0) = \frac{8}{15} + \frac{6}{15} = \frac{14}{15}$$

Segundo método.

La bola blanca sacada de la segunda urna no nos interesa ya que el problema es saber si en la segunda urna hay una o dos bolas rojas. Las composiciones posibles de la segunda urna y las probabilidades son

$$\{BB\} \quad P(A_2) = \frac{2}{6} \cdot \frac{1}{5} = \frac{1}{15}$$

$$\{BR\} \quad P(A_1) = 2 \cdot \frac{2}{6} \cdot \frac{4}{5} = \frac{8}{15}$$

$$\{RR\} \quad P(A_0) = \frac{4}{6} \cdot \frac{3}{5} = \frac{6}{15}$$

y por tanto la probabilidad es

$$P(\text{«sacar una roja»}) = P(BR) + P(RR) = \frac{8}{15} + \frac{6}{15} = \frac{14}{15}$$

4.22 Una urna contiene bolas blancas y bolas negras y se realiza el experimento consistente en extraer de la misma tres bolas sucesivamente y sin reemplazamiento. Se sabe que la probabilidad de que las tres bolas sean blancas es p, y que si se añade otra bola blanca a la urna, entonces la probabilidad de obtener tres bolas blancas pasaría a ser $\frac{4p}{3}$. Hállese el número de bolas blancas y de bolas negras que hay en la urna.

RESOLUCIÓN

Sean b blancas y n negras, se tiene que

$$P(BBB) = \frac{b(b-1)(b-2)}{(b+n)(b+n-1)(b+n-2)} = p.$$

Si hubiese $b+1$ bolas blancas y n negras sería

$$P(BBB) = \frac{(b+1)b(b-1)}{(b+n+1)(b+n)(b+n-1)} = \frac{4p}{3}$$

Dividiendo esta última igualdad entre la anterior queda

$$\frac{4}{3} = \frac{(b+1)b(b-1)(b+n-1)(b+n-2)}{(b+n+1)(b+n)(b+n-1)b(b-1)(b-2)} = \frac{(b+1)(b+n-2)}{(b+n+1)(b-2)}$$

luego debe verificarse

$$4(b^2 + bn + b - 2b - 2n - 2) = 3(b^2 + bn - 2b + b + n - 2),$$

es decir

$$b^2 + bn - b - 11n - 2 = 0,$$

ecuación diofántica que podemos escribir como

$$n(b-11) = 2 + b - b^2$$

y como para el valor $b = 11$ no se verifica, es $b \neq 11$ y podemos dividir entre $b - 11$, resultando que

$$n = \frac{2 + b - b^2}{b - 11} = -b - 10 - \frac{108}{b - 11}$$

Puesto que n debe ser un número entero, $b - 11$ tiene que ser un divisor de 108, y como también deber ser $n > 0$, será $b - 11 < 0$ y $b \geq 3$, por lo que se tiene $-8 \leq b - 11 < 0$.

Los divisores enteros de 108 comprendidos entre -8 y 0 son -6, -4, -3, -2 y -1. Para estos valores resultan las siguientes soluciones:

$$
\begin{aligned}
b - 11 &= -6 &\Rightarrow& \quad b = 5 &\Rightarrow& \quad n = 3, \\
b - 11 &= -4 &\Rightarrow& \quad b = 7 &\Rightarrow& \quad n = 10, \\
b - 11 &= -3 &\Rightarrow& \quad b = 8 &\Rightarrow& \quad n = 18, \\
b - 11 &= -2 &\Rightarrow& \quad b = 9 &\Rightarrow& \quad n = 35, \\
b - 1 &= -1 &\Rightarrow& \quad b = 10 &\Rightarrow& \quad n = 88.
\end{aligned}
$$

4.23 Dos amigos A y B compiten en el mismo juego. A lanza dos dados y gana cuando la suma de puntos es 4. Si la suma es otra, B lanza los dados y gana cuando obtiene 6 como suma de puntos. Si B no gana, vuelve a lanzar A en las mismas condiciones y así sucesivamente hasta que uno de los dos gane. Calcúlese la probabilidad de ganar para cada jugador.

RESOLUCIÓN

La suma 4 se obtiene como $(1,3)$, $(2,2)$ y $(3,1)$ y la suma 6 como $(1,5)$, $(2,4)$, $(3,3)$, $(4,2)$ y $(5,1)$, luego el jugador A gana una tirada con probabilidad $3/36$ mientras que B gana con probabilidad $5/36$.

El jugador A sólo puede ganar en tirada impar, consideramos por tanto los sucesos

$$A_{2n+1} = A \text{ «gana en la } 2n+1 \text{ tirada»},$$

siendo entonces

$$P(A_{2n+1}) = \left(\frac{33}{36}\right)^n \left(\frac{31}{36}\right)^n \frac{3}{36}$$

Estos sucesos son incompatibles, luego la probabilidad de que A gane es

$$
\begin{aligned}
P(\textit{Gane A}) &= \sum_{n=0}^{+\infty} P(A_{2n+1}) = \sum_{n=0}^{+\infty} \left(\frac{33}{36}\right)^n \left(\frac{31}{36}\right)^n \frac{3}{36} = \frac{1}{12} \sum_{n=0}^{+\infty} \left(\frac{33 \cdot 31}{36 \cdot 36}\right)^n = \\
&= \frac{1}{12} \cdot \frac{1}{1 - \frac{33 \cdot 31}{36 \cdot 36}} = \frac{1}{12} \cdot \frac{36 \cdot 36}{36 \cdot 36 - 33 \cdot 31} = \\
&= \frac{36 \cdot 36}{36(36 \cdot 12 - 11 \cdot 31)} = \frac{36}{432 - 341} = \frac{36}{91}
\end{aligned}
$$

Como no puede haber empate, resulta que

$$P(\textit{Gane B}) = 1 - P(\textit{Gane A}) = \frac{55}{91}$$

4.24 Tres personas lanzan sucesivamente un dado. La primera persona que saque un 5 ó un 6, gana. ¿Cuáles son sus respectivas probabilidades de ganar el juego?

RESOLUCIÓN

Cada uno de ellos tiene, en cada tirada, probabilidad de ganar igual a $1/3$. Consideramos los sucesos

$$A_{3n+1} = \text{«}A \text{ gana en la tirada } 3n+1\text{»},$$

y tenemos que es

$$P(A_{3n+1}) = \left(\frac{2}{3} \cdot \frac{2}{3} \cdot \frac{2}{3}\right)^n \cdot \frac{1}{3}$$

por tanto es

$$P(\textit{Gane A}) = \sum_{n=0}^{+\infty} \left(\frac{8}{27}\right)^n \cdot \frac{1}{3} = \frac{1}{3} \cdot \frac{1}{1 - \frac{8}{27}} = \frac{1}{3} \cdot \frac{27}{27 - 8} = \frac{9}{19}$$

Consideramos los sucesos

$$B_{3n+2} = \text{«}B \text{ gana en la tirada } 3n+2\text{»},$$

siendo entonces

$$P(B_{3n+2}) = \left(\frac{2}{3} \cdot \frac{2}{3} \cdot \frac{2}{3}\right)^n \cdot \frac{2}{3} \cdot \frac{1}{3}$$

y entonces es

$$P(Gane\ B) = \sum_{n=0}^{+\infty} \left(\frac{8}{27}\right)^n \cdot \frac{2}{9} = \frac{2}{9} \cdot \frac{27}{27-8} = \frac{6}{19}$$

Consideramos también los sucesos

$$C_{3n+3} = \text{«}C\ gana\ en\ la\ tirada\ 3n+3\text{»},$$

de donde

$$P(B_{3n+3}) = \left(\frac{2}{3} \cdot \frac{2}{3} \cdot \frac{2}{3}\right)^n \cdot \frac{2}{3} \cdot \frac{2}{3} \cdot \frac{1}{3}$$

luego

$$P(Gane\ C) = \sum_{n=0}^{+\infty} \left(\frac{8}{27}\right)^n \cdot \frac{4}{27} = \frac{4}{27} \cdot \frac{27}{27-8} = \frac{4}{19}$$

Es claro que

$$\frac{9}{19} + \frac{6}{19} + \frac{4}{19} = \frac{19}{19} = 1,$$

pues la probabilidad de empatar es nula.

4.25 Una caja contiene bolas blancas y negras, en total n bolas. Para obtener más información acerca de la composición de la caja se realiza un experimento consistente en elegir una bola y observar su color: se extrae una bola y resulta ser negra.

(a) Hállese la probabilidad de que la caja contenga k bolas negras.

(b) Hállese el número esperado de bolas blancas que hay en la caja antes de haber realizado el experimento.

(c) De la caja que contiene k bolas negras se van extrayendo bolas sin reemplazamiento hasta obtener una bola blanca. Descríbase la variable aleatoria ξ que indica el número de extracciones necesarias.

RESOLUCIÓN

Consideramos los sucesos

$$A_i = \text{«}la\ caja\ contiene\ i\ bolas\ negras\text{»}$$

con $i = 1, 2, \ldots, n-1$, ya que al menos hay 1 bola blanca y 1 bola negra. Se tiene que

$$P(A_i) = \frac{1}{n-1}$$

(a) Se extrae una bola y esta bola es N, entonces, por el teorema de Bayes, resulta

$$
\begin{aligned}
P(k\ negras\ /N) &= P(A_k/N) = \frac{P(A_k)P(N/A_k)}{P(N)} = \frac{P(A_k)P(N/A_k)}{\sum_{i=1}^{n-1} P(A_i)P(N/A_i)} = \\
&= \frac{\frac{1}{n-1} \cdot \frac{k}{n}}{\sum_{i=1}^{n-1} \frac{1}{n-1} \cdot \frac{i}{n}} = \frac{\frac{1}{n-1} \cdot \frac{k}{n}}{\frac{1}{n-1} \cdot \frac{1}{n} \sum_{i=1}^{n-1} i} = \frac{k}{\frac{n(n-1)}{2}} = \frac{2k}{n(n-1)}
\end{aligned}
$$

(b) Consideramos ξ = «*número de bolas blancas que contiene la urna*». ξ es lo que se llama una variable aleatoria y se tiene que

$$P(\xi = i) = P(A_{n-i}) = \frac{1}{n-1}$$

Por tanto el número esperado de bolas blancas que hay en la caja, llamado esperanza matemática (**véase** la Sección 6.1), es

$$E[\xi] = \sum_{i=1}^{n-1} i \cdot P(\xi = i) = \sum_{i=1}^{n-1} i \cdot \frac{1}{n-1} = \frac{1}{n-1} \sum_{i=1}^{n-1} i = \frac{1}{n-1} \cdot \frac{n(n-1)}{2} = \frac{n}{2}$$

Como era de esperar, es la mitad.

(c) *Primer método.*

Por probabilidad condicionada. Vamos extrayendo bolas negras hasta conseguir una blanca en una secuencia de la forma $NNN\ldots NB$. Consideramos la variable

$$\widehat{\xi} = \text{«}\textit{número de extracciones, incluyendo la B}\text{»}$$

y calculemos $P(\widehat{\xi} = j)$. Se tiene que:

- si $\widehat{\xi} = 1$, es B y $P(\widehat{\xi} = 1) = \frac{n-k}{n}$
- si $\widehat{\xi} = 2$, es NB y $P(\widehat{\xi} = 2) = \frac{k}{n} \cdot \frac{n-k}{n-1}$
- si $\widehat{\xi} = 3$, es NNB y $P(\widehat{\xi} = 3) = \frac{k}{n} \cdot \frac{k-1}{n-1} \cdot \frac{n-k}{n-2}$

y en general la secuencia $NNNN\ldots NB$, con $j-1$ veces N, tiene como probabilidad

$$P(\widehat{\xi} = j) = \frac{k(k-1)\cdots(k-j+2)}{n(n-1)\cdots(n-j+2)} \cdot \frac{n-k}{n-j+1}$$

Segundo método.

Si extraemos todas las bolas sin reemplazamiento, que es la forma rápida de hacerlo, tenemos como casos posibles

$$P_n^{k,n-k} = \binom{n}{k}$$

y favorables al suceso «$\widehat{\xi} = j$» son todas las ordenaciones $NNN\ldots NB$, con $j-1$ veces N, de las restantes $k-j+1$ bolas negras y $n-k-1$ bolas blancas, es decir

$$P_{n-j}^{n-k-1,k-j+1} = \binom{n-j}{n-k-1},$$

de donde se obtiene que

$$P(\widehat{\xi} = j) = \frac{\binom{n-j}{n-k-1}}{\binom{n}{k}} = \frac{(n-j)!\,k!\,(n-k)!}{(n-k-1)!\,(k-j+1)!\,n!} = \frac{k(k-1)\cdots(k-j+2)}{n(n-1)\cdots(n-j+1)}(n-k)$$

resultado coincidente.

4.26 Dos aviones tienen como misión destruir un objetivo militar. La probabilidad de que lo destruya el avión A_1 es $1/4$ y la de que lo haga el avión A_2 es $1/3$.

(a) Si cada avión dispara una vez y el objetivo ha sido alcanzado sólo una vez, ¿cuál es la probabilidad de que lo haya alcanzado el avión A_1?

(b) Si el avión A_1 puede efectuar como máximo dos disparos, ¿cuántos proyectiles debe disparar A_2 para que la probabilidad de acertar sea al menos de $0,9$?

RESOLUCIÓN

(a) Consideramos los sucesos $A_1 =$«A_1 *acierta*» y $A_2 =$«A_2 *acierta*», se tiene que

$$P(A_1/\text{ha sido alcanzado una sola vez}) = P(A_1\overline{A_2}/A_1\overline{A_2}\cup\overline{A_1}A_2) =$$
$$= \frac{P(A_1\overline{A_2})}{P(A_1\overline{A_2})+P(\overline{A_1}A_2)} =$$
$$= \frac{\frac{1}{4}\cdot\frac{2}{3}}{\frac{1}{4}\cdot\frac{2}{3}+\frac{3}{4}\cdot\frac{1}{3}} = \frac{2}{2+3} = \frac{2}{5}$$

(b) No sabemos si A_1 dispara 0, 1 ó 2 veces, distinguimos por ello los tres casos siguientes.

1. Si A_1 no dispara y consideramos el suceso

$$B = \text{«el blanco es alcanzado al disparar } A_2 \text{ n veces»},$$

se tiene que es $\overline{B} = \overline{A_2}\,\overline{A_2}\,\overset{(n)}{\cdots}\,\overline{A_2}$. Luego debe ser $P(\overline{B}) = \left(\frac{2}{3}\right)^n$ y como $P(B) \geq 0,9$, ha de ser $P(\overline{B}) < 0,1$, así que n debe verificar que

$$\left(\frac{2}{3}\right)^n < \frac{1}{10} \quad \text{o bien,} \quad 10\cdot 2^n < 3^n.$$

Por tanteo se comprueba que esta última desigualdad no es válida para $n = 4$ pues $160 > 81$, ni para $n = 5$, (ya que $320 > 243$), pero sí es válida para $n = 6$, que es el número de disparos que debe hacer A_2.

2. Si A_1 dispara una vez y consideramos el suceso

$$B = \text{«el blanco es alcanzado al disparar } A_1 \text{ una vez y } A_2 \text{ n veces»},$$

se tiene que es $\overline{B} = \overline{A_1}\,\overline{A_2}\,\overline{A_2}\,\overset{(n)}{\cdots}\,\overline{A_2}$. Luego debe ser $P(\overline{B}) = \frac{3}{4}\cdot\left(\frac{2}{3}\right)^n$ y como $P(B) \geq 0,9$, ha de ser $P(\overline{B}) < 0,1$, así que n debe verificar que

$$\frac{3}{4}\cdot\left(\frac{2}{3}\right)^n < \frac{1}{10} \quad \text{o bien,} \quad 30\cdot 2^n < 4\cdot 3^n,$$

que se cumple para $n = 5$.

3. Si A_1 dispara dos veces y consideramos el suceso

$$B = \text{«el blanco es alcanzado al disparar } A_1 \text{ dos veces y } A_2 \text{ n veces»},$$

se tiene que es $\overline{B} = \overline{A_1}\,\overline{A_1}\,\overline{A_2}\,\overline{A_2} \overset{(n)}{\cdots} \overline{A_2}$. Luego debe ser $P(\overline{B}) = \left(\frac{3}{4}\right)^2 \cdot \left(\frac{2}{3}\right)^n$ y como $P(B) \geq 0.9$, ha de ser $P(\overline{B}) < 0.1$, así que n debe verificar que

$$\left(\frac{3}{4}\right)^2 \cdot \left(\frac{2}{3}\right)^n < \frac{1}{10} \quad \text{o bien,} \quad 90 \cdot 2^n < 16 \cdot 3^n,$$

que se cumple para $n = 5$.

En consecuencia el avión A_2 debe efectuar $n = 6$ disparos para tener garantía de que la probabilidad sea mayor o igual que 0.9, independientemente de los disparos que A_1 efectúe.

4.27 Tres personas A, B, C lanzan sucesivamente con ese orden un dado. La primera persona que saque un seis gana. Calcúlese:

(a) la probabilidad de que gane cada uno de ellos;

(b) la probabilidad de que el juego termine en el décimo lanzamiento y que en todas las tiradas C haya obtenido la suma de los resultados de A y B.

RESOLUCIÓN

(a) La probabilidad de obtener 6 en el lanzamiento de un dado es $1/6$. Como los jugadores van lanzando el dado por orden, consideramos los sucesos

$$\begin{aligned}
A_{3n+1} &= \text{«}A \text{ gana en la tirada } 3n+1\text{»,} \\
B_{3n+2} &= \text{«}B \text{ gana en la tirada } 3n+2\text{»,} \\
C_{3n+3} &= \text{«}C \text{ gana en la tirada } 3n+3\text{»,}
\end{aligned}$$

con probabilidades

$$\begin{aligned}
P(A_{3n+1}) &= \left(\frac{5}{6}\cdot\frac{5}{6}\cdot\frac{5}{6}\right)^n \cdot \frac{1}{6} \\
P(B_{3n+2}) &= \left(\frac{5}{6}\cdot\frac{5}{6}\cdot\frac{5}{6}\right)^n \cdot \frac{5}{6}\cdot\frac{1}{6} \\
P(C_{3n+3}) &= \left(\frac{5}{6}\cdot\frac{5}{6}\cdot\frac{5}{6}\right)^n \cdot \frac{5}{6}\cdot\frac{5}{6}\cdot\frac{1}{6}
\end{aligned}$$

de donde se tiene que

$$\begin{aligned}
P(A\,gane) &= \sum_{n=0}^{+\infty} P(A_{3n+1}) = \frac{1}{6}\sum_{n=0}^{+\infty}\left(\frac{125}{216}\right)^n = \\
&= \frac{1}{6}\cdot\frac{1}{1-\frac{125}{216}} = \frac{1}{6}\cdot\frac{216}{216-125} = \frac{1}{6}\cdot\frac{216}{91} = \frac{36}{91} \\
P(B\,gane) &= \sum_{n=0}^{+\infty} P(B_{3n+2}) = \frac{5}{36}\sum_{n=0}^{+\infty}\left(\frac{125}{216}\right)^n = \frac{5}{36}\cdot\frac{216}{91} = \frac{30}{91} \\
P(C\,gane) &= \sum_{n=0}^{+\infty} P(C_{3n+3}) = \frac{25}{216}\sum_{n=0}^{+\infty}\left(\frac{125}{216}\right)^n = \frac{25}{216}\cdot\frac{216}{91} = \frac{25}{91}
\end{aligned}$$

Naturalmente se verifica que

$$\frac{36}{91} + \frac{30}{91} + \frac{25}{91} = \frac{91}{91} = 1,$$

ya que no puede haber empate.

(b) Se pide que el juego acabe en el décimo lanzamiento y que además el jugador C obtenga la suma de A y B en sus tres lanzamientos. Debe por tanto repetirse tres veces el ciclo ABC sin éxito y luego ganar A:

$$ABC \quad ABC \quad ABC \quad A.$$

En cada secuencia ABC hay 6^3 resultados posibles, el jugador A debe obtener un número menor que 5 y B un número que sumado con el de A sea menor que 6, es decir

A puede	B puede	C la suma
4	1	5
3	1 ó 2	4 ó 5
2	1 ó 2 ó 3	3 ó 4 ó 5
1	1 ó 2 ó 3 ó 4	2 ó 3 ó 4 ó 5

luego los casos favorables son $1 + 2 + 3 + 4 = 10$, es decir la probabilidad de una secuencia ABC cumpliendo los requisitos es

$$\frac{10}{6^3} = \frac{10}{216}$$

y la probabilidad de tres secuencias y un éxito de A es

$$p = \left(\frac{10}{216}\right)^3 \cdot \frac{1}{6} = \frac{5^3}{6 \cdot 108^3} = \frac{125}{7\,558\,272}$$

4.28 Se realiza un juego entre dos jugadores A y B. En cada partida, la probabilidad de que gane el juego el jugador A es p, la probabilidad de que gane el juego el jugador B es q, y la probabilidad de que empaten es r. Gana el juego el jugador que gana dos partidas. Calcúlese la probabilidad de que gane el juego el jugador A.

RESOLUCIÓN

Consideramos los sucesos

$$A_i = \text{«}A \text{ gana en la jugada i-ésima»}.$$

Se tiene que $P(A_2) = p^2$, y si es $n \geq 3$, entonces A_i gana si:

1. ocurre una secuencia como $A\underbrace{EE\ldots E}$, con $i-2$ empates, cuya probabilidad es pr^{i-2}, que puede ocurrir de $i-1$ formas; o bien si

2. ocurre una secuencia como $AB\underbrace{EE\ldots E}$, con $i-3$ empates, cuya probabilidad es pqr^{i-3}, que puede ocurrir de

$$2\binom{i-1}{2} = V_{i-1}^2 = (i-1)(i-2)$$

formas. En consecuencia resulta

$$P(A_i) = (i-1)pr^{i-2}p + (i-1)(i-2)pqr^{i-3}p,$$

de donde se tiene que

$$
\begin{aligned}
P(A \ gane) &= P(A_2) + \sum_{i=3}^{+\infty} P(A_i) = \\
&= p^2 + \sum_{i=3}^{+\infty}\left[(i-1)p^2r^{i-2} + (i-1)(i-2)p^2qr^{i-3}\right] = \\
&= p^2 + p^2\sum_{i=3}^{+\infty}(i-1)r^{i-2} + p^2q\sum_{i=3}^{+\infty}(i-1)(i-2)r^{i-3}.
\end{aligned}
$$

La primera de estas series aritmético-geométrica puede calcularse fácilmente haciendo

$$
\begin{aligned}
\sum_{i=3}^{+\infty}(i-1)r^{i-2} &= 2r + 3r^2 + 4r^3 + 5r^4 + \cdots \\
r\left(\sum_{i=3}^{+\infty}(i-1)r^{i-2}\right) &= \phantom{2r+{}} 2r^2 + 3r^3 + 4r^4 + \cdots
\end{aligned}
$$

y restando queda

$$(1-r)\left(\sum_{i=3}^{+\infty}(i-1)r^{i-2}\right) = 2r + r^2 + r^3 + r^4 + \cdots = r + \frac{r}{1-r}$$

de donde

$$\sum_{i=3}^{+\infty}(i-1)r^{i-2} = \frac{r}{1-r} + \frac{r^2}{(1-r)^2}$$

Y la segunda de las series, haciendo

$$
\begin{aligned}
\sum_{i=3}^{+\infty}(i-1)(i-2)r^{i-3} &= 2\cdot 1 + 3\cdot 2r + 4\cdot 3r^2 + 5\cdot 4r^3 + \cdots \\
r\left(\sum_{i=3}^{+\infty}(i-1)(i-2)r^{i-3}\right) &= \phantom{2\cdot1+{}} 2\cdot 1r + 3\cdot 2r^2 + 4\cdot 3r^3 + \cdots
\end{aligned}
$$

y restando queda

$$(1-r)\left(\sum_{i=3}^{+\infty}(i-1)(i-2)r^{i-3}\right) = 2 + 4r + 6r^2 + 8r^3 + \cdots,$$

multiplicando esta última por r

$$r(1-r)\left(\sum_{i=3}^{+\infty}(i-1)(i-2)r^{i-3}\right) = 2r + 4r^2 + 6r^3 + 8r^4 + \cdots,$$

restando de nuevo

$$
\begin{aligned}
(1-r)^2\left(\sum_{i=3}^{+\infty}(i-1)(i-2)r^{i-3}\right) &= 2 + 2r + 2r^2 + 2r^3 + \cdots = \\
&= 2(1 + r + r^2 + r^3 + \cdots) = \frac{2}{1-r}
\end{aligned}
$$

de donde

$$\sum_{i=3}^{+\infty}(i-1)(i-2)r^{i-3}=\frac{2}{(1-r)^3}$$

En consecuencia resulta finalmente

$$P(A\ gane)\ =\ p^2+p^2\left[\sum_{i=3}^{+\infty}(i-1)r^{i-2}\right]+p^2q\left[\sum_{i=3}^{+\infty}(i-1)(i-2)r^{i-3}\right]=$$

$$=\ p^2+p^2\left[\frac{r}{1-r}+\frac{r}{(1-r)^2}\right]+p^2q\frac{2}{(1-r)^3}=\frac{p^2}{(1-r)^2}\left(1+\frac{2q}{1-r}\right).$$

4.29 Se tienen calcetines blancos y rojos revueltos en un cajón. Si se extraen dos calcetines al azar, la probabilidad de que ambos sea blancos es $1/2$. Calcúlese:

(a) el número mínimo de calcetines que contiene la caja;

(b) el número mínimo de calcetines que contiene la caja si el número de calcetines rojos es par.

RESOLUCIÓN

(a) Esta cuestión puede hacerse de dos formas distintas.

Primer método.

Supongamos que x es el número de calcetines blancos e y es el de calcetines rojos. Llamando B_i al suceso «*es blanco el calcetín extraído en el intento i*», podemos escribir, por probabilidad condicionada que

$$P(B_1,B_2)=P(B_1)\cdot P(B_2/B_1)=\frac{x}{x+y}\cdot\frac{x-1}{x+y-1}=\frac{1}{2}$$

de donde, operando se tiene

$$2x(x-1)=(x+y)(x+y-1)$$

es decir

$$2x^2-2x=x^2+xy-x+xy+y^2-y$$

o bien

$$x^2-x-2xy-y^2+y=0$$

resultando

$$x^2-(2y+1)x+(y-y^2)=0,$$

donde sabemos que $x,y\in\mathbb{N}$. Resolviendo en x esta ecuación de segundo grado

$$x\ =\ \frac{2y+1\pm\sqrt{(2y+1)^2-4(y-y^2)}}{2}=$$

$$=\ y+\frac{1}{2}\pm\frac{\sqrt{4y^2+4y+1-4y+4y^2}}{2}=y+\frac{1}{2}\pm\frac{\sqrt{8y^2+1}}{2}$$

resulta que hay que dar valores a y para que $8y^2+1$ sea cuadrado perfecto. Para $y=1$ se tiene que

$$x=1+\frac{1}{2}\pm\frac{3}{2}$$

es decir $x=3$ es la menor solución posible ya que $x=0$ no es válida. Luego $x=3$, $y=1$.

Segundo método.

Encontremos, utilizando la fórmula obtenida con la probabilidad condicionada, el menor número natural x tal que

$$\frac{x(x-1)}{(x+y)(x+y-1)} = \frac{1}{2}$$

fórmula que no se verifica para $x-1$ ni para $x=2$, pero sí para $x=3$ siendo $y=1$.

(b) Ahora debe ser $y = 2k$. La ecuación es por tanto, sustituyendo en la expresión despejada de x,

$$x = 2k + \frac{1}{2} \pm \frac{\sqrt{8(2k)^2 + 1}}{2} = 2k + \frac{1}{2} \pm \frac{\sqrt{32k^2 + 1}}{2}$$

por lo que $32k^2 + 1$ debe ser el menor cuadrado perfecto posible, es decir

$$32k^2 + 1 = m^2.$$

Pero m debe ser impar, es decir $m = 2p + 1$, luego se tiene

$$32k^2 + 1 = (2p+1)^2 = 4p^2 + 4p + 1$$

es decir

$$32k^2 = 4p^2 + 4p$$

o bien

$$8k^2 = p^2 + p = p(p+1).$$

Luego p ó $p+1$ debe ser múltiplo de 8, el menor posible es $p = 8$, $p + 1 = 9$, de donde $k^2 = 9$ y $k = 3$. Por tanto es $m = 17$. Con $k = 3$ es

$$x = 6 + \frac{1}{2} \pm \frac{17}{2} = \frac{13}{2} \pm \frac{17}{2} = \frac{30}{2} = 15,$$

es decir $x = 15$ e $y = 6$, ya que la solución del signo menos no es válida al ser negativo el resultado.

4.30 Una ficha se desplaza sobre un casillero. Se lanza una moneda y avanza una casilla si resulta cara y dos casillas si sale cruz.

(a) Hállese una fórmula recurrente que dé la probabilidad de caer en una casilla determinada a partir de las probabilidades de las dos casillas anteriores.

(b) Demuéstrese que la subsucesión de las probabilidades de las casillas impares es monótona creciente y calcúlese la diferencia entre dos términos consecutivos. Demuéstrese que la subsucesión de las probabilidades de las casillas pares es monótona decreciente y calcúlese la diferencia entre dos términos consecutivos.

(c) Hállese el valor al que tiende la probabilidad de una casilla cuando ésta está suficientemente alejada de la casilla de salida.

Resolución

(a) Indicando por p_k la probabilidad de llegar a la casilla k-ésima, se tiene que

$$
\begin{aligned}
p_k &= P(\textit{llegar a la casilla } k) = \\
&= P(\textit{estar en la } k-1) \cdot P(\textit{sacar cara/estando en la } k-1) + \\
&\quad + P(\textit{estar en la } k-2) \cdot P(\textit{sacar cruz/estando en la } k-2) = \\
&= p_{k-1} \cdot \frac{1}{2} + p_{k-2} \cdot \frac{1}{2} = \frac{1}{2}(p_{k-1} + p_{k-2}),
\end{aligned}
$$

es decir, la probabilidad de llegar a una casilla es la media aritmética de las probabilidades de las dos anteriores. La fórmula recurrente es

$$p_k = \frac{1}{2}p_{k-1} + \frac{1}{2}p_{k-2}.$$

(b) Supongamos que comenzamos el juego con la ficha en la casilla *cero* y lanzamos la moneda, se tiene que

$$p_1 = \frac{1}{2} \quad \text{y} \quad p_2 = \frac{1}{2} + \frac{1}{4} = \frac{3}{4}$$

Con la fórmula de recurrencia podemos calcular las probabilidades de las primeras casillas:

$$
\begin{aligned}
p_3 &= \frac{1}{2} \cdot \frac{1}{2} + \frac{1}{2} \cdot \frac{3}{4} = \frac{5}{8} \\
p_4 &= \frac{1}{2} \cdot \frac{3}{4} + \frac{1}{2} \cdot \frac{5}{8} = \frac{11}{16} \\
p_5 &= \frac{1}{2} \cdot \frac{5}{8} + \frac{1}{2} \cdot \frac{11}{16} = \frac{21}{32} \\
p_6 &= \frac{1}{2} \cdot \frac{11}{16} + \frac{1}{2} \cdot \frac{21}{32} = \frac{43}{64}
\end{aligned}
$$

Demostremos por inducción que la subsucesión de probabilidades de casillas impares es monótona creciente. Se tiene que es

$$p_3 - p_1 = \frac{5}{8} - \frac{1}{2} = \frac{1}{8} > 0$$

y veamos que si fuese $p_{2k+1} > p_{2k-1}$, es decir $p_{2k+1} - p_{2k-1} > 0$, entonces también sería $p_{2k+3} > p_{2k+1}$. En efecto, calculando la diferencia y usando la recurrencia resulta ser

$$
\begin{aligned}
p_{3k+3} - p_{2k+1} &= \frac{1}{2}p_{2k+2} + \frac{1}{2}p_{2k+1} - p_{2k+1} = \frac{1}{2}p_{2k+2} - \frac{1}{2}p_{2k+1} = \\
&= \frac{1}{2}\left(\frac{1}{2}p_{2k+1} + \frac{1}{2}p_{2k}\right) - \frac{1}{2}p_{2k+1} = \\
&= \frac{1}{4}p_{2k+1} + \frac{1}{4}p_{2k} - \frac{1}{2}\left(\frac{1}{2}p_{2k} + \frac{1}{2}p_{2k-1}\right) = \\
&= \frac{1}{4}p_{2k+1} - \frac{1}{4}p_{2k-1} = \frac{1}{4}(p_{2k+1} - p_{2k-1}) > 0,
\end{aligned}
$$

por la hipótesis de inducción.

Veamos que la subsucesión de probabilidades de casillas pares es monótona decreciente. Se tiene que

$$p_4 - p_2 = \frac{11}{16} - \frac{3}{4} = \frac{-1}{16} < 0$$

y si fuese $p_{2k} < p_{2k-2}$, es decir $p_{2k} - p_{2k-2} < 0$, entonces también sería $p_{2k+2} < p_{2k}$. En efecto, se tiene

$$
\begin{aligned}
p_{2k+2} - p_{2k} &= \frac{1}{2}p_{2k+1} + \frac{1}{2}p_{2k} - p_{2k} = \frac{1}{2}p_{2k+1} - \frac{1}{2}p_{2k} = \\
&= \frac{1}{2}\left(\frac{1}{2}p_{2k} + \frac{1}{2}p_{2k-1}\right) - \frac{1}{2}p_{2k} = \\
&= \frac{1}{4}p_{2k} + \frac{1}{4}p_{2k-1} - \frac{1}{2}\left(\frac{1}{2}p_{2k-1} + \frac{1}{2}p_{2k-2}\right) - \\
&= \frac{1}{4}p_{2k} - \frac{1}{4}p_{2k-2} = \frac{1}{4}(p_{2k} - p_{2k-2}) < 0.
\end{aligned}
$$

Calculemos la diferencia entre las probabilidades de dos casillas impares consecutivas:

$$p_{2k+3} - p_{2k+1} = \frac{1}{4}(p_{2k+1} - p_{2k-1}) = \frac{1}{4^k}(p_0 - p_1) = \frac{1}{4^k} \cdot \frac{1}{8} = \frac{1}{2^{2k+3}}$$

y para casillas pares resulta

$$p_{2k+2} - p_{2k} = \frac{1}{4}(p_{2k} - p_{2k-2}) = \frac{1}{4^{k-1}}(p_4 - p_2) = \frac{1}{4^{k-1}} \cdot \frac{-1}{16} = \frac{-1}{2^{2k+2}}$$

(c) La sucesión de probabilidades de casillas impares es

$$\frac{1}{2}, \frac{5}{8}, \frac{21}{32}, \frac{85}{128}, \cdots, \frac{1 + 2(2^1 + 2^3 + 2^5 + \cdots + 2^{2k-1})}{2^{2k+1}}, \cdots$$

para $k \geq 1$, sin más que observar que cada una de estas probabilidades es la semisuma de las probabilidades de las dos casillas anteriores. Para las probabilidades de las casillas pares tenemos

$$\frac{3}{4}, \frac{11}{16}, \frac{43}{64}, \frac{171}{256}, \cdots, \frac{1 + 2(2^0 + 2^2 + 2^4 + \cdots + 2^{2k})}{2^{2k+2}}, \cdots$$

para $k \geq 0$.

Sumando las progresiones geométricas de razón 2^2 incluidas en los paréntesis, se obtiene que

$$
\begin{aligned}
p_{2k+1} &= \frac{1 + 2(2^1 + 2^3 + 2^5 + \cdots + 2^{2k-1})}{2^{2k+1}} = \\
&= \frac{1 + 2 \cdot \frac{2 - 2^{2k-1} \cdot 2^2}{1 - 2^2}}{2^{2k+1}} = \frac{1 + 2 \cdot \frac{2 - 2^{2k+1}}{-3}}{2^{2k+1}} = \frac{3 - 4 + 2^{2k+2}}{3 \cdot 2^{2k+1}} = \frac{2^{2k+2} - 1}{3 \cdot 2^{2k+1}}
\end{aligned}
$$

y que

$$
\begin{aligned}
p_{2k+2} &= \frac{1 + 2(2^0 + 2^2 + 2^4 + \cdots + 2^{2k})}{2^{2k+2}} = \\
&= \frac{1 + 2 \cdot \frac{1 - 2^{2k} \cdot 2^2}{1 - 2^2}}{2^{2k+2}} = \frac{1 + 2 \cdot \frac{1 - 2^{2k+2}}{-3}}{2^{2k+2}} = \frac{3 - 2 + 2^{2k+3}}{3 \cdot 2^{2k+2}} = \frac{2^{2k+3} + 1}{3 \cdot 2^{2k+2}}
\end{aligned}
$$

Puesto que la subsucesión de probabilidades de casillas impares es monótona creciente y acotada superiormente por cualquiera de las probabilidades de casillas pares, ésta tiene límite. Análogamente ocurre con la subsucesión de probabilidades de casillas pares. Hallemos el límite de cada una de las subsucesiones cuando k tiende a $+\infty$:

$$\lim_k p_{2k+1} = \lim_k \frac{2^{2k+2}-1}{3\cdot 2^{2k+1}} = \lim_k \left(\frac{2\cdot 2^{2k+1}}{3\cdot 2^{2k+1}} - \frac{1}{3\cdot 2^{2k+1}} \right) = \frac{2}{3}$$

$$\lim_k p_{2k+2} = \lim_k \frac{2^{2k+3}+1}{3\cdot 2^{2k+2}} = \lim_k \left(\frac{2\cdot 2^{2k+2}}{3\cdot 2^{2k+2}} + \frac{1}{3\cdot 2^{2k+2}} \right) = \frac{2}{3}$$

ambos límites coinciden como era de esperar.

PROPUESTOS

P 4.1 Sean tres sucesos cualesquiera A, B, C. Conocemos $P(A) = 0,2$, $P(B) = 0,8$, $P(C) = 0,7$. Sabemos que los tres sucesos son independientes entre sí. Hállese la probabilidad de los sucesos $A \cup B$, $A \cup C$ y $A \cap B \cap C$.

P 4.2 Sean A y B dos sucesos con $P(A) = 0,5$, $P(B) = 0,3$ y $P(A \cap B) = 0,1$. Hállese la probabilidad de que ocurra exactamente uno de los dos sucesos. ¿Son independientes?

P 4.3 Se lanzan independientemente tres dados. Sea A el suceso «*la suma obtenida es 6*» y B el suceso «*los tres números obtenidos son distintos*». Determínese si los sucesos A y B son independientes o no.

P 4.4 La probabilidad de que al llamar a un teléfono móvil, éste esté apagado es 0,4; la probabilidad de que estando operativo comunique es 0,2. Hállese la probabilidad de que logremos comunicar con la persona deseada.

P 4.5 Una moneda se lanza cinco veces. Calcúlese la probabilidad de que aparezcan dos o más caras.

P 4.6 Una urna contiene 5 bolas rojas, 3 bolas negras y 2 bolas verdes. Sacando al azar y simultáneamente dos bolas, hállese:

(a) la probabilidad de que sean del mismo color;

(b) la probabilidad de que una al menos sea roja.

P 4.7 De una baraja española de 40 cartas se entregan al azar cinco a un jugador. Calcúlese la probabilidad de los siguientes sucesos:

(a) sólo una de las cartas es un as;

(b) al menos dos de las cartas son reyes;

(c) una carta es un as, otra un rey y a lo sumo hay dos sotas;

(d) las cinco cartas son del mismo palo.

P 4.8 Sean A y B dos sucesos asociados a un mismo experimento aleatorio. Explíquese si la suma de sus probabilidades puede ser mayor que uno en los siguientes casos:

(a) A y B son sucesos cualesquiera;

(b) *A* y *B* son sucesos incompatibles;

(c) *A* y *B* son sucesos independientes.

P 4.9 Encuéntrese la probabilidad de que al elegir al azar tres cartas de una baraja española de 40, éstas sean un as, un rey y un caballo.

P 4.10 De una baraja española de 40 cartas se extraen al azar dos cartas. Hállese la probabilidad de que la segunda sea de copas.

P 4.11 En una bolsa hay triple cantidad de bolas blancas que de bolas negras. En otra bolsa hay 8 bolas blancas, 5 verdes y 2 negras. Extraemos al azar una bola de la primera bolsa y la introducimos sin mirar en la segunda bolsa. A continuación extraemos una bola de la segunda bolsa. ¿Cuál es la probabilidad de que sea negra?

P 4.12 Una urna *A* contiene 4 bolas blancas y 6 negras y otra urna *B*, 7 blancas y 3 negras. Tomamos al azar una bola de *A* y la añadimos en *B* sin mirar, después se extrae una bola de *B*. ¿Cuál es la probabilidad de que sea negra? ¿Cuál es la probabilidad de que la bola pasada de *A* a *B* fuese blanca, si la extraída de *B* resultó ser negra?

P 4.13 Tres máquinas producen respectivamente el 50 por 100, 40 por 100 y 10 por 100 de los artículos de una fábrica, siendo defectuosos el 1 por 100, 2 por 100 y 6 por 100, respectivamente. Elegimos al azar un artículo y resulta ser defectuoso. ¿Cuál es la probabilidad de que haya sido producido por la primera máquina?

P 4.14 Una caja contiene 2 tornillos buenos y 3 defectuosos y otra caja contiene 4 buenos y 2 defectuosos. Se trasladan dos tornillos de la primera caja a la segunda y a continuación se extrae un tornillo de la segunda caja, que resultó ser bueno. ¿Cuál es la probabilidad de que los tornillos trasladados fueran uno bueno y otro defectuoso?

P 4.15 En los alrededores de Londres se producen accidentes de trenes y cuando hay niebla se incrementa el riesgo. Suponiendo que la probabilidad de que ocurra un accidente en un día con niebla es 0,0001 y en un día sin niebla es de 0,00001, si en un año en el que hubo 123 días con niebla ocurrió un accidente, determínese la probabilidad de que fuese en un día sin niebla.

P 4.16 Los alumnos que ingresan en un instituto proceden en un 20% de un barrio *A*, en un 30% de un barrio *B* y el resto de un barrio *C*. Del barrio *A*, un 80% cursa 1° de bachillerato y el resto 2°. Del barrio *B*, un 50% cursa 1° de bachillerato y el resto 2° y los alumnos del barrio *C* cursan 1° de bachillerato un 60% y el resto cursa 2°.

(a) Se elige al azar un alumno de bachillerato, hállese la probabilidad de que sea de 2°.

(b) Se elige un alumno al azar y resulta ser de 1° hállese la probabilidad de que provenga del barrio *B*.

P 4.17 Dos jugadores realizan un juego bajo las siguientes condiciones: alternativamente extraen una bola de una urna que contiene *p* bolas blancas y *q* bolas negras. El primero que consiga bola blanca gana el juego. ¿Cuál es la probabilidad de que el jugador que comienza a jugar sea el ganador?

P 4.18 Para detectar la presencia de una cierta enfermedad en un individuo perteneciente a una población determinada, se emplea un análisis tal que la probabilidad de que éste dé positivo si el individuo tiene realmente la enfermedad es 0,96. Se sabe que el 2 % de los individuos de dicha población padecen la enfermedad. Por otra parte se ha llegado a establecer que, realizando el análisis sobre todos los individuos de la población, daría positivo en el 2,5 % de los casos.

(a) Hállese la probabilidad de que un individuo cuyo análisis ha dado positivo padezca la enfermedad en cuestión.

(b) Calcúlese la probabilidad de que, al realizar al análisis a un individuo determinado, el diagnóstico resulte equivocado.

P 4.19 Sean las urnas $U_1 = \{2B, 3N\}$ y $U_2 = \{2B, 3R\}$. Se toma una bola de U_1 y se pasa a U_2. A continuación se toma una bola de U_2 y se pasa a U_1. Finalmente se toman dos bolas de U_1 y resultan ser una blanca y una negra. Calcúlese la probabilidad de que en la urna U_1 no quede ninguna bola blanca.

P 4.20 Sobre un depósito de combustible se han efectuado n disparos independientes con proyectiles incendiarios. Cada proyectil alcanza al depósito con probabilidad p. Si el depósito es alcanzado por un proyectil se incendia con probabilidad p_1, si es alcanzado por varios proyectiles se incendia con toda seguridad.

Calcúlese la probabilidad de que el depósito se incendie después de n disparos.

P 4.21 Se tienen n urnas, cada una de las cuales contiene a bolas blancas y b negras. Se elige al azar una bola de la primera urna y se pasa a la segunda; a continuación se pasa al azar una bola de la segunda a la tercera, y así sucesivamente. Finalmente, se extrae una bola de la última urna. ¿Cuál es la probabilidad de que la bola extraída sea blanca?

P 4.22 En una urna hay dos bolas: una blanca y otra negra. Se extrae una bola, se mira su color y se devuelve a la urna acompañada de otra del mismo color. Se repite este proceso hasta que haya 22 bolas en la urna. Hállese la probabilidad de que en ese momento la urna tenga 11 bolas de cada color.

P 4.23 Dos jugadores A y B juegan, alternativamente, partidas. Gana el juego el primer jugador que consigue ganar una partida. La probabilidad de que gane A en sus partidas es p_1, y la probabilidad de que gane B en las suyas es p_2, con $p_2 > p_1$. Para compensar su ventaja, B deja que A juegue la primera partida. ¿Qué relación deben cumplir p_1 y p_2 para que el juego sea justo, estos es, para que A y B tengan la misma probabilidad de ganar el juego?

P 4.24 Dos jugadores A y B apuestan en un cierto juego equitativo 32 euros cada uno. El juego se desarrolla por partidas y gana la apuesta el primero que consiga cinco partidas. Cuando el primero ha ganado tres partidas y el segundo dos, el juego se interrumpe. ¿Cómo hay que repartir las cantidades apostadas para ser justos?

P 4.25 Se considera una colección de N urnas que están numeradas consecutivamente del 1 al N. La urna i-ésima contiene i bolas negras y $N - i$ blancas. La probabilidad de ser elegida una de las urnas es directamente proporcional al número que ostenta. Se elige al azar una de las urnas y de ella se extraen, de una en una y sin reemplazamiento n bolas. Se consideran los sucesos $A = $«*las n bolas extraídas son negras*» y $B = $«*la $(n+1)$-ésima bola extraída es negra*». Calcúlense $p(A)$ y $p(B/A)$.

P 4.26 Dos aviones, A y B, disponen de un solo misil. Si el que lanza primero acierta, derriba al avión contrario que es incapaz de lanzar el suyo. El avión A tiene una probabilidad 0,6 de lanzar primero con probabilidad de derribo del avión contrario de 0,4, mientras que la probabilidad de que el misil de B derribe a su oponente es 0,5. Hállense:

(a) la probabilidad de que ambos aviones sobrevivan al combate;

(b) la probabilidad de que A sobreviva;

(c) la probabilidad de que A haya lanzado primero, dado que sobrevive;

(d) la probabilidad de que el avión que lance primero sobreviva.

P 4.27 Tres personas A, B, C lanzan sucesivamente en el orden A, B, C un dado. La primera persona que saque un 6, gana.

(a) Calcúlese la probabilidad de que cada uno de ellos gane.

(b) Calcúlese la probabilidad de que el juego acabe en la n-ésima ronda de lanzamientos.

P 4.28 Dos personas A y B realizan el siguiente juego: tiran un dado y A gana si en la tirada sale un 1 o un 2, ganando B en los restantes casos. Se ponen de acuerdo en que ganará el juego el primero que gane dos tiradas consecutivas. ¿Qué probabilidad tiene cada uno de ganar el juego?

P 4.29 Una urna contiene n bolas. Se realiza el siguiente experimento: se introduce en ella una bola de color blanco y a continuación se extrae una bola de esa urna. Calcúlese la probabilidad de que la bola extraída sea blanca.

P 4.30 Desde el punto medio del lado de un rectángulo se traza un segmento hasta el punto medio del lado contiguo. Desde el punto medio del segmento anterior se traza otro segmento hasta el vértice opuesto. Se pinta de rojo el 30 % del triángulo rectángulo y el 20 % de cada cuadrilátero que origina este último segmento.

(a) ¿Cuál es la probabilidad de que al lanzar un dardo caiga en la zona roja? Se supone que todos los dardos se clavan en el rectángulo.

(b) Un dardo ha caído en la zona roja, ¿cuál es la probabilidad de que esté dentro del triángulo?

(c) Si en lugar de trazar el segmento desde el punto medio lo hacemos desde un punto cualquiera de la hipotenusa, hállese la probabilidad de que el dardo caiga en el cuadrilátero de menor área en función de la proporción entre la longitud del segmento menor en que se ha dividido la hipotenusa y la longitud de ésta.

Variables
aleatorias

5.1. Variable aleatoria

En el estudio realizado hasta ahora nos hemos interesado por los sucesos de un experimento aleatorio: probabilidad de que una pieza de la cadena de montaje fuese defectuosa, o probabilidad de una secuencia de caras en el lanzamiento de una moneda. Normalmente los sucesos aleatorios están asociados a números. Podemos estar interesados no sólo en saber si una pieza es defectuosa, sino cuantificar en qué medida lo es: probabilidad de que la longitud de la pieza sea inferior a 3 cm.

En el ensayo del lanzamiento de tres monedas el espacio muestral es

$$E = \{CCC, CCX, CXC, XCC, CXX, XCX, XXC, XXX\}.$$

Si nuestro interés fuera conocer el número de cruces, podríamos construir una función sobre el espacio muestral, tal que a cada suceso elemental le hiciese corresponder el número de cruces que resultan en el lanzamiento. Nombraremos esta función como ξ, o *función que nos da el número de cruces obtenidas*, y cuya valoración es

$$\begin{aligned} \xi(CCC) = 0, \quad & \xi(CCX) = \xi(CXC) = \xi(XCC) = 1, \\ \xi(XXX) = 3, \quad & \xi(CXX) = \xi(XCX) = \xi(XXC) = 2. \end{aligned}$$

Toda función como la que acabamos de definir, que actuando sobre cada resultado de un experimento aleatorio le hace corresponder un número, se llama *variable aleatoria*.

Sea $(E, \mathscr{A}, P)$ un espacio probabilístico, una aplicación

$$\begin{aligned} \xi: \quad & E \longrightarrow \mathbb{R} \\ & \omega \to \xi(\omega) \end{aligned}$$

que a cada suceso elemental le asigna un número real, se dice que es una **variable aleatoria**, si para todo número real x, el conjunto $A_x = \{\omega \in E : \xi(\omega) \leq x\}$ es un suceso, es decir, si $\xi^{-1}((-\infty; x])$ pertenece a la σ-álgebra $\mathscr{A}$.

En el ejemplo anterior, correspondiente al lanzamiento de tres monedas, si consideramos $x = 0$ tenemos el conjunto

$$A_0 = \{\omega \in E : \xi(\omega) \leq 0\} = \xi^{-1}((-\infty; 0]) = \{CCC\};$$

para $x = 1$ tenemos el conjunto

$$A_1 = \{\omega \in E : \xi(\omega) \leq 1\} = \{CCC, CCX, CXC, XCC\};$$

cuando $x = 2$ es

$$A_2 = \{\omega \in E : \xi(\omega) \leq 2\} = \{CCC, CCX, CXC, XCC, CXX, XCX, XXC\},$$

y por último, si $x = 3$ se tiene

$$A_3 = \{\omega \in E : \xi(\omega) \leq 3\} = \{CCC, CCX, CXC, XCC, CXX, XCX, XXC, XXX\}.$$

Observemos que la probabilidad de que ocurran los sucesos A_0, A_1, A_2 y A_3 coincide con la probabilidad de que la variable aleatoria ξ tome valores menores o iguales que los valores prefijados 0, 1, 2 y 3. En concreto para $x = 2$ es

$$\begin{aligned} P(A_2) &= P(\xi \leq 2) = P\{\text{ número de cruces } \leq 2\} = \\ &= P(0, 1, \text{ ó } 2 \text{ cruces}) = P(0) + P(1) + P(2) = \frac{1}{8} + \frac{3}{8} + \frac{3}{8} = \frac{7}{8} \end{aligned}$$

De manera general, se tiene que $P(\xi \leq x) = P\big(\xi$ tome valores en el intervalo $(-\infty;x]\big)$, por lo que la probabilidad anterior definida para sucesos se convierte en probabilidad de que la variable aleatoria tome valores en el intervalo $(-\infty;x]$. Dicho esto, cabe preguntarse para qué subconjunto A de la recta real, tiene sentido calcular la probabilidad de que la variable aleatoria ξ tome valores en ese subconjunto. El subconjunto A debe pertenecer a la σ-álgebra de Borel. Siendo la σ-álgebra de Borel la engendrada por los subconjuntos de la forma $\{(-\infty;a] : a \in \mathbb{R}\}$. Puede comprobarse que la σ-álgebra de Borel contiene los intervalos de $\mathbb{R}$, sus uniones e intersecciones numerables y el complementario de cada uno de éstos.

Observemos que con las variables aleatorias no podemos usar los poderosos métodos del Análisis real, pues son aplicaciones que actúan sobre los sucesos, que son conjuntos, y no sobre los números reales. Este inconveniente se resuelve introduciendo la función $F : \mathbb{R} \to [0;1]$ dada por

$$F(x) = P\big(\xi(\omega) \leq x\big), \tag{5.1}$$

llamada **función de distribución** de la variable aleatoria ξ. La función definida verifica, entre otras, las siguientes propiedades:

1. $0 \leq F(x) \leq 1, \forall x \in \mathbb{R}$.

2. $\lim_{x \to -\infty} F(x) = 0, \lim_{x \to +\infty} F(x) = 1$.

3. $x_1 < x_2 \Rightarrow F(x_1) \leq F(x_2)$ (monotonía no decreciente).

4. $\lim_{x \to a^+} F(x) = F(a), \forall a \in \mathbb{R}$ (continuidad por la derecha).

5. $P(a < \xi \leq b) = F(b) - F(a)$ (probabilidad de un intervalo).

5.2. Variable aleatoria discreta

Una variable aleatoria ξ se dice que es discreta si toma valores sobre un conjunto numerable $\{x_1, x_2, \ldots, x_n, \ldots\}$, y en particular si el conjunto es finito. Designamos con $p_i = P(\xi = x_i) \geq 0$, $i = 1, 2, \ldots, n, \ldots$ y se cumple:

1. $\sum_i p_i - 1$.

2. $P(\xi \leq x_n) = \sum_{i=1}^{n} p_i$.

Se define la **función de probabilidad** de la variable aleatoria ξ por medio de

$$P(\xi = x) = P\big(\{\omega \in E : \xi(\omega) = x\}\big), \tag{5.2}$$

que asocia una probabilidad al conjunto de sucesos elementales sobre los que la variable aleatoria toma el valor x. A partir de la función de probabilidad construimos la función de distribución

$$F(x) = \sum_{x_j \leq x} P(\xi = x_j) \tag{5.3}$$

Vamos a desarrollar un ejemplo concreto para fijar los conceptos anteriores.

EJEMPLO 5.1. Una fábrica de lámparas distribuye su producción en cajas de 100 unidades. Para realizar el control de calidad se toma una caja y de ella se eligen al azar tres lámparas. La elección de las tres lámparas se puede hacer de $\binom{100}{3} = 161\,700$ formas, que son tantas como los sucesos elementales de nuestro espacio muestral E.

Consideremos un suceso elemental, es decir, un lote de 3 lámparas, y asignémosle el número de lámparas defectuosas del lote: 0, 1, 2 ó 3. La función que a cada lote, o suceso elemental, le hace corresponder el número de lámparas defectuosas es una variable aleatoria, que representamos por ξ. Una posible valoración de ξ sería la que se representa en la Figura 5.1.

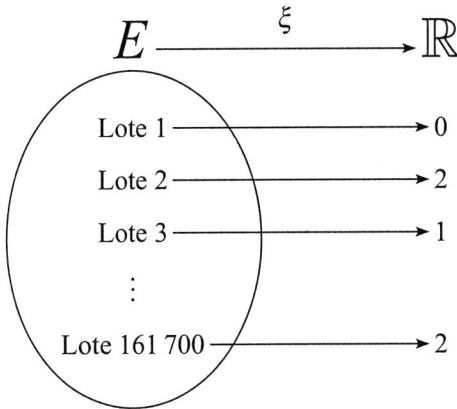

Figura 5.1. Una posible valoración de ξ

Podemos clasificar el espacio muestral en cuatro subconjuntos distintos:

$$L_0 = \{\text{lotes de 3 lámparas con 0 defectos}\} = \{x \in E : \xi(x) = 0\} \quad \Rightarrow \quad \xi(x) = 0, \forall x \in L_0$$
$$L_1 = \{\text{lotes de 3 lámparas con 1 defecto}\} = \{x \in E : \xi(x) = 1\} \quad \Rightarrow \quad \xi(x) = 1, \forall x \in L_1$$
$$L_2 = \{\text{lotes de 3 lámparas con 2 defectos}\} = \{x \in E : \xi(x) = 2\} \quad \Rightarrow \quad \xi(x) = 2, \forall x \in L_2$$
$$L_3 = \{\text{lotes de 3 lámparas con 3 defectos}\} = \{x \in E : \xi(x) = 3\} \quad \Rightarrow \quad \xi(x) = 3, \forall x \in L_3.$$

La clasificación establecida puede representarse en la forma que se indica en la Figura 5.2.

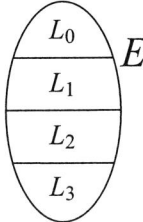

Figura 5.2. La clasificación establecida por ξ

Si elegimos un lote de 3 lámparas no sabemos a priori cuántas de ellas son defectuosas: no sabemos si el lote tiene 0, 1, 2, ó 3 con tara. Lo que sí sabemos es la probabilidad de haber elegido un lote: del subconjunto L_0 (con 0 defectuosas), del subconjunto L_1 (con 1 defectuosa), del subconjunto L_2 (con 2 defectuosas), del subconjunto L_3 (con 3 defectuosas).

Sea L_k, con $k = 0,1,2,3$, el subconjunto formado por los lotes con k lámparas defectuosas, entonces la probabilidad de elegir un lote de este subconjunto es

$$P(\text{Elegir un lote del subconjunto } L_k) = \frac{\text{número de elementos de } L_k}{\text{número de elementos de } E} =$$
$$= P(\xi = k) = P(\{\omega \in E : \xi(\omega) = k\}),$$

donde ω es un suceso elemental (lote de tres lámparas).

Acabamos de construir la «función de probabilidad», que es la función que proporciona la probabilidad de que la variable ξ tome el valor x, es decir,

$$P(\xi = x) = P(\{\omega \in E : \xi(\omega) = x\}).$$

Gráficamente puede verse en la Figura 5.3.

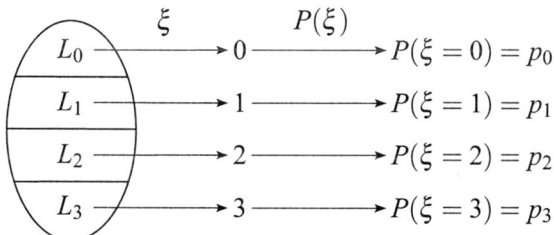

Figura 5.3. Representación gráfica de la función de probabilidad

Para cada lote de 3 lámparas no caben más posibilidades que las de tener 0, 1, 2 ó 3 defectuosas con probabilidades

$$P(\xi = 0) = p_0, \qquad P(\xi = 1) = p_1, \qquad P(\xi = 2) = p_2, \qquad P(\xi = 3) = p_3,$$

por lo tanto, la suma de las probabilidades tiene que ser uno, es decir

$$p_0 + p_1 + p_2 + p_3 = 1,$$

ya que la probabilidad de que 0, 1, 2 ó 3 lámparas sean defectuosas en un lote de 3 tiene que ser del 100%. Si queremos conocer la probabilidad de tener 0, 1, ó 2 lámparas defectuosas escribimos

$$P(\xi \leq 2) = P(\xi = 0) + P(\xi = 1) + P(\xi = 2).$$

De lo tratado observamos que las variables aleatorias discretas son funciones que actúan sobre el espacio muestral, y toman un conjunto numerable de valores, finito o no, $\{x_1, x_2, \ldots, x_n, \ldots\}$ con probabilidades $P(\xi = x_j) = p_j$ y que verifican:

1. $p_j \geq 0$, $j = 1,2,3,\ldots$

2. $\sum\limits_{j=1}^{\infty} p_j = 1$.

3. $P(\xi \leq x_j) = \sum\limits_{j=1}^{i} p_j$.

La función de probabilidad $P(\xi = x) = P(\{\omega \in E : \xi(\omega) = x\})$ es una función de conjunto, ya que actúa sobre el espacio muestral; no es una función de variable real y no podemos aplicar las técnicas del Análisis matemático. Un último recurso nos permite resolver el problema, definiendo la **función de distribución** como

$$F(x) = P(\xi \leq x) = P(\{\omega \in E : \xi(\omega) \leq x\}), \tag{5.4}$$

que en el caso de variable discretas sabemos que es

$$F(x) = \sum_{x_j \leq x} p_j.$$

Obsérvese que F actúa sobre un número y le hace corresponder un número, de este modo hemos reducido el estudio de la función de probabilidad, que actúa sobre conjuntos, al estudio de la función de distribución, que es una función real de variable real. Estudiemos las propiedades de la función de distribución de una variable aleatoria discreta, con nuestro ejemplo de la fábrica de lámparas. Este ejemplo se observa en la Figura 5.4.

$F(x) = 0$	$x < 0$	$F(x) = P(\xi \leq x) = \sum_{x_j < 0} p_j = 0$
$F(x) = p_0$	$0 \leq x < 1$	$F(x) = P(\xi \leq x) = \sum_{x_j < 1} p_j = p_0$
$F(x) = p_0 + p_1$	$1 \leq x < 2$	$F(x) = P(\xi \leq x) = \sum_{x_j < 2} p_j = p_0 + p_1$
$F(x) = p_0 + p_1 + p_2$	$2 \leq x < 3$	$F(x) = P(\xi \leq x) = \sum_{x_j < 3} p_j = p_0 + p_1 + p_2$
$F(x) = p_0 + p_1 + p_2 + p_3$	$3 \leq x$	$F(x) = P(\xi \leq x) = \sum_{x_j < \infty} p_j = p_0 + p_1 + p_2 + p_3 = 1$

En el ejemplo tratado se comprueban las propiedades de la función de distribución:

1. $F(-\infty) = 0, F(+\infty) = 1$.

2. $F(x) \leq F(y), \forall x \leq y$.

3. La función de distribución de una variable aleatoria discreta es escalonada.

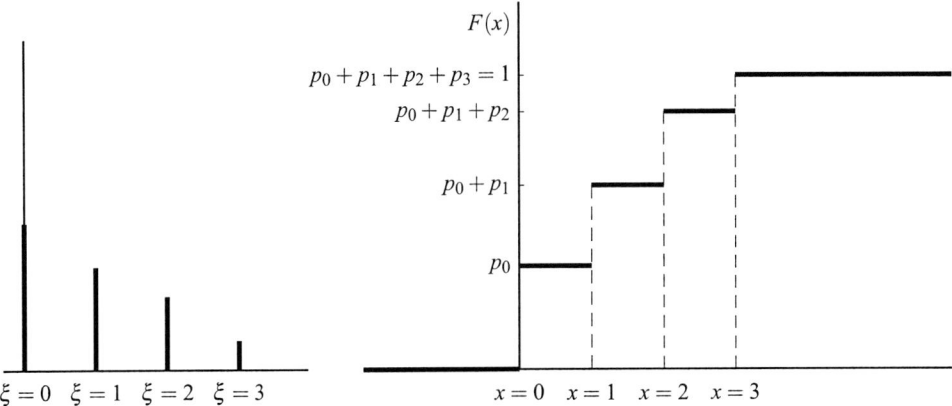

Figura 5.4. El ejemplo de las lámparas

5.3. Variable aleatoria continua

Una variable aleatoria ξ se dice **continua** cuando su función de distribución no tiene discontinuidades. Una variable aleatoria continua se dice **absolutamente continua** si tiene asociada una probabilidad definida por

$$P(x \leq \xi < x + dx) = f(x)dx, \tag{5.5}$$

donde f, llamada **función de densidad**, cumple

1. $f(x) \geq 0$, $\forall x$.

2. $\displaystyle\int_{-\infty}^{+\infty} f(x)dx = 1$.

3. $\displaystyle F(x) = P(-\infty \leq \xi < x) = \int_{-\infty}^{x} f(t)dt$.

4. $\displaystyle f(x) = \frac{dF(x)}{dx}$

Nuevamente vamos a recurrir a un ejemplo para aclarar los conceptos. Tomemos una bombilla con un filamento de longitud uno y masa uno, basta tomar como unidad de longitud y masa su longitud y su masa respectivamente. El filamento no tiene por qué ser del mismo grosor a lo largo de toda su longitud.

Dividamos el intervalo unidad en 10 subintervalos de la misma longitud, con masas m_1, m_2, $m_3, \ldots, m_{10}$, lógicamente es $m = m_1 + m_2 + m_3 + \cdots + m_{10} = 1$, como se observa en la Figura 5.5.

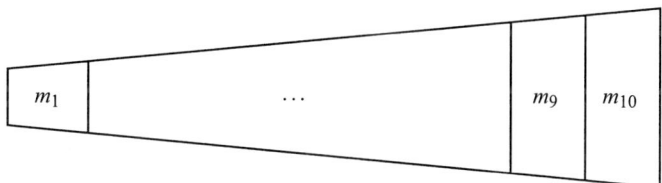

Figura 5.5. División del intervalo unidad

La masa contenida en el subintervalo j-ésimo es $p_j = \frac{m_j}{m}$, $j = 1, 2, \ldots, 10$. Podemos pensar en una variable aleatoria discreta, donde el espacio muestral es el filamento de longitud unidad, dividido en diez sucesos elementales, de tal manera que a cada suceso elemental le corresponde como probabilidad la masa del subintervalo $p_j = \frac{m_j}{m}$. Este hecho se observa en la Figura 5.6.

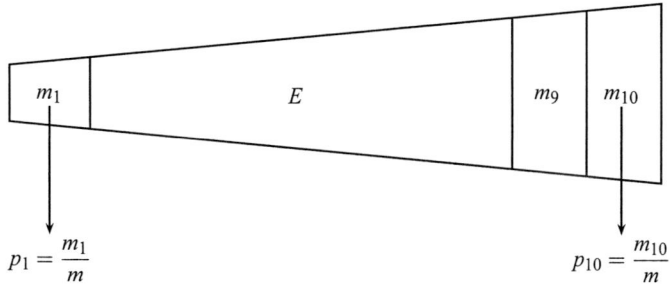

Figura 5.6. Probabilidad en cada subintervalo

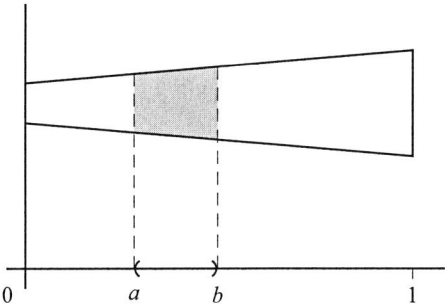

Figura 5.7. Masa asignada al intervalo $(a;b)$

Pero al ser nuestro filamento continuo, ¿qué masa le podemos asociar a un punto del mismo? No podemos asociar una masa finita distinta de cero (probabilidad finita distinta de cero) a cada punto del intervalo de tal manera que sea uno la suma de las masas (sea uno la suma de todas las probabilidades). Lo que sí podemos hacer es asignar masa (probabilidad) a un intervalo $(a;b)$ incluido en $[0;1]$, como se observa en la Figura 5.7. Como trabajamos con una probabilidad se debe cumplir que

$$P([0;1]) = 1, \text{ (la masa del intervalo } [0;1] \text{ es uno),}$$
$$P(a;b) \geq 0, \text{ (la masa es positiva).}$$

Además, al dividir el intervalo $(a;b)$ en dos subintervalos $(a;c)$ y $(c;b)$, queremos que se verifique $P(a;b) = P(a;c) + P(c;b)$; esto se cumple porque la masa es una función continua. También queremos que si el intervalo es infinitesimal $(a;a+\varepsilon)$, también lo sea la masa. Nuevamente se cumple por ser la masa una función continua en $[0;1]$. En otras palabras, la masa (probabilidad) que encontramos en cualquier punto es cero (la probabilidad cero no significa imposibilidad). Por lo tanto, tienen la misma masa (probabilidad) los intervalos $[a;b]$, $[a;b)$, $(a;b)$ y $(a;b]$.

Como la masa está distribuida continuamente en el intervalo unidad lo que tenemos es una densidad $f(x)$ del filamento en el intervalo $[0;1]$. En consecuencia la masa en el intervalo $(a;b)$ es

$$P(a;b) = \int_a^b f(x)\,dx = P(a < \xi \leq b).$$

Profundizando en el argumento anterior, vamos a obtener la función de densidad partiendo del hecho de que los intervalos infinitesimales tienen masa infinitesimal. La masa en el intervalo $(a;a+\varepsilon)$ es

$$P(a;a+\varepsilon) = \int_a^{a+\varepsilon} f(x)\,dx = P(a < \xi \leq a+\varepsilon),$$

la masa contenida a la izquierda de x será

$$P(\xi \leq x) = \int_a^x f(t)\,dt = F(x),$$

mientras que la masa comprendida a la izquierda de $x+h$ está dada por

$$P(\xi \leq x+h) = \int_a^{x+h} f(t)\,dt = F(x+h)$$

y por lo tanto la masa comprendida en $(x;x+h)$ será

$$P(x < \xi \leq x+h) = \int_x^{x+h} f(t)\,dt = \int_0^{x+h} f(t)\,dt - \int_0^x f(t)\,dt = F(x+h) - F(x).$$

Si dividimos por h y hacemos que tienda a cero, tendremos, por definición de derivada, la función $F'(x)$. A su vez, también por definición, es la densidad, f, del hilo. Es decir,

$$P(\xi) = \lim_{h \to 0} \frac{F(x+h) - F(x)}{h} = F'(x), \text{ por definición de derivada, y}$$

$$\lim_{h \to 0} \frac{F(x+h) - F(x)}{h} = f(x), \text{ que es la densidad del hilo por definición,}$$

de donde $F'(x) = f(x)$. En consecuencia podemos interpretar la función $f(x)$ como la masa en el intervalo $(x; x + dx)$.

El resultado es acorde con nuestro desarrollo, ya que si aplicamos el *teorema fundamental del Cálculo* a la función

$$F(x) = \int_0^x f(t)\, dt,$$

resulta $F'(x) = f(x)$.

Además, por ser la densidad del filamento $f(x) \geq 0$, $\forall x \in [0; 1]$ se verifica que $F(x) = \int_0^x f(t)\, dt$ es creciente en el intervalo $[0; 1]$.

Hemos trabajado en el intervalo $[0; 1]$, pero los resultados obtenidos son aplicables a cualquier intervalo $[\alpha; \beta]$, bastaría hacer el cambio

$$t = \frac{x - \alpha}{\beta - \alpha}$$

Si hacemos $\alpha \to -\infty$ y $\beta \to +\infty$ estamos en $(-\infty; +\infty)$ y se verifica:

- $F(-\infty) = 0$, (no hay masa a la izquierda de x, si $x \to -\infty$),

- $F(+\infty) = 1$, (toda la masa está a la izquierda de x, si $x \to +\infty$)

- $F(x_1) \leq F(x_2)$, si $x_1 \leq x_2$, (como $F(x)$ es creciente, si $x_1 < x_2$ la masa a la izquierda de x_1 es menor que la masa a la izquierda de x_2).

La función F, que hemos construido, es una función de distribución de una variable aleatoria absolutamente continua, que tiene las propiedades:

1. Su dominio es el intervalo $(-\infty; +\infty)$.

2. Es continua y creciente.

3. La probabilidad de que x tome un valor puntual es cero.

En la Figura 5.8 se observa la gráfica de una función de distribución.

A partir de la función de distribución $F(x)$ podemos obtener la correspondiente función de densidad, f, que representa la densidad del filamento, ya que

$$f(x) = F'(x) \tag{5.6}$$

y se verifican las siguientes propiedades:

1. $f(x) \geq 0$, $\forall x$.

2. $\int_{-\infty}^{+\infty} f(x)\, dx = 1$.

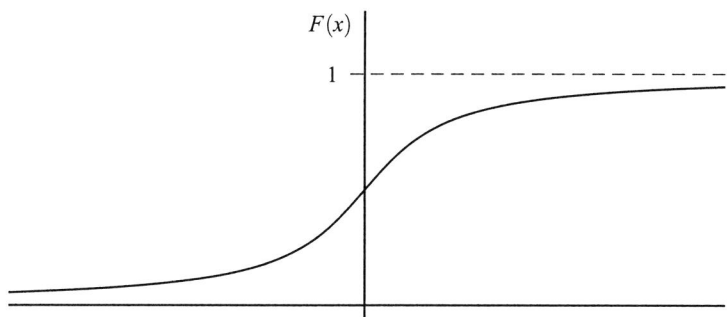

Figura 5.8. Gráfica de una función de distribución

3. $P(a < \xi \leq b) = \displaystyle\int_a^b f(x)\,dx.$

Puede darse el caso en que la función de distribución de una variable aleatoria presente saltos en un conjunto de puntos, y que sea continua en el resto de la recta real. Una variable de este tipo se llama **variable aleatoria mixta**, y su función de distribución es de la forma

$$F(x) = \alpha F_1(x) + (1 - \alpha)F_2(x),$$

donde $F_1(x)$ es una función de distribución de una variable aleatoria discreta y $F_2(x)$ una función de distribución de una variable aleatoria continua y $0 \leq \alpha \leq 1$, es decir, F es una combinación convexa de F_1 y F_2.

Es sencillo demostrar que una función de distribución, ya sea discreta o mixta, tiene a lo sumo un conjunto numerable de saltos. A lo más puede tener un salto mayor que $\frac{1}{2}$ y menor o igual que 1, de lo contrario tendríamos probabilidades mayores que 1, lo que es imposible. De manera similar encontramos que una función de distribución no tiene más de tres saltos, $(3 = 2^2 - 1)$, mayores que $\frac{1}{2^2}$ y menores o iguales que $\frac{1}{2}$. Análogamente, saltos mayores que $\frac{1}{2^3}$ y menores o iguales que $\frac{1}{2^2}$ no puede tener más de siete, $(7 = 2^3 - 1)$. El mismo razonamiento nos lleva al planteamiento general de que una función de distribución tiene a lo más $2^n - 1$ saltos mayores que $\frac{1}{2^n}$ y menores o iguales que $\frac{1}{2^{n-1}}$. De lo que se deduce que el conjunto de saltos es numerable.

EN DETALLE

5.1 Se lanza una moneda tres veces. Calcúlese la función de distribución de la variable aleatoria $\xi =$«número de cruces obtenidas».

RESOLUCIÓN
El espacio muestral es

$$E = \{CCC, CCX, CXC, XCC, CXX, XCX, XXC, XXX\}.$$

Las probabilidades de los sucesos elementales están dados por la siguiente tabla:

ω_i	CCC	CCX	CXC	XCC	CXX	XCX	XXC	XXX
$P(\omega_i)$	$\frac{1}{8}$	$\frac{1}{8}$	$\frac{1}{8}$	$\frac{1}{8}$	$\frac{1}{8}$	$\frac{1}{8}$	$\frac{1}{8}$	$\frac{1}{8}$

mientras que las probabilidades de la variable aleatoria ξ =«número de cruces» vienen dadas por

$$
\begin{aligned}
P(\xi = 0) &= P(\{CCC\}) = \frac{1}{8}, \\
P(\xi = 1) &= P(\{CCX, CXC, XCC\}) = \frac{1}{8} + \frac{1}{8} + \frac{1}{8} = \frac{3}{8}, \\
P(\zeta = 2) &= P(\{CXX, XCX, XXC\}) - \frac{1}{8} + \frac{1}{8} + \frac{1}{8} - \frac{3}{8}, \\
P(\xi = 3) &= P(\{XXX\}) = \frac{1}{8};
\end{aligned}
$$

como para variables aleatorias discretas se tiene que

$$
F(x) - \sum_{x_j \leq x} p_j,
$$

obtenemos

$$
F(x) = \begin{cases}
0 & \text{si } x < 0 \\
\frac{1}{8} & \text{si } 0 \leq x < 1 \\
\frac{4}{8} & \text{si } 1 \leq x < 2 \\
\frac{7}{8} & \text{si } 2 \leq x < 3 \\
1 & \text{si } x \geq 3
\end{cases}
$$

Si quisiéramos obtener la función de distribución a partir de la definición $F(x) = P(\xi \leq x)$ habríamos de ser cuidadosos, pues aunque x toma cualquier valor real, nuestra variable aleatoria ξ sólo toma los valores discretos 0, 1, 2 y 3.

Así, para $x < 0$, como $F(x) = P(\xi \leq x)$, lo que calculamos es la probabilidad del suceso consistente en sacar un número negativo de cruces, el suceso es imposible y $F(x) = P(\emptyset) = 0$.

Cuando $0 \leq x < 1$, la función de distribución indica la probabilidad del suceso consistente en sacar un número de cruces comprendido entre cero y uno, pero para nuestra variable aleatoria sólo es posible el resultado de obtener cero cruces y por lo tanto es

$$
F(x) = P(\Lambda_0 = \{\omega \in E : \xi(\omega) \leq 0\}) = P(CCC) - P(\xi - 0) - \frac{1}{8}
$$

De manera similar, para $1 \leq x < 2$ los posibles resultados de la variable aleatoria son cero o una cruz y

$$
\begin{aligned}
F(x) &= P(A_1 = \{\omega \in E : \xi(\omega) \leq 1\}) = \\
&= P(\{CCC, CCX, CXC, XCC\}) = P(\xi = 0) + P(\xi = 1) = \frac{4}{8}
\end{aligned}
$$

Con $2 \leq x < 3$ los posibles resultados son obtener ninguna, una o dos cruces y

$$
\begin{aligned}
F(x) &= P(A_2 = \{\omega \in E : \xi(\omega) \leq 2\}) = \\
&= P(\{CCC, CCX, CXC, XCC, CXX, XCX, XXC\}) = \\
&= P(\xi = 0) + P(\xi = 1) + P(\xi = 2) = \frac{7}{8}
\end{aligned}
$$

Por último, para $x \geq 3$ los posibles resultados son obtener cero, una, dos o tres cruces, y

$$
\begin{aligned}
F(x) &= P(A_3 = \{\omega \in E : \xi(\omega) \leq 3\}) = \\
&= P(\{CCC, CCX, CXC, XCC, CXX, XCX, XXC, XXX\}) = \\
&= P(\xi = 0) + P(\xi = 1) + P(\xi = 2) + P(\xi = 3) = 1.
\end{aligned}
$$

El lector debe prestar atención y no confundir $P(\xi = x)$ con $P(\xi \leq x)$.

5.2 Un examen de Economía consta de 10 preguntas tipo test, cada una con cuatro posibles respuestas. Cada pregunta contestada correctamente es un punto. El alumno responde al azar todas las cuestiones. Calcúlese la distribución de su calificación.

RESOLUCIÓN

En cada pregunta la probabilidad de acertar es $p = \frac{1}{4}$ y la probabilidad de no acertar es $q = \frac{3}{4}$.

La probabilidad de acertar n de las 10 conlleva fallar $10 - n$ de las 10, por lo que la probabilidad de acertar n y fallar $10 - n$ es el producto de las probabilidades de cada uno de los sucesos independientes, es decir,

$$
\left(\frac{1}{4}\right)^n \left(\frac{3}{4}\right)^{10-n}
$$

Ahora debemos tener en cuenta cuántas formas hay de elegir n aciertos entre 10 posibilidades, ya que cada una de ellas contribuye con la probabilidad

$$
\left(\frac{1}{4}\right)^n \left(\frac{3}{4}\right)^{10-n}
$$

Las posibles formas de elegir n entre 10 son tantas como combinaciones existen de 10 objetos tomados de n en n, es decir

$$
C_{10}^n = \binom{10}{n}
$$

Por lo tanto, la probabilidad de acertar n de las 10, que es la calificación, está dada por

$$
P(\xi = n) = \binom{10}{n} \left(\frac{1}{4}\right)^n \left(\frac{3}{4}\right)^{10-n} = \binom{10}{n} \frac{3^{10-n}}{4^{10}} = \frac{10!}{4^{10}} \cdot \frac{3^{10-n}}{n!\,(10-n)!}
$$

Dando valores a n, obtenemos

n	0	1	2	3	4	5
$P(\xi = n)$	0,0563	0,1877	0,2816	0,2503	0,1460	0,0584

6	7	8	9	10
0,0162	0,0031	$3,9 \cdot 10^{-4}$	$2,9 \cdot 10^{-5}$	$9,5 \cdot 10^{-7}$

que es la distribución de las calificaciones.

5.3 Sea una variable aleatoria ξ cuya función de distribución viene dada por

$$F(x) = \begin{cases} 0 & \text{si } x < 0, \\ 0{,}1 & \text{si } 0 \leq x < 2 \\ 0{,}5 & \text{si } 2 \leq x < 7, \\ 1 & \text{si } x \geq 7. \end{cases}$$

(a) Represéntese gráficamente.

(b) Calcúlese la probabilidad de que la variable aleatoria tome un valor menor o igual que 6.

(c) Calcúlese su función de probabilidad.

RESOLUCIÓN

(a) La gráfica de la función de distribución es la de la Figura 5.9.

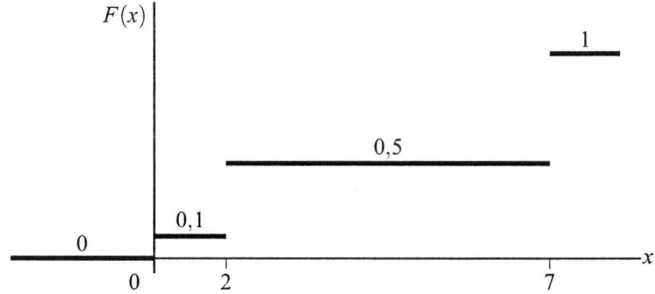

Figura 5.9. Función de distribución del problema 5.3

(b) Como $F(x) = P(\xi \leq x)$, se tiene que $P(\xi \leq 6) = F(6) = 0{,}5$, porque $6 \in [2;7]$.

(c) Por ser una función de distribución escalonada se trata de una variable aleatoria discreta con valores en los puntos de discontinuidad:

$$P(\xi = x) = \begin{cases} 0{,}1 - 0 = 0{,}1 & \text{si } x = 0, \\ 0{,}5 - 0{,}1 - 0{,}4 & \text{si } x - 2, \\ 1 - 0{,}5 - 0{,}5 & \text{si } x - 7. \end{cases}$$

5.4 ¿Puede ser

$$f(x) = \begin{cases} 0 & \text{si } x < 0, \\ e^{-5x} & \text{si } x \geq 0, \end{cases}$$

la función de densidad de una variable aleatoria? En caso negativo, hállese la constante por la que hay que multiplicar para que sea una función de densidad. Calcúlese, para la función de densidad obtenida, su función de distribución. Calcúlese la probabilidad $P(4 < \xi \leq 5)$.

RESOLUCIÓN

Como

$$\int_0^{+\infty} e^{-5x}\, dx = \left[-\frac{1}{5} e^{-5x} \right]_0^{+\infty} = \lim_{m \to +\infty} \left[-\frac{1}{5} e^{-5x} \right]_0^m = \frac{1}{5} \neq 1,$$

no es función densidad.

Para que sea una función de densidad la integral anterior debe valer uno, lo único que debemos hacer es multiplicar por el inverso de $\int_0^{+\infty} e^{-5x}\,dx$, es decir, por 5. Así que

$$f(x) = \begin{cases} 0 & \text{si } x < 0, \\ 5e^{-5x} & \text{si } x \geq 0. \end{cases}$$

Ahora podemos calcular la función de distribución. Es

$$\int_{-\infty}^{x} f(t)\,dt = \int_0^x 5e^{-5t}\,dt = \left[-e^{-5t}\right]_0^x = 1 - e^{-5x},$$

por lo que

$$F(x) = \begin{cases} 0 & \text{si } x < 0, \\ 1 - e^{-5x} & \text{si } x \geq 0. \end{cases}$$

Y a partir de la función de distribución podemos obtener

$$\begin{aligned} P(4 < \xi \leq 5) &= P(\xi \leq 5) - P(\xi \leq 4) = \\ &= F(5) - F(4) = (1 - e^{-25}) - (1 - e^{-20}) = e^{-20} - e^{-25} \simeq 2{,}047 \cdot 10^{-9}. \end{aligned}$$

5.5 Sea una variable aleatoria con función de densidad

$$f(x) = \begin{cases} 0 & \text{si } x \leq 0, \\ ax & \text{si } 0 < x \leq 3, \\ 0{,}5 & \text{si } 3 < x \leq 4, \\ 0 & \text{si } 4 < x. \end{cases}$$

(a) Determínese el valor de a.

(b) Calcúlese su función de distribución.

RESOLUCIÓN

(a) Como es una función de densidad $\int_{-\infty}^{+\infty} f(x)\,dx = 1$, así que

$$1 = \int_{-\infty}^{+\infty} f(x)\,dx = \int_0^3 ax\,dx + \int_3^4 0{,}5\,dx = \left[\frac{ax^2}{2}\right]_0^3 + [0{,}5x]_3^4 = \frac{9a}{2} + \frac{1}{2} \quad \Rightarrow \quad a = \frac{1}{9}$$

por lo que

$$f(x) = \begin{cases} 0 & \text{si } x \leq 0, \\ x/9 & \text{si } 0 < x \leq 3, \\ 0{,}5 & \text{si } 3 < x \leq 4, \\ 0 & \text{si } 4 < x. \end{cases}$$

(b) La función de distribución la obtenemos integrando la función de densidad

$$F(x) = \begin{cases} 0 & \text{si } x \leq 0, \\ \int_0^x \dfrac{t}{9}\,dt = \dfrac{1}{18}x^2 & \text{si } 0 < x \leq 3, \\ \int_0^3 \dfrac{t}{9}\,dt + \int_3^x 0{,}5\,dt = \dfrac{1}{2} + \dfrac{1}{2}(x-3) = \dfrac{x}{2} - 1 & \text{si } 3 < x \leq 4, \\ 1 & \text{si } x > 4. \end{cases}$$

5.6 Demuéstrese que la función de probabilidad de una variable aleatoria continua, ξ, verifica $P(\xi = x) = 0$, $\forall x$.

RESOLUCIÓN

Sabemos que $P(x < \xi \leq x + \varepsilon) = F(x+\varepsilon) - F(x)$, por lo que tomando límites tenemos

$$P(\xi = x) = \lim_{\varepsilon \to 0} P(x < \xi \leq x + \varepsilon) = \lim_{\varepsilon \to 0}\big(F(x+\varepsilon) - F(x)\big) = 0,$$

donde la última igualdad se deduce de la continuidad de F.

5.7 Se ha comprobado que el número n de pacientes que un médico atiende diariamente, viene dado por una variable aleatoria ξ con función de probabilidad

$$P(\xi = n) = \frac{5^n}{n!}e^{-5}, \quad n = 0,1,2,\ldots$$

Calcúlese la probabilidad de que un determinado día atienda sólo a un paciente, y la de que atienda a 50.

RESOLUCIÓN

Para ello basta sustituir $n = 1$ y $n = 50$ en la función de probabilidad, resultando

$$P(\xi = 1) = 5e^{-5} \simeq 0,033\,69 \qquad y \qquad P(\xi = 50) = \frac{5^{50}}{50!}e^{-5} \simeq 1,968 \cdot 10^{-32}.$$

PROPUESTOS

P 5.1 Se lanza dos dados de seis caras, numerados del uno al seis. Calcúlese la función de probabilidad de la variable aleatoria ξ =«suma de puntos obtenidos».

P 5.2 Un examen de Economía consta de 10 preguntas tipo test, cada una con cuatro posibles respuestas. Cada pregunta contestada correctamente es un punto. Se descuentan 0,5 puntos por fallo. El alumno responde al azar todas las cuestiones. Calcúlese la distribución de su calificación.

P 5.3 Sea una variable aleatoria con función de distribución

$$F(x) = \begin{cases} 0 & \text{si } x \leq 0, \\ \frac{1}{18}x^2 & \text{si } 0 < x \leq 3, \\ \frac{1}{2} + \frac{1}{2}(x-3) & \text{si } 3 < x \leq 4, \\ 1 & \text{si } x > 4, \end{cases}$$

obténgase su función de densidad.

P 5.4 Razónese si una variable aleatoria puede tener por función de densidad

$$f(x) = \begin{cases} 0 & \text{si } x \leq 0, \\ ax & \text{si } 0 < x \leq 3, \\ 0,5 & \text{si } 3 < x \leq 6, \\ 0 & \text{si } x > 6. \end{cases}$$

P 5.5 Sea una variable aleatoria discreta con función de probabilidad

$$P(x) = \begin{cases} 0{,}4 & \text{si } x = 2, \\ 0{,}2 & \text{si } x = 4, \\ 0{,}4 & \text{si } x = 6. \end{cases}$$

(a) Calcúlese su función de distribución.

(b) Represéntese gráficamente.

(c) Calcúlese la probabilidad de que la variable aleatoria tome un valor menor o igual que 5.

P 5.6 Demuéstrese que para una variable aleatoria continua se verifica que

$$P(a < \xi < b) = P(a < \xi \leq b) = P(a \leq \xi \leq b) = P(a \leq \xi < b).$$

P 5.7 Se ha comprobado experimentalmente que la vida útil de una batería es una variable aleatoria cuya función de densidad es

$$f(x) = \begin{cases} 0 & \text{si } x < 0, \\ be^{-ax} & \text{si } x \geq 0, \text{ con } a, b > 0. \end{cases}$$

(a) Determínese la relación entre a y b.

(b) Obténgase la función de distribución.

(c) Calcúlese la probabilidad de que la batería dure un tiempo $t \geq \frac{1}{a}$.

(d) ¿Qué significado tiene el parámetro a?

Capítulo

Características
de las distribuciones

6.1. Esperanza matemática

En Estadística descriptiva se utilizan la media aritmética y la varianza, que nos indican de forma rápida propiedades notables relativas a las distribuciones de frecuencias. Siguiendo una metodología similar, vamos a introducir dos conceptos nuevos asociados a las distribuciones de probabilidad.

Consideremos un experimento aleatorio de espacio muestral E, siendo ξ una variable aleatoria con función de probabilidad P dada por $P(\xi = x) = P(\{\omega \in E : \xi(\omega) = x\})$.

El estudio y comparación de distribuciones de probabilidad se simplifica introduciendo el concepto de esperanza matemática.

Sea ξ una variable aleatoria discreta que toma los valores $x_1, x_2, \ldots, x_n, \ldots$ y cuya función de probabilidad es P. Se define **esperanza matemática** o valor esperado de ξ al número

$$E[\xi] = \sum_{i=1}^{+\infty} x_i P(\xi = x_i) = \sum_{i=1}^{+\infty} x_i p_i \tag{6.1}$$

Si la variable discreta toma infinitos valores la esperanza está definida por la serie correspondiente $\sum_{i=1}^{+\infty} x_i p_i$ cuando ésta es absolutamente convergente. Cuando la variable toma un conjunto finito de valores, $x_1, x_2, \ldots, x_k$, directamente se obtiene

$$E[\xi] = \sum_{i=1}^{k} x_i p_i$$

Frecuentemente se escribe $P(x_i) = p_i$ en lugar de $P(\xi = x_i)$, interpretándolo como la probabilidad de que la variable aleatoria ξ tome el valor x_i.

EJEMPLO 6.1. Si consideramos el experimento aleatorio que consiste en lanzar tres monedas, el espacio muestral es

$$E = \{CCC, CCX, CXC, XCC, XCC, CXX, XXC, XXX\}.$$

Sea ξ la variable aleatoria que asigna a cada suceso el número de caras que presenta. Los valores que toma ξ son $x_1 = 0, x_2 = 1, x_3 = 2, x_4 = 3$. La correspondiente función de probabilidad es:

$$P(\xi = 0) = p_1 = \tfrac{1}{8}$$
$$P(\xi = 1) = p_2 = \tfrac{3}{8}$$
$$P(\xi = 2) = p_3 = \tfrac{3}{8}$$
$$P(\xi = 3) = p_4 = \tfrac{1}{8}$$

y por lo tanto la esperanza matemática es

$$E[\xi] = x_1 p_1 + x_2 p_2 + x_3 p_3 + x_4 p_4 = 0 \cdot \frac{1}{8} + 1 \cdot \frac{3}{8} + 2 \cdot \frac{3}{8} + 3 \cdot \frac{1}{8} = \frac{3}{2}$$

Cuando ξ es una variable aleatoria continua con función de densidad f, se define **esperanza matemática**, o valor esperado, de ξ al número

$$E[\xi] = \int_{-\infty}^{+\infty} x f(x)\, dx \tag{6.2}$$

siempre y cuando la integral impropia que la define sea absolutamente convergente.

EJEMPLO 6.2. La esperanza matemática de la variable aleatoria ξ cuya función de densidad es

$$f(x) = \begin{cases} 0 & \text{si } x < 0, \\ \frac{2}{\sqrt{\pi}} e^{-x^2} & \text{si } x \geq 0, \end{cases}$$

resulta ser

$$E[\xi] = \frac{2}{\sqrt{\pi}} \int_0^{+\infty} x e^{-x^2}\, dx = \frac{2}{\sqrt{\pi}} \lim_{m \to +\infty} \left(-\frac{1}{2} \int_0^m (-2x e^{-x^2})\, dx \right) =$$

$$= \frac{-1}{\sqrt{\pi}} \lim_{m \to +\infty} \int_0^m d(e^{-x^2}) = \frac{-1}{\sqrt{\pi}} \lim_{m \to +\infty} (e^{-m^2} - e^0) = \frac{1}{\sqrt{\pi}}$$

Considerando la variable aleatoria ξ con función de probabilidad P, y siendo

$$E = \{w_1, w_2, \ldots, w_n\}$$

el espacio muestral asociado al experimento aleatorio de forma que

$$\xi(w_i) = x_i, \qquad i = 1, 2, \ldots, n,$$

se tiene que su esperanza es

$$E[\xi] = \sum_{i=1}^n x_i P(\xi = x_i) = \sum_{i=1}^n x_i p_i.$$

Por la Estadística descriptiva sabemos que la media aritmética de la muestra, dada por los valores $x_1, x_2, \ldots, x_n$ que toma la variable, es

$$\overline{X} = \frac{\sum_{i=1}^k n_i x_i}{N} = \frac{n_1}{N} x_1 + \frac{n_2}{N} x_2 + \cdots + \frac{n_k}{N} x_k = f_1 x_1 + f_2 x_2 + \cdots + f_k x_k.$$

El coeficiente de x_i es $\frac{n_i}{N} = f_i$, frecuencia relativa del valor x_i, que verifica $\sum_{i=1}^k f_i = 1$, y es una aproximación a la probabilidad $P(x_i)$ del valor x_i en la población en el caso discreto.

Si el tamaño de la muestra es muy grande, entonces $\frac{n_i}{N} - f_i$ tiende a p_i, y en consecuencia

$$\overline{X} \simeq p_1 x_1 + p_2 x_2 + \cdots + p_k x_k = E[\xi]$$

con lo cual podemos considerar $E[\xi]$ como la media de la población de la que se ha tomado la muestra.

A la esperanza matemática de una variable aleatoria ξ se le llama también **media de la distribución** de probabilidades de la variable, usualmente media o valor esperado, escribiéndose $E[\xi] = \mu$.

Podemos generalizar la definición de la esperanza de ξ a variables aleatorias que se obtienen de ella. Sea ξ una variable aleatoria discreta que toma los valores $x_1, x_2, \ldots, x_n, \ldots$ y cuya función de probabilidad es P. Si $g(\xi)$ es otra variable aleatoria función de ξ, se define esperanza de $g(\xi)$ al número

$$E[g(\xi)] = \sum_{i=1}^{+\infty} g(x_i) P(\xi = x_i) = \sum_{i=1}^{+\infty} g(x_i) p_i \tag{6.3}$$

La definición dada sólo es consistente cuando la serie numérica $\sum_{i=1}^{+\infty} g(x_i)P(x_i)$ sea absolutamente convergente.

En el caso en que ξ sea una variable aleatoria continua con función de densidad $f(x)$ y $g(\xi)$ sea otra variable aleatoria continua función de ξ, se define la esperanza matemática de $g(\xi)$ como el número

$$E[g(\xi)] = \int_{-\infty}^{+\infty} g(x)f(x)\,dx \tag{6.4}$$

siempre y cuando la integral impropia que la define sea absolutamente convergente. Está garantizado que si ξ es variable aleatoria, también lo es $g(\xi)$, cuando g, como función de $\mathbb{R}$ en $\mathbb{R}$ es o bien continua o bien biyectiva y monótona.

Propiedades de la esperanza

1. Si ξ es una variable aleatoria acotada, es decir, $|\xi| < K$, para cierta constante real K, entonces existe la esperanza $E[\xi]$.

2. Si ξ es una variable aleatoria acotada, es decir, que existen constantes k_1 y k_2 tales que $k_1 \leq \xi \leq k_2$, entonces se verifica que $k_1 \leq E[\xi] \leq k_2$.

3. La esperanza de una variable aleatoria constante es la propia constante.

4. Si ξ es una variable aleatoria no negativa, es decir, $\xi(w_i) \geq 0$, $\forall w_i \in E$, existiendo su esperanza, entonces ésta también es no negativa.

5. *Linealidad de la esperanza*. Sea ξ una variable aleatoria y $g(\xi)$ y $h(\xi)$ funciones de ξ que son a su vez variables aleatorias, existiendo sus respectivas esperanzas, se verifica que

$$E[\alpha g(\xi) + \beta h(\xi)] = \alpha E[g(\xi)] + \beta E[h(\xi)], \qquad \alpha, \beta \in \mathbb{R}.$$

Como consecuencia de la linealidad resultan de forma inmediata:

5.1. $E[\alpha \xi] = \alpha E[\xi]$

5.2. $E[g(\xi) + h(\xi)] = E[g(\xi)] + E[h(\xi)]$

5.3. $E[a\xi + b] = aE[\xi] + b$

5.4. $E[ag(\xi)] = aE[g(\xi)]$

5.5. $E[ag(\xi) + b] = aE[g(\xi)] + b$

Conviene resaltar que la propiedad 5.3 permite obtener de una variable aleatoria ξ otra η mediante un cambio de origen y escala, lo cual conviene para la tipificación.

6. Dadas las variables aleatorias ξ, $g(\xi)$ y $h(\xi)$, existiendo $E[g(\xi)]$ y $E[h(\xi)]$, si $g(\xi) \leq h(\xi)$, entonces se verifica que $E[g(\xi)] \leq E[h(\xi)]$.

7. Dada la variable aleatoria ξ, si existen $E[\xi]$ y $E[|\xi|]$, entonces se verifica que $|E[\xi]| \leq E[|\xi|]$.

8. Si la variable aleatoria continua ξ es tal que su función de densidad tiene simetría respecto de un cierto valor real h, entonces, si existe la esperanza de ξ, se verifica que $E[\xi] = h$.

DEMOSTRACIÓN

Propiedad 1. Basta con probar que $E[|\xi|]$ está acotada. Si ξ es discreta se tiene que

$$E[|\xi|] = \sum_{i=1}^{+\infty} |x_i| P(\xi = x_i) < \sum_{i=1}^{+\infty} K \cdot P(\xi = x_i) = K \sum_{i=1}^{+\infty} P(\xi = x_i) = K \cdot 1 = K$$

y si ξ es continua

$$E[|\xi|] = \int_{-\infty}^{+\infty} |x| f(x)\, dx < \int_{-\infty}^{+\infty} K f(x)\, dx = K \int_{-\infty}^{+\infty} f(x)\, dx = K \cdot 1 = K.$$

Propiedad 2. En efecto, si ξ es discreta y y toma lo valores $x_1, x_2, \ldots, x_n, \ldots$, se tiene que

$$k_1 \le x_i \le k_2, \qquad i = 1, 2, \ldots, n, \ldots$$

y también

$$k_1 P(\xi = x_i) \le x_i P(\xi = x_i) \le k_2 P(\xi = x_i)$$

y por tanto

$$\sum_{i=1}^{+\infty} k_1 P(\xi = x_i) \le \sum_{i=1}^{+\infty} x_i P(\xi = x_i) \le \sum_{i=1}^{+\infty} k_2 P(\xi = x_i)$$

de donde

$$k_1 \sum_{i=1}^{+\infty} P(\xi = x_i) \le \sum_{i=1}^{+\infty} x_i P(\xi = x_i) \le k_2 \sum_{i=1}^{+\infty} P(\xi = x_i)$$

y

$$k_1 \cdot 1 \le E[\xi] \le k_2 \cdot 1.$$

De forma análoga, para una variable aleatoria continua, tenemos

$$k_1 \le x \le k_2,$$

y como $f(x) \ge 0$, nos lleva a

$$k_1 f(x) \le x f(x) \le k_2 f(x),$$

y por tanto

$$\int_{-\infty}^{+\infty} k_1 f(x)\, dx \le \int_{-\infty}^{+\infty} x f(x)\, dx \le \int_{-\infty}^{+\infty} k_2 f(x)\, dx,$$

de donde

$$k_1 \int_{-\infty}^{+\infty} f(x)\, dx \le \int_{-\infty}^{+\infty} x f(x)\, dx \le k_2 \int_{-\infty}^{+\infty} f(x)\, dx$$

y

$$k_1 \cdot 1 \le E[\xi] \le k_2 \cdot 1.$$

Propiedad 3. En efecto, como la variable aleatoria ξ sólo toma el valor k de la constante entonces $P(\xi = k) = 1$ y por tanto

$$E[\xi] = k P(\xi = k) = k \cdot 1 = k.$$

Propiedad 4. Si ξ es una variable aleatoria discreta tal que $\xi(\omega_i) = x_i \ge 0$, con probabilidades $P(\xi = x_i) = p_i \ge 0$, se tiene que

$$E[\xi] = \sum_{i=1}^{+\infty} x_i P(\xi = x_i) = \sum_{i=1}^{+\infty} x_i p_i \ge 0,$$

dado que la serie converge al existir, por hipótesis $E[\xi]$.

Si ξ es una variable aleatoria continua y no negativa, es decir $\xi(\omega) = x \geq 0$ y con función de densidad f, que verifica $f(x) \geq 0$, se tiene

$$E[\xi] = \int_{-\infty}^{+\infty} xf(x)\,dx = \int_{0}^{+\infty} xf(x)\,dx \geq 0,$$

siendo convergente esta integral al existir por hipótesis $E[\xi]$.

Propiedad 5. Supongamos que ξ es discreta y que toma los valores $x_1, x_2, \ldots, x_n, \ldots$, con probabilidades $P(\xi = x_i) = p_i$, entonces

$$
\begin{aligned}
E[\alpha g(\xi) + \beta h(\xi)] &= \sum_{i=1}^{+\infty} [\alpha g(x_i) + \beta h(x_i)]p_i = \\
&= \alpha \sum_{i=1}^{+\infty} g(x_i)p_i + \beta \sum_{i=1}^{+\infty} h(x_i)p_i = \alpha E[g(\xi)] + \beta E[h(\xi)].
\end{aligned}
$$

Si ξ es una variable aleatoria continua, basándonos en la linealidad de la integral, tenemos

$$
\begin{aligned}
E[\alpha g(\xi) + \beta h(\xi)] &= \int_{-\infty}^{+\infty} [\alpha g(x) + \beta h(x)]f(x)\,dx = \\
&= \alpha \int_{-\infty}^{+\infty} [g(x)]f(x)\,dx + \beta \int_{-\infty}^{+\infty} [h(x)]f(x)\,dx = \alpha E[g(\xi)] + \beta E[h(\xi)].
\end{aligned}
$$

Propiedad 6. Si $g(\xi) \leq h(\xi)$ se tiene que $h(\xi) - g(\xi) \geq 0$ y por la propiedad 4 tenemos $E[h(\xi) - g(\xi)] \geq 0$, y por la propiedad de linealidad de la esperanza se tiene $E[g(\xi)] \leq E[h(\xi)]$.

Propiedad 7. Si la variable aleatoria ξ es discreta y toma los valores $x_1, x_2, \ldots, x_n, \ldots$, entonces

$$\left| E[\xi] \right| = \left| \sum_{i=1}^{+\infty} x_i P(x_i) \right| \leq \sum_{i=1}^{+\infty} |x_i|\,|P(x_i)| = \sum_{i=1}^{+\infty} |x_i| P(x_i) = E\left[|\xi|\right]$$

y si la variable aleatoria ξ es continua

$$\left| E[\xi] \right| = \left| \int_{-\infty}^{+\infty} xf(x)\,dx \right| \leq \int_{-\infty}^{+\infty} |xf(x)|\,dx = \int_{-\infty}^{+\infty} |x||f(x)|\,dx = \int_{-\infty}^{+\infty} |x|f(x)\,dx = E\left[|\xi|\right],$$

pues $f(x) \geq 0$.

Propiedad 8. Supongamos en primer lugar que la variable aleatoria ξ es continua y que su función de densidad $f(x)$ presenta simetría respecto del eje vertical, es decir, $f(x) = f(-x)$. En estas condiciones

$$E[\xi] = \int_{-\infty}^{+\infty} xf(x)\,dx = \int_{-\infty}^{0} xf(x)\,dx + \int_{0}^{+\infty} xf(x)\,dx.$$

Si en la primera integral hacemos el cambio de variable $x = -t$ se tiene

$$E[\xi] = \int_{+\infty}^{0} -tf(-t)(-dt) + \int_{0}^{+\infty} xf(x)dx = -\int_{0}^{+\infty} tf(t)(dt) + \int_{0}^{+\infty} xf(x)\,dx = 0.$$

Si la función de densidad $f(x)$ de ξ es simétrica respecto de la recta $x = h$, es decir, $f(h+x) = f(h-x)$, entonces la de la variable $y = x - h$ es simétrica respecto del eje vertical y, por lo anterior, se tiene $E[\xi - h] = 0$ y como $E[\xi - h] = E[\xi] - h$, llegamos al resultado buscado.

Cuando la función de densidad es simétrica se dice que también lo son la variable aleatoria y la función de distribución.

6.2. Varianza

Dada la variable aleatoria ξ llamamos **varianza** de ξ a la esperanza de la función

$$g(\xi) = (\xi - \mu)^2$$

donde $\mu = E[\xi]$. Este número lo representaremos por $\mathrm{Var}[\xi]$, y está dado por

$$\mathrm{Var}[\xi] = E[g(\xi)] = E\left[(\xi - \mu)^2\right], \tag{6.5}$$

y que nos dice que la varianza de una variable aleatoria es la esperanza de los cuadrados de las separaciones entre los valores de la variable y la esperanza de los valores de la variable.

Si la variable aleatoria ξ es discreta con valores $x_1, x_2, \ldots, x_n, \ldots$, entonces la varianza está dada por:

$$\mathrm{Var}[\xi] = \sum_{i=1}^{+\infty} (x_i - \mu)^2 P(\xi = x_i), \tag{6.6}$$

mientras que si la variable aleatoria es continua vale

$$\mathrm{Var}[\xi] = \int_{-\infty}^{+\infty} (x - \mu)^2 f(x)\, dx. \tag{6.7}$$

Es preciso considerar que en el caso discreto si el conjunto de valores de la variable es finito entonces la varianza se obtiene como una suma finita, y si ese conjunto es infinito numerable se necesita la convergencia de la serie para que la varianza esté definida. Análogamente, cuando la variable es continua, es necesaria la convergencia de la integral impropia para que la varianza exista. La varianza se simboliza indistintamente por $\mathrm{Var}[\xi]$ o por σ^2.

Existe una marcada analogía entre esta cantidad y la varianza de una muestra S^2, utilizada en Estadística descriptiva, que se considera como una medida de dispersión de los datos respecto de la media aritmética $\overline{X}$, ya que $\mathrm{Var}[\xi]$ mide la dispersión de los valores de la variable respecto de μ.

Dado que la varianza es una suma de cuadrados y por tanto no está en la misma unidad de medida que la esperanza, se suele introducir otro parámetro estadístico que es la desviación típica o desviación estándar que se expresa en las mismas unidades que la esperanza $E[\xi]$.

Se define la **desviación típica** de la variable aleatoria ξ como:

$$DT[\xi] = \mathbin{\mid} \sqrt{\mathrm{Var}[\xi]} = \sigma. \tag{6.8}$$

La varianza mide el grado de dispersión de valores de una variable aleatoria pudiendo ser comparada con otras, y también proporciona el grado de representatividad de la esperanza en su papel de suplir adecuadamente a los valores de la variable aleatoria.

Cuando la varianza de una variable aleatoria ξ existe tiene, entre otras, las siguientes propiedades.

Propiedades de la varianza

1. Siendo ξ una variable aleatoria se verifica que

$$\mathrm{Var}[\xi] = E[\xi^2] - (E[\xi])^2.$$

Coloquialmente se enuncia diciendo que la varianza es igual a la *esperanza de los cuadrados menos el cuadrado de la esperanza.*

2. La varianza de una variable aleatoria ξ es nula si y sólo si la variable aleatoria es constante.

3. Si ξ es una variable aleatoria y k cualquier constante se verifica

$$\text{Var}[\xi + k] = \text{Var}[\xi].$$

4. Si ξ es una variable aleatoria y k cualquier constante se verifica

$$\text{Var}[k\xi] = k^2 \text{Var}[\xi].$$

Como consecuencia de esta propiedad se tiene

  a) $\sigma_{k\xi} = |k|\sigma_\xi$.

  b) $\text{Var}[-\xi] = \text{Var}[\xi]$ (basta considerar $k = -1$, con lo cual una variable aleatoria y su opuesta tienen la misma varianza y la misma desviación típica).

DEMOSTRACIÓN

Propiedad 1. Como $\text{Var}[\xi] = E[(\xi - \mu)^2]$, desarrollando el cuadrado y aplicando las propiedades de la esperanza tenemos

$$\begin{aligned}\text{Var}[\xi] &= E[\xi^2 - 2\xi\mu + \mu^2] = E[\xi^2] - 2\mu E[\xi] + \mu^2 = \\ &= E[\xi^2] - 2\mu\mu + \mu^2 = E[\xi^2] - \mu^2 = E[\xi^2] - (E[\xi])^2.\end{aligned}$$

Propiedad 2. En efecto,

$$\text{Var}[\xi] = 0 \quad \Rightarrow \quad E[(\xi - \mu)^2] = 0 \quad \Rightarrow \quad (\xi - \mu)^2 = 0 \quad \Rightarrow \quad \xi - \mu = 0 \quad \Rightarrow \quad \xi = \mu.$$

Recíprocamente, si $\xi = k$, sustituyendo, tenemos

$$\text{Var}[\xi] = E[\xi^2] - (E[\xi])^2 = E[k^2] - (E[k])^2 = k^2 - k^2 = 0.$$

Propiedad 3.

$$\begin{aligned}\text{Var}[\xi + k] &= E\left[\left((\xi + k) - E[\xi + k]\right)^2\right] = \\ &= E\left[\left((\xi + k) - E[\xi] - k\right)^2\right] = E\left[(\xi - E[\xi])^2\right] = \text{Var}[\xi].\end{aligned}$$

Propiedad 4.

$$\begin{aligned}\text{Var}[k\xi] &= E\left[(k\xi - E[k\xi])^2\right] = E\left[(k\xi - kE[\xi])^2\right] = \\ &= E\left[k^2(\xi - E[\xi])^2\right] = k^2 E\left[(\xi - E[\xi])^2\right] = k^2 \text{Var}[\xi].\end{aligned}$$

6.3. Teorema de Markov. Desigualdad de Chebyshev

Teorema de Markov

Dada la variable aleatoria ξ y siendo $g(\xi)$ otra variable aleatoria que verifica $g(\xi) \geq 0$, entonces para cada constante positiva K se verifica la desigualdad

$$P[g(\xi) \geq K] \leq \frac{E[g(\xi)]}{K} \tag{6.9}$$

DEMOSTRACIÓN

Utilizando la función g podemos dividir el campo de variación de ξ en dos subconjuntos complementarios, uno es el de los valores de ξ que hacen $g(\xi) \geq K$ y el otro está formado por lo valores en los que $g(\xi) < K$. Si f es la función de densidad de ξ se tiene

$$E[g(\xi)] \quad - \quad \int_{-\infty}^{+\infty} g(x)f(x)\,dx = \int_{g(\xi)\geq K} g(x)f(x)\,dx + \int_{g(\xi)<K} g(x)f(x)\,dx \geq$$

$$\geq \int_{g(\xi)\geq K} g(x)f(x)\,dx \geq \int_{g(\xi)\geq K} Kf(x)\,dx = K\int_{g(\xi)\geq K} f(x)dx = KP\big[g(\xi)\geq K\big],$$

es decir

$$E[g(\xi)] \geq KP\big[g(\xi)\geq K\big]$$

y por tanto

$$P\big[g(\xi)\geq K\big] \leq \frac{E[g(\xi)]}{K}$$

Consecuencia de este teorema es la siguiente desigualdad.

Desigualdad de Chebyshev

Si μ y σ son la media y la desviación típica de una variable aleatoria ξ, entonces dada cualquier constante positiva k, la probabilidad de que la variable aleatoria ξ tome un valor que no se separe de la media en más de k desviaciones típicas es al menos de valor $1-\frac{1}{k^2}$, es decir,

$$P(|\xi - \mu| < k\sigma) \geq 1 - \frac{1}{k^2} \tag{6.10}$$

DEMOSTRACIÓN

Vamos a escribir el teorema de Markov para la función g dada por $g(\xi) = (\xi - \mu)^2 \geq 0$. Como

$$E[g(\xi)] = E\big[(\xi-\mu)^2\big] = \text{Var}[\xi] = \sigma^2$$

el teorema de Markov adopta la forma

$$P((\xi-\mu)^2 \geq K) \leq \frac{\sigma^2}{K}$$

o equivalentemente

$$P\left(|\xi-\mu| \geq \sqrt{K}\right) \leq \frac{\sigma^2}{K} \tag{6.11}$$

Pero la desigualdad $|\xi-\mu| \geq \sqrt{K}$ se verifica cuando $\xi - \mu \geq \sqrt{K}$, o bien cuando $\xi - \mu \leq -\sqrt{K}$, es decir, cuando $\xi \geq \mu + \sqrt{K}$ ó $\xi \leq \mu - \sqrt{K}$. Con ello el número $P\big(|\xi-\mu| \geq \sqrt{K}\big)$ nos da la probabilidad de que la variable aleatoria tome valores fuera del intervalo $[\mu - \sqrt{K}; \mu + \sqrt{K}]$. Esta probabilidad, según la desigualdad (6.11), está acotada superiormente, dependiendo la cota de la constante K elegida y de la varianza σ^2 de la propia variable aleatoria ξ. Si tomamos la constante K como $K = k^2\sigma^2$ la desigualdad (6.11) se escribe en la forma

$$P(|\xi-\mu| \geq k\sigma) \leq \frac{\sigma^2}{k^2\sigma^2}$$

es decir

$$P(|\xi - \mu| \geq k\sigma) \leq \frac{1}{k^2}$$

Esta desigualdad nos proporciona una cota superior, que depende sólo de una constante, para la probabilidad del suceso de que la variable aleatoria tome valores fuera del intervalo $[\mu - k\sigma; \mu + k\sigma]$ y en consecuencia queda definida la correspondiente cota inferior para la probabilidad del suceso contrario, es decir,

$$P(|\xi - \mu| < k\sigma) \geq 1 - \frac{1}{k^2}$$

$\square$

EJEMPLO 6.3. La probabilidad de que una variable aleatoria tome valores dentro de tres desviaciones típicas de la media es al menos

$$1 - \frac{1}{3^2} = \frac{8}{9},$$

lo cual significa que considerando el intervalo $(\mu - 3\sigma; \mu + 3\sigma)$, centrado en la media μ y de radio tres veces la desviación típica, la probabilidad de que ξ tome valores en este intervalo supera o iguala al valor 8/9. En consecuencia la probabilidad de que ξ tome valores fuera de dicho intervalo es igual o menor que

$$1 - \frac{8}{9} = \frac{1}{9}$$

Esto significa gráficamente, que el área correspondiente al intervalo es mayor o igual que 8/9, mientras que el área total que queda fuera del intervalo, área de las colas, es menor o igual que 1/9, como se observa en la Figura 6.1.

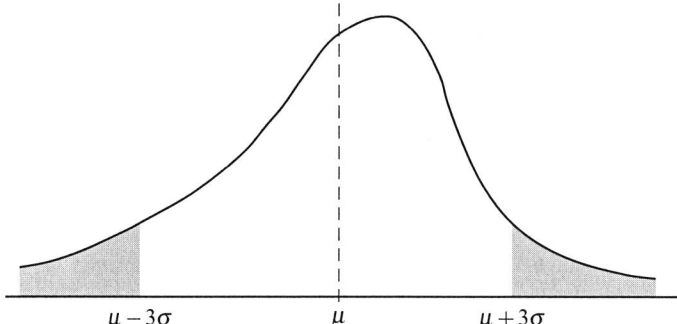

Figura 6.1. Interpretación del teorema de Chebyshev

EJEMPLO 6.4. La probabilidad de que una variable ξ tome valores dentro de cuatro desviaciones típicas de la media, $P(|\xi - \mu| < 4\sigma)$, es mayor o igual que

$$1 - \frac{1}{4^2} = 1 - \frac{1}{16} = \frac{15}{16}$$

6.4. Momentos

La media y la varianza como características más notables de una variable aleatoria son casos particulares de otras más generales que son los momentos.

Si para cada variable aleatoria ξ consideramos la función $g(\xi) = \xi^r$ con $r = 0, 1, 2, \ldots$, que es también una variable aleatoria, a la expresión $\alpha_r = E[\xi^r]$ se le llama **momento respecto al origen** de orden r de la variable aleatoria ξ.

Si se trata de una variable discreta, con función de probabilidad P, el valor de α_r es

$$\alpha_r = E[\xi^r] = \sum x_i^r p_i$$

mientras que si la variable es continua, con función de densidad f, este momento está definido por

$$\alpha_r = E[\xi^r] = \int_{-\infty}^{+\infty} x^r f(x)\, dx$$

En el primer caso debe ser absolutamente convergente la correspondiente serie, y en el segundo debe darse la convergencia absoluta de la integral impropia.

Los momentos respecto al origen de más frecuente uso son

$$\alpha_0 = E[\xi^0] = E[1] = 1, \qquad \alpha_1 = E[\xi^1] = \mu, \qquad \alpha_2 = E[\xi^2] \qquad \text{y} \qquad \alpha_3 = E[\xi^3].$$

Para cada número natural r llamaremos **momento centrado** de orden r, respecto de la media, de la variable aleatoria ξ a la esperanza matemática de la variable $g(\xi) = (\xi - \mu)^r$ y que designaremos como μ_r. Dependiendo del carácter de la variable aleatoria tendremos que es

$$\mu_r = E[\xi - \mu]^r = E[\xi - E[\xi]]^r = \sum_i (x_i - \mu)^r P(x_i)$$

para el caso de ser ξ una variable aleatoria discreta que toma los valores $x_1, x_2, \ldots, x_n, \ldots$ y P es su función de probabilidad, y

$$\mu_r = E[\xi - \mu]^r = E[\xi - E[\xi]]^r = \int_{-\infty}^{+\infty} (x - \mu)^r f(x)\, dx$$

en el caso de que ξ sea una variable aleatoria continua y f su función de densidad.

En ambos casos, para la buena definición de μ_r, se exigirán condiciones de convergencia absoluta, para la posible serie numérica en el caso discreto o para la integral impropia cuando de trate de una variable continua.

Los dos tipos de momentos están relacionados, verificándose, entre otras, las siguientes igualdades:

1. $\mu = E[\xi] = \alpha_1$.

2. $\mu_2 = E[\xi - \mu]^2 = E[\xi - E[\xi]]^2 = \text{Var}[\xi] = E[\xi^2] - (E[\xi])^2 = \alpha_2 - \alpha_1$.

3. $\begin{aligned}\mu_3 &= E[\xi - \mu]^3 = E[\xi^3 - 3\xi^2\mu + 3\xi\mu^2 - \mu^3] = \\ &= E[\xi^3] - 3\mu E[\xi^2] + 3\mu^2 E[\xi] - \mu^3 = E[\xi^3] - 3\mu E[\xi^2] + 3\mu^3 - \mu^3 = \\ &= E[\xi^3] - 3\mu E[\xi^2] + 2\mu^3 = \alpha_3 - 3\alpha_1\alpha_2 + 2\alpha_1^3.\end{aligned}$

De forma similar para $\mu_r = E[\xi - \mu]^r$, desarrollando la potencia por la fórmula del binomio de Newton, podemos encontrar la expresión de cada momento μ_r en función de los momentos respecto del origen, dando lugar a la relación

$$\mu_r = \sum_{k=0}^{r}(-1)^k \binom{r}{k}\alpha_{r-k}\alpha_1^k,$$

con la cual surgen automáticamente los momentos centrados, como por ejemplo,

$$\begin{aligned}\mu_5 &= \alpha_5 - 5\alpha_4\alpha_1 + 10\alpha_3\alpha_1^2 - 10\alpha_2\alpha_1^3 + 5\alpha_1\alpha_1^4 - \alpha_1^5 = \\ &= \alpha_5 - 5\alpha_4\alpha_1 + 10\alpha_3\alpha_1^2 - 10\alpha_2\alpha_1^3 + 4\alpha_1^5.\end{aligned}$$

Los momentos definidos anteriormente son casos particulares de los **momentos respecto de un punto**, dados por

$$E[(\xi - c)^r],$$

que en el caso de ser $c = 0$ resulta el momento de orden r respecto del origen, y cuando $c = \mu$ se tiene el momento centrado del mismo orden.

A partir de los momentos se puede estudiar la asimetría, el apuntamiento y otros parámetros estadísticos de las distribuciones.

EN DETALLE

6.1 Si ξ es una variable aleatoria definida como el número de veces que se ha de lanzar un dado hasta obtener el primer cuatro, hállese la esperanza matemática e interprétese el resultado.

RESOLUCIÓN

La probabilidad de que el primer *cuatro* aparezca en el primer lanzamiento es $1/6$, la probabilidad de que aparezca en el segundo es $(5/6)\cdot(1/6)$, en el tercero es $(5/6)^2 \cdot (1/6)$ y, en general, en el lanzamiento n-ésimo es

$$P(\xi = n) = \left(\frac{5}{6}\right)^{n-1}\frac{1}{6}$$

La esperanza matemática es, por tanto

$$E[\xi] = \sum_{j=1}^{+\infty} x_j P(\xi = x_j) = \sum_{j=1}^{+\infty} n\left(\frac{5}{6}\right)^{n-1}\frac{1}{6} = \frac{1}{6}\left[1 + 2\frac{5}{6} + 3\left(\frac{5}{6}\right)^2 + \cdots\right]$$

Llamando S a la suma que aparece en el corchete, resulta

$$S = 1 + 2\frac{5}{6} + 3\left(\frac{5}{6}\right)^2 + 4\left(\frac{5}{6}\right)^3 + \cdots + n\left(\frac{5}{6}\right)^{n-1} + \cdots$$

y

$$\frac{5}{6}S = \frac{5}{6} + 2\left(\frac{5}{6}\right)^2 + 3\left(\frac{5}{6}\right)^3 + 4\left(\frac{5}{6}\right)^4 + \cdots + n\left(\frac{5}{6}\right)^n + \cdots$$

de donde, restando

$$\left(1 - \frac{5}{6}\right)S = 1 + \frac{5}{6} + \left(\frac{5}{6}\right)^2 + \left(\frac{5}{6}\right)^3 + \cdots + \left(\frac{5}{6}\right)^{n-1} + \left(\frac{5}{6}\right)^n + \cdots = \frac{1}{1-\frac{5}{6}} = 6,$$

por lo que es $S = 36$ y $E[\xi] = 6$.

El resultado significa que si repetimos el experimento muchas veces, alguna vez aparecerá el *cuatro* a la primera, otras a la segunda,..., pero en promedio, son seis los lanzamientos necesarios para obtener el primer *cuatro*.

6.2 Los gastos de mantenimiento de un supermercado están regidos por una variable aleatoria ξ cuya función de densidad es

$$f(x) - \frac{1}{2}e^{-2x}, \quad \text{con } x \geq 0.$$

Si los beneficios están dados por la variable aleatoria $g(\xi) = \xi^2 - 2\xi + 30$, obténgase el valor esperado de los beneficios.

RESOLUCIÓN

La esperanza matemática de $g(\xi)$ está dada por

$$E[g(\xi)] = E[\xi^2 - 2\xi + 30] = E[\xi^2] - 2E[\xi] + 30,$$

Hallamos por una parte

$$
\begin{aligned}
E[\xi^2] &= \int_{-\infty}^{+\infty} x^2 f(x)\,dx = \int_{0}^{+\infty} x^2 \frac{1}{2}e^{-2x}\,dx = \frac{1}{2}\int_{0}^{+\infty} x^2 e^{-2x}\,dx = \\
&= \frac{1}{2}\int_{0}^{+\infty} \frac{1}{4}t^2 e^{-t}\frac{1}{2}\,dt = \frac{1}{16}\int_{0}^{+\infty} t^2 e^{-t}\,dt = \frac{1}{16}\Gamma(3) = \frac{1}{16}\cdot 2 = \frac{1}{8}
\end{aligned}
$$

sin más que hacer el cambio $2x = t$ y recordar la función gamma de Euler. Por otra parte, tenemos

$$
\begin{aligned}
E[\xi] &= \int_{-\infty}^{+\infty} x f(x)\,dx = \int_{0}^{+\infty} x\frac{1}{2}e^{-2x}\,dx = \frac{1}{2}\int_{0}^{+\infty} xe^{-2x}\,dx = \\
&= \frac{1}{2}\int_{0}^{+\infty} \frac{1}{2}t e^{-t}\frac{1}{2}\,dt = \frac{1}{8}\int_{0}^{+\infty} t e^{-t}\,dt = \frac{1}{8}\Gamma(2) = \frac{1}{8}\cdot 1 = \frac{1}{8}
\end{aligned}
$$

con el mismo cambio. Resultando finalmente que

$$E[g(\xi)] = \frac{1}{8} - 2\cdot\frac{1}{8} + 30 = 29{,}875 \text{ unidades monetarias.}$$

6.3 Cada vez que un submarino lanza un torpedo tiene probabilidad 0,25 de hacer blanco. Siendo ξ la variable aleatoria cuya valoración es el número de lanzamientos necesarios para lograr el primer impacto, obténgase:

(a) la función de probabilidad de esta variable y su esperanza matemática;

(b) la probabilidad de que con cinco lanzamientos disponibles obtenga exactamente un blanco;

(c) la probabilidad de que el primer acierto se logre a partir del sexto disparo.

RESOLUCIÓN

(a) La variable aleatoria ξ es tal que cuando toma el valor k significa que el submarino ha logrado su primer blanco en el k-ésimo lanzamiento y, por tanto, ha fallado en los anteriores.

Así tenemos la función de probabilidad

$$
\begin{aligned}
P(\xi = 1) &= p_1 = 0{,}25 = \tfrac{1}{4} \\
P(\xi = 2) &= p_2 = 0{,}75 \cdot 0{,}25 = \tfrac{3}{4} \cdot \tfrac{1}{4} \\
&\quad\vdots \\
P(\xi = n) &= p_n = \left(\tfrac{3}{4}\right)^{n-1} \tfrac{1}{4} \\
&\quad\vdots
\end{aligned}
$$

Se trata de una probabilidad, ya que la suma de todas las probabilidades es de valor 1. En efecto

$$
\sum_{n=1}^{+\infty} p_n = \frac{1}{4} + \frac{3}{4} \cdot \frac{1}{4} + \left(\frac{3}{4}\right)^2 \frac{1}{4} + \cdots = \frac{\frac{1}{4}}{1 - \frac{3}{4}} = \frac{\frac{1}{4}}{\frac{1}{4}} = 1,
$$

sin más que utilizar la suma de términos de una serie geométrica de razón $3/4$.

La esperanza o valor esperado de la variable ξ es

$$
\begin{aligned}
E[\xi] &= \mu = \sum_{n=1}^{+\infty} x_n p_n = 1 p_1 + 2 p_2 + 3 p_3 + \cdots + n p_n + \cdots = \\
&= 1\frac{1}{4} + 2\frac{3}{4}\frac{1}{4} + 3\left(\frac{3}{4}\right)^2 \frac{1}{4} + \cdots + n\left(\frac{3}{4}\right)^{n-1} \frac{1}{4} + \cdots = \\
&= \frac{1}{4}\left[1 + 2\frac{3}{4} + 3\left(\frac{3}{4}\right)^2 + \cdots + n\left(\frac{3}{4}\right)^{n-1} + \cdots\right]
\end{aligned}
$$

llamando S a la suma del corchete y multiplicando por $3/4$ resulta

$$
\begin{aligned}
S &= 1 + 2\frac{3}{4} + 3\left(\frac{3}{4}\right)^2 + \cdots + n\left(\frac{3}{4}\right)^{n-1} + \cdots \\
\frac{3}{4}S &= \frac{3}{4} + 2\left(\frac{3}{4}\right)^2 + 3\left(\frac{3}{4}\right)^3 + \cdots + n\left(\frac{3}{4}\right)^n + \cdots
\end{aligned}
$$

y restando ambas igualdades

$$
\left(1 - \frac{3}{4}\right) S = 1 + \frac{3}{4} + \left(\frac{3}{4}\right)^2 + \cdots + \left(\frac{3}{4}\right)^{n-1} + \left(\frac{3}{4}\right)^n + \cdots = \frac{1}{1 - \frac{3}{4}}
$$

de donde se obtiene que $S = 16$ y $E[\xi] = 4$. Hemos utilizado la suma de una serie geométrica de razón $3/4$.

(b) La probabilidad de acertar en el primero y errar en los otros es

$$
P(A\overline{A}\,\overline{A}\,\overline{A}\,\overline{A}) = \frac{1}{4}\left(\frac{3}{4}\right)^4 = \frac{3^4}{4^4}
$$

Si se permuta el acierto con los fallos se obtienen cinco casos con la misma probabilidad, de donde

$$
P(Un\ blanco\ en\ cinco\ lanzamientos) = 5 \cdot P(A\overline{A}\,\overline{A}\,\overline{A}\,\overline{A}) = 5 \cdot \frac{3^4}{4^4} \simeq 0{,}3955.
$$

(c) La probabilidad pedida es la de fallar en los seis primeros intentos y ésta es

$$P(\overline{A}\,\overline{A}\,\overline{A}\,\overline{A}\,\overline{A}\,\overline{A}) = \left(\frac{3}{4}\right)^6 = 0,178\,0.$$

6.4 Una variable aleatoria ξ tiene asociada una función de densidad dada por

$$f(x) = \begin{cases} 0 & \text{si } x < 0, \\ \frac{1}{12}(x^2 - 1) & \text{si } 0 < x \le 3, \\ 0 & \text{si } x > 3. \end{cases}$$

Obténgase: $E[\xi]$, $E[\xi^2]$, $E[\xi - \mu]$ y $\text{Var}[\xi]$.

RESOLUCIÓN

Con las fórmulas (6.2) y (6.5), tenemos que

$$\begin{aligned} E[\xi] &= \int_{-\infty}^{+\infty} x f(x)\,dx = \int_0^3 \frac{x}{12}(x^2+1)\,dx = \\ &= \frac{1}{12}\int_0^3 (x^3+x)\,dx = \frac{1}{12}\left[\frac{x^4}{4}+\frac{x^2}{2}\right]_0^3 = \frac{1}{12}\left(\frac{81}{4}+\frac{9}{2}-0\right) = \frac{99}{48} \simeq 2,0625 \end{aligned}$$

$$\begin{aligned} E[\xi^2] &= \int_{-\infty}^{+\infty} x^2 f(x)\,dx = \int_0^3 \frac{x^2}{12}(x^2+1)\,dx = \\ &= \frac{1}{12}\int_0^3 (x^4+x^2)\,dx = \frac{1}{12}\left[\frac{x^5}{5}+\frac{x^3}{3}\right]_0^3 = \frac{1}{12}\left(\frac{243}{5}+\frac{27}{3}-0\right) = \frac{24}{5} = 4,8 \end{aligned}$$

$$E[\xi - \mu] = E[\xi] - E[\mu] = \mu - \mu = 0$$

$$\text{Var}[\xi] = E[\xi^2] - (E[\xi])^2 = 4,8 - 2,0625^2 \simeq 0,5461$$

6.5 La media de las calificaciones de un examen de Estadística fue de 5,6 sobre 10 puntos. Determínese:

(a) el valor mínimo de la probabilidad de que ocurra que un alumno, elegido al azar, tenga una calificación de al menos ocho puntos;

(b) la calificación entera mínima tal que la probabilidad de que un alumno, elegido al azar, la haya obtenido o superado no exceda de 0,85.

RESOLUCIÓN

(a) Si la variable aleatoria ξ toma por valores las calificaciones, aplicando el teorema de Markov, con $g(\xi) = \xi$, se tiene

$$P(\xi \ge K) \le \frac{\mu}{K}$$

con lo cual

$$P(\xi \ge 8) \le \frac{5,6}{8} = 0,7.$$

Por tanto, la probabilidad de que una calificación elegida al azar sea de ocho o más puntos, es menor o igual que 0,7.

(b) Debemos hallar la calificación c tal que

$$P(\xi \geq c) \leq \frac{5,6}{c} = 0,85.$$

De donde obtenemos que $c = 5,6/0,85 = 6,58$. Pero como c debe ser un número entero y

$$\frac{5,6}{6} = 0,933 \qquad y \qquad \frac{5,6}{7} = 0,8$$

$c = 7$ es la calificación pedida.

6.6 Dada la variable aleatoria ξ con función de densidad

$$f(x) = \begin{cases} \frac{1}{576}(3x^2 + 2x) & \text{si } x \in [0;8], \\ 0 & \text{si } x \in \mathbb{R} \setminus [0;8]. \end{cases}$$

Se pide:

(a) la esperanza y la desviación típica de ξ;

(b) utilizando la función de distribución, calcúlese la probabilidad $P(\mu - 3\sigma \leq \xi \leq \mu + 3\sigma)$;

(c) obténgase la probabilidad del apartado (b) mediante la desigualdad de Chebyshev.

RESOLUCIÓN

(a) La esperanza de ξ es

$$\mu = \alpha_1 = E[\xi] = \int_{-\infty}^{+\infty} x f(x)\, dx = \int_0^8 \frac{x}{576}(3x^2 + 2x)\, dx = \frac{1}{576} \int_0^8 (3x^3 - 2x^2)\, dx =$$

$$= \frac{1}{576}\left[\frac{3}{4}x^4 + \frac{2}{3}x^3\right]_0^8 = \frac{1}{576}\left(\frac{3}{4}\cdot 8^4 + \frac{2}{3}\cdot 8^3\right) = \frac{8^3}{576}\left(\frac{24}{4} + \frac{2}{3}\right) = \frac{10240}{1728} \simeq 5,926.$$

La varianza es $\text{Var}[\xi] = E[\xi^2] - (E[\xi])^2$, calculamos

$$E[\xi^2] = \int_{-\infty}^{+\infty} x^2 f(x)\, dx = \int_0^8 \frac{x^2}{576}(3x^2 + 2x)\, dx =$$

$$= \frac{1}{576} \int_0^8 (3x^4 - 2x^3)\, dx = \frac{1}{576}\left[\frac{3}{5}x^5 + \frac{1}{2}x^4\right]_0^8 =$$

$$= \frac{1}{576}\left(\frac{3}{4}\cdot 8^5 + \frac{1}{2}\cdot 8^4\right) = \frac{8^4}{576}\left(\frac{24}{5} + \frac{1}{2}\right) = \frac{217088}{5760} \simeq 37,689.$$

Al ser $(E[\xi])^2 = 5,926^2 \simeq 35,117$, se tiene que

$$\text{Var}[\xi] \simeq 37,689 - 35,117 = 2,572.$$

Por tanto la desviación típica es

$$DT[\xi] = \sigma = +\sqrt{\text{Var}[\xi]} \simeq +\sqrt{2,572} = 1,604.$$

(b) La probabilidad pedida es

$$
\begin{aligned}
P(\mu - 3\sigma \leq \xi \leq \mu + 3\sigma) &= P(5{,}926 - 3 \cdot 1{,}604 \leq \xi \leq 5{,}926 + 3 \cdot 1{,}604) = \\
&= P(1{,}114 \leq \xi \leq 10{,}738)
\end{aligned}
$$

y hemos de obtenerla mediante la función de distribución de ξ, definida como

$$
F(x) = \begin{cases}
0 & \text{si } x < 0, \\
\int_0^x f(t)\, dt & \text{si } 0 \leq x \leq 8, \\
1 & \text{si } x > 8,
\end{cases}
$$

es decir,

$$
F(x) = \begin{cases}
0 & \text{si } x < 0, \\
\frac{1}{576}(x^3 + x^2) & \text{si } 0 \leq x \leq 8, \\
1 & \text{si } x > 8.
\end{cases}
$$

Y al ser $P(1{,}114 \leq \xi \leq 10{,}738) = F(10{,}738) - F(1{,}114)$, de la función de distribución se tienen los valores

$$
\begin{aligned}
F(10{,}738) &= 1 \\
F(1{,}114) &= \frac{1}{576}(1{,}114^3 + 1{,}114^2) = \frac{1}{576} \cdot 2{,}623 \simeq 0{,}004\,54,
\end{aligned}
$$

y por tanto,

$$
P(1{,}114 \leq \xi \leq 10{,}738) = 1 - 0{,}004\,54 = 0{,}995\,46.
$$

(c) La desigualdad de Chebyshev dice que

$$
P\big(\mu - k\sigma \leq \xi \leq \mu + k\sigma\big) \geq 1 - \frac{1}{k^2}
$$

para cualquier constante dada k. En nuestro caso es $k = 3$ y por tanto

$$
P\big(\mu - 3\sigma \leq \xi \leq \mu + 3\sigma\big) \geq 1 - \frac{1}{3^2} = 1 - \frac{1}{9} \simeq 0{,}8889
$$

y la información obtenida ahora es menos precisa.

6.7 Una variable aleatoria ξ tiene por función de densidad

$$
f(x) = \begin{cases}
6(x - x^2) & \text{si } 0 < x < 1, \\
0 & \text{en cualquier otro caso.}
\end{cases}
$$

Obténgase:

(a) el momento respecto al origen de orden r y $E[\xi]$;

(b) la esperanza de la variable aleatoria $g(\xi) = (3\xi + 2)^2$.

RESOLUCIÓN

(a) El momento respecto al origen de orden r para la varible ξ es

$$
\alpha_r \;=\; E[\xi^r] = \int_{-\infty}^{+\infty} x^r f(x)\,dx = \int_0^1 x^r 6(x-x^2)\,dx = 6\int_0^1 (x^{r+1} - x^{r+2})\,dx =
$$

$$
=\; 6\left[\frac{x^{r+2}}{r+2} - \frac{x^{r+3}}{r+3}\right]_0^1 = \frac{6}{r+2} - \frac{6}{r+3} = \frac{6}{(r+2)(r+3)}
$$

Para $r = 1$ resulta
$$
E[\xi] = \alpha_1 = \frac{6}{(1+2)(1+3)} = \frac{6}{3\cdot 4} = \frac{1}{2}
$$

(b) Por las propiedades de la esperanza se tiene

$$
E[g(\xi)] \;=\; E[(3\xi + 2)^3] =
$$
$$
=\; E\left[27\xi^3 + 54\xi^2 + 36\xi + 8\right] = 27E[\xi^3] + 54E[\xi^2] + 36E[\xi] + E[8],
$$

y aplicando el resultado del apartado anterior, queda

$$
E[g(\xi)] = 27\cdot\frac{6}{5\cdot 6} + 54\cdot\frac{6}{4\cdot 5} + 36\cdot\frac{6}{3\cdot 4} + 8 = \frac{438}{5} = 87{,}6.
$$

6.8 Un dado está cargado de tal manera que conocida la probabilidad de obtener la cara del uno, cualquier otra cara tiene una probabilidad igual al número de sus puntos por la probabilidad de la cara anterior. Si consideramos la variable aleatoria que asigna a cada cara el número de sus puntos, obténgase:

(a) la función de probabilidad de la variable aleatoria;

(b) la esperanza y la varianza;

(c) los momentos de orden tres, respecto del origen y centrales;

(d) en largas series de lanzamientos con este dado, ¿qué es más ventajoso, apostar a obtener hasta cinco puntos en un lanzamiento o hacerlo al suceso contrario?

RESOLUCIÓN

(a) Los valores de la variable aleatoria ξ son 1, 2, 3, 4, 5, 6 y su función de probabilidad es

$$
\begin{aligned}
P(\xi = 1) &= p_1 = p \\
P(\xi = 2) &= p_2 = 2\cdot P(\xi = 1) = 2p \\
P(\xi = 3) &= p_3 = 3\cdot P(\xi = 2) = 3\cdot 2p = 6p \\
P(\xi = 4) &= p_4 = 4\cdot P(\xi = 3) = 4\cdot 6p = 24p \\
P(\xi = 5) &= p_5 = 5\cdot P(\xi = 4) = 5\cdot 24p = 120p \\
P(\xi = 6) &= p_6 = 6\cdot P(\xi = 5) = 6\cdot 120p = 720p
\end{aligned}
$$

y debe verificarse que $p_1 + p_2 + p_3 + p_4 + p_5 + p_6 = 1$, es decir,

$$
p + 2p + 6p + 24p + 120p + 720p = 1,
$$

con lo cual debe ser $873p = 1$, es decir, $p = 1/873$. De este modo, la distribución de probabilidad es

$$p_1 = \frac{1}{873}, \quad p_2 = \frac{2}{873}, \quad p_3 = \frac{6}{873}, \quad p_4 = \frac{24}{873}, \quad p_5 = \frac{120}{873}, \quad p_6 = \frac{720}{873}$$

(b) Al ser ξ una variable aleatoria discreta es

$$
\begin{aligned}
E[\xi] & = \mu = \sum_{i=1}^{6} x_i p_i = 1 \cdot p_1 + 2 \cdot p_2 + 3 \cdot p_3 + 4 \cdot p_4 + 5 \cdot p_5 + 6 \cdot p_6 = \\
& = 1 \cdot \frac{1}{873} + 2 \cdot \frac{2}{873} + 3 \cdot \frac{6}{873} + 4 \cdot \frac{24}{873} + 5 \cdot \frac{120}{873} + 6 \cdot \frac{720}{873} = \\
& = (1 + 4 + 18 + 96 + 600 + 4320) \cdot \frac{1}{873} = \frac{5039}{873} \simeq 5{,}772
\end{aligned}
$$

y la varianza es $\mathrm{Var}[\xi] = E[\xi - \mu]^2 = E[\xi^2] - (E[\xi])^2$. Como

$$E[\xi] = \alpha_1 \simeq 5{,}772 \qquad \Rightarrow \qquad (E[\xi])^2 = 33{,}316$$

y

$$
\begin{aligned}
E[\xi^2] & = \alpha_2 = \sum_{i=1}^{6} x_i^2 p_i = 1^2 \cdot p_1 + 2^2 \cdot p_2 + 3^2 \cdot p_3 + 4^2 \cdot p_4 + 5^2 \cdot p_5 + 6^2 \cdot p_6 = \\
& = 1 \cdot \frac{1}{873} + 4 \cdot \frac{2}{873} + 9 \cdot \frac{6}{873} + 16 \cdot \frac{24}{873} + 25 \cdot \frac{120}{873} + 36 \cdot \frac{720}{873} = \\
& = (1 + 8 + 54 + 384 + 3\,000 + 25\,920) \cdot \frac{1}{873} = \frac{29\,367}{873} \simeq 33{,}639
\end{aligned}
$$

se tiene que

$$\mathrm{Var}[\xi] \simeq 33{,}639 - 33{,}316 = 0{,}323.$$

(c) El momento de orden 3 respecto del origen es

$$
\begin{aligned}
E[\xi^3] & = \alpha_3 = \sum_{i=1}^{6} x_i^3 p_i = 1^3 \cdot p_1 + 2^3 \cdot p_2 + 3^3 \cdot p_3 + 4^3 \cdot p_4 + 5^3 \cdot p_5 + 6^3 \cdot p_6 = \\
& = 1 \cdot \frac{1}{873} + 8 \cdot \frac{2}{873} + 27 \cdot \frac{6}{873} + 64 \cdot \frac{24}{873} + 125 \cdot \frac{120}{873} + 216 \cdot \frac{720}{873} = \\
& = (1 + 16 + 162 + 1\,536 + 15\,000 + 155\,520) \cdot \frac{1}{873} = \frac{172\,235}{873} \simeq 197{,}29.
\end{aligned}
$$

El momento central o momento respecto de la media es

$$
\begin{aligned}
\mu_3 & = E[\xi - \mu]^3 = E[\xi^3] - 3\mu E[\xi^2] + 2\mu^3 = E[\xi^3] - 3E[\xi]E[\xi^2] + 2(E[\xi])^3 = \\
& = \alpha_3 - 3\alpha_1 \alpha_2 + 2\alpha_1^3 \simeq 197{,}29 - 3 \cdot 5{,}772 \cdot 33{,}639 + 2 \cdot (5{,}772)^3 = -318{,}57.
\end{aligned}
$$

(d) Si en el lanzamiento del dado el suceso «*obtener hasta cinco puntos*» es A, el suceso contrario $\overline{A}$ es el que ocurre cuando se obtienen seis puntos y su probabilidad es

$$P(\overline{A}) = P(\xi = 6) = p_6 = \frac{720}{873} \simeq 0{,}8247,$$

mientras que

$$P(A) = 1 - P(\overline{A}) \simeq 1 - 0,824\,7 = 0,175\,3 < P(\overline{A}).$$

En consecuencia es más ventajoso apostar a obtener seis puntos con este dado que hacerlo a obtener cinco o menos.

6.9 Se dispara sobre un blanco, sin limitar el número de disparos, hasta dar en él. Calcúlense la esperanza matemática y la varianza del número de disparos efectuados.

RESOLUCIÓN

Sea p la probabilidad de dar en el blanco en un disparo, es decir,

$$P(dar) = p, \quad P(no\ dar) = q = 1 - p,$$

y sea ξ el número de disparos necesarios hasta dar en el blanco. Se tiene:

$$\begin{aligned}
P(\xi = 1) &= p \\
P(\xi = 2) &= qp \\
P(\xi = 3) &= q^2 p \\
P(\xi = 4) &= q^3 p \\
&\vdots \\
P(\xi = n) &= q^{n-1} p \\
&\vdots
\end{aligned}$$

por tanto la esperanza matemática es

$$\begin{aligned}
E[\xi] &= \sum_{n=1}^{\infty} n \cdot P(\xi = n) = \sum_{n=1}^{\infty} nq^{n-1}p = p\sum_{n=1}^{\infty} nq^{n-1} = \\
&= p\left(1 + 2q + 3q^2 + 4q^3 + \cdots + nq^{n-1} + \cdots\right) = \\
&= (1-q)\left(1 + 2q + 3q^2 + 4q^3 + \cdots + nq^{n-1} + \cdots\right) = \\
&= 1 + 2q + 3q^2 + 4q^3 + \cdots + nq^{n-1} + \cdots - q - 2q^2 - 3q^3 - \cdots - nq^n - \cdots = \\
&= 1 + q + q^2 + q^3 + \cdots + q^n + \cdots = \frac{1}{1-q} = \frac{1}{p}
\end{aligned}$$

sin más que tener en cuenta la suma de una serie geométrica con razón q tal que $0 < q < 1$.

Para hallar la varianza, calculemos primero la esperanza de ξ^2:

$$\begin{aligned}
E[\xi^2] &= \sum_{n=1}^{\infty} n^2 P(\xi = n) = \sum_{n=1}^{\infty} n^2 q^{n-1}p = p\sum_{n=1}^{\infty} n^2 q^{n-1} = \\
&= (1-q)\left(1 + 2^2 q + 3^2 q^2 + 4^2 q^3 + \cdots + n^2 q^{n-1} + \cdots\right) = \\
&= 1 + 2^2 q + 3^2 q^2 + 4^2 q^3 + \cdots + n^2 q^{n-1} + \cdots - q - 2^2 q^2 - 3^2 q^3 - \cdots - n^2 q^n - \cdots = \\
&= 1 + (2^2 - 1^2)q + (3^2 - 2^2)q^2 + (4^2 - 3^2)q^3 + \cdots + ((n+1)^2 - n^2)q^n + \cdots = \\
&= 1 + (2-1)(2+1)q + (3-2)(3+2)q^2 + (4-3)(4+3)q^3 + \\
&\quad + \cdots + 1(n+1+n)q^n + \cdots = \\
&= 1 + 3q + 5q^2 + 7q^3 + \cdots + (2n+1)q^n + \cdots
\end{aligned}$$

Es conocido que la suma de los términos de la serie aritmético-geométrica

$$a_1 b_1, \ (a_1 + d)b_1 r, \ (a_1 + 2d)b_1 r^2, \ldots$$

con $|r| < 1$, vale

$$S = \left[\frac{a_1}{1-r} + \frac{dr}{(1-r)^2} \right] b_1,$$

por tanto resulta

$$E[\xi^2] = \left[\frac{1}{1-q} + \frac{2q}{(1-q)^2} \right] \cdot 1 = \frac{1-q+2q}{(1-q)^2} = \frac{1+q}{(1-q)^2}$$

y entonces para la varianza se tiene que

$$\begin{aligned} \mathrm{Var}[\xi] &= E[\xi^2] - (E[\xi])^2 = \\ &= \frac{1+q}{(1-q)^2} - \left(\frac{1}{p}\right)^2 = \frac{1+(1-p)}{p^2} - \frac{1}{p^2} = \frac{2-p-1}{p^2} = \frac{1-p}{p^2} = \frac{q}{p^2} \end{aligned}$$

6.10 En un cruce de calles se encuentra un semáforo regulado de modo automático, que alternativamente indica verde durante un minuto y rojo durante medio minuto. Un vehículo se acerca en un momento casual al cruce, independientemente del trabajo del semáforo. Se pide:

(a) la probabilidad de que el vehículo pueda cruzar sin pararse;

(b) la ley de la variable aleatoria «tiempo de espera», así como su esperanza y su varianza.

RESOLUCIÓN

(a) El semáforo está verde el doble de tiempo que está rojo, luego la probabilidad de que el vehículo pueda pasar sin detenerse es $2/3$.

(b) Llamando ξ al tiempo de espera, por el apartado anterior es $P(\xi = 0) = 2/3$. El máximo tiempo de espera es $1/2$ minuto y la distribución del tiempo de espera es igual para cualquier $\zeta \in (0; \frac{1}{2})$. Por tanto la función de distribución es

$$F(\xi) = P(\xi \le x) = \begin{cases} 0 & \text{si } x < 0, \\ \frac{2}{3} & \text{si } x = 0 \\ kx+l & \text{si } 0 < x \le \frac{1}{2}, \\ 1 & \text{si } x > \frac{1}{2} \end{cases}$$

Como la función de distribución es continua por la derecha en todos los puntos, se debe verificar que

$$\frac{2}{3} = F(0) = \lim_{x \to 0^+} F(x) = \lim_{x \to 0^+} (kx+l) = l$$

y que

$$k\frac{1}{2} + l = F\left(\frac{1}{2}\right) = \lim_{x \to (\frac{1}{2})^+} F(x) = 1,$$

por tanto, es $l = \frac{2}{3}$ y $k = 2 - 2l = \frac{2}{3}$.

Luego la función de distribución es precisamente

$$F(\xi) = P(\xi \le x) = \begin{cases} 0 & \text{si } x < 0, \\ \frac{2}{3} & \text{si } x = 0 \\ \frac{2}{3}x + \frac{2}{3} & \text{si } 0 < x \le \frac{1}{2}, \\ 1 & \text{si } x > \frac{1}{2} \end{cases}$$

Calculemos ahora la esperanza de ξ y la de ξ^2. Como en el intervalo $(0; \frac{1}{2})$ se verifica $f(x) = F'(x) = \frac{2}{3}$ y $f(x) = 0$ en el resto, se tiene

$$E[\xi] = \int_0^{1/2} \frac{2}{3}x\, dx = \frac{1}{3}\left[x^2\right]_0^{1/2} = \frac{1}{3}\left(\frac{1}{4} - 0\right) = \frac{1}{12}$$

$$E[\xi^2] = \int_0^{1/2} \frac{2}{3}x^2\, dx = \frac{2}{3}\left[\frac{x^3}{3}\right]_0^{1/2} = \frac{2}{9}\left(\frac{1}{8} - 0\right) = \frac{1}{36}$$

luego la varianza es

$$\text{Var}[\xi] = E[\xi^2] - (E[\xi])^2 = \frac{1}{36} - \left(\frac{1}{12}\right)^2 = \frac{1}{36} - \frac{1}{144} = \frac{3}{144} = \frac{1}{48}$$

PROPUESTOS

P 6.1 Obténgase la esperanza y la varianza de la variable aleatoria ξ tal que en el lanzamiento de tres monedas asigna a cada suceso el número de caras obtenidas.

P 6.2 La función de densidad de una variable aleatoria ξ es

$$f(x) = \frac{kx}{1 + x^4}, \quad x \ge 0.$$

Se pide:

(a) el valor de k, la función de distribución y $P(0 \le \xi \le 1)$;

(b) estúdiese si existe $E[\xi]$.

P 6.3 Se considera el experimento aleatorio que consiste en sacar tres bolas al azar de una urna que contiene 5 bolas blancas y 4 negras. Sea ξ la variable aleatoria que toma por valor el número de bolas blancas que resultan en cada extracción. Determínese:

(a) la probabilidad de que la variable tome cada valor;

(b) la media y la varianza de ξ;

(c) el momento de orden tres respecto de la media, es decir, $E[(\xi - \mu)^3]$.

(d) hágase lo mismo cuando la extracción es con reemplazamiento.

P 6.4 Una variable aleatoria continua ξ toma valores en el intervalo $[0; 3]$, siendo su función de densidad $f(x) = k(1 + 3x^2)$. Se pide:

(a) determinar el valor de k y represéntese la distribución;

(b) obtener $E[\xi]$ y $E[\xi^2]$;

(c) calcular la varianza y la desviación típica de ξ.

P 6.5 Un concesionario de automóviles de lujo ha vendido en los últimos años sus vehículos con media 50 y desviación típica de 10. Se pide:

(a) calcular la probabilidad máxima que puede aceptarse para el suceso «*vender al menos 65 vehículos en un año*»;

(b) hallar el número de coches que debe tener disponibles el concesionario si se quiere garantizar la demanda de vehículos con una probabilidad del 95 %.

P 6.6 Dada la función

$$F(x) = \begin{cases} 0 & \text{si } x < 0, \\ 1 - e^{-x^2/4} & \text{si } x \geq 0. \end{cases}$$

Se pide:

(a) comprobar que $F(x)$ es la función de distribución de una variables aleatoria ξ;

(b) obtener la esperanza matemática y la varianza de ξ;

(c) determinar un intervalo de la recta tal que la probabilidad de que la variable aleatoria tome valores en él sea al menos del 75 %.

P 6.7 Los tiempos de llegada de los trenes a una estación respecto del horario establecido siguen una variable aleatoria ξ cuya función de densidad es

$$f(x) = \begin{cases} \frac{2}{\pi} \cdot \frac{1}{1+x^2} & \text{si } -1 < x < 1, \\ 0 & \text{en cualquier otro caso.} \end{cases}$$

Se pide:

(a) calcular la media y la desviación típica de los tiempos de llegada, así como el momento respecto al origen de orden tres;

(b) determinar un intervalo de tiempo centrado en la media para que la probabilidad de que un tren llegue en ese intervalo valga 2/3.

P 6.8 De una baraja española de cuarenta cartas se quitan el rey y la sota de espadas y el caballo de oros. A continuación se extrae una carta al azar de entre las restantes. Se considera la variable aleatoria ξ que valora con 3 puntos el obtener carta de oros, con 2 puntos el obtenerla de copas y con un punto el obtener carta de espadas o bastos. Obténgase:

(a) la función de probabilidad de la variable aleatoria ξ;

(b) la esperanza y la varianza de ξ;

(c) los momentos de orden tres, central y respecto del origen.

(d) si se realizan largas series de extracciones de una carta en las condiciones dichas, ¿qué es más ventajoso, apostar a oros o a copas y espadas?

P 6.9 Se lanza un dado hasta que aparecen tres resultados distintos. Calcúlese el número medio de lanzamientos que es preciso realizar.

P 6.10 Realizamos el experimento siguiente: lanzamos tres monedas y contamos el número ξ de caras. Posteriormente lanzamos ξ dados y llamamos η a la suma de los resultados obtenidos. ¿Cuánto vale $E(\eta)$?

Función característica

7.1. Función característica

La ley de probabilidad de una variable aleatoria puede venir dada por su función de distribución o por la función de densidad, si es continua, o por la función de probabilidad en el caso de que la variable aleatoria sea discreta. Existe además otra función que permite caracterizar esta ley de probabilidad, se llama función característica y tiene unas propiedades de cómodo manejo desde el punto de vista del Análisis matemático. Su interés se basa en la simplificación que aporta al calcular los momentos y otras características de las distribuciones.

Sea $(E, \mathscr{A}, P)$ un espacio de probabilidad y sean ξ_1 y ξ_2 variables aleatorias reales sobre E. Diremos que $\widehat{\xi}$ es una variable aleatoria compleja si es una aplicación de E en $\mathbb{C}$ tal que puede escribirse como $\widehat{\xi} = \xi_1 + i\xi_2$.

Dado que toda aplicación de un conjunto cualquiera H en los números complejos, $f : H \to \mathbb{C}$, puede escribirse en la forma $f(x) = f_1(x) + if_2(x)$, para todo $x \in H$, siendo f_1 y f_2 las funciones componentes de $f(x)$, dadas ξ_1 y ξ_2 variables aleatorias reales, $\widehat{\xi} = \xi_1 + i\xi_2$ será una variable aleatoria compleja. Sin embargo, no toda aplicación de E en $\mathbb{C}$ será una variable aleatoria compleja, sólo lo será en el caso en que sus funciones componentes sean variables aleatorias reales. Esto nos lleva a definir la esperanza matemática de una variable aleatoria compleja como

$$E\left[\widehat{\xi}\right] = E[\xi_1] + iE[\xi_2],$$

lo que nos permitirá definir la función característica de la variable aleatoria.

Sean $(E, \mathscr{A}, P)$ un espacio de probabilidad y ξ una variable aleatoria real sobre E. Llamamos **función característica** de ξ a la aplicación

$$\varphi_\xi : \mathbb{R} \longrightarrow \mathbb{C}$$

tal que

$$\varphi_\xi(t) = E\left[e^{it\xi}\right], \quad \forall t \in \mathbb{R}. \tag{7.1}$$

Puesto que ξ es una variable aleatoria real, por la fórmula de Euler, tenemos que

$$e^{it\xi} = \cos(t\xi) + i\,\text{sen}(t\xi),$$

por lo que

$$\varphi_\xi(t) = E\left[e^{it\xi}\right] = E[\cos(t\xi)] + iE[\text{sen}(t\xi)]. \tag{7.2}$$

En el caso en que ξ sea una variable aleatoria discreta, con valores $x_1, x_2, x_3, \ldots, x_n, \ldots$, será

$$\varphi_\xi(t) = E\left[e^{it\xi}\right] = \sum_{j=1}^{+\infty} e^{itx_j} P(x_j), \tag{7.3}$$

y cuando ξ sea una variable continua con función de densidad $f(x)$,

$$\varphi_\xi(t) = E\left[e^{it\xi}\right] = \int_{-\infty}^{+\infty} e^{itx} f(x)\,dx. \tag{7.4}$$

Una propiedad importante es que si ξ es una variable aleatoria, su función característica $\varphi_\xi(t)$ existe siempre. Dado que ξ es una variable aleatoria real y que las funciones seno y coseno son funciones continuas y acotadas, ya que

$$-1 \leq \text{sen}(t\xi) \leq 1 \qquad \text{y} \qquad -1 \leq \cos(t\xi) \leq 1,$$

tenemos que para las variables aleatorias $\text{sen}(t\xi)$ y $\cos(t\xi)$, por ser acotadas, existen las esperanzas matemáticas $E[\text{sen}(t\xi)]$ y $E[\cos(t\xi)]$, por lo que existe

$$\varphi_\xi(t) = E\left[e^{it\xi}\right] = E[\cos(t\xi) + i\,\text{sen}(t\xi)] = E[\cos(t\xi)] + iE[\text{sen}(t\xi)].$$

7.2. Propiedades de la función característica

Si ξ es una variable aleatoria y $\varphi_\xi(t)$ es su función característica, siendo $a, b \in \mathbb{R}$, se verifican las siguientes propiedades.

1. $\varphi_\xi(0) = 1$.

2. $|\varphi_\xi(t)| \leq 1$.

3. $\varphi_{a\xi}(t) = \varphi_\xi(at)$.

4. $\varphi_{\xi+b}(t) = e^{itb}\varphi_\xi(t)$.

5. $\varphi_{a\xi+b}(t) = e^{itb}\varphi_\xi(at)$.

6. $\varphi_{(\sum \xi_j)}(t) = \prod_j \varphi_{\xi_j}(t)$, si ξ_j son independientes.

DEMOSTRACIÓN

Propiedad 1. Si $t = 0$, es $e^{it\xi} = 1$, luego en el caso discreto resulta

$$\varphi_\xi(t) = E[1] = \sum_{j=1}^{+\infty} 1 \cdot P(x_j) = \sum_{j=1}^{+\infty} P(x_j) = 1,$$

por ser P una probabilidad, y en el caso continuo

$$\varphi_\xi(t) = E[1] = \int_{-\infty}^{+\infty} 1 \cdot f(x)\,dx = \int_{-\infty}^{+\infty} f(x)\,dx = 1,$$

por ser $f(x)$ la función de densidad.

Propiedad 2. De (7.2) resulta que

$$\left|e^{it\xi}\right| = \cos^2(t\xi) + \text{sen}^2(t\xi) = 1,$$

y entonces

$$\left|\varphi_\xi(t)\right| = \left|E\left[e^{it\xi}\right]\right| = \left|\sum_{j=1}^{+\infty} e^{itx_j}P(x_j)\right| \leq \sum_{j=1}^{+\infty}\left|e^{itx_j}\right|\left|P(x_j)\right| = \sum_{j=1}^{+\infty}P(x_j) = 1,$$

o bien

$$\left|\varphi_\xi(t)\right| = \left|E\left[e^{it\xi}\right]\right| = \left|\int_{-\infty}^{+\infty} e^{itx}f(x)\,dx\right| \leq \int_{-\infty}^{+\infty}\left|e^{itx}\right|\left|f(x)\right|dx = \int_{-\infty}^{+\infty} f(x)\,dx = 1.$$

Propiedad 3. Para la variable aleatoria $a\xi$ es

$$\varphi_{a\xi}(t) = E\left[e^{ita\xi}\right],$$

mientras que la función φ_ξ calculada en at es

$$\varphi_\xi(at) = E\left[e^{ita\xi}\right],$$

lo que prueba la igualdad, independientemente de que ξ sea discreta o continua.

Propiedad 4. Para la variable aleatoria $\xi + b$ es

$$\varphi_{\xi+b}(t) = E\left[e^{it(\xi+b)}\right] = E\left[e^{itb} \cdot e^{it\xi}\right],$$

que en el caso discreto vale

$$\sum_{j=1}^{+\infty} e^{itb} e^{itx_j} P(x_j) = e^{itb}\left(\sum_{j=1}^{+\infty} e^{itx_j} P(x_j)\right) = e^{itb} E\left[e^{it\xi}\right],$$

y en el caso en que ξ es una variable continua

$$\int_{-\infty}^{+\infty} e^{itb} e^{itx} f(x)\,dx = e^{itb} \int_{-\infty}^{+\infty} e^{itx} f(x)\,dx = e^{itb} E\left[e^{it\xi}\right],$$

es decir, en ambos resulta $e^{itb} \varphi_{\xi}(t)$.

Propiedad 5. Utilizando las propiedades 4 y 3, resulta que

$$\varphi_{a\xi+b}(t) = e^{itb} \varphi_{a\xi}(t) = e^{itb} \varphi_{\xi}(at).$$

Propiedad 6. Si ξ_1 y ξ_2 son dos variables aleatorias independientes, se tiene que

$$E\left[e^{it(\xi_1+\xi_2)}\right] = E[\cos(t\xi_1 + t\xi_2) + i\,\text{sen}(t\xi_1 + t\xi_2)] =$$
$$= E\left[\cos(t\xi_1)\cos(t\xi_2) - \text{sen}(t\xi_1)\,\text{sen}(t\xi_2) + i\,\text{sen}(t\xi_1)\cos(t\xi_2) + i\cos(t\xi_1)\,\text{sen}(t\xi_2)\right] =$$
$$= E\left[(\cos(t\xi_1) + i\,\text{sen}(t\xi_1))(\cos(t\xi_2) + i\,\text{sen}(t\xi_2))\right] =$$
$$= E\left[e^{it\xi_1} e^{it\xi_2}\right] = E\left[e^{it\xi_1}\right] \cdot E\left[e^{it\xi_2}\right].$$

La última igualdad es debida a que si ξ_1 y ξ_2 son variables aleatorias independientes, también son variables aleatorias independientes cualesquiera funciones continuas de ξ_1 y ξ_2 en particular seno y coseno de $t\xi_1$ y $t\xi_2$. De aquí que sea

$$\varphi_{\xi_1+\xi_2}(t) = \varphi_{\xi_1}(t) \cdot \varphi_{\xi_2}(t).$$

Esto prueba la propiedad para $n = 2$. Si la fórmula es cierta para $n = 2$ y repetimos el razonamiento para tres variables independientes, asociando y utilizando la fórmula anterior, resulta

$$\varphi_{(\xi_1+\xi_2)+\xi_3}(t) = \varphi_{\xi_1+\xi_2}(t) \cdot \varphi_{\xi_3}(t) = \varphi_{\xi_1}(t) \cdot \varphi_{\xi_2}(t) \cdot \varphi_{\xi_3}(t).$$

Este argumento puede repetirse por lo que, por inducción, resulta la propiedad 6.

Cuando se trabaje con una sola variable aleatoria ξ, se pondrá $\varphi(t)$ en lugar de $\varphi_{\xi}(t)$, pues no originará confusión; cuando se tengan varias variables aleatorias, será preciso indicar de qué variable se trata.

7.3. Relación entre momentos y función característica

Si el momento de orden r de la variable aleatoria ξ existe, $\alpha_r = E[\xi^r]$, entonces la serie que define $\varphi(t)$ en el caso discreto y la integral impropia que define $\varphi(t)$ en el caso continuo, son uniformemente convergentes en t, por lo que podemos derivar k veces, respecto de t, la expresión de $\varphi(t)$, con $0 \le k \le r$; esta derivación es término a término en el caso de la serie y es derivación bajo el signo integral en el caso continuo.

En el caso discreto obtenemos

$$\varphi(t) = \sum_{j=1}^{+\infty} e^{itx_j} P(x_j)$$

$$[\varphi(t)]' = \sum_{j=1}^{+\infty} ix_j e^{itx_j} P(x_j)$$

$$[\varphi(t)]'' = \sum_{j=1}^{+\infty} i^2 x_j^2 e^{itx_j} P(x_j)$$

$$\vdots$$

$$[\varphi(t)]^{(k)} = \sum_{j=1}^{+\infty} i^k x_j^k e^{itx_j} P(x_j)$$

particularizando esta derivada en $t = 0$, resulta

$$[\varphi(0)]^{(k)} = \sum_{j=1}^{+\infty} i^k x_j^k P(x_j) = i^k \sum_{j=1}^{+\infty} x_j^k P(x_j) = i^k E[\xi^k],$$

En el caso continuo será

$$\varphi(t) = \int_{-\infty}^{+\infty} e^{itx} f(x)\,dx$$

$$[\varphi(t)]' = \int_{-\infty}^{+\infty} ixe^{itx} f(x)\,dx$$

$$[\varphi(t)]'' = \int_{-\infty}^{+\infty} i^2 x^2 e^{itx} f(x)\,dx$$

$$\vdots$$

$$[\varphi(t)]^{(k)} = \int_{-\infty}^{+\infty} i^k x^k e^{itx} f(x)\,dx,$$

y particularizando esta derivada en $t = 0$ queda

$$[\varphi(0)]^{(k)} = \int_{-\infty}^{+\infty} i^k x^k f(x)\,dx = i^k \int_{-\infty}^{+\infty} x^k f(x)\,dx = i^k E[\xi^k],$$

por lo que en ambos casos podemos escribir

$$\alpha_k = E[\xi^k] = \frac{\varphi^{(k)}(0)}{i^k} \quad k = 0,1,2,\ldots,r, \tag{7.5}$$

fórmula que nos permite calcular los momentos α_k a partir de la función característica, en el supuesto de conocer que el momento α_k existe y es $0 \le k \le r$.

A partir del desarrollo de MacLaurin en $t = 0$, de la función $e^{it\xi}$, dado por

$$e^{it\xi} = 1 + \frac{i\xi}{1!}t + \frac{(i\xi)^2}{2!}t^2 + \frac{(i\xi)^3}{3!}t^3 + \cdots + \frac{(i\xi)^r}{r!}t^r + o(t^r),$$

resulta que

$$\begin{aligned}
\varphi(t) &= E\left[e^{it\xi}\right] = \\
&= E[1] + \frac{E[\xi]}{1!}(it) + \frac{E[\xi^2]}{2!}(it)^2 + \frac{E[\xi^3]}{3!}(it)^3 + \cdots + \frac{E[\xi^r]}{r!}(it)^r + E[o(t^r)] = \\
&= \alpha_0 + \frac{\alpha_1}{1!}(it) + \frac{\alpha_2}{2!}(it)^2 + \frac{\alpha_3}{3!}(it)^3 + \cdots + \frac{\alpha_r}{r!}(it)^r + o(t^r),
\end{aligned}$$

es decir,

$$\varphi(t) = \alpha_0 + \frac{\alpha_1}{1!}(it) + \frac{\alpha_2}{2!}(it)^2 + \frac{\alpha_3}{3!}(it)^3 + \cdots + \frac{\alpha_r}{r!}(it)^r + o(t^r) \qquad (7.6)$$

siendo $o(t^r)$ el término complementario de la fórmula de MacLaurin, que verifica $\lim_{t\to 0}\frac{o(t^r)}{t^r} = 0$. De la fórmula anterior se deduce que cada momento α_r es el coeficiente de $(it)^k$ multiplicado por $k!$, por lo que la función característica $\varphi(t)$ engloba todos los momentos α_k, hasta el de orden r, además, si existe el momento α_r existen todos los anteriores.

Al resultado anterior se puede llegar también del siguiente modo: si la función característica de la variable aleatoria ξ es derivable r veces en un entorno de $t = 0$, podemos escribir su fórmula de MacLaurin y será

$$\begin{aligned}
\varphi(t) &= \varphi(0) + \frac{\varphi'(0)}{1!}t + \frac{\varphi''(0)}{2!}t^2 + \frac{\varphi'''(0)}{3!}t^3 + \cdots + \frac{\varphi^{(r)}(0)}{r!}t^r + o(t^r) = \\
&= \varphi(0) + \frac{\varphi'(0)}{1!}\frac{it}{i} + \frac{\varphi''(0)}{2!}\frac{(it)^2}{i^2} + \frac{\varphi'''(0)}{3!}\frac{(it)^3}{i^3} + \cdots + \frac{\varphi^{(r)}(0)}{r!}\frac{(it)^r}{i^r} + o(t^r),
\end{aligned}$$

de donde por (7.5) resulta (7.6). Si la función fuese infinitamente derivable, podríamos obtener el desarrollo en serie de potencias

$$\varphi(t) = \alpha_0 + \frac{\alpha_1}{1!}(it) + \frac{\alpha_2}{2!}(it)^2 + \frac{\alpha_3}{3!}(it)^3 + \cdots + \frac{\alpha_r}{r!}(it)^r + \cdots \qquad (7.7)$$

7.4. Función generatriz de momentos

Sea ξ una variable aleatoria, se llama **función generatriz de momentos** de la variable aleatoria ξ a la función $G : \mathbb{R} \to \mathbb{R}$ dada por

$$G(t) = E\left[e^{t\xi}\right].$$

Esta función es semejante a la función característica pero tiene la imagen en $\mathbb{R}$, lo que facilita los cálculos, si bien no siempre existe.

En el caso de ser una variable discreta, será

$$G(t) = E\left[e^{t\xi}\right] = \sum_{j=1}^{+\infty} e^{tx_j} P(x_j) \qquad (7.8)$$

y si ξ es una variable aleatoria continua,

$$G(t) = E\left[e^{t\xi}\right] = \int_{-\infty}^{+\infty} e^{tx} f(x)\, dx. \qquad (7.9)$$

Puesto que $e^{t\xi}$ es una función positiva para todo $t \in \mathbb{R}$, la función $G(t)$ puede ser finita o infinita. Si existe un número $t_0 > 0$ tal que $G(t)$ sea finita para todo t del intervalo $(-t_0; t_0)$, entonces

$G(t)$ es finita y la serie dada por (7.8) o la integral de (7.9) serán convergentes y diremos que existe la función generatriz de momentos de la variable aleatoria ξ. Existen funciones de probabilidad para las que no se puede asegurar la anterior condición, éstas no poseen función generatriz de momentos.

Si existe $g(t)$ para $|t| < t_0$, en el caso discreto podemos derivar término a término

$$G(t) = \sum_{j=1}^{+\infty} e^{tx_j} P(x_j)$$

$$G'(t) = \sum_{j=1}^{+\infty} x_j e^{tx_j} P(x_j)$$

$$G''(t) = \sum_{j=1}^{+\infty} x_j^2 e^{tx_j} P(x_j)$$

$$\vdots$$

$$G^{(k)}(t) = \sum_{j=1}^{+\infty} x_j^k e^{tx_j} P(x_j),$$

resulta que para $t = 0$, es

$$G^{(k)}(0) = \sum_{j=1}^{+\infty} x_j^k P(x_j) = \alpha_k,$$

y en el caso continuo, derivando bajo el signo integral,

$$G(t) = \int_{-\infty}^{+\infty} e^{tx} f(x)\,dx$$

$$G'(t) = \int_{-\infty}^{+\infty} x e^{tx} f(x)\,dx$$

$$G''(t) = \int_{-\infty}^{+\infty} x^2 e^{tx} f(x)\,dx$$

$$\vdots$$

$$G^{(k)}(t) = \int_{-\infty}^{+\infty} x^k e^{tx} f(x)\,dx,$$

luego para $t = 0$, es

$$G^{(k)}(0) = \int_{-\infty}^{+\infty} x^k f(x)\,dx = \alpha_k,$$

por tanto, es

$$\xi_k = G^{(k)}(0),$$

supuesto que la función generatriz de momentos existe y es finita en un entorno del origen.

Utilizando el desarrollo en serie de $e^{t\xi}$, que sabemos que es

$$e^{t\xi} = 1 + t\xi + \frac{(t\xi)^2}{2!} + \frac{(t\xi)^3}{3!} + \cdots + \frac{(t\xi)^n}{n!} + \cdots,$$

podemos desarrollar en serie de potencias, supuesta la existencia de la función generatriz $G(t)$, con lo que resulta

$$
\begin{aligned}
G(t) &= E\left[e^{t\xi}\right] = E[1] + \frac{E[t\xi]}{1!} + \frac{E[(t\xi)^2]}{2!} + \frac{E[(t\xi)^3]}{3!} + \cdots + \frac{E[(t\xi)^n]}{n!} + \cdots = \\
&= \alpha_0 + \frac{\alpha_1}{1!}t + \frac{\alpha_2}{2!}t^2 + \frac{\alpha_3}{3!}t^3 + \cdots + \frac{\alpha_n}{n!}t^n + \cdots,
\end{aligned}
$$

por tanto, el momento α_k es el coeficiente de t^k multiplicado por $k!$.

Hasta ahora hemos calculado momentos respecto del origen. Si tomamos como variable $\xi - E[\xi]$ y procedemos del mismo modo, tenemos una función que nos genera los momentos centrados:

$$
G_c(t) = E\left[e^{(\xi - E[\xi])t}\right]
$$

y el k-ésimo momento centrado resultará como la k-ésima derivada de esta función generatriz de momentos centrados, calculada en $t = 0$:

$$
\mu_k = \left[G_c^{(k)}(t)\right]_{t=0}
$$

EN DETALLE

7.1 Se lanza un dado tres veces y se considera el suceso $A =$«obtener múltiplo de 3» y la variable aleatoria $\xi =$«número de múltiplos de 3 obtenidos». Hállese la función característica de ξ.

RESOLUCIÓN

En cada lanzamiento la probabilidad de obtener un múltiplo de 3 es un tercio:

$$
P(A) = \frac{1}{3} \qquad \text{y} \qquad P(\overline{A}) = \frac{2}{3}
$$

por lo que las probabilidades son

$$
\begin{aligned}
P(\xi = 0) &= \frac{2}{3} \cdot \frac{2}{3} \cdot \frac{2}{3} = \frac{8}{27} \\
P(\xi = 1) &= 3 \cdot \frac{1}{3} \cdot \frac{2}{3} \cdot \frac{2}{3} = \frac{12}{27} \\
P(\xi = 2) &= 3 \cdot \frac{1}{3} \cdot \frac{1}{3} \cdot \frac{2}{3} = \frac{6}{27} \\
P(\xi = 3) &= \frac{1}{3} \cdot \frac{1}{3} \cdot \frac{1}{3} = \frac{1}{27}
\end{aligned}
$$

y entonces la función característica es

$$
\begin{aligned}
\varphi(t) &= E\left[e^{it\xi}\right] = \sum_{j=1}^{4} e^{itx_j}P(x_j) = e^0 P(0) + e^{it}P(1) + e^{2it}P(2) + e^{3it}P(3) = \\
&= 1 \cdot \frac{8}{27} + e^{it} \cdot \frac{12}{27} + e^{2it} \cdot \frac{6}{27} + e^{3it} \cdot \frac{1}{27} = \frac{1}{27}(e^{3it} + 6e^{2it} + 12e^{it} + 8).
\end{aligned}
$$

7.2 Un arquero dispara flechas con los ojos tapados a una diana situada a 90 metros. La probabilidad de acertar es 0,001 en cada lanzamiento. Hállese la función característica de la variable ξ =«número de lanzamientos necesarios para hacer blanco».

RESOLUCIÓN

La probabilidad de hacer blanco en el primer lanzamiento es $\frac{1}{1\,000}$, en el segundo es $\frac{999}{1\,000}\frac{1}{1\,000}$, en el tercero es $\left(\frac{999}{1\,000}\right)^2\frac{1}{1\,000}$ y la probabilidad de hacer blanco en el lanzamiento n-ésimo es

$$P(\xi = n) = \left(\frac{999}{1\,000}\right)^{n-1} \cdot \frac{1}{1\,000}$$

por lo que la función característica de la variable ξ será

$$\varphi(t) = E\left[e^{it\xi}\right] = \sum_{j=1}^{+\infty} e^{itx_j} P(x_j) =$$

$$= \sum_{j=1}^{+\infty} e^{itx_j}\left(\frac{999}{1\,000}\right)^{j-1}\frac{1}{1\,000} = \sum_{j=1}^{+\infty} e^{itx_j}\frac{999^{j-1}}{1\,000^j} = \frac{1}{999}\sum_{j=1}^{+\infty}\left(\frac{999\,e^{it}}{1\,000}\right)^j$$

Sumando esta serie geométrica, obtenemos

$$\varphi(t) = \frac{1}{999} \cdot \frac{\frac{999\,e^{it}}{1\,000}}{1 - \frac{999\,e^{it}}{1\,000}} = \frac{1}{999} \cdot \frac{999\,e^{it}}{1\,000 - 999\,e^{it}} = \frac{e^{it}}{1\,000 - 999\,e^{it}}$$

Este resultado es válido cuando la razón de la serie geométrica compleja tenga módulo menor que uno, es decir,

$$\left|\frac{999\,e^{it}}{1\,000}\right| < 1,$$

lo que siempre es cierto, ya que $|e^{it}| = |\cos t + i\,\mathrm{sen}\,t| = 1$.

7.3 Se considera la variable aleatoria ξ cuya función de densidad es

$$f(x) = \begin{cases} 0 & \text{si } x < 0, \\ e^{-x} & \text{si } x \geq 0. \end{cases}$$

(a) Compruébese que es una función de densidad.

(b) Hállense los momentos α_k.

(c) Determínese la función característica.

RESOLUCIÓN

(a) La función dada verifica que $f(x) \geq 0$, $\forall x \in \mathbb{R}$ y además

$$\int_0^{+\infty} e^{-x}\,dx = \lim_{m\to+\infty}\int_0^m e^{-x}\,dx = \lim_{m\to+\infty}\left[e^{-x}\right]_0^m =$$

$$= \lim_{m\to+\infty}\left(-e^{-m} + e^0\right) = 1 - \lim_{m\to+\infty}\frac{1}{e^m} = 1 - 0 = 1.$$

(b) Siempre es $\alpha_0 = 1$, además

$$\alpha_1 = E[\xi] = \int_{-\infty}^{+\infty} x f(x)\,dx = \int_0^{+\infty} x e^{-x}\,dx,$$

e integrando por partes

$$\int x e^{-x}\,dx = -x e^{-x} + \int e^{-x}\,dx = -x e^{-x} - e^{-x} = -e^{-x}(x+1),$$

queda

$$\alpha_1 = \lim_{m \to +\infty} \left[-e^{-x}(x+1) \right]_0^m = 0 + e^0 = 1.$$

Análogamente

$$\alpha_k = E[\xi^k] = \int_{-\infty}^{+\infty} x^k f(x)\,dx = \int_0^{+\infty} x^k e^{-x}\,dx,$$

integrando por partes

$$\int x^k e^{-x}\,dx = -x^k e^{-x} + k \int x^{k-1} e^{-x}\,dx,$$

de donde resulta que

$$\alpha_k = \lim_{m \to +\infty} \left[-x^k e^{-x} \right]_0^m + k \int_0^{+\infty} x^{k-1} e^{-x}\,dx = 0 + k\alpha_{k-1} = k\alpha_{k-1}.$$

Por tanto, $\alpha_0 = 1$, $\alpha_1 = 1$, $\alpha_2 = 2\alpha_1 = 2$, $\alpha_3 = 3\alpha_2 = 3!$, y en general

$$\alpha_n = n!$$

(c) La función característica, conocidos los momentos, será

$$
\begin{aligned}
\varphi(t) &= 1 + \frac{1}{1!} it + \frac{2!}{2!} (it)^2 + \frac{3!}{3!} (it)^3 + \cdots + \frac{k!}{k!} (it)^k + \cdots = \\
&= 1 + it + (it)^2 + (it)^3 + \cdots + (it)^k + \cdots = \frac{1}{1-it}
\end{aligned}
$$

supuesto que $|t| < 1$, para que la serie geométrica sea convergente.

7.4 De una distribución se sabe que los momentos respecto del origen son $\alpha_k = k$, $k = 1,2,3,\dots$, hállese su función característica.

RESOLUCIÓN

Utilizando el desarrollo en serie de (7.7), si $|t| < 1$ será

$$
\begin{aligned}
\varphi(t) &= \alpha_0 + \frac{\alpha_1}{1!} it + \frac{\alpha_2}{2!} (it)^2 + \frac{\alpha_3}{3!} (it)^3 + \cdots + \frac{\alpha_k}{k!} (it)^k + \cdots = \\
&= 1 + \frac{1}{1!} it + \frac{2}{2!} (it)^2 + \frac{3}{3!} (it)^3 + \cdots + \frac{k}{k!} (it)^k + \cdots = \\
&= 1 + it + \frac{(it)^2}{1!} + \frac{(it)^3}{2!} + \cdots + \frac{(it)^k}{(k-1)!} + \cdots = \\
&= 1 + it \left[1 + \frac{it}{1!} + \frac{(it)^2}{2!} + \cdots + \frac{(it)^{k-1}}{(k-1)!} + \cdots \right] = 1 + it\,e^{it}.
\end{aligned}
$$

7.5 De una variable aleatoria discreta ξ se conocen los valores que toma, $x_1, x_2, \ldots, x_N$, y los primeros $N-1$ momentos α_k de la distribución. Demuéstrese que las probabilidades están determinadas de forma única.

RESOLUCIÓN

Siendo $x_1, x_2, \ldots, x_N$ los valores que toma la variable con probabilidades respectivas $p_1, p_2, \ldots, p_N$, se verifica que

$$\begin{cases} \alpha_0 &= 1 &= p_1 + p_2 + \cdots + p_N \\ \alpha_1 &= E[\xi] &= x_1 p_1 + x_2 p_2 + \cdots + x_N p_N \\ \alpha_2 &= E[\xi^2] &= x_1^2 p_1 + x_2^2 p_2 + \cdots + x_N^2 p_N \\ &\vdots \\ \alpha_{N-1} &= E[\xi^{n-1}] &= x_1^{N-1} p_1 + x_2^{N-1} p_2 + \cdots + x_N^{N-1} p_N \end{cases}$$

Considerando p_j como incógnitas, tenemos un sistema lineal con N ecuaciones y N incógnitas, cuyo determinante de coeficientes

$$\begin{vmatrix} 1 & 1 & 1 & \cdots & 1 \\ x_1 & x_2 & x_3 & \cdots & x_N \\ x_1^2 & x_2^2 & x_3^2 & \cdots & x_N^2 \\ \vdots & \vdots & \vdots & \ddots & \vdots \\ x_1^{N-1} & x_2^{N-1} & x_3^{N-1} & \cdots & x_N^{N-1} \end{vmatrix}$$

es un determinante de Vandermonde, que vale

$$\prod_{j<k}(x_j - x_k),$$

y es distinto de cero por ser $x_1, x_2, \ldots, x_N$ puntos distintos, por lo que el sistema tiene solución única. Ésta puede obtenerse por la regla de Cramer y está dada como cociente de dos determinantes, como es bien conocido.

7.6 De una baraja española de cuarenta cartas se extraen sucesivamente y sin reemplazamiento cuatro cartas. Hállese la función generatriz de momentos de la variable «número de cartas de oros que se han obtenido» y calcúlense los cinco primeros momentos respecto del origen.

RESOLUCIÓN

Llamando ξ a la variable aleatoria, se tiene que

$$\begin{aligned} P(\xi = 0) &= \tfrac{30}{40}\tfrac{29}{39}\tfrac{28}{38}\tfrac{27}{37} = \tfrac{5481}{18278} \\ P(\xi = 1) &= 4\tfrac{10}{40}\tfrac{30}{39}\tfrac{29}{38}\tfrac{28}{37} = \tfrac{8120}{18278} \\ P(\xi = 2) &= \binom{4}{2}\tfrac{10}{40}\tfrac{9}{39}\tfrac{30}{38}\tfrac{29}{37} = \tfrac{3915}{18278} \\ P(\xi = 3) &= \tfrac{720}{18278} \\ P(\xi = 4) &= \tfrac{42}{18278} \end{aligned}$$

por lo que la función generatriz de momentos será

$$\begin{aligned} G(t) &= E[e^{t\xi}] = \sum_{j=1}^{5} e^{tx_j} P(x_j) = \\ &= e^0 P(\xi=0) + e^t P(\xi=1) + e^{2t} P(\xi=2) + e^{3t} P(\xi=3) + e^{4t} P(\xi=4) = \\ &= \frac{1}{18278}\left[5481 + 8120e^t + 3915e^{2t} + 720e^{3t} + 42e^{4t}\right]. \end{aligned}$$

Los primeros momentos son

$$\alpha_0 = G(0) = \sum P(\xi = x_j) = 1,$$

$$\alpha_1 = G'(0) = \frac{1}{18\,278} \left[8\,120e^t + 2 \cdot 3\,915e^{2t} + 3 \cdot 720e^{3t} + 4 \cdot 42e^{4t}\right]_{t=0} = \frac{18\,278}{18\,278} = 1,$$

análogamente se obtienen

$$\alpha_2 = G''(0) = \frac{22}{13}, \qquad \alpha_3 = G'''(0) = \frac{64}{19}, \qquad \alpha_4 = G^{(4)}(0) = \frac{69\,916}{9\,139}$$

PROPUESTOS

P 7.1 En una bolsa hay una bola blanca, dos rojas y tres negras. Se extraen dos bolas sin reemplazamiento y se considera la variable aleatoria ξ =«número de bolas rojas obtenidas». Hállese la función característica de ξ.

P 7.2 En el espacio muestral $\mathbb{N} = \{1,2,3,\dots\}$ se considera una variable aleatoria ξ tal que

$$P(\xi = k) = \frac{1}{2^k}$$

Determínese su función característica.

P 7.3 Se considera ξ con función de densidad $f(x) = \frac{1}{3}$, si $x \in [0;3]$, y $f(x) = 0$ en el resto. Hállense los momentos con respecto al origen y la función característica de la variable ξ.

P 7.4 De una variable aleatoria se sabe que los momentos son coincidentes, $\alpha_m = k$, para $m = 1,2,3,\dots$ Hállese la función característica.

P 7.5 La función de $\mathbb{R}$ en $\mathbb{C}$ dada por

$$\varphi(t) = \frac{1 + it}{3}$$

¿puede ser función característica de alguna distribución?

P 7.6 Una variable aleatoria tiene una distribución de Cauchy si su función de densidad es

$$f(x) = \frac{1/\pi}{1 + x^2}$$

¿Qué momentos respecto del origen existen? ¿Puede hallarse la función generatriz de momentos?

Capítulo

Distribuciones discretas

8.1. Distribución uniforme discreta $U(N)$

Se dice que una variable aleatoria ξ tiene una **distribución uniforme** de parámetro N si toma N valores $x_1, x_2, \ldots, x_N$ con la misma probabilidad. Su función de probabilidad es, por tanto

$$P(\xi = x_i) = \frac{1}{N} \qquad i = 1, 2, 3, \ldots, N, \tag{8.1}$$

y la función de distribución viene dada por

$$F(x) = \begin{cases} 0 & \text{si } x < x_1, \\ \frac{1}{N} & \text{si } x_1 \leq x < x_2, \\ \vdots & \\ \frac{i}{N} & \text{si } x_i \leq x < x_{i+1}, \\ \vdots & \\ 1 & \text{si } x \geq x_N. \end{cases}$$

La esperanza matemática de la distribución uniforme es

$$E[\xi] = \sum_{i=1}^{N} x_i P(\xi = x_i) = \sum_{i=1}^{N} x_i \frac{1}{N} = \frac{1}{N} \sum_{i=1}^{N} x_i$$

y para obtener la varianza calculamos

$$E[\xi^2] = \sum_{i=1}^{N} x_i^2 P(\xi = x_i) = \sum_{i=1}^{N} x_i^2 \frac{1}{N} = \frac{1}{N} \sum_{i=1}^{N} x_i^2$$

y entonces es

$$\text{Var}[\xi] = E[\xi^2] - (E[\xi])^2 = \frac{1}{N} \sum_{i=1}^{N} x_i^2 - \left(\frac{1}{N} \sum_{i=1}^{N} x_i \right)^2.$$

EJEMPLO 8.1. La variable aleatoria que describe los resultados del lanzamiento de un dado sigue una distribución uniforme discreta. Su esperanza y su varianza son

$$E[\xi] = \frac{1}{6} \sum_{i=1}^{6} x_i = \frac{1}{6}(1+2+3+4+5+6) = \frac{7}{2} = 3,5,$$

$$\text{Var}[\xi] = \frac{1}{6}(1^2 + 2^2 + 3^3 + 4^2 + 5^2 + 6^2) - \left(\frac{7}{2} \right)^2 = \frac{35}{12} \simeq 2,917.$$

8.2. Distribución binomial $B(n,p)$

Es evidente que todo suceso «ocurre» o «no ocurre», y por muchos posibles resultados que pueda mostrar un problema siempre se puede describir en términos de «aceptable» o «no aceptable». Pensemos en que el ordenador «funciona» o «no funciona», el trabajador está enfermo o no, se cumplen las especificaciones o no.

Bajo este punto de vista, los posibles resultados son sólo dos y mutuamente excluyentes. Si las probabilidades de estos resultados «A» y «no A», denotadas p y q respectivamente, son las mismas cuando se repite el ensayo decimos que tenemos un *ensayo de Bernoulli*. Lo usual es que se hagan varios ensayos Bernoulli consecutivos, y nos interese el número k de éxitos en n ensayos, independientemente del orden en que ocurran, a la distribución así definida se le denomina **distribución binomial**.

EJEMPLO 8.2. Si lanzamos una moneda cuatro veces puede salir cara (éxito) 0, 1, 2, 3 ó 4 veces; cuando salga sólo una cara, en los cuatro lanzamientos, puede hacerlo en el primero, segundo, tercero o cuarto lanzamiento, y no tendremos en cuenta el lanzamiento en que apareció.

Procedamos a calcular la probabilidad de obtener k éxitos en n ensayos. Un suceso estará representado por el símbolo $CCCXCX\ldots CX$ donde hay k éxitos (caras) y $n-k$ fracasos (cruces). Dado que no nos importa el orden de aparición del éxito, la probabilidad de este suceso será la misma que la probabilidad del suceso $C\ldots CX\ldots X$ donde k caras consecutivas están seguidas de $n-k$ cruces, cuyo valor es

$$p^k q^{n-k} = p^k(1-p)^{n-k}$$

Dado que el suceso de k éxitos en n intentos, donde no importa el orden, puede ocurrir de $\binom{n}{k}$ maneras distintas, tendremos que la probabilidad de k éxitos en los n intentos viene dada por

$$P(\xi = k) = \binom{n}{k} p^k(1-p)^{n-k}, \qquad k = 0,1,2,3,\ldots,n. \tag{8.2}$$

Evidentemente coincide con la probabilidad de obtener $n-k$ fracasos en n intentos, porque $\binom{n}{k} = \binom{n}{n-k}$ son las distintas maneras de obtener $n-k$ fracasos en n intentos, así que

$$\binom{n}{k} p^k(1-p)^{n-k} = \binom{n}{n-k} p^k(1-p)^{n-k}.$$

Si expresamos

$$\binom{n}{k} p^k(1-p)^{n-k} = \binom{n}{k} p^k q^{n-k},$$

y observamos el desarrollo que sigue, por la fórmula del binomio de Newton,

$$(p+q)^n = \binom{n}{0} p^0 q^n + \binom{n}{1} p^1 q^{n-1} + \cdots + \binom{n}{k} p^k q^{n-k} + \cdots + \binom{n}{n} p^n q^0,$$

vemos que el k-ésimo término del desarrollo corresponde con la expresión que hemos encontrado para la probabilidad en nuestra distribución: de ahí el nombre de *binomial*. También podemos utilizar el desarrollo del binomio para comprobar que nuestra distribución binomial verifica el axioma 1 de probabilidad:

$$\sum_{k=0}^{n} \binom{n}{k} p^k q^{n-k} = \binom{n}{0} p^0 q^n + \binom{n}{1} p^1 q^{n-1} + \cdots + \binom{n}{k} p^k q^{n-k} + \cdots + \binom{n}{n} p^n q^0 =$$
$$= (p+q)^n = 1^n = 1.$$

La distribución binomial tiene por función característica

$$\varphi(t) = (pe^{it} + q)^n.$$

Su esperanza es np y su varianza npq.

En efecto, la fórmula del binomio de Newton nos permite calcular la función característica:

$$\begin{aligned} \varphi(t) & = E\left[e^{it\xi}\right] = e^{it0}P(\xi=0)+e^{it1}P(\xi=1)+\cdots+e^{itn}P(\xi=n) = \\ & = e^{it0}\binom{n}{0}p^0q^n + e^{it1}\binom{n}{1}p^1q^{n-1}+\cdots+e^{itn}\binom{n}{n}p^nq^0 = \\ & = \binom{n}{0}(pe^{it})^0q^n + \binom{n}{1}(pe^{it})^1q^{n-1}+\cdots+\binom{n}{n}(pe^{it})^nq^0 = (pe^{it}+q)^n \end{aligned}$$

y a partir de la función característica calculamos el valor de la esperanza matemática

$$E[\xi] = \frac{\varphi'(0)}{i} = \left[\frac{n(pe^{it}+q)^{n-1}pe^{it}i}{i}\right]_{t=0} = n(p+q)p = np.$$

Este resultado confirma la idea intuitiva de que si realizamos un número n suficientemente grande de ensayos, con probabilidad de éxito p, obtendremos en media np éxitos.

Para calcular la varianza, como

$$\begin{aligned} E[\xi^2] & = \frac{\varphi''(0)}{i^2} = \left[n(pe^{it}+q)^{n-2}(n-1)p^2e^{2it}+n(pe^{it}+q)^{n-1}pe^{it}\right]_{t=0} = \\ & = n(p+q)^{n-2}(n-1)p^2 + n(p+q)^{n-1}p = n(n-1)p^2+np = (np)^2-np^2+np, \end{aligned}$$

resulta que

$$\mathrm{Var}[\xi] = E[\xi^2] - (E[\xi])^2 = -np^2 + np = np(1-p) = npq.$$

8.3. Distribución binomial negativa $BN(k,p)$

En determinadas situaciones interesa conocer el número n de pruebas que hemos de realizar hasta obtener un número establecido, k, de éxitos. Estas circunstancias son muy frecuentes en la industria: número n de perforaciones petrolíferas hasta conseguir k productivas, número n de intentos de venta hasta lograr k de ellas, número n de nuevos fármacos hasta obtener k de ellos eficaces, número n de productos lanzados al mercado hasta que k de ellos sean aceptados por los clientes,...

Si la variable aleatoria, ξ, que queremos observar es el número de fracasos, r, obtenidos hasta que se presente el k-ésimo éxito, la distribución así obtenida se llama distribución **binomial negativa** y la indicaremos por $BN(k,p)$.

Téngase en cuenta que el número de veces en que ocurre un suceso es fijo y la variable aleatoria es el número n de ensayos a realizar hasta obtener el k-ésimo éxito; por el contrario, en la distribución binomial el número de ensayos n es fijo, y lo aleatorio es el número de veces que se obtiene el suceso en esos n ensayos.

Cada suceso que resulte en los n ensayos tendrá k éxitos y $r = n - k$ fracasos, siendo necesariamente el último un éxito como se muestra en la secuencia $EE\ldots EFF\ldots FE$ formada por $k-1$ éxitos consecutivos, r fracasos a continuación y por último un éxito. La probabilidad de este suceso es p^kq^r siendo p la probabilidad de éxito en una prueba de Bernoulli y q la de fracaso. Ahora bien, los r fracasos y los $k-1$ éxitos anteriores al último pueden aparecer permutados. Como el último intento es un éxito lo que tenemos que hacer es ubicar los $k-1$ éxitos en los $k+r-1$ intentos, es decir, saber de cuántas maneras podemos hacer grupos de tamaño $k-1$ entre $k+r-1$ elementos, que son tantas como las combinaciones

$$\binom{k+r-1}{k-1}$$

por lo tanto la probabilidad que buscamos está dada por

$$P(\xi = r) = \binom{k+r-1}{k-1}p^k q^r, \qquad r = 0,1,2,3,\dots \qquad (8.3)$$

Teniendo en cuenta la propiedad de los números combinatorios complementarios, dada por (1.8) se tiene que

$$\binom{k+r-1}{k-1} = \binom{k+r-1}{r}$$

por lo que también podemos escribir (8.3) en la forma

$$P(\xi = r) = \binom{k+r-1}{r}p^k q^r,$$

que podemos interpretar diciendo que la probabilidad de obtener r fracasos en n intentos, siendo el último éxito, coincide con la probabilidad de obtener k éxitos en n intentos, siendo el último un éxito. Otra forma de obtener la distribución es considerar las permutaciones con repetición de $k-1$ éxitos y r fracasos, cuyo número coincide con C_{k+r-1}^{k-1} y con C_{k+r-1}^{r}, como se vio en el problema resuelto 1.19.

Comprobemos que se trata de una función de probabilidad:

$$
\begin{aligned}
\sum_{r=0}^{\infty} P(\xi = r) &= \sum_{r=0}^{\infty} \binom{k+r-1}{k-1}p^k q^r = \\
&= \binom{k-1}{k-1}p^k q^0 + \binom{k}{k-1}p^k q + \binom{k+1}{k-1}p^k q^2 + \binom{k+2}{k-1}p^k q^3 + \cdots = \\
&= p^k \left[1 + \frac{k!}{(k-1)!1!}q + \frac{(k+1)!}{(k-1)!2!}q^2 + \frac{(k+2)!}{(k-1)!3!}q^3 + \cdots \right] = \\
&= p^k(1-q)^{-k} = p^k p^{-k} = 1,
\end{aligned}
$$

ya que la suma de términos del corchete es la serie de McLaurin de la función $f(x) = (1-x)^{-k}$, con $x = q$, que es convergente por ser $0 < q < 1$. En efecto, considerando la función $f(x) = (1-x)^{-k}$ y sus derivadas particularizadas en $x = 0$:

$$
\begin{aligned}
f(x)]_{x=0} &= 1 \\
f'(x)]_{x=0} &= k(1-x)^{-k-1}]_{x=0} = k \\
f''(x)]_{x=0} &= k(k+1)(1-x)^{-k-2}]_{x=0} = k(k+1) \\
f'''(x)]_{x=0} &= k(k+1)(k+2)(1-x)^{-k-3}]_{x=0} = k(k+1)(k+2) \\
&\vdots \\
f^{(j)}(x)]_{x=0} &= k(k+1)\cdots(k+j-1)(1-x)^{-k-j}]_{x=0} = k(k+1)\cdots(k+j-1) \\
&\vdots
\end{aligned}
$$

resulta la serie de MacLaurin

$$
\begin{aligned}
(1-x)^{-k} &= 1 + \frac{k}{1!}x + \frac{k(k+1)}{2!}x^2 + \frac{k(k+1)(k+2)}{3!}x^3 + \cdots + \frac{k(k+1)\cdots(k+j-1)}{j!}x^j + \cdots \\
&= \sum_{j=0}^{\infty} \frac{k(k+1)\cdots(k+j-1)}{j!}x^j = \sum_{j=0}^{\infty} \frac{k!}{(k-j)!j!}x^j,
\end{aligned}
$$

que para $x = q$ coincide con los términos del corchete. Luego se trata de una función de probabilidad.

Además el mismo resultado permite responder a una pregunta que quizá el lector se esté formulando: ¿Es posible que en una sucesión infinita no se presenten los k éxitos? No es posible, ya que $\sum_{r=0}^{\infty} P(\xi = r)$ es la probabilidad que resulta de obtener los k éxitos tras $r = 0, 1, 2, 3, \dots$ fracasos. Esta secuencia es infinita y tiene probabilidad 1 de que se den los k éxitos, luego no pueden descartarse los k éxitos en la sucesión infinita.

La función característica resulta ser

$$
\begin{aligned}
\varphi(t) &= E[e^{it\xi}] = \sum_{r=0}^{\infty} P(\xi = r)e^{it\xi} = \sum_{r=0}^{\infty} \binom{k+r-1}{k-1} p^k q^r e^{itr} = \\
&= p^k \left[\binom{k-1}{k-1} q^0 e^0 + \binom{k}{k-1} q e^{it} + \binom{k+1}{k-1} q^2 e^{2it} + \binom{k+2}{k-1} q^3 e^{3it} + \cdots \right] = \\
&= p^k \left[1 + \frac{k!}{(k-1)!\,1!} q e^{it} + \frac{(k+1)!}{(k-1)!\,2!} (qe^{it})^2 + \frac{(k+2)!}{(k-1)!\,3!} (qe^{it})^3 + \cdots \right] = p^k (1 - qe^{it})^{-k},
\end{aligned}
$$

ya que la suma de términos del corchete es la serie de MacLaurin compleja de la función $(1 - qe^{it})^{-k}$, que es convergente por ser $|qe^{it}| < 1$.

De esta expresión obtenemos la esperanza matemática

$$
\begin{aligned}
E[\xi] &= \frac{1}{i} \varphi'(t)]_{t=0} = \frac{1}{i} p^k (-k)(1 - qe^{it})^{-k-1}(-qie^{it})]_{t=0} = \\
&= kqp^k e^{it} (1 - qe^{it})]_{t=0} = \frac{kq}{p}
\end{aligned}
$$

De forma análoga para obtener la varianza, y dado que

$$
\begin{aligned}
E[\xi^2] &= \frac{1}{i^2} \varphi''(t)]_{t=0} = \\
&= \frac{1}{i^2} \left[i^2 kqp^k (1 - qe^{it})^{-k-1} + i^2 kqp^k e^{it}(-k-1)(1 - qe^{it})^{-k-2}(-qe^{it}) \right]_{t=0} = \\
&= [kqp^k p^{-k-1} + k(k+1)q^2 p^k p^{-k-2}] = kqp^{-1} + k(k+1)q^2 p^{-2},
\end{aligned}
$$

resulta

$$
\mathrm{Var}[\xi] = E[\xi^2] - (E[\xi])^2 = \frac{kq}{p} + k(k+1)\frac{q^2}{p^2} - \left(k\frac{q}{p} \right)^2 = \frac{kq}{p} + \frac{kq^2}{p^2} = kq\frac{p+q}{p^2} = \frac{kq}{p^2}
$$

Es decir,

$$
E[\xi] = \frac{kq}{p} \qquad \text{y} \qquad \mathrm{Var}[\xi] = \frac{kq}{p^2} \tag{8.4}
$$

Los números combinatorios se definieron por la fórmula (1.6) mediante factoriales, para números enteros positivos $0 \le n \le m$. Simplificando factores comunes en numerador y denominador, podemos también escribir

$$
\binom{m}{n} = \frac{m(m-1)(m-2)\cdots(m-m+2)(m-n+1)}{n!}
$$

es decir n factores decrecientes desde m en el numerador y el valor $n!$ en el denominador. Esta definición puede extenderse al caso en que el índice superior del número combinatorio sea un entero negativo, del siguiente modo: si m es un entero positivo, definimos

$$\binom{-m}{n} = \frac{(-m)(-m-1)(-m-2)\cdots(-m-n+2)(-m-n+1)}{n!}$$

Como consecuencia se verifica la siguiente propiedad.

Propiedad.

$$\binom{k+r-1}{k-1} = (-1)^r \binom{-k}{r} \tag{8.5}$$

DEMOSTRACIÓN.

Como es

$$
\begin{aligned}
\binom{-k}{r} &= \frac{(-k)(-k-1)(-k-2)\cdots(-k-r+2)(-k-r+1)}{r!} = \\
&= \frac{(-1)^r k(k+1)(k+2)\cdots(k+r+2)(k+r+1)}{r!} = \\
&= (-1)^r \frac{(k+r+1)!}{r!\,(k-1)!} = (-1)^r \binom{k+r+1}{k-1}
\end{aligned}
$$

donde hemos multiplicado numerador y denominador por $(k-1)!$, está demostrada la propiedad. Sería un grave error expresar el anterior número combinatorio en la forma factorial:

$$\binom{-k}{r} = \frac{(-k)!}{r!\,(-k-r)!},$$

ya que no está definido el factorial de enteros negativos. $\qquad\square$

Si en la fórmula (8.3) que nos da las probabilidades de la distribución binomial negativa, sustituimos el número combinatorio por la expresión de la propiedad anterior, resulta

$$P(\xi=r) = (-1)^r \binom{-k}{r} p^k q^r = \binom{-k}{r} p^k (-q)^r, \qquad r = 0, 1, 2, \ldots,$$

cuyo aspecto es semejante al de la distribución binomial y hace que esta distribución se llame binomial negativa.

8.4. Distribución geométrica $G(p)$

Si queremos un único éxito al final de n ensayos obtendremos la **distribución geométrica**, o de Pascal. Se trata de obtener $n-1$ fracasos seguidos de un éxito y se deduce de la binomial negativa para $k=1$, $r=n-1$. Si la variable aleatoria ξ es el número de ensayos necesarios para obtener un éxito, la probabilidad está dada por

$$P(\xi=n) = \binom{1+n-1-1}{1-1} p^1 q^{n-1} = pq^{n-1} \tag{8.6}$$

La esperanza y la varianza también pueden obtenerse a partir de la función característica.

La probabilidad del suceso $FF\ldots FE$, consistente en obtener $n-1$ fracasos seguidos de un éxito, es $q^{n-1}p$, $n = 1, 2, 3, \ldots$, que nos permite calcular

$$\sum_{n=1}^{\infty} P(\xi = n) = \sum_{n=1}^{\infty} q^{n-q}p = p \sum_{n=1}^{\infty} q^{n-1} = p \frac{1}{1-q} = \frac{p}{p} = 1,$$

lo cual indica que se trata de una función de probabilidad. La serie se ha sumado teniendo en cuenta que es una serie geométrica de razón $q < 1$.

La función característica es

$$\varphi(t) = E\left[e^{it\xi}\right] = \sum_{n=1}^{\infty} e^{it\xi} P(\xi = n) = \sum_{n=1}^{\infty} e^{itn} q^{n-1} p = pe^{it} \sum_{n=1}^{\infty} (qe^{it})^{n-1} = \frac{pe^{it}}{1 - qe^{it}}$$

nuevamente se trata de una serie geométrica, en la que $|qe^{it}| < 1$.

La esperanza es

$$E[\xi] = \frac{1}{i} \varphi'(t) \Big]_{t=0} = \frac{ipe^{it}}{i(1-qe^{it})^2} \Big]_{t=0} = \frac{p}{(1-q)^2} = \frac{1}{p}$$

y para el cálculo de la varianza hallamos

$$E[\xi^2] = \frac{1}{i^2} \varphi''(t) \Big]_{t=0} = \frac{1}{i^2} \left[\frac{i^2 p(1-qe^{it})^2 - ipe^{it} 2(1-qe^{it})(-qie^{it})}{(1-qe^{it})^4} \right]_{t=0} =$$

$$= \frac{p(1-q)^2 + 2pq^2(1-q)}{(1-q)^4} = \frac{p^3 + 2p^2 q}{p^4} = \frac{1}{p} + \frac{2q}{p^2}$$

por lo tanto

$$\mathrm{Var}[\xi] = E[\xi^2] - (E[\xi])^2 = \frac{1}{p} + \frac{2q}{p^2} - \frac{1}{p^2} = \frac{p + 2q - 1}{p^2} = \frac{1 - q + 2q - 1}{p^2} = \frac{q}{p^2}$$

Si particularizamos en la fórmula de la esperanza matemática dada por (8.4), $k = 1$, resulta $E[\xi] = q/p$ que no coincide con la esperanza que acabamos de calcular y es $E[\xi] = 1/p$. Esto es debido a que la variable aleatoria ξ considerada en la distribución geométrica mide el número total, n, de ensayos hasta conseguir un éxito, mientras que la variable aleatoria de la distribución binomial negativa contaba el número r de fracasos antes de alcanzar los éxitos pedidos, que en este caso serían $n-1$.

8.5. Distribución de Poisson $P(\lambda)$

La distribución binomial permite encontrar la probabilidad de obtener k éxitos en n intentos, que es un soporte discreto. Podría darse la circunstancias de que un suceso ocurriera o no sobre un soporte continuo; por ejemplo, recibir o no una llamada telefónica entre las tres y las cuatro.

Buscamos una distribución tal que:

1. nos proporcione el número de sucesos independientes ocurridos en una unidad de tiempo (soporte continuo);

2. el número de sucesos ocurridos en una unidad de tiempo sea independiente de los sucesos ocurridos en otras unidades de tiempo;

3. la probabilidad de que un suceso ocurra en una unidad de tiempo sea el mismo para todas las unidades de tiempo;

4. el promedio de sucesos en cada unidad de tiempo, que representaremos por λ, permanezca constante.

La distribución que describe este tipo de fenómenos se denomina **distribución de Poisson** y su probabilidad está dada por

$$P(\xi = k) = \frac{e^{-\lambda}\lambda^k}{k!} \qquad k = 0, 1, 2, 3, \dots \tag{8.7}$$

Esta distribución tiene muy diversas aplicaciones: individuos que llegan a una ventanilla en el banco, supermercado, cajero,...; productos que llegan a la fábrica, la tienda, el almacén,...; coches que llegan a la gasolinera, al peaje, a estrellarse,..., fax, e-mail, llamadas telefónicas...

Aunque hemos hablado para sucesos acaecidos en una unidad de tiempo t, el mismo argumento se aplicaría a la distribución espacial si la probabilidad de que ocurran los sucesos depende sólo de la longitud, área o volumen considerado: dispersión de fluidos (contaminación atmosférica), bacterias y células en la sangre, impactos de bombas y meteoritos, defectos en materiales: daños en un tejido, soldaduras defectuosas en el proceso de fabricación, botellas rotas en un envasado...

Para calcular la esperanza y la varianza vamos a obtener la función característica, que se deduce fácilmente de la serie de potencias de e^x, que es $e^x = \sum_{k=0}^{\infty} \frac{x^k}{k!}$,

$$\varphi(t) = E\left[e^{it\xi}\right] = \sum_{k=0}^{\infty} e^{itk}\frac{e^{-\lambda}\lambda^k}{k!} = e^{-\lambda}\sum_{k=0}^{\infty}\frac{(\lambda e^{it})^k}{k!} = e^{-\lambda}e^{\lambda e^{it}} = e^{\lambda(e^{it}-1)}.$$

Nuevamente utilizando la serie de potencias de e^x podemos comprobar que

$$\sum_{k=0}^{\infty} P(\xi = k) = 1.$$

En efecto

$$\sum_{k=0}^{\infty} P(\xi = k) = \sum_{k=0}^{\infty}\frac{e^{-\lambda}\lambda^k}{k!} = e^{-\lambda}\sum_{k=0}^{\infty}\frac{\lambda^k}{k!} = e^{-\lambda}e^{\lambda} = 1.$$

A partir de la función característica obtenemos

$$E[\xi] = \frac{\varphi'(0)}{i} = \frac{1}{i}\left[e^{\lambda(e^{it}-1)}\lambda e^{it}i\right]_{t=0} = \lambda,$$

$$E[\xi^2] = \frac{\varphi''(0)}{i^2} = \frac{1}{i^2}\left[e^{\lambda(e^{it}-1)}\lambda^2 e^{2it}i^2 + e^{\lambda(e^{it}-1)}\lambda e^{it}i\right]_{t=0} = \lambda^2 + \lambda,$$

por lo que

$$\text{Var}[\xi] = E[\xi^2] - (E[\xi])^2 = \lambda^2 + \lambda - \lambda^2 = \lambda.$$

La distribución de Poisson como límite de la binomial

La distribución que estamos estudiando fue originalmente obtenida por Poisson, de ahí su nombre, como límite de la distribución binomial cuando $n \to \infty$ y $p \to 0$, pero manteniendo $np = $ constante. Un ejemplo sencillo nos conducirá a la relación entre las dos distribuciones.

Consideremos un intervalo unitario y dividámoslo en n subintervalos de la misma amplitud, $1/n$, y distribuyamos bolas aleatoriamente en los n subintervalos. El reparto de las bolas en los subintervalos lo haremos con igual probabilidad p_n en todos ellos, sin tener en cuenta si el subintervalo ya contiene alguna bola y sin atender a las bolas caídas en otros subintervalos. Según lo dicho, hay n subintervalos que pueden estar ocupados (por una o más bolas) o vacíos, y la probabilidad p_n de que estén ocupados o vacíos es independiente de los otros. Por lo tanto, si nos preguntamos cuál es la probabilidad de tener k ocupados entre los n la respuesta nos la dará la distribución binomial, como el valor

$$\binom{n}{k} p_n^k (1-p_n)^{n-k}$$

La probabilidad de que todos los subintervalos estén vacíos es $p = (1-p_n)^n$, es decir, la probabilidad de que el intervalo unitario no contenga ninguna bola es $p = (1-p_n)^n$ que deberá tender a un límite finito C cuando $n \to \infty$ (sea cual sea su valor éste será finito, que indica que no han caído bolas en el intervalo unitario):

$$\lim_{n\to\infty} p = \lim_{n\to\infty} (1-p_n)^n = C,$$

tomando logaritmos:

$$\lim_{n\to\infty} \log(1-p_n)^n = \log C = C_1 = \text{constante},$$
$$\lim_{n\to\infty} \log(1-p_n)^n = \lim_{n\to\infty} n\log(1-p_n) = \lim_{n\to\infty} n(p_n + p_n^2 + \cdots)$$

y para que este límite sea la constante C_1 necesitamos que $\lim_{n\to\infty} np_n$ sea constante. Por lo tanto, en el modelo existe un parámetro constante $\lambda = \lim_{n\to\infty} np_n$. Y si λ es constante y $n \to \infty$, entonces $p \to 0$ como $p_n = \lim_{n\to\infty} \frac{\lambda}{n}$.

Así que lo que vamos a calcular es

$$\lim_{\substack{n\to\infty \\ p_n\to 0}} \binom{n}{k} p_n^k (1-p_n)^{n-k} = \lim_{\substack{n\to\infty \\ p_n\to 0}} \frac{n!}{k!\,(n-k)!} p_n^k (1-p_n)^{n-k}$$

sustituyendo $p_n = \lim_{n\to\infty} \frac{\lambda}{n}$ tenemos

$$\lim_{n\to\infty} \frac{n!}{k!\,(n-k)!} \left(\frac{\lambda}{n}\right)^k \left(1-\frac{\lambda}{n}\right)^{n-k} = \frac{\lambda^k}{k!} \lim_{n\to\infty} \frac{n(n-1)\cdots[n-(k-1)]}{n^k} \frac{\lim_{n\to\infty}\left(1-\frac{\lambda}{n}\right)^n}{\lim_{n\to\infty}\left(1-\frac{\lambda}{n}\right)^k} =$$

$$= \frac{\lambda^k}{k!} e^{-\lambda}$$

ya que

$$\lim_{n\to\infty} \frac{n(n-1)\cdots[n-(k-1)]}{n^k} = \lim_{n\to\infty} \frac{n^k + a_1 n^{k-1} + a_2 n^{k-2} + \cdots + a_{n-1}n}{n^k} = 1$$

$$\lim_{n\to\infty} \left(1-\frac{\lambda}{n}\right)^n = e^{-\lambda}$$

$$\lim_{n\to\infty} \left(1-\frac{\lambda}{n}\right)^k = 1.$$

El hecho de obtener la distribución de Poisson como el límite de la binomial cuando $p \to 0$ hace que se le conozca con el nombre de distribución de los fenómenos raros. Con ella podemos calcular la probabilidad de: tener fortuna en la lotería, sufrir enfermedades poco frecuentes, aparecer fenómenos meteorológicos extraños, cometer erratas tipográficas, o errores en las cuentas de la empresa (si no hay intención de defraudar a Hacienda), producirse desintegraciones radioactivas, realizar llamadas a números equivocados, etc.

La distribución de Poisson da una buena aproximación de la binomial cuando $p \leq 0,5$ y $\lambda = np < 5$.

A la hora de discutir el modelo argumentamos que la probabilidad de que todos los subintervalos estuviesen vacíos era $p = (1 - p_n)^n$, y que debería tener un límite finito cuando $n \to \infty$. Calculemos ese límite y comparémoslo con el valor dado por la distribución de Poisson.

Para calcular $\lim_{n\to\infty}(1 - p_n)^n$, se sustituye $p_n = \lim_{n\to\infty} \frac{\lambda}{n}$ y se obtiene

$$\lim_{n\to\infty} \left(1 - \frac{\lambda}{n}\right)^n = e^{-\lambda}.$$

De la función de probabilidad encontramos

$$P(\xi = 0) = \frac{e^{-\lambda}\lambda^0}{0!} = e^{-\lambda},$$

ambos resultados coinciden.

8.6. Distribución hipergeométrica $H(N,n,p)$

Supongamos que en una urna tenemos N_1 bolas blancas y N_2 bolas negras. Sea $N = N_1 + N_2$. La probabilidad de sacar blanca en una extracción es $p = N_1/N$ y que resulte negra es $q = N_2/N$. Si queremos saber cuál es la probabilidad de obtener k bolas blancas en n extracciones con reemplazamiento recurriremos a la distribución binomial. Pero si las bolas que extraemos no las volvemos a dejar en la urna, extracción sin reemplazamiento, la probabilidad de extraer una bola blanca o una negra va cambiando con las sucesivas extracciones.

Hagamos una extracción de n bolas y consideremos el suceso consistente en obtener k blancas y $n-k$ negras. En la urna hay N_1 bolas blancas, por lo que las formas de seleccionar k blancas entre las N_1 es $\binom{N_1}{k}$. De la misma manera, hay $\binom{N_2}{n-k}$ formas de seleccionar las $n-k$ negras entre las N_2 negras de la urna. Dado que cualquier elección de bolas blancas pueden combinarse con cualquier selección de negras tendremos que hay $\binom{N_1}{k}\binom{N_2}{n-k}$ formas diferentes de elegir las bolas. Como el número de formas de extraer n bolas entre las N es $\binom{N}{n}$, tendremos que nuestra distribución de probabilidad será

$$P(\xi = k) = \frac{\binom{N_1}{k}\binom{N_2}{n-k}}{\binom{N}{n}} \tag{8.8}$$

con $N = N_1 + N_2$, siendo n el número de elementos extraídos, $n < N$, k el número de éxitos en los n elementos y N_1 el número de éxitos en N. Esta distribución se denomina **distribución hipergeométrica**.

El valor de la esperanza está dado por

$$\begin{aligned} E[\xi] &= 0 \cdot P(\xi=0) + 1 \cdot P(\xi=1) + \cdots + k \cdot P(\xi=k) + \cdots + n \cdot P(\xi=n) = \\ &= \sum_{k=0}^{\infty} \frac{\binom{N_1}{k}\binom{N_2}{n-k}}{\binom{N}{n}} \end{aligned}$$

y considerando un término genérico de la suma se tiene

$$kP(\xi k) = k\frac{\binom{N_1}{k}\binom{N_2}{n-k}}{\binom{N}{n}} = k\frac{\frac{N_1!}{k!(N_1-k)!}\binom{N_2}{n-k}}{\frac{N!}{n!(n-k)!}} = \frac{\frac{kN_1(N_1-1)!}{k(k-1)!(N_1-k)!}\binom{N_2}{n-k}}{\frac{N}{n}\frac{(N-1)!}{(n-1)!(N-n)!}} = n\frac{N_1}{N}\frac{\binom{N_1-1}{k-1}\binom{N_2}{n-k}}{\binom{N-1}{n-1}}$$

Si sustituimos esta expresión en $E[\xi]$ y observamos que sumamos en k obtenemos:

$$E[\xi] = n\frac{N_1}{N}\frac{\sum_{k=1}^{\infty}\binom{N_1-1}{k-1}\binom{N_2}{n-k}}{\binom{N-1}{n-1}} = n\frac{N_1}{N} = np,$$

donde la segunda igualdad se debe a que

$$\sum_{k=1}^{\infty}\binom{N_1-1}{k-1}\binom{N_2}{n-k} = \binom{N-1}{n-1} \tag{8.9}$$

Para demostrar esta igualdad escribamos

$$(1+x)^{N-1} = (1+x)^{N_1-1+N_2} = (1+x)^{N_1-1}(1+x)^{N_2}$$

y comparemos el término de x^{n-1} de $(1+x)^{N-1}$ con el término de x^{n-1} de

$$(1+x)^{N_1-1}(1+x)^{N_2}.$$

Para ello desarrollamos según el binomio de Newton

$$(1+x)^{N-1} = \binom{N-1}{0}x^0 + \cdots + \binom{N-1}{n-1}x^{n-1} + \cdots + \binom{N-1}{N-1}x^{N-1}$$

y encontramos que el término de x^{n-1} de $(1+x)^{N-1}$ es $\binom{N-1}{n-1}$.

A continuación desarrollamos

$$(1+x)^{N_1-1} = \binom{N_1-1}{0}x^0 + \cdots + \binom{N_1-1}{n-1}x^{n-1} + \cdots + \binom{N_1-1}{N_1-1}x^{N_1-1}$$

$$(1+x)^{N_2} = \binom{N_2}{0}x^0 + \cdots + \binom{N_2}{n-1}x^{n-1} + \cdots + \binom{N_2}{N_2}x^{N_2}$$

si multiplicamos término a término encontramos que el término de x^{n-1} de $(1+x)^{N_1-1}(1+x)^{N_2}$ es

$$\binom{N_1-1}{0}\binom{N_2}{n-1} + \cdots + \binom{N_1-1}{n-2}\binom{N_2}{1} + \binom{N_1-1}{n-1}\binom{N_2}{0}$$

Por lo cual

$$\binom{N-1}{n-1} = \binom{N_1-1}{0}\binom{N_2}{n-1} + \cdots + \binom{N_1-1}{n-2}\binom{N_2}{1} + \binom{N_1-1}{n-1}\binom{N_2}{0} =$$

$$= \sum_{k=1}^{\infty}\binom{N_1-1}{k-1}\binom{N_2}{n-k},$$

como queríamos demostrar. (Puede seguirse una demostración alternativa de la fórmula (8.9) en el ejercicio en detalle 1.12).

Calculemos la varianza a través de $E\left[(\xi - E[\xi])^2\right]$:

$$\text{Var}[\xi] = E[(\xi - E[\xi])^2] = E\left[\left(\xi - n\frac{N_1}{N}\right)^2\right] = \sum_{k=0}^{n}\left(k - n\frac{N_1}{N}\right)^2 P(\xi = k) =$$

$$= \sum_{k=0}^{n}\left(k - n\frac{N_1}{N}\right)^2 \frac{\binom{N_1}{k}\binom{N_2}{n-k}}{\binom{N}{n}}$$

como

$$\sum_{k=0}^{\infty}\left(k - n\frac{N_1}{N}\right)^2 = k^2 - 2kn\frac{N_1}{N} + n^2\frac{N_1^2}{N^2} = k^2 - k + k - 2kn\frac{N_1}{N} + n^2\frac{N_1^2}{N^2}$$

$$= k(k-1) + k\left(1 - 2n\frac{N_1}{N}\right) + n^2\frac{N_1^2}{N^2}$$

se tiene

$$\text{Var}[\xi] = \sum_{k=0}^{n} k(k-1)\frac{\binom{N_1}{k}\binom{N_2}{n-k}}{\binom{N}{n}} + \left(1 - 2n\frac{N_1}{N}\right)\sum_{k=0}^{n} k\frac{\binom{N_1}{k}\binom{N_2}{n-k}}{\binom{N}{n}} + n^2\frac{N_1^2}{N^2}\sum_{k=0}^{n}\frac{\binom{N_1}{k}\binom{N_2}{n-k}}{\binom{N}{n}}$$

Teniendo en cuenta que

$$\sum_{k=0}^{n} k\frac{\binom{N_1}{k}\binom{N_2}{n-k}}{\binom{N}{n}}$$

es la esperanza, que ya ha sido calculada con valor $n\frac{N_1}{N}$, y que

$$\sum_{k=0}^{n}\frac{\binom{N_1}{k}\binom{N_2}{n-k}}{\binom{N}{n}} = 1,$$

por ser la suma de las probabilidades para una distribución de probabilidad, en este caso la hipergeométrica . (Que también podemos demostrar comparando el coeficiente de x^n de $(1+x)^N$ con el coeficiente de x^n de $(1+x)^{N_1}(1+x)^{N_2}$ porque

$$(1+x)^N = (1+x)^{N_1+N_2} = (1+x)^{N_1}(1+x)^{N_2},$$

como ya hemos hecho anteriormente).

Con estas simplificaciones se tiene

$$\text{Var}[\zeta] = \sum_{k=0}^{n} k(k-1)\frac{\binom{N_1}{k}\binom{N_2}{n-k}}{\binom{N}{n}} + \left(1 - 2n\frac{N_1}{N}\right)n\frac{N_1}{N} + n^2\frac{N_1^2}{N^2} -$$

$$= \sum_{k=0}^{n} k(k-1)\frac{\binom{N_1}{k}\binom{N_2}{n-k}}{\binom{N}{n}} + n\frac{N_1}{N} - n^2\frac{N_1^2}{N^2}$$

Dado que

$$\sum_{k=0}^{n} k(k-1)\frac{\binom{N_1}{k}\binom{N_2}{n-k}}{\binom{N}{n}} = \sum_{k=0}^{n} k(k-1)\frac{\frac{N_1!}{k!(N_1-k)!}\binom{N_2}{n-k}}{\frac{N!}{n!(N-n)!}} =$$

$$= \sum_{k=0}^{n}\frac{k(k-1)\frac{N_1(N_1-1)(N_1-2)!}{k(k-1)(k-2)!(N_1-k)!}\binom{N_2}{n-k}}{\frac{N(N-1)(N-2)!}{n(n-1)(n-2)!(N-n)!}} =$$

$$= \frac{n(n-1)N_1(N_1-1)}{N(N-1)}\sum_{k=0}^{n}\frac{\binom{N_1-2}{k-2}\binom{N_2}{n-k}}{\binom{N-2}{n-2}} = \frac{n(n-1)N_1(N_1-1)}{N(N-1)}$$

donde en la última igualdad hemos tenido en cuenta que

$$\sum_{k=0}^{n} \binom{N_1-2}{k-2} \binom{N_2}{n-k} = \binom{N-2}{n-2}$$

obtenido a partir de comparar los coeficientes de x^{n-2} en

$$(1+x)^{N-2} = (1+x)^{N_1-2+N_2} = (1+x)^{N_1-2} = (1+x)^{N_2}.$$

Finalmente se obtiene

$$
\begin{aligned}
\mathrm{Var}[\xi] &= \frac{n(n-1)N_1(N_1-1)}{N(N-1)} + n\frac{N_1}{N} - n^2\frac{N_1^2}{N^2} = \\
&= n\frac{N_1}{N}\left[\frac{(n-1)(N_1-1)}{N-1} + 1 - n\frac{N_1}{N}\right] = n\frac{N-n}{N-1}\frac{N_1}{N}\frac{N_2}{N} = npq\frac{N-n}{N-1}
\end{aligned}
$$

También se puede obtener la distribución hipergeométrica estudiando cómo cambian las probabilidades al tratarse de extracciones sin reemplazamiento.

Consideremos una extracción de n bolas, en la que se resultan k bolas blancas consecutivas y a continuación $n-k$ negras, es decir,

$$B\underbrace{\ldots\ldots}_{k\ blancas}B\ N\underbrace{\ldots\ldots}_{n-k\ negras}N$$

A la hora de calcular la probabilidad debemos tener en cuenta que el sacar una bola blanca disminuye en una unidad el número de blancas N_1 y el número de bolas en la urna N. Idénticamente, al sacar una bola negra disminuimos el número de negras N_2 y el número de bolas de la urna N.

- La probabilidad de sacar la primera blanca es $\frac{N_1}{N}$ porque hay N_1 blancas y N bolas en la urna.

- La probabilidad de sacar la segunda blanca es $\frac{N_1-1}{N-1}$ porque hay una blanca menos y una bola menos en la urna.

- La probabilidad de sacar la tercera blanca es $\frac{N_1-2}{N-2}$ porque hay dos blancas menos y dos bolas menos en la urna.

- $\vdots$

- La probabilidad de sacar la k-ésima blanca es $\frac{N_1-(k-1)}{N-(k-1)}$ porque hay $k-1$ blancas menos y $k-1$ bolas menos en la urna.

- La probabilidad de sacar la primera negra es $\frac{N_2}{N-k}$ porque hay N_2 negras y $N-k$ bolas en la urna.

- La probabilidad de sacar la segunda negra es $\frac{N_2-1}{N-k-1}$ porque hay N_2-1 negras y $N-k-1$ bolas en la urna.

- $\vdots$

- La probabilidad de sacar la $(n-k)$-ésima negra es

$$\frac{N_2-(n-k-1)}{N-k-(n-k-1)}=\frac{N_2-(n-(k+1))}{N-(n-1)}$$

porque hay $N_2-(n-k-1)$ negras y $N-k-(n-k-1)$ bolas en la urna.

Por lo tanto la probabilidad de extraer k bolas blancas seguidas de n k negras es

$$P(\text{extraer } k \text{ bolas blancas seguidas de } n-k \text{ negras})=$$
$$=\frac{N_1}{N}\frac{N_1-1}{N-1}\cdots\frac{N_1-(k-1)}{N-(k-1)}\frac{N_2}{N-k}\frac{N_2-1}{N-k-1}\cdots\frac{N_2-(n-(k+1))}{N-(n-1)}=$$
$$=\frac{\frac{N_1!}{(N_1-k)!}\frac{N_2!}{(N_2-(n-k))!}}{\frac{N!}{(N-n)!}}$$

Si tuviéramos otra secuencia distinta de las k bolas blancas y las $n-k$ negras, los productos del denominador no podrían cambiar; pues sólo están indicando que en la urna queda una bola menos cada vez que se extrae una bola, independientemente de que sea blanca o negra. Dado que siempre extraemos k blancas y $n-k$ negras, en el numerador siempre aparecerán los mismos productos, aunque en distinto orden; indicando que disminuimos en una blanca cuando sacamos blanca, y que disminuimos en una negra cuando sacamos negra. Piénsese, por ejemplo, en la secuencia

$$B\underbrace{\ldots\ldots}_{k-1 \text{ blancas}}BN\,BN\underbrace{\ldots\ldots}_{n-(k-1)negras}N$$

La probabilidad sería

$$\frac{N_1}{N}\frac{N_1-1}{N-1}\cdots\frac{N_1-(k-2)}{N-(k-2)}\frac{N_2}{N-(k-1)}\frac{N_1-(k-1)}{N-k}\frac{N_2-1}{N-k-1}\cdots\frac{N_2-(n-(k+1))}{N-(n-1)}$$

Observemos que únicamente hemos permutado los factores del numerador en la misma forma que lo hacen las bolas en la secuencia de extracción.

Para terminar el problema hemos de contar las permutaciones con repetición de las k bolas blancas y las $n-k$ negras, que son

$$P_n^{k,n-k}=\frac{n!}{k!(n-k)!}$$

Multiplicando este número por la probabilidad de cada secuencia, obtenemos finalmente

$$P(\text{obtener } k \text{ bolas blancas y } n-k \text{ negras})=\frac{n!}{k!(n-k)!}\frac{\frac{N_1!}{(N_1-k)}\frac{N_2!}{(N_2-(n-k))!}}{\frac{N!}{(N-n)!}}=$$
$$=\frac{\frac{N_1!}{(N_1-k)!k!}\frac{N_2!}{(N_2-(n-k))!(n-k)!}}{\frac{N!}{(N-n)!n!}}=\frac{\binom{N_1}{k}\binom{N_2}{n-k}}{\binom{N}{n}}$$

Es evidente, que si el número de bolas blancas N_1 y negras N_2 es mucho mayor que el número de bolas que se extraen, las probabilidades apenas cambiarán con las extracciones y la distribución binomial dará una buena aproximación.

EN DETALLE

8.1 En un concurso de televisión se extrae una bola de una urna, que contiene todas numeradas del 1 al 10. Se otorgan tantos premios como el número obtenido.

(a) ¿Cuál es el número medio de promedio dados por el concurso?

(b) ¿Cuál es la varianza?

RESOLUCIÓN

Se trata de una distribución uniforme discreta.

(a) El valor esperado es

$$E[\xi] = \frac{1}{10}[1+2+\cdots+10] = \frac{55}{10} = 5{,}5.$$

(b) La varianza viene dada por

$$\mathrm{Var}[\xi] = \frac{1}{10}[1^2+2^2+\cdots+10^2] - \left(\frac{55}{10}\right)^2 = 8{,}25.$$

8.2 En una fábrica de conservas se reciben las latas en lotes de 1 000 piezas. La probabilidad de que una de ellas presente tara es $p = 0{,}004$.

(a) ¿Cuál es la probabilidad de que haya cuatro latas defectuosas en un lote?

(b) ¿Cuál es la probabilidad de que haya como mucho cuatro latas defectuosas en un lote?

(c) ¿Cuál es la probabilidad de que al menos cuatro latas sean defectuosas?

RESOLUCIÓN

Ya que cada componente puede ser defectuosa o no, tenemos la distribución binomial:

$$P(\xi = n) = \binom{1\,000}{n}0{,}004^n(1-0{,}004)^{1\,000-n} = \binom{1\,000}{n}0{,}004^n \cdot 0{,}996^{1\,000-n}.$$

(a) La probabilidad de encontrar cuatro defectos en un lote es:

$$P(\xi = 4) = \binom{1\,000}{n}0{,}004^4 \cdot 0{,}996^{996} \simeq 0{,}195\,8.$$

(b) Como mucho puede haber cuatro componentes defectuosos, es decir, puede haber ninguno, uno, dos, tres o cuatro componentes defectuosos; así que la probabilidad total es la suma de las probabilidades para cada uno de los sucesos

$$\begin{aligned}
P(\xi \leq 4) &= P(\xi=0)+P(\xi=1)+P(\xi=2)+P(\xi=3)+P(\xi=4) = \\
&= \binom{1\,000}{0}0{,}004^0 \cdot 0{,}996^{1{,}000} + \binom{1\,000}{1}0{,}004^1 \cdot 0{,}996^{999} + \\
&\quad + \binom{1\,000}{2}0{,}004^2 \cdot 0{,}996^{998} + \binom{1\,000}{3}0{,}004^3 \cdot 0{,}996^{997} + \\
&\quad + \binom{1\,000}{4}0{,}004^4 \cdot 0{,}996^{996} \\
&\simeq 0{,}555\,5.
\end{aligned}$$

(c) Que haya al menos cuatro quiere decir que hay como mínimo cuatro componentes defectuosos, es decir, puede haber 4 ó 5 ó 6 ó... 1 000 defectuosos. Por lo tanto, la probabilidad será

$$P(\xi \geq 4) = P(\xi = 4) + P(\xi = 5) + \cdots + P(\xi = 1\,000)$$

que será una suma muy larga. Es más cómodo calcular el resultado como

$$
\begin{aligned}
P(\xi \geq 4) &= 1 - P(\text{suceso complementario}) = 1 - P(\xi \leq 3) = \\
&= 1 - \left[\binom{1\,000}{0} 0{,}004^0 \cdot 0{,}996^{1000} + \binom{1\,000}{1} 0{,}004^1 \cdot 0{,}996^{999} + \right. \\
&\quad \left. + \binom{1\,000}{2} 0{,}004^2 \cdot 0{,}996^{998} + \binom{1\,000}{3} 0{,}004^3 \cdot 0{,}996^{997} \right] \\
&\sim 0{,}6401.
\end{aligned}
$$

Si el control de calidad dicta que sólo son admisibles los lotes con menos de cuatro componentes defectuosos, entonces la probabilidad que acabamos de calcular es la probabilidad de rechazar un lote por el control de calidad.

8.3 De cada doce perforaciones petrolíferas que realiza una empresa sólo una es rentable. La empresa sólo dispone de capital para hacer ochenta perforaciones y necesita encontrar cuatro pozos rentables para no quebrar. ¿Cuál es la probabilidad de que tuviera que hacer ochenta y una perforaciones para encontrar el cuarto pozo y por lo tanto quebrara?

RESOLUCIÓN

Lo que se pide es que haya una serie de r fracasos antes del k-ésimo éxito, se trata por lo tanto de una distribución binomial negativa

$$P(\xi = r) = \binom{k+r-1}{k-1} p^k q^r.$$

En nuestro caso particular se quiere que fracase $81 - 4 = 77$ veces antes de tener $k = 4$ éxitos, por lo tanto la probabilidad pedida es

$$P(\xi = 77) = \binom{4+77-1}{3} \left(\frac{1}{12}\right)^4 \left(1 - \frac{1}{12}\right)^{77} \simeq 0{,}004\,878.$$

Un planteamiento distinto del problema podría ser: ¿cuántas perforaciones hay que realizar para obtener un número dado de éxitos k, con una probabilidad dada P? Si el número de perforaciones fuese $k + r$, habría que despejar r en la fórmula.

8.4 La ruleta francesa consta de 37 casillas numeradas del 1 al 36, alternativamente rojas y negras, más el cero que suele ser verde o blanco. Un empleado anota los diez primeros resultados del día, ¿qué probabilidad hay de que el primer «rojo» se obtenga en la décima tirada?

RESOLUCIÓN

La probabilidad de «rojo», igual que la de «negro», es $18/37$. La probabilidad del «cero» es $1/37$. Obtener el primer éxito en la décima tirada, tras nueve fracasos, es obtener el suceso

$$\overline{R}\,\overline{R}\,\overline{R}\,\overline{R}\,\overline{R}\,\overline{R}\,\overline{R}\,\overline{R}\,\overline{R}\,R$$

y la probabilidad es

$$P(\xi = 10) = \frac{18}{37}\left(1 - \frac{18}{37}\right)^9 \simeq 0,0012$$

es decir, una vez cada tres años aproximadamente.

8.5 A una fábrica de electrodomésticos llegan los componentes en lotes de 800 piezas. La probabilidad de que uno de ellos sea defectuoso es $p = 0,004$. Aproximando la distribución binomial por la de Poisson, dedúzcase:

(a) ¿cuál es la probabilidad de que haya tres componentes defectuosos en un lote?

(b) ¿cuál es la probabilidad de que haya como mucho tres componentes defectuoso en un lote?

(c) ¿cuál es la probabilidad de que al menos tres componentes sean defectuosos?

RESOLUCIÓN

Este problema puede resolverse por la distribución binomial, como el ejercicio en detalle 8.2.

Ahora vamos a aprovecharnos del hecho de que la probabilidad es $p = 0,004 < 0,5$ y $np = 800 \cdot 0,004 = 3,2 < 5$ para aproximar la distribución binomial por la de Poisson, por lo que la probabilidad de obtener n componentes defectuosos en un lote es

$$P(\xi = n) = \frac{e^{-\lambda}\lambda^n}{n!} = \frac{e^{-3,2}(3,2)^n}{n!} \qquad \text{con} \qquad \lambda = np = 3,2.$$

(a)
$$P(\xi = 3) = \frac{e^{-3,2}(3,2)^3}{3!} \simeq 0,2226.$$

(b)
$$\begin{aligned} P(\xi \leq 3) &= P(\xi = 0) + P(\xi = 1) + P(\xi = 2) + P(\xi = 3) = \\ &= \frac{e^{-3,2}(3,2)^0}{0!} + \frac{e^{-3,2}(3,2)^1}{1!} + \frac{e^{-3,2}(3,2)^2}{2!} + \frac{e^{-3,2}(3,2)^3}{3!} \simeq 0,6025. \end{aligned}$$

(c)
$$P(\xi \geq 3) = 1 - P(\xi \leq 2) = 1 - \left[\frac{e^{-3,2}(3,2)^0}{0!} + \frac{e^{-3,2}(3,2)^1}{1!} + \frac{e^{-3,2}(3,2)^2}{2!}\right] \simeq 0,6201.$$

8.6 El número de máquinas reparadas diariamente por un técnico sigue una distribución de Poisson de parámetro $\lambda = 3$.

(a) Calcúlese la probabilidad de que en el día de hoy repare al menos cinco máquinas.

(b) Calcúlese el número medio de máquinas arregladas por día.

RESOLUCIÓN

(a) Lo que se pide es la probabilidad de arreglar un número de máquinas igual o superior a cinco, cuyo valor viene dado por

$$\begin{aligned} P(\xi \geq 5) &= 1 - P(\xi \leq 4) = \\ &= 1 - \left[\frac{e^{-3}3^0}{0!} + \frac{e^{-3}3^1}{1!} + \frac{e^{-3}3^2}{2!} + \frac{e^{-3}3^3}{3!} + \frac{e^{-3}3^4}{4!}\right] \simeq 0,1847. \end{aligned}$$

(b) En teoría hemos demostrado, a partir de la función característica, que $E[\xi] = \lambda$. Por lo tanto el número medio de máquinas arregladas diariamente es de tres. No obstante, si queremos obtener este número aplicando la definición de valor esperado tenemos

$$E[\xi] = \sum_{n=0}^{\infty} n \frac{\lambda^n}{n!} e^{-\lambda} = e^{-\lambda} \sum_{n=0}^{\infty} n \frac{\lambda^n}{n!} = e^{-\lambda} \left(\lambda + 2\frac{\lambda^2}{2!} + 3\frac{\lambda^3}{3!} + \cdots \right) =$$

$$= e^{-\lambda}\lambda \left(1 + 2\frac{\lambda}{2!} + 3\frac{\lambda^2}{3!} + \cdots \right) = e^{-\lambda}\lambda \left(1 + \frac{\lambda}{1!} + \frac{\lambda^2}{2!} + \cdots \right) = e^{-\lambda}\lambda e^{\lambda} = \lambda.$$

8.7 En una cadena de montaje de aparatos electrónicos se reciben los componentes en lotes de 1 000 piezas. En cada lote hay 4 piezas defectuosas. Se extraen 200 piezas.
¿Cuál es la probabilidad de que el lote de 200 piezas contenga una defectuosa?

RESOLUCIÓN

Se trata de una distribución hipergeométrica

$$P(\xi = x) = \frac{\binom{N_1}{x}\binom{N_2}{n-x}}{\binom{N}{n}}$$

El número total de piezas es $N = 1\,000 = N_1 + N_2$ donde N_1 es el número de piezas defectuosas y N_2 el número de piezas en buen estado.

El número de piezas extraídas es $n = 200$ y x es el número de piezas defectuosas entre las n extraídas. Entonces

$$P(\xi = 1) = \frac{\binom{4}{1}\binom{996}{199}}{\binom{1\,000}{200}} = \frac{4 \cdot 996! \cdot 200! \cdot 800!}{199! \cdot 797! \cdot 1\,000!} = \frac{4 \cdot 200 \cdot 800 \cdot 799 \cdot 798}{1\,000 \cdot 999 \cdot 998 \cdot 997} \simeq 0{,}4105.$$

8.8 De una urna que contiene 100 bolas blancas y 300 negras se extraen al azar 10 bolas y se desea saber cuál es la probabilidad de obtener 3 bolas blancas y 7 negras en los siguientes casos.

(a) Sacando todas las bolas al mismo tiempo.

(b) Sacando las bolas una a una sin reposición.

(c) Sacando las bolas una a una con reposición.

(d) En el caso del apartado (c) ¿Cuál es el número de bolas blancas más probable de obtener?

(e) ¿Cuál sería la respuesta a los apartados (a) y (b) si nos pidiesen que las tres primeras bolas fuesen blancas y las siete últimas negras?

(f) ¿Cuál es la probabilidad de que al menos dos bolas sean blancas al extraer las 10 bolas con reposición de las sacadas?

RESOLUCIÓN

(a) Al extraer 10 bolas de una urna que contiene 400 bolas en total, los resultados que se pueden producir, o casos posibles, son

$$C_{400}^{10} = \binom{400}{10}$$

Si sacamos todas las bolas al mismo tiempo, la probabilidad pedida es

$$P = \frac{C_{100}^3 C_{300}^7}{C_{400}^{10}} = \frac{\binom{100}{3}\binom{300}{7}}{\binom{400}{10}}$$

ya que si se extraen 3 bolas blancas de un total de 100 bolas blancas, los resultados que se pueden producir son

$$C_{100}^3 = \binom{100}{3}$$

y 7 bolas negras de un total de 300 bolas negras se pueden extraer de formas

$$C_{300}^7 = \binom{300}{7}$$

(b) Si se sacan sin reemplazamiento es lo mismo que sacarlas todas a la vez, luego la probabilidad es

$$P = \frac{C_{100}^3 C_{300}^7}{C_{400}^{10}} = \frac{\binom{100}{3}\binom{300}{7}}{\binom{400}{10}}$$

(c) Si se sacan las bolas una a una con reemplazamiento de la bola sacada, se trata de una distribución binomial, ya que la probabilidad de éxito se mantiene a lo largo de todas las pruebas. Como es

$$P(\text{«bola negra»}) = \frac{300}{400} = \frac{3}{4} \quad \text{y} \quad P(\text{«bola blanca»}) = \frac{100}{400} = \frac{1}{4}$$

si es $\xi =$«*número de bolas blancas sacadas*», la probabilidad en este caso es

$$P(\xi = 3) = \binom{10}{3}\left(\frac{1}{4}\right)^3\left(\frac{3}{4}\right)^7 = \frac{10 \cdot 9 \cdot 8}{3!}\frac{3^7}{4^{10}} = \frac{10 \cdot 3^8}{4^9} = \frac{10 \cdot 6561}{262\,144} \simeq 0{,}250.$$

(d) El número de bolas blancas más probable de obtener será la esperanza de la variable ξ que nos da las bolas blancas. Por tratase de una distribución binomial la esperanza es np, en este caso es

$$E[\xi] = np = 10\frac{1}{4} = 2{,}5$$

es decir, los valores más probables son 2 o 3 bolas blancas, con igual probabilidad.

(e) En este caso el orden de extracción de las bolas se tiene en cuenta, por lo que son variaciones con repetición y las formas de extracción son

$$VR_{400}^{10}.$$

Por tanto, si se sacan una a una sin reemplazamiento, para que las tres primeras sean blancas y las siete última negras, la probabilidad es

$$\frac{100}{400}\frac{99}{399}\frac{98}{398}\frac{300}{397}\frac{299}{396}\frac{298}{395}\frac{297}{394}\frac{296}{393}\frac{295}{392}\frac{294}{391} \simeq 0{,}002\,11.$$

Pero si se sacan una a una con reemplazamiento, la proporción de bolas es siempre la misma y la probabilidad es

$$P = \left(\frac{1}{4}\right)^3\left(\frac{3}{4}\right)^7 = \frac{3^7}{4^{10}} \simeq 0{,}002\,09.$$

(f) Siendo ξ la variable que nos da el número de bolas blancas, se trata de calcular $P(\xi \geq 2)$, y pasando al suceso contrario se tiene

$$P(\xi \geq 2) = 1 - P(\xi < 1) = 1 - [P(\xi = 0) + P(\xi = 1)] =$$

$$= 1 - \left[\binom{10}{0} \left(\frac{1}{4}\right)^0 \left(\frac{3}{4}\right)^{10} + \binom{10}{1} \left(\frac{1}{4}\right)^1 \left(\frac{3}{4}\right)^9 \right] = 1 - \left[\frac{3^{10}}{4^{10}} + \frac{10 \cdot 3^9}{4^{10}} \right] =$$

$$= 1 - \frac{3^9(3+10)}{4^{10}} = 1 - \frac{13 \cdot 3^9}{4^{10}} \simeq 1 - 0{,}244 = 0{,}756$$

por tratarse de una distribución binomial.

8.9 Sea ξ una variable aleatoria binomial $\xi = B(2, \frac{1}{2})$ y (ξ_1, ξ_2) una muestra aleatoria simple bidimensional de la variable ξ. Se pide determinar:

(a) el espacio muestral y las probabilidades de cada uno de los sucesos;

(b) la distribución de la media muestral;

(c) la esperanza matemática de la media muestral.

RESOLUCIÓN

(a) La variable binomial $B(n, p) = B(2, \frac{1}{2})$ toma los valores 0, 1 y 2, por lo que el espacio muestral es

$$\Omega = \{(0,0), (0,1), (0,2), (1,0), (1,1), (1,2), (2,0), (2,1), (2,2)\}.$$

Puesto que las variables ξ_1, ξ_2 son independientes, la probabilidad de cada suceso (i, j) con $i, j = 0, 1, 2$ será el producto

$$P(\xi_1 = i, \xi_2 = j) = P(\xi_1 = i) \cdot P(\xi_2 = j) = \binom{2}{i} \left(\frac{1}{2}\right)^2 \cdot \binom{2}{j} \left(\frac{1}{2}\right)^2 = \binom{2}{i} \binom{2}{j} \frac{1}{2^4}$$

y la tabla de probabilidades

$\xi_1 \backslash \xi_2$	0	1	2
0	$\frac{1}{16}$	$\frac{1}{8}$	$\frac{1}{16}$
1	$\frac{1}{8}$	$\frac{1}{4}$	$\frac{1}{8}$
2	$\frac{1}{16}$	$\frac{1}{8}$	$\frac{1}{16}$

donde por ejemplo

$$P(1,2) = \binom{2}{1}\binom{2}{2}\frac{1}{2^4} = 2 \cdot 1 \cdot \frac{1}{2^4} = \frac{1}{2^3} = \frac{1}{8}$$

(b) La media muestral $\overline{\xi} = \frac{\xi_1 + \xi_2}{2}$ toma los valores $0, \frac{1}{2}, 1, \frac{3}{2}, 2$ con probabilidades dadas por la siguiente tabla

$\overline{\xi}$	0	$\frac{1}{2}$	1	$\frac{3}{2}$	2
P	$\frac{1}{16}$	$\frac{1}{4}$	$\frac{3}{8}$	$\frac{1}{4}$	$\frac{1}{16}$

obtenidas a partir de la tabla anterior, donde por ejemplo

$$P\left(\overline{\xi} = \tfrac{1}{2}\right) = P(\xi_1 = 1, \xi_2 = 0) + P(\xi_1 = 0, \xi_2 = 1) = \frac{1}{8} + \frac{1}{8} = \frac{1}{4}$$

El resultado es una binomial $B(4, \tfrac{1}{2})$ como sabemos por la teoría.

(c) La esperanza matemática de la media muestral es

$$E\left[\overline{\xi}\right] = E\left[\frac{\xi_1 + \xi_2}{2}\right] = \frac{1}{2}\left(E[\xi_1] + E[\xi_2]\right) = \frac{1}{2}\left(2E[\xi]\right) = E[\xi] = np = 2\frac{1}{2} = 1,$$

dado que las dos variables son iguales, $\xi_1 = \xi_2$ y que la esperanza de la binomial es np.

8.10 Los automóviles que cada hora acuden a una estación de servicio siguen una distribución de Poisson de parámetro 10, siendo el 30% los que únicamente cambian el aceite. Se pide:

(a) la distribución compuesta de la variable «automóviles que cambian el aceite durante una hora», justificando detalladamente los pasos a seguir;

(b) la probabilidad de que ninguno cambie el aceite.

RESOLUCIÓN

Llamaremos ξ al número de coches que cambian el aceite y η al número de coches que paran.

(a) La distribución de Poisson de media 10 es

$$P(\eta = n) = e^{-10}\frac{10^n}{n!}$$

Supongamos que en una determinada hora hayan pasado n automóviles por la estación de servicio. La distribución del número de vehículos que cambian el aceite es una binomial de parámetros n y 0,3. Entonces la probabilidad condicionada es

$$P(\xi = m/\eta = n) = \binom{n}{m}(0,3)^m(0,7)^{n-m}$$

si es $n \geq 0$ y cero en otro caso.

Como los sucesos $\{\eta = 0\}$, $\{\eta = 1\}$, $\{\eta = 2\},\ldots$ forman un sistema completo de sucesos cuyas probabilidades son

$$P(\eta = n) = e^{-10}\frac{10^n}{n!}$$

el teorema de la probabilidad total nos dice que

$$P(\xi = m) = \sum_{n=0}^{+\infty}(\eta = n)P(\xi = m/\eta = n).$$

Sustituyendo queda

$$
\begin{aligned}
P(\xi = m) &= e^{-10}\sum_{n=m}^{+\infty}\frac{10^n}{n!}\binom{n}{m}(0,3)^m(0,7)^{n-m} = \\
&= e^{-10}\sum_{n=m}^{+\infty}\frac{10^n}{n!}\frac{n!}{m!\,(n-m)!}(0,3)^m(0,7)^{n-m} = \\
&= e^{-10}\sum_{n=m}^{+\infty}\frac{10^n}{m!\,(n-m)!}(0,3)^m(0,7)^{n-m}.
\end{aligned}
$$

Haciendo el cambio $i = n - m$, resulta

$$P(\xi = m) = e^{-10} \sum_{i=0}^{+\infty} \frac{10^{i+m}}{m!\,i!}(0,3)^m (0,7)^i =$$

$$= e^{-10}\frac{10^m (0,3)^m}{m!} \sum_{i=0}^{+\infty} \frac{10^i}{i!}(0,7)^i = e^{-10}\frac{3^m}{m!}\sum_{i=0}^{+\infty}\frac{7^i}{i!} = e^{-10}\frac{3^m}{m!}e^7 = e^{-3}\frac{3^m}{m!}$$

(b) Sustituyendo $m = 0$ en la última expresión queda

$$P(\xi = 0) = e^{-3}\frac{3^0}{0!} = e^{-3} = \frac{1}{e^3}$$

8.11 Un aparato de televisión tiene dos tipos de averías: originada por un fallo de un transistor y originada por un fallo de un condensador. Estos tipos de averías son independientes. Se supone que el número de averías debidas al fallo de un transistor, durante los dos primeros años de utilización, es una variable aleatoria ξ_2 que sigue una distribución de Poisson de parámetro $\lambda = 2$. El número de averías originadas por el fallo de un condensador, durante el mismo periodo de utilización, es una variable aleatoria ξ_1 que sigue una distribución de Poisson de parámetro $\lambda = 1$.

(a) Calcúlese la probabilidad de que haya sólo dos averías en los dos años: una originada en un transistor y una originada en un condensador.

(b) Hállese la probabilidad de que haya sólo dos averías en dos años.

(c) Obténgase la ley de probabilidad del número total de averías $\eta = \xi_1 + \xi_2$.

RESOLUCIÓN

Sea ξ_1 la variable aleatoria que nos da el número de averías debidas a fallo de condensador en los dos años de utilización. Esta variable sigue una distribución de Poisson de parámetro $\lambda = 1$, luego se tiene que

$$P(\xi_1 = r) = \frac{e^{-1}1^r}{r!}$$

Sea ξ_2 la variable aleatoria que mide el número de averías debidas a fallo de transistor en los dos años de uso. Esta variable sigue una distribución de Poisson de parámetro $\lambda = 2$, es decir

$$P(\xi_2 = r) = \frac{e^{-2}2^r}{r!}$$

(a) La probabilidad pedida es

$$P(\xi_2 = 1)P(\xi_1 = 1) = \frac{e^{-2}2^1}{1!}\cdot\frac{e^{-1}1^1}{1!} = 2e^{-2}e^{-1} = 2e^{-3}.$$

(b) Pueden ser dos averías de transistor o dos de condensador o una de transistor y otra de condensador, por lo tanto la probabilidad pedida es

$$P(\xi_2 = 2)P(\xi_1 = 0) + P(\xi_2 = 0)P(\xi_1 = 2) + P(\xi_2 = 1)P(\xi_1 = 1) =$$

$$= \frac{e^{-2}2^2}{2!}\frac{e^{-1}1^0}{0!} + \frac{e^{-2}2^0}{0!}\frac{e^{-1}1^2}{2!} + \frac{e^{-2}2^1}{1!}\frac{e^{-1}1^1}{1!} =$$

$$= 2e^{-3} + \frac{1}{2}e^{-3} + 2e^{-3} = \frac{9}{2}e^{-3}.$$

(c) La función generatriz de momentos de la variable ξ_2 es

$$m_{\xi_2}(t) = e^{-2(1-e^t)}$$

y la de la variable ξ_1 es

$$m_{\xi_1}(t) = e^{-1(1-e^t)},$$

por lo que la función generatriz de momentos de la variable $\eta = \xi_1 + \xi_2$, al ser independientes las variables ξ_1 y ξ_2, es

$$m_{\xi_1+\xi_2}(t) = e^{-1(1-e^t)} \cdot e^{-2(1-e^t)} = e^{-3(1-e^t)},$$

que a su vez es la función generatriz de momentos de otra variable aleatoria de Poisson, con parámetro $\lambda = 1+2 = 3$.

8.12 El número de coches que atraviesan cada día una zona de velocidad controlada por radar sigue una distribución de Poisson de parámetro λ. Si la probabilidad de que un coche no respete el límite fijado es p, se pide:

(a) la distribución del número de infracciones diarias detectadas por el radar;

(b) si el radar detectó r infracciones, ¿cuál es la distribución del número de vehículos que han atravesado la zona controlada?, ¿cuál es la media de esa distribución?

RESOLUCIÓN

Considerando la variable

$$\eta = \text{«número de coches que pasan»}$$

se tiene que

$$P(\eta = n) = \frac{e^{-\lambda}\lambda^n}{n!}, \qquad n = 0,1,2,\dots$$

(a) Sea la variable $\xi =$«número de coches que infringen», por probabilidad total resulta que

$$P(\xi = k) = \sum_{n=0}^{\infty} P(\eta = n)P(\xi = k/\eta = n),$$

y siendo $P(\xi = k/\eta = n) = 0$ si es $n < k$, queda

$$\begin{aligned}
P(\xi = k) &= \sum_{n=k}^{\infty} P(\eta = n)\binom{n}{k}p^k(1-p)^{n-k} = \sum_{n=k}^{\infty}\frac{e^{-\lambda}\lambda^n}{n!}\binom{n}{k}p^k(1-p)^{n-k} = \\
&= e^{-\lambda}p^k\lambda^k\sum_{n=k}^{\infty}\frac{\lambda^{n-k}}{n!}\binom{n}{k}(1-p)^{n-k} = e^{-\lambda}p^k\lambda^k\sum_{n=k}^{\infty}\frac{[\lambda(1-p)]^{n-k}n!}{n!\,k!\,(n-k)!} = \\
&= \frac{e^{-\lambda}p^k\lambda^k}{k!}\sum_{n=k}^{\infty}\frac{[\lambda(1-p)]^{n-k}}{(n-k)!} = \frac{e^{-\lambda}p^k\lambda^k}{k!}e^{\lambda(1-p)} = \frac{e^{-\lambda p}(\lambda p)^k}{k!}
\end{aligned}$$

es decir, ξ sigue otra distribución de Poisson de parámetro λp.

(b) Nos piden cómo se distribuyen los vehículos si hay r infracciones, es decir, con $n = r$, $n = r + 1, \ldots$ Para ello hemos de calcular la probabilidad condicionada

$$
\begin{aligned}
P(\eta = n/\xi = r) &= \frac{P(\eta = n, \xi = r)}{P(\xi = r)} = \frac{P(\eta = n) \cdot P(\xi = r/\eta = n)}{P(\xi = r)} = \\
&= \frac{e^{-\lambda} \frac{\lambda^n}{n!} \binom{n}{r} p^r (1-p)^{n-r}}{e^{-\lambda p} \frac{(\lambda p)^r}{r!}} = e^{-\lambda(1-p)} \frac{\lambda^n p^r (1-p)^{n-r} n! \, r!}{n! \, (\lambda p)^r r! \, (n-r)!} = \\
&= e^{-\lambda(1-p)} \frac{[\lambda(1-p)]^{n-r}}{(n-r)!}
\end{aligned}
$$

es decir una distribución de Poisson de parámetro $\lambda(1-p)$ con origen en r, pues es $n = r, r+1, \ldots$

Esto es lo mismo que

$$
P(\eta = n/\xi = r) = P(\eta = n/\xi' = 0),
$$

con $\xi' = \xi - r$, donde ξ' es una variable de Poisson de parámetro $\lambda(1-p)$ y con media $E[\xi'] = \lambda(1-p)$. Por tanto

$$
E[\eta/\xi = r] = E[\xi' + r] = E[\xi'] + r = \lambda(1-p) + r
$$

PROPUESTOS

P 8.1 De un mazo de 12 tarjetas, que están numeradas consecutivamente desde el uno, se extrae una de ellas. Si se han de comprobar tantas cuentas de contabilidad como el número marcado en la tarjeta extraída. En media ¿cuántas cuentas se revisan?

P 8.2 Se sabe que una máquina envasadora rompe un elemento de cada 10 000 que envasa. Se sabe que el comprador rechaza la compra si el lote, que consta de 40 000 piezas, contiene más de 10 elementos rotos.

(a) ¿Cuál es la probabilidad de que el lote sea rechazado?

(b) ¿Cuál es la probabilidad de que el lote tenga justo 10 elementos rotos y no sea rechazado?

P 8.3 Un vendedor realiza una venta de cada 12 intentos. ¿Cuál es la probabilidad de que tenga que hacer 20 intentos para lograr la segunda venta?

P 8.4 Una máquina embotelladora rompe, en promedio, una botella de cada mil. Al conectar la máquina, ¿cuál es la probabilidad de que la primera botella rota sea la sexta?

P 8.5 En un proceso de fabricación se rompe un elemento de cada 1 250. Si el control de calidad rechaza el lote, que consta de 5 000 piezas, cuando contiene más de 10 elementos rotos,

(a) ¿cuál es la probabilidad de que el lote sea rechazado?;

(b) ¿cuál es la probabilidad de que el lote tenga exactamente 10 elementos rotos y no sea rechazado?

Resuélvase utilizando la aproximación de Poisson, y justifíquese la aproximación.

P 8.6 Los trabajos que realiza un ordenador se ejecutan en orden de llegada. El número de trabajos ejecutados por microsegundo sigue una distribución de Poisson de parámetro $\lambda = 2$.

(a) Calcúlese la probabilidad de que en un microsegundo cualquiera se ejecuten al menos cuatro trabajos.

(b) Calcúlese el número medio medio de trabajos ejecutados por microsegundo.

P 8.7 Se va a proceder a la siembra de una nueva variedad de semilla. De cada 100 que se plantan una no fructifica. De un lote de 400 semillas se extrae un lote de 100. ¿Cuál es la probabilidad de que haya 2 semillas que no fructifiquen?

P 8.8 Dos personas juegan a cara y cruz con una moneda equilibrada y convienen que el juego termine en el momento en que tanto la cara como la cruz se hayan presentado un mínimo de tres veces.

Hállese la probabilidad de que el juego no se termine antes de la jugada undécima.

P 8.9 Dos jugadores A y B tiran simultáneamente un dado cada uno. Gana el primero que obtenga un 6. Calcúlese:

(a) la probabilidad de que A y B empaten;

(b) la probabilidad de que gane A;

(c) la probabilidad de que gane B.

P 8.10 En un proceso de fabricación se sabe que la probabilidad de fabricar una pieza defectuosa es 0,000 1. En un año se fabrican 20 000 piezas. ¿Cuál es la probabilidad de que el número de piezas defectuosas en la producción de un determinado año sea igual o mayor que 3?

P 8.11 La probabilidad de que un huevo de un determinado insecto dé origen a un nuevo insecto es p. En una planta el número de huevos puestos por estos insectos sigue una distribución de Poisson de parámetro λ.

(a) Encuéntrese la distribución del número de insectos que nacen en esa planta.

(b) Si se ha observado que el número de insectos que han nacido en la planta es n, hállese la distribución del número de huevos que había en ella.

P 8.12 Un restaurante da plazas mediante reserva previa de mesa. Se sabe que el 15% de las reservas no asistirán. Si el restaurante acepta 25 reservas pero sólo dispone de 20 mesas, hállense:

(a) la probabilidad de que dos reservas se queden sin mesa;

(b) la probabilidad de que se ajusten las reservas a las mesas;

(c) la probabilidad de que no haya exceso de clientes.

Capítulo

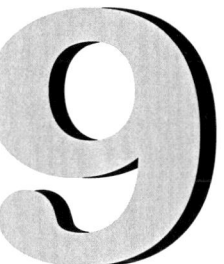

Distribuciones continuas

9.1. Distribución uniforme continua $U(a;b)$

Una variable aleatoria continua ξ tiene una **distribución uniforme** en el intervalo $(a;b)$ si su función de densidad es

$$f(x) = \begin{cases} \dfrac{1}{b-a} & \text{si } x \in (a;b), \\[2mm] 0 & \text{si } x \notin (a;b). \end{cases} \tag{9.1}$$

La función de distribución la obtenemos integrando

$$F(x) = P(\xi \le x) = \int_{-\infty}^{x} f(t)\, dt = \begin{cases} 0 & \text{si } x \le a, \\[2mm] \dfrac{x-a}{b-a} & \text{si } x \in (a;b), \\[2mm] 1 & \text{si } x \ge b. \end{cases}$$

Por lo tanto, si consideramos el intervalo $(c;c+h) \subset (a;b)$ se tiene que

$$P(c \le \xi \le c+h) = P(\xi \le c+h) - P(\xi \le c) = \frac{c+h-a}{b-a} - \frac{c-a}{b-a} = \frac{h}{b-a}$$

Lo cual nos está indicando que la probabilidad de que la variable aleatoria ξ tome valores dentro de un intervalo $(c;c+h)$ de $(a;b)$ depende sólo de su longitud. Y esa probabilidad es la misma para cualquier otro subintervalo de $(a;b)$ con la misma longitud h; este resultado es el que da nombre a la distribución.

Esta situación se presenta cuando se hacen medidas (masa, velocidad, longitud, etc.) y se suelen redondear a la unidad más próxima. El error cometido es la diferencia entre el valor verdadero y el de redondeo, este error normalmente se distribuye uniformemente.

El cálculo de la esperanza y de la varianza es sencillo, ya que

$$\begin{aligned}
E[\xi] &= \int_{-\infty}^{+\infty} x f(x)\, dx = \int_{a}^{b} \frac{x}{b-a}\, dx = \left[\frac{x^2}{2} \cdot \frac{1}{b-a} \right]_{a}^{b} = \frac{b^2 - a^2}{2(b-a)} = \frac{b+a}{2} \\[3mm]
E[\xi^2] &= \int_{-\infty}^{+\infty} x^2 f(x)\, dx = \int_{a}^{b} \frac{x^2}{b-a}\, dx = \left[\frac{x^3}{3} \cdot \frac{1}{b-a} \right]_{a}^{b} = \\[3mm]
&= \frac{b^3 - a^3}{3(b-a)} = \frac{(b-a)(b^2 + ab + a^2)}{3(b-a)} = \frac{1}{3}(b^2 + ab + a^2) \\[3mm]
\text{Var}[\xi] &= E[\xi^2] - (E[\xi])^2 = \frac{1}{3}(b^2 + ab + a^2) - \frac{(b+a)^2}{4} = \\[3mm]
&= \frac{4(b^2 + ab + a^2) - 3(b+a)^2}{12} = \frac{b^2 + a^2 - 2ab}{12} = \frac{(b-a)^2}{12}
\end{aligned}$$

9.2. Distribución gamma $\gamma(p,a)$

La función gamma de Euler está definida por la integral impropia

$$\Gamma(p) = \int_{0}^{+\infty} u^{p-1} e^{-u}\, du$$

que es convergente para todo $p > 0$. Esta función tiene, entre otras, las siguientes propiedades:

1. $\Gamma(1) = 1$

2. $\Gamma(p) = (p-1)\Gamma(p-1) \quad p > 1$

3. $p \in \mathbb{N} : \Gamma(p) = (p-1)!$

4. $\Gamma\left(\frac{1}{2}\right) = \sqrt{\pi}$

Una variable aleatoria tiene una **distribución gamma** (γ) de parámetros p, a siendo $p, a > 0$, si su función de densidad es

$$f(x) = \begin{cases} \dfrac{a^p x^{p-1} e^{-ax}}{\Gamma(p)} & \text{si } x \geq 0, \\ 0 & \text{si } x < 0. \end{cases} \tag{9.2}$$

Distintos valores de p, conocido como *parámetro de forma*, dan diferentes representaciones gráficas; por ello, esta distribución es muy útil para modelar diversas distribuciones empíricas. El parámetro a, llamado *parámetro de escala*, nos indica las unidades en que medimos x. Indicaremos esta distribución por $\gamma(p, a)$.

Observamos que la probabilidad de que la variable aleatoria ξ tome un valor negativo es cero. Dado que nosotros medimos el tiempo a partir del instante cero, a partir del cual ocurren los sucesos, podremos encontrar la distribución γ modelando situaciones donde el tiempo sea la variable aleatoria. Por ejemplo, el tiempo hasta que falla un elemento que trabaja durante ciertos períodos que acaecen de manera independiente, y con frecuencia promedio, es una variable aleatoria modelada por la distribución γ. Este conocimiento nos permite el mantenimiento preventivo en instalaciones donde un fallo o una interrupción podría ser catastrófico o suponer un gran coste económico: centrales nucleares, aviones, ordenadores...

La función de distribución viene dada por

$$F(x) = P(\xi \leq x) = \begin{cases} 0 & \text{si } x < 0, \\ \dfrac{a^p}{\Gamma(p)} \displaystyle\int_0^x t^{p-1} e^{-at} \, dt & \text{si } x \geq 0. \end{cases}$$

Excepto para valores enteros positivos de p no podremos encontrar una función explícita que nos dé los valores de $\int_0^x t^{p-1} e^{-at} \, dt$. Haciendo el cambio $at = u$ tenemos

$$F(x) = \frac{a^p}{\Gamma(p)} \int_0^x t^{p-1} e^{-at} dt = \frac{a^p}{\Gamma(p)} \int_0^{ax} \left(\frac{u}{a}\right)^{p-1} e^{-u} \frac{du}{a} = \frac{1}{\Gamma(p)} \int_0^{ax} u^{p-1} e^{-u} du.$$

La expresión

$$\frac{1}{\Gamma(p)} \int_0^x u^{p-1} e^{-u} \, du$$

se conoce con el nombre de función gamma incompleta, de ahí el nombre de la distribución, y está tabulada.

Teniendo en cuenta las propiedades de la función gamma podemos calcular fácilmente la esperanza y la varianza de esta distribución. Como es

$$E[\xi^r] = \int_0^{+\infty} \frac{a^p}{\Gamma(p)} x^r x^{p-1} e^{-ax} \, dx = \frac{a^p}{\Gamma(p)} \int_0^{+\infty} x^{r+p-1} e^{-ax} \, dx$$

haciendo el cambio $ax = u$, tenemos

$$E[\xi^r] = \frac{a^p}{\Gamma(p)} \int_0^{+\infty} \left(\frac{u}{a}\right)^{r+p-1} e^{-u} \frac{du}{a} = \frac{a^p}{a^{r+p} \Gamma(p)} \int_0^{+\infty} u^{r+p-1} e^{-u} \, du = \frac{1}{a^r \Gamma(p)} \Gamma(p+r)$$

Para $r = 1$ tenemos

$$E[\xi] = \frac{1}{a\Gamma(p)}\Gamma(p+1) = \frac{p\Gamma p)}{a\Gamma(p)} = \frac{p}{a}$$

Para $r = 2$ tenemos

$$E[\xi^2] = \frac{1}{a^2\Gamma(p)}\Gamma(p+2) = \frac{(p+1)\Gamma p)}{a^2\Gamma(p)} = \frac{(p+1)p}{a^2}$$

Por lo que

$$\text{Var}[\xi] = E[\xi^2] - (E[\xi])^2 = \frac{(p+1)p}{a^2} - \left(\frac{p}{a}\right)^2 = \frac{p^2+p-p^2}{a^2} = \frac{p}{a^2}$$

Calculemos su función característica:

$$\varphi(t) = E\left[e^{it\xi}\right] = \int_0^{+\infty} \frac{a^p}{\Gamma(p)}x^{p-1}e^{itx-ax}\,dx = \frac{a^p}{\Gamma(p)}\int_0^{+\infty} x^{p-1}e^{-(a-it)x}\,dx$$

haciendo el cambio $(a-it)x = u$ se transforma en

$$\begin{aligned}
\varphi(t) &= \frac{a^p}{\Gamma(p)}\int_0^{+\infty} \frac{u^{p-1}e^{-u}}{(a-it)^p}\,du = \\
&= \frac{a^p}{(a-it)^p\,\Gamma(p)}\int_0^{+\infty} u^{p-1}e^{-u}\,du = \frac{a^p}{(a-it)^p\,\Gamma(p)}\Gamma(p) = \frac{1}{\left(1-\frac{it}{a}\right)^p}
\end{aligned}$$

Distribución exponencial

Cuando hacemos $p = 1$ en la distribución $\gamma(p,a)$ obtenemos la **distribución exponencial**, que representamos por $\text{Exp}(a)$, y tendrá como función de densidad

$$f(x) = \begin{cases} ae^{-ax} & \text{si } x \geq 0, a > 0, \\ 0 & \text{si } x < 0, \end{cases} \qquad (9.3)$$

con esperanza y varianza dadas por

$$E[\xi] = \frac{1}{a} \qquad \text{y} \qquad \text{Var}[\xi] = \frac{1}{a^2}$$

respectivamente. Con función característica

$$\varphi(t) = \frac{1}{1-\frac{it}{a}}$$

Si hacemos $a = \lambda$ se convierte en

$$f(x) = \begin{cases} \lambda e^{-\lambda x} & \text{si } x \geq 0, \lambda > 0, \\ 0 & \text{si } x < 0, \end{cases}$$

que nos recuerda a la distribución de Poisson; ello es debido a un hecho que vamos a obtener ahora.

Supongamos que una variable aleatoria ξ sigue un proceso de Poisson de parámetro λ, y que queremos calcular cuál es la probabilidad de que se incremente en una unidad en el intervalo $(t; t+dt)$. Observemos que $\xi = n$ es variable cierta y la aleatoria es el tiempo t: el tiempo que tardará en pasar de $\xi = n$ a $\xi = n+1$.

Sea $F(t)$ la función de distribución para nuestra variable aleatoria tiempo, que designamos por η. Entonces

$$F(t+dt) = P(\eta < t+dt) = P(\eta \leq t) + P(t < \eta < t+dt) = F(t) + P(t < \eta < t+dt),$$

por lo que

$$F(t+dt) - F(t) = F'(t)dt = P(t < \eta < t+dt).$$

Por otro lado tenemos que $P(t < \eta < t+dt)$ es la probabilidad de que el incremento se produzca exactamente en el intervalo $(t; t+dt)$, es decir, la probabilidad de que no se produzca en $(0; t)$ pero sí lo haga en $(t; t+dt)$. La probabilidad de que no se genere en $(0; t)$ es $1 - F(t)$, y la probabilidad de que se obtenga en $(t; t+dt)$ es λdt. Como queremos que se dé un suceso y el otro, multiplicamos las probabilidades para obtener

$$P(t < \eta < t+dt) = (1 - F(t))\lambda dt,$$

por lo que finalmente obtenemos

$$
\begin{aligned}
F'(t)dt &= P(t < \eta < t+dt) = (1 - F(t))\lambda \, dt \\
\Rightarrow \quad \frac{dF}{1-F} &= \lambda dt \\
\Rightarrow \quad \log(1-F) &= -\lambda t + k = -\lambda t + \log C \\
\Rightarrow \quad F(t) &= 1 - Ce^{-\lambda t}.
\end{aligned}
$$

Como para $t = 0$ tenemos cero sucesos de Poisson, implica $F(0) = 0$, que al sustituir en la ecuación que hemos obtenido se deduce que es $C = 1$. Por lo que definitivamente resulta

$$F(t) = 1 - e^{-\lambda t}$$

con función de densidad

$$f(t) = F'(t) = \lambda e^{-\lambda t}$$

que es la función exponencial que habíamos encontrado unas líneas más arriba. En consecuencia, deducimos que la función exponencial modela el tiempo que transcurre entre dos sucesos de Poisson consecutivos, independientes y de frecuencia constante. Evidentemente, también nos da el tiempo que transcurre hasta que sucede el primer suceso de Poisson.

El desarrollo sistemático nos lleva a preguntar cuándo sucederá el p-ésimo suceso de Poisson. Dado que son sucesos independientes, el tiempo que se tarda en alcanzar el valor p, viene dado por la suma de p variables independientes con función característica

$$\varphi(t) = \frac{1}{1 - \frac{it}{a}} \qquad \text{con} \qquad a = \lambda,$$

luego su función característica es

$$\varphi(t) = \frac{1}{\left(1 - \frac{it}{a}\right)^p}$$

Se trata de la función característica de la función gamma $\gamma(p, a)$ con $a = \lambda$. Ya sabemos lo que modela la distribución gamma, y podremos utilizarla en problemas de colas.

9.3. Distribución beta $\beta(p,q)$

La función beta de Euler está definida por la integral impropia

$$B(p,q) = \int_0^1 u^{p-1}(1-u)^{q-1}\,du$$

que es convergente para todos los valores $p,q > 0$. Su cálculo puede reducirse a cálculos con la función gamma mediante la relación

$$B(p,q) = \frac{\Gamma(p)\Gamma(q)}{\Gamma(p+q)}$$

Una variable aleatoria ξ se dice que tiene una **distribución beta** (β) de parámetros p,q, siendo $p,q > 0$ si su función de densidad es

$$f(x) = \begin{cases} \dfrac{1}{B(p,q)} x^{p-1}(1-x)^{q-1} & \text{si } x \in (0;1) \\[2mm] 0 & \text{si } x \notin (0;1) \end{cases} \tag{9.4}$$

Observamos que está restringida a valores finitos $x \in (0;1)$, lo que la hace muy útil para modelar variables físicas acotadas. Por ejemplo, nuestros ojos y oídos sólo ven y oyen en un rango; lo mismo puede decirse para los lectores ópticos y cualquier tipo de sensor: por debajo de un cierto umbral no detectan la señal y por encima de otro se saturan o se rompen. No sólo la recepción de una señal, sino su emisión está limitada a un rango: no hay valores infinitos. El hecho de que presente dos parámetros p, q le permite adoptar muchas formas, y facilita el modelado.

La función de distribución viene dada por

$$F(x) = \begin{cases} 0 & \text{si } x \leq 0, \\[2mm] \dfrac{1}{B(p,q)} \displaystyle\int_0^x t^{p-1}(1-t)^{q-1}\,dt & \text{si } x \in (0;1), \\[2mm] 1 & \text{si } x \geq 1. \end{cases}$$

La expresión $\int_0^x t^{p-1}(1-t)^{q-1}\,dt$ recibe el nombre de función beta incompleta, que da el nombre a la distribución, y salvo para determinados valores de p y q no se puede calcular en forma explícita.

El cálculo de la esperanza y la varianza es fácil, aprovechando la relación existente entre las funciones beta y gamma, resulta que

$$\begin{aligned} E[\xi^r] &= \frac{1}{B(p,q)} \int_0^1 x^r x^{p-1}(1-x)^{q-1}\,dx = \frac{\Gamma(p+q)}{\Gamma(p)\Gamma(q)} \int_0^1 x^{r+p-1}(1-x)^{q-1}\,dx = \\[2mm] &= \frac{\Gamma(p+q)}{\Gamma(p)\Gamma(q)} B(p+r,q) = \frac{\Gamma(p+q)}{\Gamma(p)\Gamma(q)} \frac{\Gamma(p+r)\Gamma(p)}{\Gamma(p+q+r)} = \frac{\Gamma(p+q)\Gamma(p+r)}{\Gamma(p)\Gamma(p+q+r)} \end{aligned}$$

por lo que para $r = 1$ tenemos

$$E[\xi] = \frac{\Gamma(p+q)\Gamma(p+1)}{\Gamma(p)\Gamma(p+q+1)} = \frac{\Gamma(p+q)p\Gamma(p)}{\Gamma(p)(p+q)\Gamma(p+q)} = \frac{p}{p+q}$$

y para $r = 2$ tenemos

$$E[\xi^2] = \frac{\Gamma(p+q)\Gamma(p+2)}{\Gamma(p)\Gamma(p+q+2)} = \frac{\Gamma(p+q)(p+1)p\Gamma(p)}{\Gamma(p)(p+q+1)(p+q)\Gamma(p+q)} = \frac{(p+1)p}{(p+q+1)(p+q)}$$

de donde obtenemos

$$\text{Var}[\xi] = E[\xi^2] - (E[\xi])^2 = \frac{(p+1)p}{(p+q+1)(p+q)} \quad \left(\frac{p}{p+q}\right)^2 = \frac{pq}{(p+q)^2(p+q+1)}$$

9.4. Distribución de Pareto $P(\alpha, x_0)$

Una variable aleatoria ξ diremos que tiene una **distribución de Pareto** de parámetros α, x_0, si su función de densidad es

$$f(x) = \begin{cases} 0 & \text{si } x < x_0, \\ \dfrac{\alpha}{x}\left(\dfrac{x_0}{x}\right)^\alpha & \text{si } x \geq x_0. \end{cases} \tag{9.5}$$

La función de distribución viene dada por

$$F(x) = P(\xi \leq x) = \begin{cases} 0 & \text{si } x < x_0, \\ 1 - \left(\dfrac{x_0}{x}\right)^\alpha & \text{si } x \geq x_0. \end{cases}$$

El momento de orden k viene dado por

$$E[\xi^k] = \int_{x_0}^{+\infty} x^k \frac{\alpha}{x}\left(\frac{x_0}{x}\right)^\alpha dx = \frac{\alpha x_0^k}{\alpha - k}\int_{x_0}^{+\infty} \frac{\alpha - k}{x}\left(\frac{x_0}{x}\right)^{\alpha - k} dx = \frac{\alpha x_0^k}{\alpha - k} \quad \alpha > k,$$

donde en la última igualdad hemos utilizado

$$\int_{x_0}^{+\infty} \frac{\alpha - k}{x}\left(\frac{x_0}{x}\right)^{\alpha - k} dx = 1$$

por tratarse de la función de densidad de una distribución de Pareto de parámetros $\alpha - k, x_0$.

A partir del momento de orden k calculamos la esperanza y la varianza

$$E[\xi] = \frac{\alpha x_0}{\alpha - 1} \quad \alpha > 1,$$

$$E[\xi^2] = \frac{\alpha x_0^2}{\alpha - 2} \quad \alpha > 2,$$

$$\text{Var}[\xi] = \frac{\alpha x_0^2}{(\alpha - 2)(\alpha - 1)^2} \quad \alpha > 2.$$

9.5. Distribución normal $N(\mu, \sigma)$

Una variable aleatoria ξ se dice que sigue una **distribución normal** de parámetros μ y σ, o que está *distribuida normalmente* si su función de densidad es

$$f(x) = \frac{1}{\sqrt{2\pi}\sigma}e^{-\frac{1}{2}\left(\frac{x-\mu}{\sigma}\right)^2} \quad -\infty < x < +\infty, \quad -\infty < \mu < +\infty, \quad \sigma > 0. \tag{9.6}$$

Dentro de las distribuciones continuas es la más importante. Multitud de distribuciones tienen por límite la distribución normal, y es de gran utilidad en Estadística. También se derivan de la distribución normal otras distribuciones que son clave en Inferencia estadística (χ^2 de *Pearson*, *t* de *Student*). Además, multitud de variables se distribuyen, en primera aproximación, siguiendo la ley normal: precipitaciones, capturas en el mar, resistencias de materiales, tamaños y pesos de poblaciones,... No obstante, a la hora de utilizar el modelo debe imperar el sentido común, porque la variable aleatoria toma valores en $(-\infty; +\infty)$ y si tenemos una distribución normal de la altura para jóvenes de 18 años, según esa distribución hay probabilidad no nula de que alguna persona tenga una altura superior a 10 km, lo que es un disparate. Lo mismo puede decirse respecto al peso, o para cualquier otra variable física que modelemos con una distribución normal.

El hecho de que muchos fenómenos aleatorios se describan adecuadamente por la distribución normal indujo a pensar que la mayoría de los fenómenos aleatorios tenían como pauta esta distribución, de ahí el nombre de *normal*. También es conocida por el nombre de *distribución de Gauss*, o *campana de Gauss*, porque la propuso como distribución de la frecuencia relativa de errores.

La gráfica de la función de densidad de la distribución normal es simétrica respecto a $x = \mu$, donde tiene un máximo. La recta $y = 0$ es una asíntota. Tiene puntos de inflexión en $x = \mu \pm \sigma$.

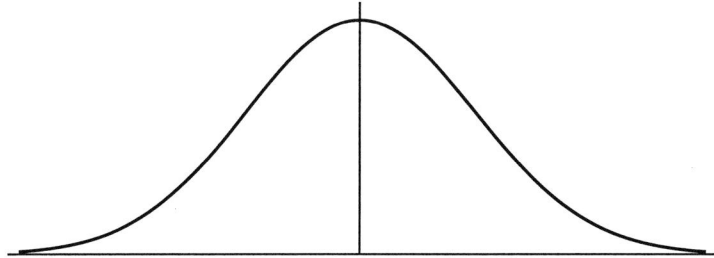

Figura 9.1. Función de densidad de la distribución normal

El parámetro μ nos dice dónde se concentra la probabilidad (la ubicación de la distribución), y el parámetro σ su dispersión (ya que cuanto más pequeño es σ más aguda es la campana).

La función de distribución viene dada por

$$F(x) = P(\xi \le x) = \frac{1}{\sqrt{2\pi}\sigma} \int_{-\infty}^{x} e^{-\frac{1}{2}\left(\frac{t-\mu}{\sigma}\right)^2} dt,$$

que no podemos calcular en forma explícita. Podríamos tabularla para diversos valores de los parámetros, pero hay una solución más sencilla. Haciendo $\eta = \frac{\xi-\mu}{\sigma}$, lo que se conoce como *tipificación* de la variable ξ, es decir, $\xi = \sigma\eta + \mu$, resulta

$$P(\xi \le x) = P(\sigma\eta + \mu \le x) = P\left(\eta \le \frac{x-\mu}{\sigma}\right)$$

luego

$$F(x) = \frac{1}{\sqrt{2\pi}\sigma} \int_{-\infty}^{x} e^{-\frac{1}{2}\left(\frac{t-\mu}{\sigma}\right)^2} dt = \frac{1}{\sqrt{2\pi}\sigma} \int_{-\infty}^{\frac{x-\mu}{\sigma}} e^{-y^2/2}\sigma\, dy = \frac{1}{\sqrt{2\pi}} \int_{-\infty}^{\frac{x-\mu}{\sigma}} e^{-y^2/2}\, dy$$

Por lo tanto, si la variable ξ está distribuida normalmente con parámetros μ y σ, entonces la variable $\eta = \frac{\xi-\mu}{\sigma}$ está distribuida normalmente con parámetros $\mu = 0, \sigma = 1$. Esta distribución $N(0,1)$ está tabulada y por medio de la tipificación podremos calcular cualquier valor de toda $N(\mu, \sigma)$. La tabla de la distribución $N(0,1)$ se encuentra en la página 296.

Para una variable η distribuida $N(0,1)$ tenemos

$$E[\eta] = \frac{1}{\sqrt{2\pi}} \int_{-\infty}^{+\infty} xe^{-x^2/2}dx = 0.$$

Luego para $\xi = \sigma\eta + \mu$ distribuida según una $N(\mu,\sigma)$, tenemos

$$
\begin{aligned}
E[\xi] &= \sigma E[\eta] + \mu = \mu \\
E[\eta^2] &= \frac{1}{\sqrt{2\pi}} \int_{-\infty}^{+\infty} x^2 e^{-x^2/2}\,dx = \frac{2}{\sqrt{2\pi}} \int_{0}^{+\infty} x^2 e^{-x^2/2}\,dx,
\end{aligned}
$$

haciendo

$$x = \sqrt{2}\,t^{1/2}, \qquad dx = \frac{1}{\sqrt{2}}\,t^{-1/2}\,dt,$$

tenemos

$$
\begin{aligned}
E[\eta^2] &= \frac{2}{\sqrt{2\pi}} \int_{0}^{+\infty} 2te^{-t}\frac{1}{\sqrt{2}}t^{-1/2}\,dt = \\
&= \frac{4}{2\sqrt{\pi}} \int_{0}^{+\infty} t^{1/2}e^{-t}\,dt = \frac{2}{\sqrt{\pi}}\Gamma\left(\frac{3}{2}\right) = \frac{2}{\sqrt{\pi}}\frac{1}{2}\Gamma\left(\frac{1}{2}\right) = \frac{1}{\sqrt{\pi}}\cdot\sqrt{\pi} = 1.
\end{aligned}
$$

Así que

$$\mathrm{Var}[\eta] = E[\eta^2] - (E[\eta])^2 = 1,$$

por lo tanto

$$\mathrm{Var}[\xi] = E[(\xi-\mu)^2] = E[((\sigma\eta+\mu)-\mu)^2] = E[\sigma^2\eta^2] = \sigma^2 E[\eta^2] = \sigma^2.$$

Ejemplos de uso de la tabla $N(0,1)$

EJEMPLO 9.1. Para $z = 1{,}42$, $A(1{,}42)$ representa el área encerrada por la curva normal y el eje horizontal hasta $1{,}4$, cuyo valor es $A(1{,}42) = 0{,}9222$, que se encuentra situado en la tabla como intersección de la fila encabezada por el valor $1{,}4$ y la columna correspondiente al valor $0{,}02$.

EJEMPLO 9.2. Para un valor negativo, como es $-2{,}18$, por la simetría de la curva, y dado que el área total encerrada es igual a la unidad, se tiene que

$$A(-2{,}18) = 1 - A(2{,}18) = 1 - 0{,}9846 = 0{,}0154.$$

EJEMPLO 9.3. Cuando se trate de calcular el área entre dos valores, por ejemplo $z_1 = 0{,}88$ y $z_2 = 1{,}95$, ésta viene dada por

$$A(z_2) - A(z_1) = A(1{,}95) - A(0{,}88) = 0{,}9744 - 0{,}8106 = 0{,}1638.$$

EJEMPLO 9.4. Si η es una variable estadística con distribución $N(0,1)$, la probabilidad de que η tome valores menores o iguales que $1{,}03$ es

$$P(\eta \leq 1{,}03) = A(1{,}03) = 0{,}8485.$$

EJEMPLO 9.5. Para una variable ξ que sigue la distribución $N(24,5)$, la probabilidad de que ξ sea menor o igual que el valor 36 es

$$P(\xi \leq 36) = P\left(\frac{\xi - 24}{5} \leq \frac{36 - 24}{5} \right) = P(\eta \leq 2,4) = A(2,4) = 0,9918.$$

EJEMPLO 9.6. Si ξ es una variable normal con media μ y desviación típica σ, en el intervalo $(\mu - \sigma; \mu + \sigma)$ se encuentra el 68,26% de los datos, ya que

$$\begin{aligned} P(\mu - \sigma < \xi \leq \mu + \sigma) &= P(-1 < \eta \leq 1) = A(1) - A(-1) = \\ &= A(1) - [1 - A(1)] = 2A(1) - 1 = 2 \cdot 0,8413 - 1 = 0,6826. \end{aligned}$$

Razonando de forma análoga se comprueba que en el intervalo $(\mu - 2\sigma; \mu + 2\sigma)$ está el 95,44% de los datos y en el intervalo $(\mu - 3\sigma; \mu + 3\sigma)$ se encuentra el 99,72%.

9.6. Distribuciones relacionadas con la normal

Las siguientes distribuciones están relacionadas con la normal y se emplean en Estadística para estimar determinados parámetros de las poblaciones.

Distribución χ^2 de Pearson

Sean $\xi_1, \xi_2, \ldots, \xi_n$ variables aleatorias independientes, todas ellas con distribución $N(0,1)$. Llamamos χ_n^2 a la variable aleatoria $\chi_n^2 = \xi_1 + \xi_2 + \cdots + \xi_n$. Obsérvese que el subíndice n corresponde al número de variables aleatorias que componen la suma, y recibe el nombre de grados de libertad de la **chi-cuadrado**.

Su función de densidad es

$$f(x) = \begin{cases} \dfrac{\left(\frac{1}{2}\right)^{n/2} x^{(n/2)-1} e^{-x/2}}{\Gamma\left(\frac{n}{2}\right)} & \text{si } x > 0, \\ 0 & \text{si } x \leq 0. \end{cases} \qquad (9.7)$$

La media y la varianza se obtienen fácilmente, observando que $\chi_n^2 = \gamma\left(\frac{1}{2}, \frac{1}{2}\right)$:

$$E[\chi_n^2] = n \qquad \text{y} \qquad \text{Var}[\chi_n^2] = 2n.$$

La tabla de la distribución χ^2 está en la página 297.

Propiedades

1. Sean $\chi_{n_1}^2, \chi_{n_2}^2, \ldots, \chi_{n_s}^2$, variables aleatorias independientes con distribuciones chi-cuadrado, entonces la variable aleatoria $\eta = \chi_{n_1}^2 + \chi_{n_2}^2 + \cdots + \chi_{n_s}^2$, es una χ_r^2 con $r = \sum_{i=1}^{s} n_i$.

2. Sea una población distribuida normalmente, con varianza σ^2, de la que se extrae una muestra aleatoria de tamaño n y varianza S^2, entonces la variable aleatoria

$$\frac{(n-1)S^2}{\sigma^2}$$

tiene una distribución chi-cuadrado con $n-1$ grados de libertad. Esta propiedad permitirá la estimación de la varianza σ^2 y el contraste de una hipótesis acerca de ella.

Distribución t de Student

Una variable aleatoria se dice que sigue una **distribución t de Student** de n grados de libertad, y la representamos t_n, si es el cociente entre una variable η distribuida $N(0,1)$ y la raíz cuadrada de una chi-cuadrado con n grados de libertad dividida por sus grados de libertad:

$$\xi = \frac{\eta}{\sqrt{\frac{\chi_n^2}{n}}}$$

Destaquemos que el denominador

$$\sqrt{\frac{\chi_n^2}{n}} = \sqrt{\frac{x_1^2 + x_2^2 + \cdots + x_n^2}{n}}$$

es la desviación típica de las variables x_i, porque tienen media cero. En consecuencia la t de Student compara una variable η de media nula con una estimación de su desviación típica obtenida con n datos independientes.

La función de densidad viene dada por

$$f(x) = \frac{\left(1+\frac{x^2}{n}\right)^{-\frac{n+1}{2}}}{\sqrt{n}\,B\left(\frac{n}{2},\frac{1}{2}\right)} \qquad x \in \mathbb{R}, \tag{9.8}$$

la cual es simétrica respecto a $x=0$, con una forma parecida a $N(0,1)$ a la que se aproxima cada vez más cuando n crece.

Sus características están dadas por:

$$E[\xi]=0 \qquad y \qquad \text{Var}[\xi]=\frac{n}{n-2}$$

En la página 298 se encuentra la tabla de la distribución t.

Propiedad

Sea una población distribuida $N(\mu,\sigma)$, de la que se extrae una muestra aleatoria de tamaño n con media $\overline{X}$ y desviación típica S, entonces la variable aleatoria

$$\frac{\overline{X}-\mu}{S/\sqrt{n}}$$

tiene una distribución t de Student con $n-1$ grados de libertad. Esta propiedad permitirá la estimación de la media de la población y hacer contrastes de hipótesis acerca de ella.

EN DETALLE

9.1 Un repartidor debe entregar un paquete a las 10 de la mañana. A consecuencia del tráfico, el tiempo que tarda en recorrer el trayecto oscila entre los 35 y los 45 minutos. ¿A qué hora debe iniciar el recorrido para entregar el paquete puntualmente con probabilidad del 0,85?

RESOLUCIÓN

Suponemos una distribución uniforme en el intervalo $[a;b] = [35;45]$, con función de densidad

$$f(x) = \begin{cases} \dfrac{1}{b-a} & \text{si } a \leq x \leq b, \\ 0 & \text{en el resto,} \end{cases}$$

y función de distribución

$$F(x) = \begin{cases} 0 & \text{si } x < a, \\ \dfrac{x-a}{b-a} & \text{si } a \leq x \leq b, \\ 1 & \text{si } x > b. \end{cases}$$

Por lo tanto

$$F(x) = P(\xi \leq x) = \frac{x-35}{45-35} = 0{,}85 \quad \Rightarrow \quad x = 43{,}5.$$

Debe salir 43,5 minutos antes de las 10.

9.2 El tiempo, en horas, que se tarda en reparar determinada máquina sigue una distribución gamma $\gamma(2,5)$. El coste de reparación es de 1 000 euros/hora. ¿Cuál es la probabilidad de que el coste de reparación no supere los 3 000 euros?

RESOLUCIÓN

La función de densidad de la función gamma es

$$f(x) = \begin{cases} \dfrac{a^p x^{p-1} e^{-ax}}{\Gamma(p)} & \text{si } x \geq 0, \quad p,a > 0, \\ 0 & \text{si } x < 0, \end{cases}$$

en nuestro caso particular $p = 2$ y $a = 5$.

Que el coste no supere los 3 000 euros es equivalente a que el tiempo de reparación no supere las 3 horas. Por lo tanto, la probabilidad de que el tiempo de reparación no supere las 3 horas es

$$P(\xi < 3) = 25 \int_0^3 x e^{-5x}\, dx = \left[-25 \frac{e^{-5x}}{5} \left(x + \frac{1}{5} \right) \right]_0^3 = 1 - \frac{16}{e^{15}} \simeq 1,$$

donde hemos integrado por partes, teniendo en cuenta que $\Gamma(2) = 1 \cdot \Gamma(1) = 1$.

9.3 Los coches que llegan al peaje de una autopista siguen un proceso de Poisson. Llegan en media un coche cada 3 minutos. Calcúlese la probabilidad de que pasen más de 5 minutos hasta la llegada del segundo coche.

RESOLUCIÓN

Como la esperanza de una distribución de Poisson coincide con su parámetro, tenemos $\lambda = \frac{1}{3}$.

Por tratarse de sucesos independientes, regidos por distribuciones de Poisson, el tiempo transcurrido hasta la ocurrencia de n sucesos sigue una distribución $\gamma(n,\lambda)$. En nuestro caso tenemos $n = 2$ y $\lambda = 1/3$, así que la variable aleatoria ξ que describe el tiempo transcurrido hasta la ocurrencia del segundo suceso está distribuida $\gamma\left(2, \frac{1}{3}\right)$; su función de densidad, según (9.2), será:

$$f(x) = \begin{cases} \dfrac{\left(\frac{1}{3}\right)^2 x^{2-1} e^{-x/3}}{\Gamma(2)} & \text{si } x \geq 0, \\ 0 & \text{si } x < 0. \end{cases}$$

Por lo tanto, la probabilidad de que transcurran más de cinco minutos hasta la llegada del segundo coche es

$$P(\xi > 5) = \int_5^{+\infty} \frac{xe^{-x/3}}{9}\, dx = \left[-\frac{e^{-x/3}}{3}(x+3) \right]_5^{+\infty} = 0 + \frac{5+3}{3e^{5/3}} \simeq 0{,}5037.$$

9.4 Los códigos de los artículos, en una caja registradora, son iluminados con luz láser y posteriormente leídos por un lector óptico. La fracción de luz que llega al lector óptico sigue una distribución $\beta(3,2)$. La lectura sólo es válida cuando la cantidad de luz recogida por el lector es superior al 30% de la emitida por el láser. ¿Cuál es la probabilidad de que la lectura de un código sea correcta?

RESOLUCIÓN

Lo que están preguntando es qué fracción de lecturas reciben una cantidad de luz superior al $30\% = 0{,}3$ de la emisión del láser. Y sabemos que la luz recibida sigue una distribución $\beta(3,2)$, por lo tanto la solución pedida es

$$
\begin{aligned}
P(\xi \geq 0{,}3) &= 1 - F(0{,}3) = \frac{\Gamma(3+2)}{\Gamma(3)\Gamma(2)} \int_{0{,}3}^1 t^{3-1}(1-t)^{2-1}\, dt = \\
&= \frac{4!}{2!} \int_{0{,}3}^1 t^2(1-t)\, dt = 12 \int_{0{,}3}^1 (t^2 - t^3)\, dt = 12 \left[\frac{t^3}{3} - \frac{t^4}{4} \right]_{0{,}3}^1 = \\
&= \left[t^3(4 - 3t) \right]_{0{,}3}^1 = 0{,}9163.
\end{aligned}
$$

9.5 Los ingresos en euros/hora de los vendedores a comisión siguen una distribución de Pareto de parámetros $\alpha = 1{,}80$ y $x_0 = 60$. Si se eligen 5 vendedores al azar, ¿cuál es la probabilidad de que al menos uno de ellos gane más de 200 euros/hora?

RESOLUCIÓN

La probabilidad de que un vendedor gane más de 200 euros/hora nos viene dada por la distribución de Pareto

$$P(\xi \geq 200) = \left(\frac{60}{200} \right)^{1,8} \simeq 0{,}1145.$$

Eligiendo 5 vendedores al azar, la probabilidad de que al menos uno de ellos gane más de 200 euros/hora sigue una distribución binomial con probabilidad $p = 0{,}11$, y por tanto

$$P(\xi \geq 1) = 1 - P(\xi = 0) = 1 - \binom{5}{0} 0{,}11^0 (1 - 0{,}11)^5 \simeq 0{,}4416.$$

9.6 Un fabricante de coches garantiza la carrocería de los vehículos por 5 años. Podemos considerar que la carrocería se mantiene en buen estado siguiendo una ley normal de esperanza 6 años, con una desviación típica de 120 días. ¿Qué probabilidad hay de que un coche tenga que ser restaurado antes de acabar su garantía?

RESOLUCIÓN

Como 5 años son 1 825 días, donde hemos supuesto que no hay años bisiestos, y 6 años son 2 190 días, la carrocería se mantiene en buen estado según una distribución $N(2190, 120)$, por lo tanto la probabilidad de reparar el coche coincide con la probabilidad de que la carrocería esté en mal estado antes de 1 825 días, es decir,

$$P(\xi \leq 1825) = P(120\eta + 2190 \leq 1825) = P\left(\eta \leq \frac{1825 - 2190}{120}\right) =$$
$$= P\left(\eta \geq \frac{2190 - 1825}{120}\right) = P(\eta \geq 3,04) = 1 - P(\eta \leq 3,04) \simeq 0,0012$$

con η distribuida $N(0,1)$. Hemos buscado esta probabilidad en la tabla de la distribución normal. Con la probabilidad obtenida podemos decir que uno de cada mil coches aproximadamente, deberá repararse antes de acabar su garantía.

9.7 La resistencia de un nuevo material se distribuye normalmente $N(\mu, \sigma)$, pero su media y su desviación típica son desconocidas. Se hacen 11 pruebas de resistencia, a partir de las cuales se calcula un valor medio de resistencia, $\overline{X}$, y la varianza S^2. ¿Cuál es la probabilidad de que sea $0,486 < \frac{S^2}{\sigma^2} < 0,617$?

RESOLUCIÓN

Por la propiedad 2 de la distribución chi-cuadrado, la variable aleatoria $\frac{(n-1)S^2}{\sigma^2}$ tiene una distribución chi-cuadrado con $n-1$ grados de libertad. En nuestro caso la variable aleatoria es $\frac{10S^2}{\sigma^2}$, y el número de grados de libertad 10. En estas circunstancias es

$$P\left(0,486 < \frac{S^2}{\sigma^2} < 0,617\right) = P\left(4,86 < \frac{10S^2}{\sigma^2} < 6,17\right) = P\left(4,86 < \chi_{10}^2 < 6,17\right) =$$
$$= P(\chi_{10}^2 > 4,86) - P(\chi_{10}^2 > 6,17) = 0,90 - 0,80 = 0,10$$

sin más que consultar la tabla de la distribución chi-cuadrado.

9.8 Un fabricante de motores eléctricos indica en su publicidad que el rendimiento de tales aparatos es del 45%. Un fabricante de lavadoras, satisfecho con ese rendimiento, quiere instalarlos en sus electrodomésticos; no obstante, procede a verificar la información. Compra 25 motores y tras la correspondiente prueba obtiene un rendimiento medio 43,5 con una desviación típica de 2,5. Suponiendo que el rendimiento es una variable aleatoria distribuida normalmente, ¿es fiable la información aportada por la publicidad?

RESOLUCIÓN

Por la propiedad uno de la distribución de Student el valor

$$\frac{\overline{X} - \mu}{S/\sqrt{n}} = \frac{43,5 - 45}{2,5/\sqrt{25}} = -3$$

es un valor correspondiente a la distribución de Student de $n - 1 = 25 - 1 = 24$ grados de libertad. Recurriendo a las tablas encontramos que

$$P(\xi \leq -3) = P(\xi \geq 3) < 0,005,$$

ya que en la tabla aparece que $P(\xi \geq 2,797) = 0,005$.

La probabilidad es demasiado pequeña para que la información sea veraz.

9.9 Dada la función $f : \mathbb{R} \to \mathbb{R}$ por

$$f(x) = \begin{cases} 0 & \text{si } x < 0, \\ \dfrac{k}{e^x + e^{-x}} & \text{si } x \geq 0. \end{cases}$$

(a) Calcúlese el valor de k para que f sea una función de densidad de una variable aleatoria.

(b) Para el valor de k anterior, hállese la función de distribución de la citada variable.

(c) Sabiendo que el valor de la variable es menor que 3, ¿cuál es la probabilidad de que sea mayor que 1?

RESOLUCIÓN

(a) Necesariamente es $k > 0$ y debe valer uno la integral

$$\begin{aligned} \int_{-\infty}^{+\infty} f(x)\,dx &= \int_0^{+\infty} \frac{k}{e^x + e^{-x}}\,dx = k\int_0^{+\infty} \frac{e^x}{(e^x)^2 + 1}\,dx = k\left[\operatorname{arctg} e^x\right]_0^{+\infty} = \\ &= k\left(\lim_{m\to+\infty} \operatorname{arctg} e^m - \operatorname{arctg} e^0\right) = k\left(\frac{\pi}{2} - \frac{\pi}{4}\right) = \frac{k\pi}{4} = 1 \quad \Rightarrow \\ \Rightarrow \quad k &= \frac{4}{\pi} \end{aligned}$$

(b) La función de distribución vale $F(x) = 0$, si $x \leq 0$, y si es $x > 0$ vale

$$\begin{aligned} F(x) &= P(\xi \leq x) = \int_0^x f(t)\,dt = \int_0^x \frac{\frac{4}{\pi}}{e^t + e^{-t}}\,dt = \\ &= \frac{4}{\pi}\left[\operatorname{arctg} e^t\right]_0^x = \frac{4}{\pi}\left(\operatorname{arctg} e^x - \frac{\pi}{4}\right) = \frac{4}{\pi}\operatorname{arctg} e^x - 1. \end{aligned}$$

(c) La probabilidad pedida, usando la definición de probabilidad condicionada y la función de distribución ya calculada es

$$\begin{aligned} P(\xi > 1/\xi < 3) &= \frac{P(1 < \xi < 3)}{P(\xi < 3)} = \frac{P(\xi < 3) - P(\xi < 1)}{P(\xi < 3)} = \frac{F(3) - F(1)}{F(3)} = \\ &= \frac{\left(\frac{4}{\pi}\operatorname{arctg} e^3 - 1\right) - \left(\frac{4}{\pi}\operatorname{arctg} e - 1\right)}{\frac{4}{\pi}\operatorname{arctg} e^3 - 1} = \\ &= \frac{\operatorname{arctg} e^3 - \operatorname{arctg} e}{\operatorname{arctg} e^3 - \frac{\pi}{4}} \simeq \frac{1{,}5210 - 1{,}2183}{1{,}5210 - 0{,}7854} \simeq 0{,}4115. \end{aligned}$$

9.10 Sea ξ una variable aleatoria definida en el intervalo $[0,3]$ por la función $f(x) = kx$, y que toma el valor $x = 4$ con probabilidad $1/6$.

(a) Calcúlese el valor de k.

(b) Hállese la función de distribución de la variable aleatoria ξ y represéntese.

(c) Sea η una variable aleatoria independiente de ξ que se distribuye según una Bernoulli de parámetro $1/4$. Hállese la varianza de $\xi - \eta$.

RESOLUCIÓN

(a) La variable aleatoria ξ es una variable mixta que debe verificar

$$P(\xi = 4) + \int_0^3 f(x)\,dx = 1,$$

luego

$$1 - \frac{1}{6} = \frac{5}{6} = \int_0^3 kx\,dx = \left[\frac{kx^2}{2}\right]_0^3 = \frac{9k}{2} \quad \Rightarrow \quad k = \frac{5}{27}$$

(b) Para hallar la función de distribución hay que tener en cuenta la masa que hay en el punto $x = 4$. Esta función vale:

$$\text{si } x < 0, \quad \text{es} \quad F(x) = 0$$

$$\text{si } 0 \leq x < 3, \quad \text{es} \quad F(x) = \int_0^x f(t)\,dt = \frac{5}{27}\int_0^x t\,dt = \frac{5x^2}{54}$$

$$\text{si } 3 \leq x < 4, \quad \text{es} \quad F(x) = F(3) = \frac{5 \cdot 3^2}{54} = \frac{5}{6} \quad \text{y}$$

$$\text{si } x \geq 4, \quad \text{es} \quad F(x) = F(4) = \frac{5}{6} + \frac{1}{6} = 1$$

La gráfica de la función de densidad está en la parte izquierda de la Figura 9.2 y la función de distribución en la parte derecha.

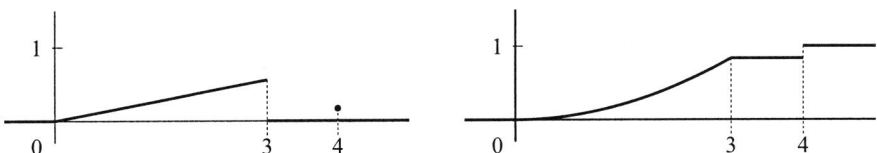

Figura 9.2. Función de densidad y función de distribución del problema 9.10

(c) Es claro que $\text{Var}[-\eta] = \text{Var}[\eta]$, pues

$$\text{Var}[\eta] = E[\eta^2] - (E[\eta])^2.$$

También se cumple

$$\text{Var}[\xi + \eta] = \text{Var}[\xi] + \text{Var}[\eta],$$

si las variables ξ e η son independientes, ya que

$$\begin{aligned}
\text{Var}[\xi + \eta] &= E\left[(\xi + \eta)^2\right] - (E[\xi + \eta])^2 = \\
&= E[\xi^2 + 2\xi\eta + \eta^2] - (E[\xi] + E[\eta])^2 = \\
&= E[\xi^2] + 2E[\xi\eta] + E[\eta^2] - (E[\xi])^2 - 2E[\xi]E[\eta] - (E[\eta])^2 = \\
&= \text{Var}[\xi] + \text{Var}[\eta] + 2E[\xi]E[\eta] - 2E[\xi]E[\eta] = \text{Var}[\xi] + \text{Var}[\eta].
\end{aligned}$$

Para la variable ξ es

$$E[\xi] = \int_0^3 xf(x)\,dx + 4 \cdot P(X=4) = \frac{5}{27}\int_0^3 x^2\,dx + 4 \cdot \frac{1}{6} = \frac{5\cdot 9}{27} + \frac{4}{6} = \frac{7}{3}$$

$$E[\xi^2] = \int_0^3 x^2 f(x)\,dx + 4^2 \cdot P(X=4) =$$

$$= \frac{5}{27}\int_0^3 x^3\,dx + 4^2 \cdot \frac{1}{6} = \frac{5\cdot 81}{27\cdot 4} + \frac{16}{6} = \frac{15}{4} + \frac{8}{3} = \frac{77}{12}$$

$$\operatorname{Var}[\xi] = E[\xi^2] - (E[\xi])^2 = \frac{77}{12} - \left(\frac{7}{3}\right)^2 = \frac{77}{12} - \frac{49}{9} = \frac{231-196}{36} = \frac{35}{36}$$

Para la variable η, que sigue una distribución de Bernoulli de parámetro $p = 1/4$, es $q = 3/4$ y entonces

$$E[\eta] = 0 \cdot \frac{3}{4} + 1 \cdot \frac{1}{4} = \frac{1}{4}$$

$$E[\eta^2] = 0^2 \cdot \frac{3}{4} + 1^2 \cdot \frac{1}{4} = \frac{1}{4}$$

$$\operatorname{Var}[\eta] = E[\eta^2] - (E[\eta])^2 = \frac{1}{4} - \left(\frac{1}{4}\right)^2 = \frac{1}{4} - \frac{1}{16} = \frac{3}{16}$$

Por tanto la varianza pedida es

$$\operatorname{Var}[\xi - \eta] = \operatorname{Var}[\xi + \eta] = \operatorname{Var}[\xi] + \operatorname{Var}[\eta] = \frac{35}{36} + \frac{3}{16} = \frac{140+27}{144} = \frac{167}{144}$$

9.11 El tiempo de funcionamiento ininterrumpido hasta avería o parada de un cierto tipo de motor es una variable aleatoria ξ con función de densidad del tipo

$$f(t) = \alpha e^{\beta t} \qquad t \geq 0.$$

(a) Calcúlense los posibles valores de α y β y el tiempo medio de funcionamiento ininterrumpido, así como la varianza de dicho tiempo ξ.

(b) Se instalan en paralelo tres motores del mismo tipo (de modo que el sistema funciona si funciona alguno de los motores), que funcionan independientemente y tales que el tiempo medio de funcionamiento ininterrumpido de cada uno de ellos es de 3 meses. Hállese el tiempo medio de funcionamiento hasta avería del sistema. Si el sistema se pone en marcha a lo largo de su vida útil 100 veces, ¿en cuántas se espera que funcione sin avería durante más de tres meses?

(c) Si para obtener mayor potencia-punta del sistema se instalan los tres motores en serie (ahora el sistema se para cuando se para algún motor), hállese el tiempo medio de funcionamiento hasta parada de este sistema.

(d) Si se instalan en paralelo diez motores de este tipo y se necesita que funcionen al menos tres al mismo tiempo para que el montaje sea eficaz, hállese la probabilidad de que este montaje funcione con eficacia más de tres meses.

RESOLUCIÓN

(a) Debe ser $f(t) \geq 0$, luego $\alpha \geq 0$, y además

$$
\begin{aligned}
1 &= \int_0^{+\infty} \alpha e^{\beta t}\, dt = \frac{\alpha}{\beta} \int_0^{+\infty} \beta e^{\beta t}\, dt = \\
&= \frac{\alpha}{\beta} \left[e^{\beta t} \right]_0^{+\infty} = \frac{\alpha}{\beta} \left(\lim_{M \to +\infty} e^{\beta M} - e^0 \right) = \frac{-\alpha}{b} \left(1 - \lim_{M \to +\infty} e^{\beta M} \right)
\end{aligned}
$$

por lo que necesariamente debe ser $\alpha > 0$ y $\beta < 0$, para que sea convergente la integral impropia, pues será $e^{\beta M} \to 0$, resultando entonces que

$$
1 = \frac{-\alpha}{\beta} \qquad \Rightarrow \qquad \beta = -\alpha.
$$

La función de densidad será por tanto

$$
f(t) = \begin{cases} 0 & \text{si } t < 0, \\ \alpha e^{-\alpha t} & \text{si } t \geq 0, \end{cases}
$$

que es una distribución exponencial de parámetro α.

Considerando la variable aleatoria

$$
\xi = \text{«\textit{tiempo de trabajo ininterrumpido}»},
$$

se tiene que la esperanza es

$$
E[\xi] = \int_0^{+\infty} t f(t)\, dt = \int_0^{+\infty} \alpha t e^{-\alpha t}\, dt = \int_0^{+\infty} x e^{-x} \frac{dx}{\alpha} = \frac{1}{\alpha} \Gamma(2) = \frac{1}{\alpha}
$$

donde hemos hecho el cambio de variable $\alpha t = x$, con $dt = \frac{dx}{\alpha}$. Además, con el mismo cambio de variables, es

$$
E[\xi^2] = \int_0^{+\infty} t^2 f(t)\, dt = \int_0^{+\infty} \alpha t^2 e^{-\alpha t}\, dt = \frac{1}{\alpha} \int_0^{+\infty} x^2 e^{-x} \frac{dx}{\alpha} = \frac{1}{\alpha^2} \Gamma(3) = \frac{2}{\alpha^2}
$$

por lo que la varianza resulta ser

$$
\text{Var}[\xi] = E[\xi^2] - (E[\xi])^2 = \frac{2}{\alpha^2} - \left(\frac{1}{\alpha} \right)^2 = \frac{2}{\alpha^2} - \frac{1}{\alpha^2} = \frac{1}{\alpha^2}
$$

(b) Sean ξ_1, ξ_2, ξ_3 las variables aleatorias que nos indican los tiempos de funcionamiento de cada uno de los tres motores. Como el tiempo medio es 3 meses, se tiene que

$$
E[\xi_i] = \frac{1}{\alpha} = 3 \qquad \Rightarrow \qquad \alpha = \frac{1}{3}
$$

por lo que la función de densidad para estas variables es

$$
f_i(t) = f(t) = \frac{1}{3} e^{-t/3} \qquad \text{con} \quad t \geq 0,
$$

luego la función de distribución será

$$F_i(t) = F(t) = \int_{-\infty}^{t} f(u)\,du = \frac{1}{3}\int_{-\infty}^{t} e^{-u/3}\,du = \left[-e^{-u/3}\right]_{-\infty}^{t} = 1 - e^{-t/3} \quad t \geq 0.$$

Consideramos la variable aleatoria

$$\eta = \text{«\textit{tiempo de funcionamiento hasta avería}»},$$

como el sistema está conectado en paralelo, es $\eta = \text{máx}\{\xi_1, \xi_2, \xi_3\}$, por lo que la función de distribución resulta

$$F_\eta(u) = P(\eta \leq u) = P(\xi_1 \leq u, \xi_2 \leq u, \xi_3 \leq u)$$

y, siendo las variables ξ_i independientes, queda

$$\begin{aligned}
F_\eta(u) &= P(\eta \leq u) = P(\xi_1 \leq u) \cdot P(\xi_2 \leq u) \cdot P(\xi_3 \leq u) = \\
&= F_1(u)F_2(u)F_3(u) = [F(u)]^3 = \left(1 - e^{-u/3}\right)^3 \quad u \geq 0.
\end{aligned}$$

La función de densidad de η será entonces

$$f_\eta(u) = F_\eta'(u) = 3(1-e^{-u/3})^2 \cdot \frac{e^{-u/3}}{3} = e^{-u/3}(1-e^{-u/3})^2.$$

El tiempo medio de funcionamiento será la esperanza matemática, es decir

$$\begin{aligned}
E[\eta] &= \int_{-\infty}^{+\infty} u f_\eta(u)\,du = \int_{0}^{+\infty} u e^{-u/3}(1-e^{-u/3})^2\,du = \\
&= \int_{0}^{+\infty} u e^{-u/3}\,du - 2\int_{0}^{+\infty} u e^{-2u/3}\,du + \int_{0}^{+\infty} u e^{-u}\,du,
\end{aligned}$$

y haciendo el cambio $\frac{u}{3} = w$ en la primera integral y $\frac{2u}{3} = w$ en la segunda, resulta

$$\begin{aligned}
E[\eta] &= 9\int_{0}^{+\infty} w e^{-w}\,dw - \frac{9}{2}\int_{0}^{+\infty} w e^{-w}\,dw + \int_{0}^{+\infty} u e^{-u}\,du = \\
&= 9\Gamma(2) - \frac{9}{2}\Gamma(2) + \Gamma(2) = \frac{11}{2}\Gamma(2) = \frac{11}{2} = 5,5
\end{aligned}$$

es decir, cinco meses y medio de funcionamiento.

Para la segunda pregunta, arrancando 100 veces el sistema, hallemos la probabilidad de que funcionen más de tres meses. Se tiene que

$$p = P(\eta > 3) = 1 - F_\eta(3) = 1 - (1-e^{-1})^3 = 3e^{-1} - 3e^{-2} + e^{-3} \simeq 0,7474.$$

Consideremos ahora la variable aleatoria

$$\xi = \text{«\textit{número de veces que funciona sin avería más de 3 meses}»},$$

se trata de una distribución binomial con $n = 100$ y p el valor antes calculado, luego

$$E[\xi] = np = 100(3e^{-1} - 3e^{-2} + e^{-3}) \simeq 74{,}74$$

(c) Por estar conectados los motores en serie, ahora es $\eta = \text{mín}\{\xi_1, \xi_2, \xi_3\}$ y la función de distribución de esta variable resulta

$$
\begin{aligned}
F_\eta(u) &= P(\eta \leq u) = 1 - P(\eta > u) = 1 - P(\xi_1 > u, \xi_2 > u, \xi_3 > u) = \\
&= 1 - P(\xi_1 > u) \cdot P(\xi_2 > u) \cdot P(\xi_3 > u) = \\
&= 1 - (1 - F_1(u))(1 - F_2(u))(1 - F_3(u)) = \\
&= 1 - (1 - F(u))^3 = 1 - \left(1 - (1 - e^{-u/3})\right)^3 = 1 - e^{-u} \qquad u \geq 0,
\end{aligned}
$$

y la correspondiente función de densidad

$$
f_\eta(u) = F_\eta'(u) = e^{-u} \qquad u \geq 0,
$$

de donde la esperanza es

$$
E[\eta] = \int_{-\infty}^{+\infty} u f_\eta(u)\, du = \int_0^{+\infty} u e^{-u}\, du = \Gamma(2) = 1,
$$

es decir, en media, un mes de funcionamiento ininterrumpido.

(d) La probabilidad de que un motor de este tipo funcione con eficacia más de 3 meses es

$$
P(\xi > 3) = 1 - F(3) = 1 - (1 - e^{-1}) = e^{-1} \simeq 0{,}3679.
$$

Consideremos la variable aleatoria

$$
\eta = \text{«número de motores que funcionan más de 3 meses»},
$$

de los 10 motores instalados. Se trata de una distribución binomial $B(n, p)$ con $n = 10$ y $p = e^{-1}$, por lo que la probabilidad de que funcionen 3 ó más motores es

$$
\begin{aligned}
P(\eta \geq 3) &= 1 - [P(\eta = 0) + P(\eta = 1) + P(\eta = 2)] = \\
&= 1 - \left[(1 - e^{-1})^{10} + (1 - e^{-1})^9 \cdot 10 e^{-1} + \binom{10}{2}(1 - e^{-1})^8 e^{-2} \right]
\end{aligned}
$$

donde los tres sumandos del corchete corresponden a que fallarán 10, ó 9 u 8 veces, respectivamente. Operando se tiene

$$
\begin{aligned}
P(\eta \geq 3) &= 1 - (1 - e^{-1})^8 \left((1 - e^{-1})^2 + 10 e^{-1}(1 - e^{-1}) + 45 e^{-2} \right) = \\
&= 1 - (1 - e^{-1})^8 (1 - 2e^{-1} + e^{-2} + 10 e^{-1} - 10 e^{-2} + 45 e^{-2}) = \\
&= 1 - (1 - e^{-1})^8 (1 + 8 e^{-1} + 36 e^{-2}) = 1 - 0{,}025\,49 \cdot 8{,}815 \simeq 0{,}775\,3.
\end{aligned}
$$

9.12 Determínese la probabilidad de que eligiendo al azar dos valores X e Y que satisfacen las condiciones

$$
\begin{cases}
2 - X - Y < 0 \\
3Y - 4X - 6 < 0 \\
Y + 2X - 7 < 0
\end{cases}
$$

resulte que el valor Y elegido sea menor que cero.

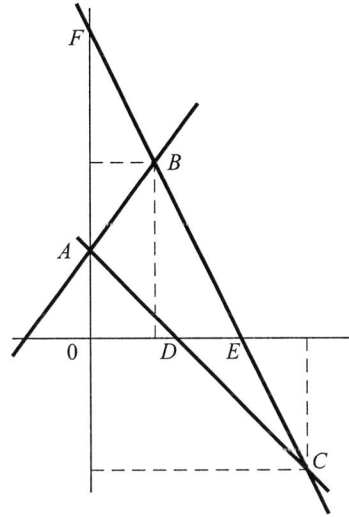

Figura 9.3. Recinto plano que verifica las condiciones

RESOLUCIÓN

En el plano consideramos las rectas de ecuaciones

$$2 - x - y = 0, \qquad 3y - 4x - 6 = 0, \qquad y + 2x - 7 = 0,$$

que están representadas en la Figura 9.3, y los puntos de corte entre ellas y con los ejes, que son

$$A(0,2), \quad B(3/2,4), \quad C(5,-3), \quad D(2,0), \quad E(7/2,0), \quad F(0,7).$$

Calculamos también los vectores

$$\overrightarrow{AB} = (3/2,2), \quad \overrightarrow{AC} = (5,-5), \quad \overrightarrow{DE} = (3/2,0), \quad \overrightarrow{DC} = (3,-3),$$

que nos permiten calcular las áreas de los triángulos DEC y ABC en el espacio.

Si se considera el producto vectorial

$$\overrightarrow{DE} \wedge \overrightarrow{DC} = \begin{vmatrix} \overrightarrow{i} & \overrightarrow{j} & \overrightarrow{k} \\ \frac{3}{2} & 0 & 0 \\ 3 & -3 & 0 \end{vmatrix} = -\frac{9}{2}\overrightarrow{k}$$

se obtiene

$$\text{Área}\,(D\widehat{E}C) = \frac{1}{2}\left|\overrightarrow{DE} \wedge \overrightarrow{DC}\right| = \frac{1}{2}\frac{9}{2} = \frac{9}{4}$$

Del mismo modo al ser

$$\overrightarrow{AB} \wedge \overrightarrow{AC} = \begin{vmatrix} \overrightarrow{i} & \overrightarrow{j} & \overrightarrow{k} \\ \frac{3}{2} & 2 & 0 \\ 5 & -5 & 0 \end{vmatrix} = \left(-\frac{15}{2} - 10\right)\overrightarrow{k} = -\frac{35}{2}\overrightarrow{k}$$

se obtiene

$$\text{Área}\,(A\widehat{B}C) = \frac{1}{2}\left|\overrightarrow{AB} \wedge \overrightarrow{AC}\right| = \frac{1}{2}\frac{35}{2} = \frac{35}{4}$$

En consecuencia la probabilidad pedida es

$$P = \frac{\text{Área } (D\overset{\frown}{E}C)}{\text{Área } (A\overset{\frown}{B}C)} = \frac{\frac{9}{4}}{\frac{35}{4}} = \frac{9}{35}$$

9.13 En un segmento de longitud L se toman al azar dos longitudes a y b. Hállese la probabilidad de que estos segmentos no tengan parte común.

RESOLUCIÓN

Sean x e y los puntos que representan sobre el segmento de longitud L la parte izquierda de los segmentos de longitudes a y b, como puede verse en la parte izquierda de la Figura 9.4. Para que estos segmentos estén dentro del segmento de longitud L tiene que verificarse que

$$a \leq x + a \leq L \qquad \text{y} \qquad b \leq y + b \leq L,$$

es decir,

$$0 \leq x \leq L - a \qquad \text{y} \qquad 0 \leq y \leq L - b.$$

Si el segmento a está a la izquierda del segmento b, se cumplirá

$$\left.\begin{array}{rcl} x+a+b & \leq & L \\ x+a & \leq & y \\ y+b & \leq & L \end{array}\right\} \Rightarrow \left.\begin{array}{rcl} 0 \leq x & \leq & L-a-b \\ x+a \leq y & \leq & L-b \end{array}\right\}$$

y entonces la probabilidad de que a esté a la izquierda de b puede calcularse por probabilidades geométricas como el cociente entre el área del triángulo y el área del rectángulo, como se observa en la parte derecha de la Figura 9.4.

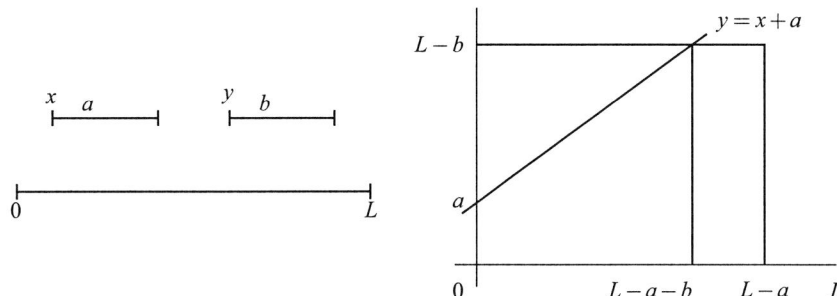

Figura 9.4. Explicación del problema 9.13

Es decir

$$P(a \text{ a la izquierda de } b) = \frac{\frac{1}{2}(L-a-b)^2}{(L-a)(L-b)}$$

Para calcular la probabilidad de que sea el segmento b el que esté a la izquierda del a, basta intercambiar los papeles y obtendremos la misma probabilidad, por tanto la probabilidad buscada será la suma, es decir el doble de la calculada:

$$\begin{aligned} P(a \text{ y } b \text{ no tengan parte en común}) &= P(a \text{ a la izquierda de } b) + P(b \text{ a la izquierda de } a) = \\ &= \frac{(L-a-b)^2}{(L-a)(L-b)} \end{aligned}$$

9.14 Se eligen al azar dos puntos x e y tales que $0 < x < 1$, $0 < y < 1$. Calcúlese la probabilidad de que se pueda construir un triángulo obtusángulo cuyos lados midan 1, x e y.

RESOLUCIÓN

Cada lado de un triángulo debe ser menor que la suma de los otros dos, por lo que un triángulo con lados $1, x, y$ debe cumplir que

$$x < 1 + y, \qquad y < 1 + x, \qquad 1 < x + y.$$

Como 1 es el lado mayor, su ángulo opuesto α será el mayor de los tres, es decir el obtuso, luego

$$\frac{\pi}{2} < \alpha < \pi,$$

es decir, $\cos \alpha < 0$.

Por el teorema del coseno es $1^2 = x^2 + y^2 - 2xy \cos \alpha$, de donde

$$\cos \alpha = \frac{x^2 + y^2 - 1}{2xy}$$

y como $2xy > 0$, debe ser $x^2 + y^2 - 1 < 0$, es decir $x^2 + y^2 < 1$, que juntamente con la condición $1 < x + y$, llevadas al primer cuadrante, resulta en la región sombreada que muestra la Figura 9.5.

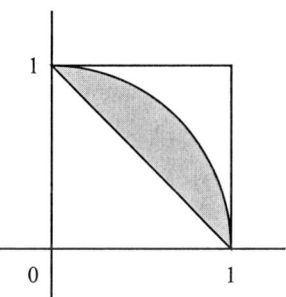

Figura 9.5. Área que verifica las dos condiciones

Se tiene que

$$P(obtusángulo) = \frac{\text{Área sombreada}}{\text{Área del cuadrado}} = \frac{\frac{1}{4} \cdot \pi \cdot 1^2 - \frac{1}{2} \cdot 1 \cdot 1}{1 \cdot 1} = \frac{\pi}{4} - \frac{1}{2} = \frac{\pi - 2}{4}$$

9.15 Hállese la probabilidad de que al seleccionar al azar un punto en una elipse, éste pertenezca al rectángulo inscrito en ella de área máxima y que tenga sus lados paralelos a los ejes de la elipse.

RESOLUCIÓN

Sean a y b los semiejes de la elipse, el área encerrada por ella vale πab y la ecuación de esta elipse es $b^2 x^2 + a^2 y^2 = a^2 b^2$, por lo que define, en el semiplano superior, la función

$$y = \sqrt{\frac{a^2 b^2 - b^2 x^2}{a^2}} = \frac{b}{a} \sqrt{a^2 - x^2}$$

Inscribimos un rectángulo en la elipse siendo (x, y) el vértice que está en contacto con la elipse en el primer cuadrante, como se observa en la Figura 9.6.

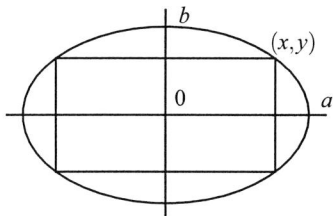

Figura 9.6. El rectángulo inscrito en la elipse

El área del rectángulo inscrito será

$$A(x) = 2x \cdot 2y = 4xy = 4x\frac{b}{a}\sqrt{a^2 - x^2} = \frac{4b}{a}\sqrt{a^2 x^2 - x^4}$$

y para calcular cuándo es máxima hallamos su derivada primera y la igualamos a cero,

$$A'(x) = \frac{4b}{a}\frac{2a^2 x - 4x^3}{2\sqrt{a^2 x^2 - x^2}} = \frac{4b(a^2 - 2x^2)x}{a\sqrt{a^2 x^2 - x^2}} = 0,$$

resultando como puntos críticos $x = 0$, que corresponde a un mínimo por ser área nula, y $x = a/\sqrt{2}$, que corresponde al área máxima. Por tanto, el área del rectángulo inscrito es

$$A\left(\frac{a}{\sqrt{2}}\right) = 4\left(\frac{a}{\sqrt{2}}\right)\frac{b}{a}\sqrt{a^2 - \frac{a^2}{2}} = \frac{4b}{\sqrt{2}}\sqrt{\frac{a^2}{2}} = \frac{4ab}{2} = 2ab.$$

Finalmente, si elegimos al azar un punto dentro de la elipse, la probabilidad de que ese punto pertenezca al rectángulo inscrito de área máxima, por probabilidades geométricas, será

$$P(pertenezca) = \frac{\text{Área rectángulo}}{\text{Área elipse}} = \frac{2ab}{\pi ab} = \frac{2}{\pi}$$

9.16 En una circunferencia se escogen al azar tres puntos. Calcúlese la probabilidad de que los tres puntos estén situados en un mismo arco de $\pi/2$ radianes.

RESOLUCIÓN
Primer método.

Sean P_1, P_2 y P_3 estos puntos. El primero de ellos lo suponemos en el eje OX^+, sean

$$X = \text{«ángulo } P_1OP_2\text{»} \qquad \text{e} \qquad Y = \text{«ángulo } P_1OP_3\text{»},$$

siendo $X \in [-\pi; \pi]$, $Y \in [-\pi; \pi]$, independientes y uniformes, con funciones de densidad

$$f_X(x) = \begin{cases} \frac{1}{2\pi} & \text{si } x \in [-\pi; \pi], \\ 0 & \text{si } x \notin [-\pi; \pi]. \end{cases} \qquad f_Y(y) = \begin{cases} \frac{1}{2\pi} & \text{si } y \in [-\pi; \pi], \\ 0 & \text{si } y \notin [-\pi; \pi]. \end{cases}$$

La función de densidad conjunta es el producto

$$f(x,y) = f_X(x) \cdot f_Y(y) = \begin{cases} \frac{1}{4\pi^2} & \text{si } x \in [-\pi; \pi], \\ 0 & \text{si } x \notin [-\pi; \pi]. \end{cases}$$

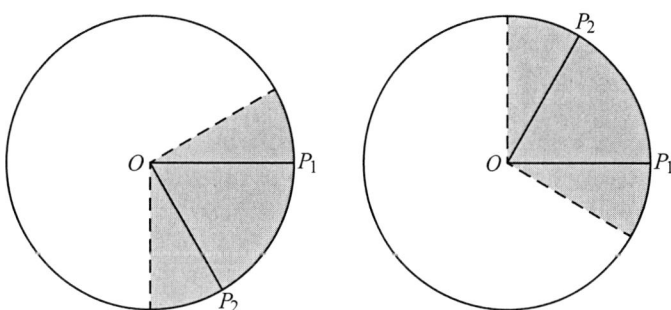

Figura 9.7. Las dos posibilidades para el punto P_2

Estudiemos las dos posibilidades con el punto P_2: si $X \in [-\frac{\pi}{2}; \frac{\pi}{2}]$ y si $X \in [0; \frac{\pi}{2}]$, y en estos casos las posibilidades para P_3 son, respectivamente:

$$Y \in \left[-\frac{\pi}{2}; X + \frac{\pi}{2}\right] \qquad \text{e} \qquad Y \in \left[X - \frac{\pi}{2}; \frac{\pi}{2}\right],$$

como puede verse en la Figura 9.7.

En consecuencia

$$P\left(\text{mismo arco de } \frac{\pi}{2} \text{ radianes}\right) =$$

$$= P\left(-\frac{\pi}{2} \leq X \leq 0, -\frac{\pi}{2} \leq Y \leq X + \frac{\pi}{2}\right) + P\left(0 \leq X \leq \frac{\pi}{2}, X - \frac{\pi}{2} \leq Y \leq \frac{\pi}{2}\right) =$$

$$= P\left(-\frac{\pi}{2} \leq X \leq 0, -\frac{\pi}{2} \leq Y \leq X + \frac{\pi}{2}\right) + P\left(0 \leq X \leq \frac{\pi}{2}, X - \frac{\pi}{2} \leq Y \leq \frac{\pi}{2}\right) =$$

$$= \int_{-\frac{\pi}{2}}^{0} \left(\int_{-\frac{\pi}{2}}^{X+\frac{\pi}{2}} \frac{1}{4\pi^2} \, dy\right) dx + \int_{0}^{\frac{\pi}{2}} \left(\int_{X-\frac{\pi}{2}}^{\frac{\pi}{2}} \frac{1}{4\pi^2} \, dy\right) dx =$$

$$= \frac{1}{4\pi^2} \left(\int_{-\frac{\pi}{2}}^{0} (\pi + x) \, dx + \int_{0}^{\frac{\pi}{2}} (\pi - x) \, dx\right) = \frac{1}{4\pi^2} \left(\frac{3}{8}\pi^2 + \frac{3}{8}\pi^2\right) = \frac{3}{16}$$

Segundo método

Sin perder generalidad podemos suponer que uno de los puntos corresponde a 0 radianes. Llamemos x, y a los ángulos correspondientes a los otros puntos. El espacio muestral está formado por los valores x, y comprendidos en el intervalo $[-\pi; \pi]$. Las condiciones del problema exigen que se cumplan simultáneamente las condiciones

$$|x| \leq \frac{\pi}{2}, \qquad |y| \leq \frac{\pi}{2}, \qquad |x - y| \leq \frac{\pi}{2}.$$

Representando los puntos posibles y los que cumplen estas condiciones, que pueden verse en la Figura 9.8, y utilizando la regla de Laplace para probabilidades geométricas, se tiene que

$$P\left(\text{mismo arco de } \frac{\pi}{2} \text{ radianes}\right) =$$

$$= P\left(\frac{-\pi}{2} \leq x \leq 0, \frac{-\pi}{2} \leq y \leq x + \frac{\pi}{2}\right) + P\left(0 \leq x \leq \frac{\pi}{2}, x - \frac{\pi}{2} \leq y \leq \frac{\pi}{2}\right) =$$

$$= \frac{\text{Área sombreada}}{\text{Área total}} = \frac{3 \cdot \frac{\pi}{2} \cdot \frac{\pi}{2}}{4\pi^2} = \frac{3}{16}$$

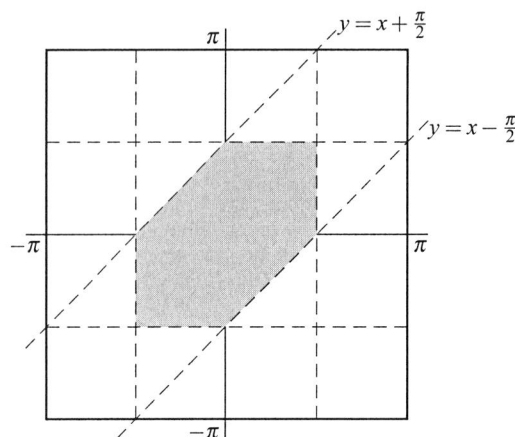

Figura 9.8. Representación gráfica de los casos del problema 9.16

9.17 Se eligen al azar e independientemente dos puntos X e Y en el intervalo $[0;1]$. Determínese la longitud media del segmento que determinan X e Y.

RESOLUCIÓN

Primer método.

La longitud del segmento determinado por los puntos X e Y está dada por $L = |X - Y|$ y la longitud media será la esperanza matemática de L, que es

$$
\begin{aligned}
E[L] &= \iint_{[0;1]\times[0;1]} |x-y|\,dx\,dy = \iint_{0\leq x\leq y\leq 1} |x-y|\,dx\,dy + \iint_{0\leq y\leq x\leq 1} |x-y|\,dx\,dy = \\
&= \int_0^1 \int_x^1 (y-x)\,dy\,dx + \int_0^1 \int_0^x (x-y)\,dy\,dx = \int_0^1 \left[\frac{y^2}{2} - xy\right]_x^1 dx + \int_0^1 \left[xy - \frac{y^2}{2}\right]_0^x dx = \\
&= \int_0^1 \left(\frac{1}{2} - x - \frac{x^2}{2} + x^2\right) dx + \int_0^1 \left(x^2 - \frac{x^2}{2}\right) dx = \\
&= \int_0^1 \left(x^2 - x + \frac{1}{2}\right) dx = \left[\frac{x^3}{3} - \frac{x^2}{2} + \frac{x}{2}\right]_0^1 = \frac{1}{3} - \frac{1}{2} + \frac{1}{2} = \frac{1}{3}.
\end{aligned}
$$

Segundo método.

Cada punto es elegido al azar en $[0;1]$, esta elección puede describirse por las variables aleatorias X e Y con distribución uniforme en el intervalo $[0;1]$, siendo sus funciones de densidad

$$
f_X(x) = \begin{cases} 1 & \text{si } x \in [0;1], \\ 0 & \text{si } x \notin [0;1], \end{cases} \qquad f_Y(y) = \begin{cases} 1 & \text{si } y \in [0;1], \\ 0 & \text{si } y \notin [0;1]. \end{cases}
$$

Por ser independientes estas variables, la función de densidad de la variable aleatoria bidimensional (X,Y) está dada por el producto

$$
f_{(X,Y)}(x,y) = f_X(x) \cdot f_Y(y) = \begin{cases} 1 & \text{si } x,y \in [0;1], \\ 0 & \text{en otro caso.} \end{cases}
$$

La variable aleatoria $L = |X - Y|$ tiene por función de distribución

$$
F(l) = P(L \leq l) = P(|X - Y| \leq l) = P(-l \leq X - Y \leq l),
$$

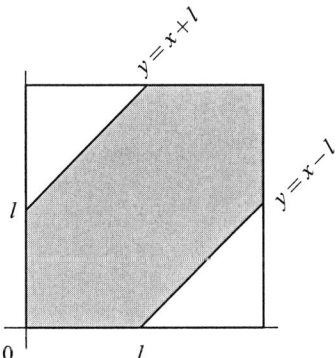

Figura 9.9. Recinto que verifica las condiciones del problema 9.17

que es el área sombreada en la Figura 9.9. Este área se obtiene restando al cuadrado los dos triángulos, es decir

$$F(l) = 1 - (1-l)^2 = 2l - l^2.$$

Por tanto la función de distribución es

$$F(l) = \begin{cases} 2l - l^2 & \text{si } l \in [0;1], \\ 0 & \text{en otro caso,} \end{cases}$$

y la función de densidad se obtiene por derivación de la anterior,

$$f(l) = \begin{cases} 2 - 2l & \text{si } l \in [0;1], \\ 0 & \text{en otro caso.} \end{cases}$$

En consecuencia, la media de las longitudes será la esperanza matemática

$$E[L] = \int_{-\infty}^{+\infty} l\, f(l)\, dl = \int_0^1 l(2 - 2l)\, dl = \int_0^1 (2l - 2l^2)\, dl = \left[l^2 - \frac{2l^3}{3} \right]_0^1 = 1 - \frac{2}{3} = \frac{1}{3}$$

9.18 Los coeficientes A y B de la ecuación $x^2 + Ax + B = 0$ se eligen al azar en el intervalo $(-1; 1)$. Calcúlese la probabilidad de que las raíces de esta ecuación sean reales y positivas.

RESOLUCIÓN

Las dos soluciones de la ecuación de segundo grado son

$$\frac{-A \pm \sqrt{A^2 - 4B}}{2}$$

y para que sean reales debe ser el discriminante positivo, es decir $A^2 - 4B \geq 0$.

Además, como la suma de las raíces vale $-A$ y su producto es B, para que sean ambas positivas tiene que ser $A \leq 0$ y $B \geq 0$.

Representemos los valores de A mediante la variable x y los de B mediante la variable y en unos ejes. Tendrá que verificarse que $x \leq 0$, $y \geq 0$ y también que $x^2 - 4y \geq 0$. Esta última es

$$y \leq \frac{x^2}{4}$$

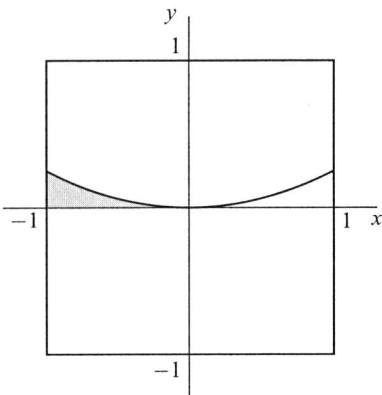

Figura 9.10. Área que verifica las condiciones pedidas

Dibujemos esta parábola dentro del cuadrado $[-1;1] \times [-1;1]$, ya que las variables deben verificar $-1 < x < 1$, $-1 < y < 1$, como se observa en la Figura 9.10. Los puntos (x,y) que verifican la condición $y \leq \frac{x^2}{4}$ y además $x \leq 0$, $y \geq 0$, son los situados en la zona sombreada.

Por tanto la probabilidad de que las raíces sean reales, utilizando la regla de Laplace para probabilidades geométricas, será igual al área de la zona sombreada dividida entre el área total del cuadrado, es decir

$$P = \frac{\text{Área sombreada}}{\text{Área total}} = \frac{1}{4} \int_{-1}^{0} \frac{x^2}{4}\, dx = \frac{1}{4} \left[\frac{x^3}{12} \right]_{-1}^{0} = \frac{1}{4} \left(\frac{0 - (-1)^3}{12} \right) = \frac{1}{48}$$

PROPUESTOS

P 9.1 El tiempo que tardan en servir café en el bar de la universidad se distribuye uniformemente entre 1 y 3 minutos. ¿Cuál es la probabilidad de que tengas que esperar 2 minutos para tener tu café?

P 9.2 El tiempo en días transcurrido hasta que se rompe un elemento vital de un prototipo, que ocasiona su reparación, sigue una distribución $\gamma(2,4)$. ¿Cuál es la probabilidad de que el prototipo funcione más de 8 días?

P 9.3 Una empresa de distribución tiene 10 furgonetas para el reparto. El tiempo de vida útil de cada furgoneta sigue una distribución exponencial de parámetro $\lambda = 0,01$ (el tiempo se mide en meses). La empresa desempeña correctamente su labor si funcionan al menos 8 de las furgonetas. Calcular la probabilidad de que la empresa realice correctamente su labor durante más de 100 meses sin tener que reponer elementos de su flota.

P 9.4 El gusto por determinada opción de compra se representa por un porcentaje entre 0 y 1, y se ha modelado por una distribución $\beta(4,3)$. Eligiendo una persona al azar, ¿cuál es la probabilidad de que puntúe la opción con un valor superior a 0,7?

P 9.5 Las rentas mensuales de los habitantes de una ciudad siguen una distribución de Pareto de parámetros $\alpha = 1,5$ y $x_0 = 500$. Eligiendo al azar un vecino de esa ciudad, ¿cuál es la probabilidad de que gane más de 2 000 euros/mes?

P 9.6 La duración de las bombillas sigue una distribución normal de media 15 000 horas y desviación típica de 2 000 horas. ¿Cuál es la probabilidad de que la bombilla que ha comprado dure más de 15 500 horas?

P 9.7 La vida media útil de una broca de perforación se distribuye normalmente $N(\mu, \sigma)$, con media y desviación típica desconocidas. Se hacen 21 pruebas, a partir de las cuales se calcula una vida media $\overline{X}$ y una varianza S^2. ¿Cuál es la probabilidad de que $0,543 < \frac{S^2}{\sigma^2} < 0,662$?

P 9.8 Un fabricante de coches anuncia que su nuevo modelo recorre 20 km en carretera con un solo litro de gasolina. Una asociación de consumidores prueba 10 coches del nuevo modelo en otros tantos concesionarios, y obtiene un recorrido de 18 km por litro, con una desviación típica de 2 km. Suponiendo que el consumo está distribuido normalmente, ¿es fiable la información facilitada por el fabricante?

P 9.9 Determínese k para que la siguiente función sea una función de densidad de probabilidad:

$$f(x) = \begin{cases} ke^{-kx} & \text{si } x > 0, \\ 0 & \text{en otro caso.} \end{cases}$$

P 9.10 El número de años que dura un equipo de música es una variable aleatoria ξ con una función de densidad de probabilidad dada por:

$$f(x) = \begin{cases} 0 & \text{si } x \leq 0, \\ ae^{-bx} & \text{si } x > 0, \quad (b > 0). \end{cases}$$

Se supone que la duración media de un equipo de música es de 15 años.

(a) Determínense a y b.

(b) Si el equipo ha funcionado bien los tres primeros años, ¿cuál es la probabilidad de que dure un año más?

(c) Hállese la desviación típica y la función de distribución de la variable ξ.

P 9.11 Tres bombillas B_1, B_2, B_3 tienen duraciones independientes ξ_1, ξ_2, ξ_3 que siguen leyes de distribución exponencial de parámetros λ_1, λ_2, λ_3 respectivamente. Determínese:

(a) la probabilidad de que se funda la bombilla B_1 antes que la B_2;

(b) la probabilidad de que el orden en que se fundan las tres sea B_1, B_2, B_3;

(c) la probabilidad de que la última en fundirse sea la bombilla B_3.

P 9.12 Se eligen al azar dos valores reales x e y que satisfacen las condiciones

$$x - y - 2 < 0, \qquad x + y - 2 > 0.$$

Sabiendo que el punto (x,y) es interior a la curva $y = \pm\sqrt{-x^2 + 4x - 3}$, calcúlese la probabilidad de que el valor y elegido sea tal que $2y > \sqrt{2}$.

P 9.13 Dado un segmento cualquiera, calcúlese la probabilidad de obtener por trisección los tres lados de un triángulo.

P 9.14 En el interior de un cuadrado $OABC$ cuyo lado es igual a 10 cm se elige al azar un punto (x,y). Hállese la probabilidad de que se pueda formar un triángulo cuyos lados tengan longitudes 4, x, y.

P 9.15 Por dos calles perpendiculares de 10 m de anchura circulan dos ciclistas de tal forma que sus velocidades son constantes e iguales, sus direcciones son constantemente paralelas a las calles respectivas, y la distancia que los separa del cruce de las dos calles es en cada momento igual para ambos. Se supone que la longitud de las dos bicicletas es de 2 m y la anchura nula. La distancia constante que los separa de sus aceras respectivas es desconocida y no necesariamente igual para ambos. ¿Cuál es la probabilidad de que choquen al atravesar el cruce de las dos calles?

P 9.16 Tres puntos tomados al azar sobre una circunferencia dada determinan tres arcos; calcúlese la probabilidad de que la suma de dos cualesquiera sea mayor que el tercer arco.

P 9.17 Se eligen los puntos X e Y al azar e independientemente en el intervalo $[0; 1]$. Calcúlese la probabilidad de que su suma sea menor que 1 y, a la vez, su producto mayor que $2/9$.

P 9.18 Sean α y β dos números reales positivos, con $\alpha < \beta$. Si seleccionamos al azar dos puntos de un segmento de longitud β, hállese la probabilidad de que estén situados a una distancia α como mínimo.

Capítulo

10

Sucesiones
de variables aleatorias

10.1. Convergencia. Generalidades

Si lanzamos reiteradamente una moneda cabe esperar un promedio de caras igual que el de cruces; el proceso origina una sucesión de caras y cruces y un límite: el valor medio. Hemos visto que la distribución binomial tiene como límite la de Poisson bajo determinadas circunstancias. Para tratar adecuadamente estos problemas necesitamos el concepto de convergencia, del que veremos cuatro tipos:

- *convergencia en probabilidad,*

- *convergencia casi segura,*

- *convergencia en media cuadrática,* y

- *convergencia en distribución.*

Adelantamos que estos tipos de convergencia están relacionados por las implicaciones que aparecen en la Figura 10.1.

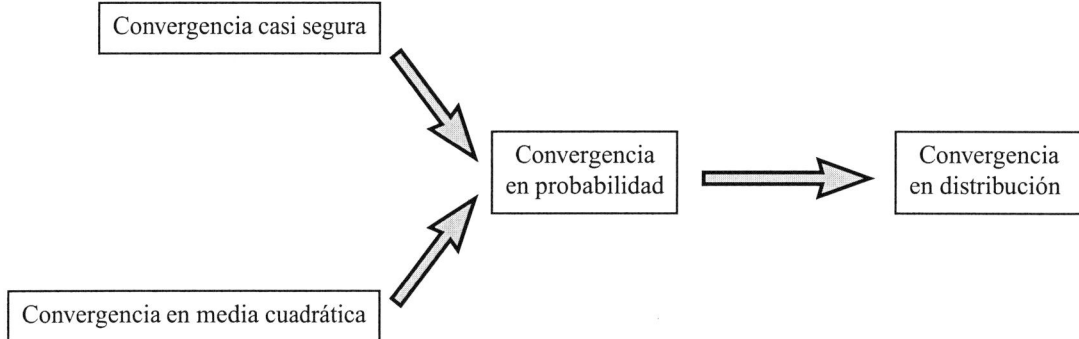

Figura 10.1. Implicaciones entre los tipos de convergencia

Todo el desarrollo posterior estará referido a un espacio probabilístico $(E, \mathscr{A}, P)$, en el que se han definido por una parte una sucesión de variables aleatorias $\{\xi_n\}_{n \in \mathbb{N}}$ y por otra una variable aleatoria ξ.

10.2. Convergencia en probabilidad

Una sucesión de variables aleatorias $\{\xi_n\}_{n \in \mathbb{N}}$ **converge en probabilidad** a la variable aleatoria ξ y lo denotamos como $\xi_n \xrightarrow{P} \xi$, cuando

$$\forall \varepsilon > 0 \quad \text{se verifica} \quad \lim_n P(|\xi_n - \xi| \geq \varepsilon) = 0. \tag{10.1}$$

Que, expresado como suceso contrario, es

$$\lim_n P(|\xi_n - \xi| < \varepsilon) = 1,$$

lo que indica que la diferencia entre ξ_n y ξ es muy pequeña, con probabilidad alta, para n suficientemente grande.

Resaltemos que el límite de la definición es el de una sucesión de números reales, ya que las probabilidades son números reales.

El límite de la sucesión $\{\xi_n\}_{n\in\mathbb{N}}$ puede ser una constante C, en cuyo caso en las definiciones anteriores se cambia ξ por C.

Propiedades

Sean a un número real, $\{\xi_n\}$ y $\{\eta_n\}$ sucesiones de variables aleatorias que convergen en probabilidad a las variables aleatorias ξ y η respectivamente, y sea f una función real y continua; en estas condiciones se cumple

1. $\xi_n - \xi \xrightarrow{P} 0$

2. $f(\xi_n) \xrightarrow{P} f(\xi)$

3. $a\xi_n \xrightarrow{P} a\xi$

4. $\xi_n^k \xrightarrow{P} \xi^k$, k real positivo

5. $\xi_n + \eta_n \xrightarrow{P} \xi + \eta$

6. $\xi_n\eta_n \xrightarrow{P} \xi\eta$

7. $\xi_n/\eta_n \xrightarrow{P} \xi/\eta$, siempre que los cocientes estén definidos, es decir, que los denominadores no se anulen salvo en un conjunto de probabilidad nula.

10.3. Convergencia casi segura

Una sucesión de variables aleatorias $\{\xi_n\}_{n\in\mathbb{N}}$ presenta **convergencia casi segura**, o con probabilidad uno, a la variable aleatoria ξ, y lo denotamos por $\xi_n \xrightarrow{c.s.} \xi$, cuando

$$P\left(\left\{\omega \in E : \lim_n \xi_n(\omega) = \xi(\omega)\right\}\right) = 1. \qquad (10.2)$$

Dicho de otra manera, el conjunto de los $\omega \in E$ para los cuales $\xi_n(\omega)$ no converge a $\xi(\omega)$ es un conjunto con probabilidad cero.

En la convergencia casi segura el valor del límite puede darse tanto a una variable aleatoria ξ como a una constante C; en este caso se cambia la variable aleatoria por C en la definición anterior.

Propiedades

Sean a un número real, $\{\xi_n\}$ y $\{\eta_n\}$ sucesiones de variables aleatorias que convergen casi seguro a las variables aleatorias ξ y η respectivamente, y sea f una función real y continua; en estas condiciones se cumple

1. $\xi_n - \xi \xrightarrow{c.s.} 0$

2. $f(\xi_n) \xrightarrow{c.s.} f(\xi)$

3. $a\xi_n \xrightarrow{c.s.} a\xi$

4. $\xi_n^k \overset{\text{c.s.}}{\rightarrow} \xi^k$, k real positivo

5. $\xi_n + \eta_n \overset{\text{c.s.}}{\rightarrow} \xi + \eta$

6. $\xi_n \eta_n \overset{\text{c.s.}}{\rightarrow} \xi \eta$

7. $\xi_n / \eta_n \overset{\text{c.s.}}{\rightarrow} \xi / \eta$, siempre que los cocientes estén definidos, es decir, que los denominadores no se anulen salvo en un conjunto de probabilidad nula.

8. Si $\forall \varepsilon > 0$ la serie $\sum_{n=1}^{+\infty} P(|\xi_n - \xi| > 0)$ es convergente, entonces $\xi_n \overset{\text{c.s.}}{\rightarrow} \xi$

9. $\xi_n \overset{\text{c.s.}}{\rightarrow} \xi \;\;\Rightarrow\;\; \xi_n \overset{P}{\rightarrow} \xi$

10.4. Convergencia en media cuadrática

Sea una sucesión de variables aleatorias $\{\xi_n\}_{n \in \mathbb{N}}$ tales que existe $E[\xi_n^2]$. Se dice que la sucesión $\{\xi_n\}_{n \in \mathbb{N}}$ **converge en media cuadrática** al número C, y lo denotamos como $\xi_n \overset{\text{m.c.}}{\rightarrow} C$ cuando

$$\lim_n E[(\xi_n - C)^2] = 0. \tag{10.3}$$

La convergencia en media cuadrática indica que, para n suficientemente grande, los errores cuadráticos de ξ_n respecto a C son tan pequeños como queramos.

Propiedades

1. $\xi_n \overset{\text{m.c.}}{\rightarrow} C \;\;\Leftrightarrow\;\; \lim_n E[\xi_n] = C$ y $\lim_n[\xi_n] = 0$

2. $\xi_n \overset{\text{m.c.}}{\rightarrow} C \;\;\Rightarrow\;\; \xi_n \overset{P}{\rightarrow} C.$

10.5. Convergencia en distribución

Hemos visto anteriormente que bajo ciertas condiciones una distribución binomial se puede aproximar mediante una de Poisson y una distribución hipergeométrica mediante una binomial. No obstante, el problema de la aproximación queda abierto para otras variables aleatorias. Esta circunstancia la podemos resolver con el concepto de convergencia en distribución.

Se dice que una sucesión de variables aleatorias $\{\xi_n\}_{n \in \mathbb{N}}$, con funciones de distribución $F_n(x)$, **converge en distribución**, o en ley, a la variable aleatoria ξ, con función de distribución $F(x)$, y lo denotamos con

$$\xi_n \overset{D}{\rightarrow} \xi,$$

si $\lim_n F_n(x) = F(x)$ en todo punto de continuidad de $F(x)$, es decir, $\xi_n \overset{D}{\rightarrow} \xi$ cuando

$$\lim_n F_n(x) = F(x), \quad \forall x \text{ tal que } F(x+0) = F(x-0). \tag{10.4}$$

Resaltemos que la convergencia en distribución no supone que las ξ_n y la ξ sean de la misma naturaleza, de hecho las ξ_n pueden ser discretas y la ξ continua. Lo que indica es que las ξ_n se comportan como la ξ, para n suficientemente grande, en el sentido de la función de distribución.

La convergencia puntual de $F_n(x)$ a $F(x)$ no es condición suficiente para asegurar la convergencia en distribución; además se necesita que $F(x)$ sea una función de distribución. En los puntos de discontinuidad de $F(x)$, $F_n(x)$ puede tender a otro límite distinto de $F(x)$ o no tener límite.

Propiedades

1. $\xi_n \xrightarrow{P} \xi \quad \Rightarrow \quad \xi_n \xrightarrow{D} \xi$

2. Sea c una constante y $\xi_n \xrightarrow{D} \xi$, entonces $\xi_n + c \xrightarrow{D} \xi + c$ y $c\xi_n \xrightarrow{D} c\xi, \quad c \neq 0$.

3. Sea c una constante y $\xi_n \xrightarrow{D} c$, entonces $\xi_n \xrightarrow{P} c$.

La definición dada no es la más cómoda para elaborar las demostraciones; la tarea se facilita con el uso del siguiente teorema:

Teorema de Levy-Cramer

Una sucesión de funciones características $\{\varphi_n(t)\}_{n \in \mathbb{N}}$ converge a la función característica $\varphi(t)$ si y sólo si la correspondiente sucesión de funciones de distribución $\{F_n(x)\}_{n \in \mathbb{N}}$ converge a la función de distribución $F(x)$ correspondiente a $\varphi(t)$.

10.6. Leyes de los grandes números

La convergencia en probabilidad está unida a lo que se conoce como *ley débil de los grandes números*, mientras que la convergencia casi segura lo está a la llamada *ley fuerte de los grandes números*. Estas leyes son de gran importancia en los progresos del Cálculo de Probabilidades y de la Estadística matemática. Por otra parte la convergencia en distribución es indispensable para el *teorema central del límite*.

Ley débil de los grandes números

Si $\{\xi_n\}_{n \in \mathbb{N}}$ es una sucesión de variables aleatorias independientes, igualmente distribuidas y con la misma esperanza matemática $E[\xi_n] = \mu$, entonces se cumple

$$\frac{\xi_1 + \xi_2 + \cdots + \xi_n}{n} \xrightarrow{P} \mu$$

Es decir,

$$\forall \varepsilon > 0 \quad \lim_n P\left(\left| \frac{\xi_1 + \xi_2 + \cdots + \xi_n}{n} - \mu \right| \geq \varepsilon \right) = 0$$

lo cual significa que es poco probable que la media se aleje del valor esperado para n grande. Empleando el suceso contrario se escribe

$$\forall \varepsilon > 0 \quad \lim_n P\left(\left| \frac{\xi_1 + \xi_2 + \cdots + \xi_n}{n} - \mu \right| < \varepsilon \right) = 1$$

que nos indica que para grandes valores de n la media se acerca al valor esperado. Por medio de este teorema garantizamos que, tirando muchas veces una moneda, salga aproximadamente la mitad de las veces cara. El teorema es muy fuerte, pues obliga a la media muestral a acercarse a la esperanza matemática, independientemente de la distribución de la variable aleatoria.

Ley fuerte de los grandes números

Si $\{\xi_n\}_{n\in\mathbb{N}}$ es una sucesión de variables aleatorias independientes, igualmente distribuidas y con la misma esperanza matemática $E[\xi_n] = \mu$, entonces se cumple

$$\frac{\xi_1 + \xi_2 + \cdots + \xi_n}{n} \overset{c.s.}{\longrightarrow} \mu$$

Es decir,

$$P\left(\left\{\omega \in E : \lim_n \frac{\xi_1(\omega) + \xi_2(\omega) + \cdots + \xi_n(\omega)}{n} = \mu\right\}\right) = 1$$

Esta igualdad establece que el conjunto de los $\omega \in E$ para los cuales la media muestral tiende a la esperanza cuando n crece indefinidamente es un conjunto de probabilidad uno.

Teorema central del límite

Sea $\{\xi_n\}_{n\in\mathbb{N}}$ una sucesión de variables aleatorias independientes, igualmente distribuidas, con la misma esperanza matemática, $E[\xi_n] = \mu$, y la misma varianza, $\mathrm{Var}[\xi_n] = \sigma^2$. Si

$$\overline{\eta} = \frac{\xi_1 + \xi_2 + \cdots + \xi_n}{n}$$

entonces la variable

$$\xi = \frac{\overline{\eta} - \mu}{\sigma/\sqrt{n}}$$

converge en distribución a $N(0,1)$ cuando n crece indefinidamente.

Observemos que la variable ξ se puede expresar como:

$$\xi = \frac{\overline{\eta} - \mu}{\sigma/\sqrt{n}} = \frac{n\left(\dfrac{\xi_1 + \xi_2 + \cdots + \xi_n}{n} - \mu\right)}{n\left(\dfrac{\sigma}{\sqrt{n}}\right)} = \frac{\sum_{i=1}^{n} \xi_i - n\mu}{\sigma\sqrt{n}}$$

Este teorema justifica por sí mismo la importancia de la distribución normal.

EN DETALLE

10.1 Sea la sucesión de variables aleatorias $\{\xi_n\}$ con función de distribución

$$F_n(x) = \begin{cases} 0 & \text{si } x \leq 0, \\ \frac{2x + n^3}{3n^3} & \text{si } 0 < x \leq n, \\ 1 & \text{si } n < x. \end{cases}$$

Estúdiese si converge en distribución.

RESOLUCIÓN

Como

$$\lim_n \frac{2x + n^3}{3n^3} = \frac{1}{3}$$

tenemos que

$$F(+\infty) = \frac{1}{3} \neq 1,$$

luego no converge en distribución.

10.2 En una bodega el número de botellas que se rompen diariamente es una variable aleatoria que sigue una distribución de Poisson de parámetro $\lambda = 2$. Calcúlese la probabilidad de que en un año el número de botellas rotas esté en el intervalo $[650; 700]$.

RESOLUCIÓN

Supongamos que se trabajan 365 días al año. Dado que el número de botellas rotas sigue una distribución de Poisson, tenemos que el valor esperado de botellas rotas es $E[\xi] = \lambda$ y para la varianza tenemos $\text{Var}[\xi] = \lambda$.

La suma de las 365 variables aleatorias es la variable aleatoria

$$\eta = \xi_1 + \xi_2 + \cdots + \xi_{365}.$$

Utilizando el teorema central del límite, con $n = 365$, $\mu = \lambda = 2$ y $\sigma = \sqrt{\lambda}$, encontramos que

$$\xi = \frac{\eta - n\lambda}{\sqrt{n\lambda}} = \frac{\eta - 730}{\sqrt{730}} \xrightarrow{D} N(0,1),$$

por lo tanto, la probabilidad pedida es

$$
\begin{aligned}
P(650 \leq \eta \leq 700) &= P\left(650 \leq \sqrt{730}\,\xi + 730 \leq 700\right) = \\
&= P\left(\frac{650 - 730}{\sqrt{730}} \leq \xi \leq \frac{700 - 730}{\sqrt{730}}\right) = \\
&= P(-2{,}96 \leq \xi \leq -1{,}11) = \\
&= P(1{,}11 \leq \xi \leq 2{,}96) \simeq 0{,}9985 - 0{,}8665 = 0{,}1320
\end{aligned}
$$

con ξ distribuida según una $N(0,1)$.

10.3 Sea la sucesión de variables aleatorias $\{\xi_n\}$ tal que

$$\xi_n = \begin{cases} 1 & \text{con } P(\xi_n = 1) = \frac{1}{n!} \\ 0 & \text{con } P(\xi_n = 0) = 1 - \frac{1}{n!} \end{cases}$$

Estúdiense las convergencias de la sucesión hacia cero:

(a) casi segura;

(b) en probabilidad.

RESOLUCIÓN

(a) Estudiemos la convergencia casi segura. Como ξ_n es no negativa tenemos que $|\xi_n| = \xi_n$, entonces

$$\sum_{n=1}^{+\infty} P\left(|\xi_n - 0| > \varepsilon\right) = \sum_{n=1}^{+\infty} P(\xi_n > \varepsilon).$$

Por otro lado distinguimos:

(I) Si $0 < \varepsilon < 1$, entonces $\xi_n > \varepsilon$ cuando $\xi_n = 1$, y por tanto

$$\sum_{n=1}^{+\infty} P(\xi_n > \varepsilon) = \sum_{n=1}^{+\infty} P(\xi_n = 1) = \sum_{n=1}^{+\infty} \frac{1}{n!} = e - 1.$$

(II) Si $\varepsilon \geq 1$, entonces $P(\xi_n > \varepsilon) = P(\xi_n > 1)$. Como el conjunto $\{\xi_n : \xi_n > 1\}$ es vacío, se verifica que $P(\xi_n > \varepsilon) = P(\xi_n > 1) = 0$, en consecuencia

$$\sum_{n=1}^{+\infty} P(\xi_n > \varepsilon) = 0.$$

Recapitulando

$$\sum_{n=1}^{+\infty} P(|\xi_n - 0| > \varepsilon) = \sum_{n=1}^{+\infty} P(\xi_n > \varepsilon) = \begin{cases} e - 1 & \text{si } 0 < \varepsilon < 1, \\ 0 & \text{si } \varepsilon \geq 1, \end{cases}$$

la serie es convergente, entonces por la propiedad 8 de la convergencia casi segura tenemos que $\xi_n \xrightarrow{\text{c.s.}} 0$.

(b) Estudiemos la convergencia en probabilidad. Para que haya convergencia en probabilidad debe cumplirse

$$\lim_n P(|\xi_n - 0| > \varepsilon) = 0.$$

Del apartado anterior sabemos que $|\xi_n| = \xi_n$, y que

$$P(\xi_n > \varepsilon) = \begin{cases} \frac{1}{n!} & \text{si } 0 < \varepsilon < 1, \\ 0 & \text{si } \varepsilon \geq 1, \end{cases}$$

Lo que muestra, evidentemente, que se cumple la condición para que haya convergencia en probabilidad.

10.4 Sea la sucesión de variables aleatorias $\{\xi_n\}$ tal que

$$\xi_n = \begin{cases} 1 & \text{con } P(\xi_n = 1) = \frac{1}{2^n}, \\ 0 & \text{con } P(\xi_n = 0) = 1 - \frac{1}{2^n}. \end{cases}$$

Estúdiense las convergencias de la sucesión hacia cero:

(a) en media cuadrática;

(b) en distribución.

RESOLUCIÓN

(a) Estudiemos la convergencia en media cuadrática. Dado que

$$E\left[|\xi_n - 0|^2\right] = E[\xi_n^2],$$

como

$$\xi_n = \begin{cases} 1 & \text{con } P(\xi_n = 1) = \frac{1}{2^n} \\ 0 & \text{con } P(\xi_n = 0) = 1 - \frac{1}{2^n} \end{cases}$$

tenemos que

$$\xi_n^2 = \begin{cases} 1 & \text{con } P(\xi_n = 1) = \frac{1}{2^n} \\ 0 & \text{con } P(\xi_n = 0) = 1 - \frac{1}{2^n} \end{cases}$$

así que

$$E[\xi_n^2] = 0 \cdot \left(1 - \frac{1}{2^n}\right) + 1 \cdot \frac{1}{2^n} = \frac{1}{2^n}$$

por lo que

$$\lim_n E[\xi_n^2] = \lim_n \frac{1}{2^n} = 0,$$

de lo que deducimos que $\xi_n \xrightarrow{\text{m.c.}} 0$.

(b) Estudiemos la convergencia en distribución. La función de distribución de ξ_n es

$$F_n(x) = \begin{cases} 0 & \text{si } x < 0, \\ 1 - \frac{1}{2^n} & \text{si } 0 \le x < 1, \\ 1 & \text{si } x \ge 1, \end{cases}$$

dado que, como la variable aleatoria ξ_n sólo toma los valores 0 y 1, podemos distinguir tres casos:

- si $x < 0$, $\quad F_n(x) = P(\xi_n \le x) = \sum_{x_j < 0} p_j = 0,$
- si $0 \le x < 1$, $\quad F_n(x) = P(\xi_n \le x) = \sum_{x_j < 1} p_j = 1 - \frac{1}{2^n}$
- si $1 \le x < +\infty$, $\quad F_n(x) = P(\xi_n \le x) = \sum_{x_j < +\infty} p_j = \left(1 - \frac{1}{2^n}\right) + \frac{1}{2^n} = 1.$

Por otro lado tenemos la función de distribución de la variable ξ degenerada en cero

$$F_\xi(x) = \begin{cases} 0 & \text{si } x < 0, \\ 1 & \text{si } x \ge 0, \end{cases}$$

como

$$\lim_n \left(1 + \frac{1}{2^n}\right) = 1,$$

tenemos que

$$\lim_n F_n(x) = F_\xi(x),$$

de lo que deducimos que

$$\xi_n \xrightarrow{D} 0.$$

10.5 Dada la sucesión de variables aleatorias $\{\xi_n\}_{n=1}^{+\infty}$ tales que la función de densidad de cada una de ellas es

$$f_n(x) = \begin{cases} \dfrac{n x^{n-1}}{2^n \theta^n} & \text{si } 0 < x < 2\theta, \\ 0 & \text{en el resto,} \end{cases}$$

demuéstrese que la sucesión dada converge en probabilidad hacia 2θ.

RESOLUCIÓN

Al integrar la función de densidad se obtiene la correspondiente función de distribución, dada por

$$F_n(x) = \begin{cases} 0 & x \leq 0 \\ \int_0^x \frac{nt^{n-1}}{2^n\theta^n}\,dt & 0 < x < 2\theta \\ 1 & x \geq 2\theta \end{cases} = \begin{cases} 0 & x \leq 0 \\ \frac{x^n}{2^n\theta^n} & 0 < x < 2\theta \\ 1 & x \geq 2\theta \end{cases}$$

Si se considera $0 < \varepsilon < \theta$ se tiene que

$$P\big[|\xi_n - 2\theta| \leq \varepsilon\big] = F_n(2\theta + \varepsilon) - F_n(2\theta - \varepsilon) = 1 - \frac{(2\theta - \varepsilon)^n}{2^n\theta^n} = 1 - \left(\frac{2\theta - \varepsilon}{2\theta}\right)^n$$

y siendo $0 < \frac{2\theta - \varepsilon}{2\theta} < 1$, al considerar su límite para $n \to +\infty$, resulta que

$$\lim_{n \to +\infty} P\big[|\xi_n - 2\theta| \leq \varepsilon\big] = 1.$$

Y si se considera ε tal que $\varepsilon \geq \theta$, al ser $F_n(2\theta - \varepsilon) = 0$, es

$$P\big[|\xi_n - 2\theta| \leq \varepsilon\big] = F_n(2\theta - \varepsilon) - 0 = 1$$

y por tanto

$$\lim_{n \to +\infty} P\big[|\xi_n - 2\theta| \leq \varepsilon\big] = 1.$$

10.6 Para la sucesión de variables aleatorias $\{\xi_n\}_{n=1}^{+\infty}$ tales que

$$\xi_n = \begin{cases} 1 & \text{con } P(\xi_n = 1) = \frac{1}{n(n+1)} \\ 0 & \text{con } P(\xi_n = 0) = 1 - \frac{1}{n(n+1)} \end{cases}$$

Estúdiese la convergencia en media cuadrática a cero.

RESOLUCIÓN

Calculamos el valor esperado de $(\xi_n - 0)^2$, es decir

$$E\big[(\xi - 0)^2\big] = E[\xi^2] = 1^2 \cdot \frac{1}{n(n+1)} + 0^2 \cdot \left(1 - \frac{1}{n(n+1)}\right) = \frac{1}{n(n+1)}$$

Si ahora calculamos su límite para $n \to +\infty$ se tiene que

$$\lim_{n \to +\infty} E\big[(\xi - 0)^2\big] = \lim_{n \to +\infty} \frac{1}{n(n+1)} = 0.$$

En consecuencia es convergente.

10.7 Dada la sucesión de variables aleatorias $\{\xi_n\}_{n=1}^{+\infty}$ definidas por

$$\xi_n = \begin{cases} 1 & \text{con } P(\xi_n = 1) = \frac{1}{n(n+1)} \\ 0 & \text{con } P(\xi_n = 0) = 1 - \frac{1}{n(n+1)} \end{cases}$$

compruébese que esta sucesión tiene convergencia casi segura a cero.

RESOLUCIÓN

Al ser ξ_n no negativa se tiene que $|\xi_n| = \xi_n$ y por tanto

$$\sum_{n=1}^{+\infty} P(|\xi_n - 0| > \varepsilon) = \sum_{n=1}^{+\infty} P(\xi_n > \varepsilon).$$

Por otra parte hemos de distinguir dos casos:

1. Si $0 < \varepsilon < 1$, entonces es $\xi_n > \varepsilon$ cuando es $\xi_n = 1$ y por tanto

$$\sum_{n=1}^{+\infty} P(\xi_n > \varepsilon) = \sum_{n=1}^{+\infty} P(\xi_n = 1) = \sum_{n=1}^{+\infty} \frac{1}{n(n+1)} = 1,$$

ya que la serie es

$$\sum_{n=1}^{+\infty} \frac{1}{n(n+1)} = \sum_{n=1}^{+\infty} \left(\frac{1}{n} - \frac{1}{n+1}\right)$$

2. Si $\varepsilon \geq 1$, entonces es $P(\xi_n > \varepsilon) = P(\xi_n > 1) = 0$ y en consecuencia $\sum_{n=1}^{+\infty} P(\xi_n > \varepsilon) = 0$.

En resumen

$$\sum_{n=1}^{+\infty} P(|\xi_n - 0| > \varepsilon) = \sum_{n=1}^{+\infty} P(\xi_n > \varepsilon) = \begin{cases} 1 & \text{si } 0 < \varepsilon < 1, \\ 0 & \text{si } \varepsilon \geq 1. \end{cases}$$

Con lo cual dicha serie converge y por la propiedad 8 de la convergencia casi segura

$$\xi_n \xrightarrow{\text{c.s.}} 0.$$

PROPUESTOS

P 10.1 Sea la sucesión de variables aleatorias $\{\xi_n\}$ con función de distribución

$$F_n(x) = \begin{cases} \frac{x+2n}{3n} & \text{si } x \leq -n, \\ \frac{1}{2} & \text{si } -n < x < n, \\ 1 & \text{si } n \leq x. \end{cases}$$

Estúdiese si converge en distribución.

P 10.2 La masa de pintura, contenida en botes de 1 kg, es una variable aleatoria que sigue una distribución

$$F(x) = \frac{10}{\sqrt{2\pi}} e^{-(x-1)^2/0{,}02}$$

Calcúlese la probabilidad de que la masa de un pedido de 1 000 botes esté comprendida en el intervalo [999,9; 1 000,1].

P 10.3 Sea la sucesión de variables aleatorias $\{\xi_n\}$ tal que

$$\xi_n = \begin{cases} 1 & \text{con } P(\xi_n = 1) = \frac{1}{2^n} \\ 0 & \text{con } P(\xi_n = 0) = 1 - \frac{1}{2^n} \end{cases}$$

Estúdiense las convergencias de la sucesión hacia cero:

(a) casi segura;

(b) en probabilidad.

P 10.4 Sea la sucesión de variables aleatorias $\{\xi_n\}$ tal que

$$\xi_n = \begin{cases} 1 & \text{con } P(\xi_n = 1) = \frac{1}{n!} \\ 0 & \text{con } P(\xi_n = 0) = 1 - \frac{1}{n!} \end{cases}$$

Estúdiense las convergencias de la sucesión hacia cero:

(a) en media cuadrática;

(b) en distribución.

P 10.5 Se considera la sucesión de variables aleatorias $\{\xi_n\}_{n=1}^{+\infty}$ tales que la función de densidad de cada una de las variables es

$$f_n(x) = \begin{cases} \frac{n \cos nx}{\operatorname{sen} n\theta} & 0 < x < \theta, \quad \text{con } \theta \in (0; \frac{\pi}{2}) \\ 0 & \text{en el resto} \end{cases}$$

Estúdiese la posibilidad de que la sucesión converja en probabilidad hacia θ.

P 10.6 Dada la sucesión de variables aleatorias $\{\xi_n\}_{n=1}^{+\infty}$ definidas por

$$\xi_n = \begin{cases} 1 & \text{con } P(\xi_n = 1) = \frac{n!}{n^n} \\ 0 & \text{con } P(\xi_n = 0) = 1 - \frac{n!}{n^n} \end{cases}$$

Estúdiese si esta sucesión converge en media cuadrática a cero.

P 10.7 Se considera la sucesión de variables aleatorias $\{\xi_n\}_{n=1}^{+\infty}$ definidas por

$$\xi_n = \begin{cases} 1 & \text{con } P(\xi_n = 1) = \frac{1}{n^2} \\ 0 & \text{con } P(\xi_n = 0) = 1 - \frac{1}{n^2} \end{cases}$$

Analícese la convergencia casi segura a cero de esta sucesión.

Apéndice

Solución
a los ejercicios
propuestos

P 1.1 Las letras diferentes son ocho y las palabras de cinco letras diferentes tantas como

$$V_8^5 = 8 \cdot 7 \cdot 6 \cdot 5 \cdot 4 = 6\,720.$$

De ellas, las que comienzan y terminan por vocal son tantas como

$$2C_3^2 V_6^3 = 2 \cdot 3 \cdot 6 \cdot 5 \cdot 4 = 720.$$

P 1.2 Existen tantas formas como aplicaciones inyectivas pueden establecerse entre un conjunto con cinco objetos (bolas) y otro con siete elementos (cajas) y que son tantas como el número

$$V_7^5 = 7 \cdot 6 \cdot 5 \cdot 4 \cdot 3 = 2\,520.$$

P 1.3 El menor de ellos es $10\,235$ y el mayor es $98\,765$; el total de ellos es

$$9V_9^4 = 9 \cdot 9 \cdot 8 \cdot 7 \cdot 6 = 27\,216.$$

P 1.4 Las formas de colocación son tantas como el número $P_{15} = 15!$ y de entre ellas están juntos los tomos de cada manual en

$$(11!) \cdot (5!) + (12!) \cdot (4!) + (10!) \cdot (6!).$$

P 1.5 Pueden subir al tren de tantas formas como $P_7 = 7!$ y entre ellas, con los padres en primera y última posiciones, hay

$$2P_5 = 2 \cdot 5!$$

P 1.6 El número de claves es $P_7 = 7!$ La nuestra ocupa el lugar

$$P_6 + P_5 + 2 \cdot P_4 + 2 \cdot P_3 + 2 = 6! + 5! + 2 \cdot 4! + 2 \cdot 3! + 2 = 902.$$

P 1.7 Colocados los signos $+$ en cinco lugares de entre los diez, los signos $-$ se sitúan en los lugares sobrantes. Las formas de colocación son tantas como C_{10}^5 y el número pedido está dado por

$$P_{10}^{5,5} = \frac{10!}{5!5!} = \frac{10 \cdot 9 \cdot 8 \cdot 7 \cdot 6}{5 \cdot 4 \cdot 3 \cdot 2 \cdot 1} = 252.$$

P 1.8 Colocados los ocho puntos, se originan diez lugares para intercalar los guiones. Estos lugares se pueden ocupar por los guiones de

$$C_{10}^5 = \frac{10 \cdot 9 \cdot 8 \cdot 7 \cdot 6}{5 \cdot 4 \cdot 3 \cdot 2 \cdot 1} = 252 \text{ formas.}$$

P 1.9 Se trata de combinaciones simples de 49 objetos y de orden 6; su número es

$$C_{49}^6 = \frac{49 \cdot 48 \cdot 47 \cdot 46 \cdot 45 \cdot 44}{6 \cdot 5 \cdot 4 \cdot 3 \cdot 2 \cdot 1} = 13\,983\,816$$

y contienen los números 31 y 49 tantas veces como

$$C_{47}^4 = \frac{47 \cdot 46 \cdot 45 \cdot 44}{4 \cdot 3 \cdot 2 \cdot 1} = 178\,365.$$

P 1.10 Basta considerar el desarrollo de la potencia del binomio $(x-y)^n$ y hacer luego $x=y=1$.

P 1.11 Resulta inmediato a partir del problema resuelto 1.11, sustituyendo cada número combinatorio por su complementario.

P 1.12 Se procede igual que en el problema resuelto 1.12, considerando ahora dos conjuntos disjuntos, cada uno de ellos con m elementos, y a continuación se sustituye en cada sumando el segundo factor por su número combinatorio complementario.

P 1.13 El valor de S también se obtiene invirtiendo el orden de los sumandos. Si en esta expresión se suple cada número combinatorio por su complementario y se suma con la inicial, se obtiene $(2n+4)$ veces la suma de los elementos de la fila n del triángulo de Tartaglia, con lo cual

$$2S = (2n+4)2^? \qquad \text{y} \qquad S = (n+2)2^?.$$

P 1.14 Procediendo como en el problema anterior, tenemos

$$2S = (n+4)2^n \qquad \text{y} \qquad S = (n+4)2^{n-1}.$$

P 1.15 Existen tantas formas de abandonar el ascensor como aplicaciones de un conjunto de cinco elementos (personas) en otro de nueve elementos (plantas) y que son tantas como

$$VR_9^5 = 9^5 = 59\,049.$$

Cuando dos personas dejan el ascensor en la misma planta, los casos posibles son tantos como si hubiera una persona menos y son tantos como

$$VR_9^4 = 9^4 = 6\,561.$$

P 1.16 Los primeros números de este tipo son de la forma $1abba1$ y los últimos se escriben como $9abba9$. De cada tipo hay tantos como VR_{10}^2 y en total

$$9 \cdot VR_{10}^2 = 9 \cdot 10^2 = 900.$$

Los de cinco cifras son tantos como los de seis, pues fijadas las cifras primera y última, hemos de elegir también dos, ya que la restante es obligada.

P 1.17 Tantas como aplicaciones existen entre un conjunto de cinco elementos (los hijos) y el conjunto $\{H,M\}$ de posibilidades para el sexo, es decir,

$$VR_2^5 = 2^5 = 32.$$

P 1.18 Del número $P_9^{4,3,2}$ hemos de restar los que comienzan por cero, por no ser de nueve cifras, y éstos son tantos como $P_8^{4,3,1}$, por lo que la cifra pedida es

$$P_9^{4,3,2} - P_8^{4,3,1} = 980.$$

P 1.19 $P_{15}^{8,7} = \frac{15!}{8!7!} = 6435.$
Este número coincide con $C_{15}^8 = C_{15}^7 = 6435.$

P 1.20 Las soluciones son $\{1,2,9\}$, $\{1,3,8\}$, $\{1,4,7\}$, $\{1,5,6\}$, $\{2,3,7\}$, $\{2,4,6\}$, $\{3,4,5\}$, que originan 6 cada una al permutar, $\{1,1,10\}$, $\{2,2,8\}$, $\{2,5,5\}$, $\{3,3,6\}$, que originan 3 cada una, y finalmente $\{4,4,4\}$.

En total el número de soluciones en $\mathbb{N}$ es

$$3 \cdot 4 + 6 \cdot 7 + 1 = 55.$$

P 1.21 El desarrollo de $(x+y+z)^5$ tiene tantos términos como

$$CR_3^5 = C_{3+5-1}^5 = C_7^5 = C_7^2 = 21$$

y concretamente son

$$
\begin{aligned}
(x+y+z)^5 &= x^5+y^5+z^5+(x^4y+x^4z+y^4z+xy^4+xz^4+yz^4)+ \\
&\quad +(x^3y^2+x^3z^2+y^3z^2+x^2y^3+x^2z^3+y^2z^3)+ \\
&\quad +(x^3yz+xy^3z+xyz^3)+(x^2y^2z+z^2yz^2+xy^2z^2).
\end{aligned}
$$

Al desarrollar como polinomio $(x+y+z+t)^{47}$ se obtienen tantos términos como

$$CR_4^{47} = C_{50}^{47} = C_{50}^3 = 19\,600.$$

P 1.22 Las formas de sacar cinco bolas una de cada urna son tantas como $VR_2^5 = 2^5 = 32$. La suma de puntos mayor que tres se obtiene cuando se obtienen cuatro o cinco puntos. Cuatro puntos se tienen sacando cuatro bolas con 1 y una con 0, lo cual ocurre de $P_5^{4,1} = C_5^4 = C_5^1 = 5$ maneras. Suma de cinco puntos se tiene sólo en un caso. En total, la suma de más de tres puntos se logra en 6 casos.

P 1.23 Un polinomio completo no homogéneo con cinco variables y grado nueve tiene el mismo número de términos que uno homogéneo con seis variables, una variable más, y grado nueve, y son tantos como

$$CR_6^9 = C_{14}^9 = C_{14}^5 = 2\,024.$$

P 1.24 Observando que todos los números son consecutivos y que la primera fila acaba en 1^2, la segunda en 2^2, la tercera en 3^2 y así sucesivamente, la fila n-ésima terminará en n^2.

Para hallar la suma de la fila n-ésima basta hallar la suma de los números consecutivos del 1 al n^2 y restarle la suma de números del 1 al $(n-1)^2$, con la sencilla fórmula que nos da la suma de los primeros números naturales consecutivos. Por tanto

$$
\begin{aligned}
S_{\text{fila } n} &= (1+2+\cdots+n^2)-(1+2+\cdots+(n-1)^2) = \\
&= \frac{1+n^2}{2}n^2 - \frac{1+(n-1)^2}{2}(n-1)^2 = \frac{1}{2}\left(n^2+n^4-(n-1)^2-(n-1)^4\right) = \\
&= \frac{1}{2}\left(2n-1+4n^3-6n^2+4n-1\right) = 2n^3-3n^2+3n-1.
\end{aligned}
$$

P 1.25 Si el mayor de estos números es m, el producto de ellos será

$$m(m-1)(m-2)\cdots(m-k+1)$$

y como

$$C_m^k = \frac{m(m-1)(m-2)\cdots(m-k+1)}{k!}$$

es un número natural, se tiene que $k!$ es divisor del producto de los k números consecutivos.

P 1.26 Si sólo una mujer forma parte, el número de comisiones posibles es $C_{15}^5 \cdot C_{10}^1$. Si son dos las mujeres que están en la comisión, será $C_{15}^4 \cdot C_{10}^2$ y si fuese tres las que intervienen serán $C_{15}^3 \cdot C_{10}^3$, por lo que en total las posibles comisiones serán

$$C_{15}^5 \cdot C_{10}^1 + C_{15}^4 \cdot C_{10}^2 + C_{15}^3 \cdot C_{10}^3 =$$

$$= \frac{15!}{5!\,10!}\frac{10!}{1!\,9!} + \frac{15!}{4!\,11!}\frac{10!}{2!\,8!} + \frac{15!}{3!\,12!}\frac{10!}{3!\,7!} =$$

$$= \frac{15\cdot14\cdot13\cdot12\cdot11\cdot10}{5\cdot4\cdot3\cdot2\cdot1} + \frac{15\cdot14\cdot13\cdot12\cdot10\cdot9}{4\cdot3\cdot2\cdot1\cdot2} + \frac{15\cdot14\cdot13\cdot10\cdot9\cdot8}{3\cdot2\cdot1\cdot3\cdot2\cdot1} =$$

$$= 30\,030 + 61\,425 + 54\,600 = 146\,055.$$

P 1.27 Cada solución pedida es una descomposición del número 16 en tres sumandos y que pueden obtenerse del siguiente modo

1	1	14	y permutando resultan soluciones	3	
1	2	13		$\to$ 6	
1	3	12		$\to$ 6	
1	4	11		$\to$ 6	$\to$ 39
1	5	10		$\to$ 6	
1	6	9		$\to$ 6	
1	7	8		$\to$ 6	

2	2	12	$\to$ 3	
2	3	11	$\to$ 6	
2	4	10	$\to$ 6	$\to$ 30
2	5	9	$\to$ 6	
2	6	8	$\to$ 6	
2	7	7	$\to$ 3	

3	3	10	$\to$ 3	
3	4	9	$\to$ 6	$\to$ 21
3	5	8	$\to$ 6	
3	6	7	$\to$ 6	

4	4	8	$\to$ 3	
4	5	7	$\to$ 6	$\to$ 12
4	6	6	$\to$ 3	

$$5 \quad 5 \quad 6 \quad \to \quad 3 \,\} \to 3.$$

En total $39 + 30 + 21 + 12 + 3 = 105$.

P 1.28 Para $i = 0,1,2,\ldots,k$, el término general de la suma es

$$S_i = \binom{m-i}{k-i}\binom{m}{i} = \frac{(m-i)!}{(k-i)!\,(m-k)!}\frac{m!}{i!\,(m-i)!} = \frac{m!}{k!\,(m-k)!}\frac{k!}{i!\,(k-i)!} = \binom{m}{k}\binom{k}{i}$$

en consecuencia la suma es

$$S = \sum_{i=0}^{k} S_i = \sum_{i=0}^{k} \binom{m}{k}\binom{k}{i} = \binom{m}{k}\sum_{i=0}^{k}\binom{k}{i} = \binom{m}{k}\left[\binom{k}{0} + \binom{k}{1} + \cdots + \binom{k}{k}\right] = 2^k\binom{m}{k}$$

P 2.1

(a) En el caso de que las bolas sean distinguibles, a y b, el espacio muestral es

$$E_1 = \{(ab,\emptyset,\emptyset),(\emptyset,ab,\emptyset),(\emptyset,\emptyset,ab),(a,b,\emptyset),(b,a,\emptyset),(a,\emptyset,b),(b,\emptyset,a),(\emptyset,a,b),(\emptyset,b,a)\}.$$

(b) En el caso de bolas idénticas el espacio muestral que se tiene es

$$E_2 = \{(2,0,0),(0,2,0),(0,0,2),(1,1,0),(1,0,1),(0,1,1)\}.$$

P 2.2 El ocurrir dos de los sucesos dados se expresa como el suceso

$$S_1 = (A\cap B)\cup(A\cap C)\cup(B\cap C).$$

El suceso que se verifica cuando ocurren exactamente dos es

$$S_2 = (A\cap B\cap\overline{C})\cup(A\cap\overline{B}\cap C)\cup(\overline{A}\cap B\cap C).$$

Si no se verifican más de dos de los sucesos, equivale a que no se dan los tres a la vez, luego se trata del suceso
$$S_3 = \overline{A\cap B\cap C}.$$

P 2.3 El espacio muestral se obtiene fácilmente con un diagrama de árbol:
$$\begin{aligned}
E = \{ & R, BR, NR, BBR, BNR, NBR, NNR,\\
& BBBR, BBNR, BNBR, BNNR, NBBR, NBNR, NNBR,\\
& BBBNR, BBNBR, BBNNR, BNBBR, BNBNR, BNNBR,\\
& NBBBR, NBBNR, NBNBR, NNBBR,\\
& BBBNNR, BBNBNR, BBNNBR, BNBBNR, BNBNBR,\\
& BNNBBR, NBBBNR, NBBNBR, NBNBBR, NNBBBR\}
\end{aligned}$$
Obsérvese que:

la bola roja $\begin{cases} \text{sale la } 1^a \text{ en un solo caso;}\\ \text{sale la } 2^a \text{ en dos casos;}\\ \text{sale la } 3^a \text{ en tantos casos como } VR_2^2 = 2^2 = 4;\\ \text{sale la } 4^a \text{ en tantos casos como } VR_3^3 - 1 = 8 - 1 = 7, \text{ ya que no es posible } NNN;\\ \text{sale la } 5^a \text{ en tantos casos como } VR_2^4 = 16 - 6 = 10; \text{ ya que no son posibles:}\\ \qquad BBBB, NNNN, NNNB, NNBN, NBNN, BNNN;\\ \text{sale la } 6^a \text{ en tantos casos como } P_5^{3,2} = 10. \end{cases}$

En total, $\operatorname{card} E = 1+2+4+7+10+10 = 34$.

P 2.4 Maximalidad de E (suceso seguro): $\forall A\in\mathscr{P}(E)$ se verifica $A\cup E = E$. En efecto,

$$A\cup E = A\cup(A\cup\overline{A}) = (A\cup A)\cup\overline{A} = A\cup\overline{A} = E.$$

Minimalidad de $\emptyset$ (suceso imposible): $\forall A \in \mathscr{P}(E)$ se verifica $A \cap \emptyset = \emptyset$. En efecto,

$$A \cap \emptyset = A \cap (A \cap \overline{A}) = (A \cap A) \cap \overline{A} = A \cap \overline{A} = \emptyset.$$

P 2.5 Utilizando las propiedades de existencia de neutro, distributiva y maximalidad, se tiene

$$A \cup (A \cap B) = (A \cap E) \cup (A \cap B) = A \cap (E \cup B) = A \cap E = A.$$

Teniendo en cuenta las propiedades de neutro, distributiva y minimalidad se tiene

$$A \cap (A \cup B) = (A \cup \emptyset) \cap (A \cup B) = A \cup (\emptyset \cap B) = A \cup \emptyset = A.$$

P 2.6

(a) Aplicando las propiedades distributiva, complementario, idempotente, neutralidad y absorción del álgebra de Boole de los sucesos se tiene:

$$
\begin{aligned}
[A \cap (\overline{A} \cup B)] \cup [B \cap (B \cup C)] \cup B &= [(A \cap \overline{A}) \cup (A \cap B)] \cup [(B \cap B) \cup (B \cap C)] \cup B = \\
&= [\emptyset \cup (A \cap B)] \cup [B \cap (B \cup C)] \cup B = \\
&= (A \cap B) \cup B \cup B = (A \cap B) \cup B = B.
\end{aligned}
$$

(b) Por las propiedades de De Morgan y de absorción, resulta

$$\overline{(A \cup \overline{B})} \cup \overline{A} = (\overline{A} \cap \overline{\overline{B}}) \cup \overline{A} = \overline{A}.$$

P 2.7

(a) Como cada uno puede sacar de 0 a 5 dedos, el espacio muestral es

$$E = \{(0,0,0),(0,0,1),\ldots,(5,5,5)\} \qquad \text{y} \qquad \text{card}(E) = VR_6^3 = 6^3 = 216.$$

(b) En tantos como $V_6^3 = 6 \cdot 5 \cdot 4 = 120$.

(c) S_1 se verifica en los casos $(0,2,5)$, $(0,3,4)$ y $(1,2,4)$ de $3! = 6$ formas posibles cada uno y en los casos $(1,1,5)$, $(1,3,3)$ y $(2,2,3)$ de tres formas cada uno. En total 27 casos.

S_2 se verifica en los casos $(1,3,5)$ de $3! = 6$ formas posibles, en los casos $(1,1,3)$, $(1,1,5)$, $(3,3,1)$, $(3,3,5)$, $(5,5,1,)$ y $(5,5,3)$ de tres formas cada uno y en los casos $(1,1,1)$, $(3,3,3)$ y $(5,5,5,)$ de una única forma cada uno. En total 27 casos.

P 2.8 Utilizando la fórmula del cardinal de la unión de tres sucesos, se tiene

$$
\begin{aligned}
n(Ca \cup Cu \cup P) &= 100 - 10 = 90 = \\
&= n(Ca) + n(Cu) + n(P) - n(Ca \cap Cu) - n(Ca \cap P) - \\
&\quad - n(Cu \cap P) + n(Ca \cap Cu \cap P) = \\
&= 70 + 50 + 80 - 40 - 60 - 50 + n(Ca \cap Cu \cap P),
\end{aligned}
$$

de donde

$$90 = 200 - 150 + n(Ca \cap Cu \cap P) \quad \Rightarrow \quad n(Ca \cap Cu \cap P) = 40.$$

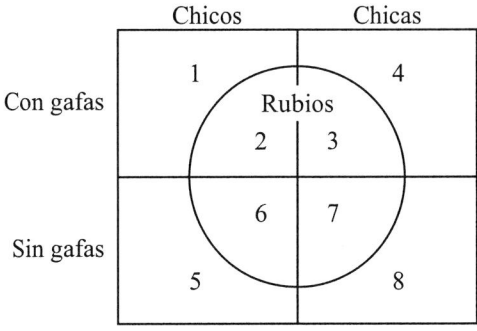

Figura A.1. Casos que pueden presentarse

P 2.9 Por el enunciado y las regiones diseñadas en la Figura A.1, se tiene que

$$n(3)+n(4)+n(7)+n(8) \; > \; n(1)+n(2)+n(5)+n(6)$$
$$n(1)+n(2) \; > \; n(4)+n(8)$$
$$n(5) \; > \; n(7),$$

sumando las tres desigualdades queda

$$n(3) > n(6),$$

es decir, el número de chicas rubias con gafas es mayor que el de chicos rubios sin gafas.

P 3.1

(a) Como P es una función de probabilidad resulta

$$P(a) = 1 - P(b) - P(c) - P(d) = 1 - 0,1 - 0,1 - 0,5 = 0,3.$$

(b) De modo análogo

$$P(a) = 1 - P(b,c) - P(d) = 1 - \frac{1}{2} - \frac{1}{4} = \frac{1}{4}$$

(c) Como

$$P(a) = 1 - P(b) - P(c) - P(d) = 1 - 2P(a) - 2P(a) - 2P(a) = 1 - 6P(a),$$

resulta que $P(a) = 1/7$.

P 3.2 No es una σ-álgebra porque no contiene, entre otros, al suceso $\{1,2,3\} \cap \{1,3,5\} = \{1,3\}$, ni tampoco al suceso $\{1,2,3\} \cup \{1,3,5\} = \{1,2,3,5\}$.

P 3.3 Como

$$P(\overline{A}) = 1 - P(A) \qquad \text{y} \qquad (P(A))^2 + (P(\overline{A}))^2 = \frac{5}{9}$$

se tiene

$$(P(A))^2 + (1 - P(A))^2 = \frac{5}{9}$$

es decir

$$(P(A))^2 + 1 - 2P(A) + (P(A))^2 = \frac{5}{9} \quad \Rightarrow \quad 2(P(A))^2 - 2P(A) + 1 - \frac{5}{9} = 0.$$

Las soluciones de esta ecuación son

$$P(A) = \frac{1}{3} \quad \text{y} \quad P(A) = \frac{2}{3}$$

P 3.4 La probabilidad pedida es la del suceso

$$S = (A \cap B \cap \overline{C}) \cup (A \cap \overline{B} \cap C) \cup (\overline{A} \cap B \cap C) \cup (A \cap B \cap C)$$

y su valor es

$$P\big((A \cap B \cap \overline{C}) \cup (A \cap \overline{B} \cap C) \cup (\overline{A} \cap B \cap C) \cup (A \cap B \cap C)\big) =$$
$$= P(A \cap B \cap \overline{C}) + P(A \cap \overline{B} \cap C) + P(\overline{A} \cap B \cap C) + P(A \cap B \cap C) =$$
$$= P[(A \cap B) - C] + P[(A \cap C) - B] + P[(B \cap C) - A] + P(A \cap B \cap C) =$$
$$= [P(A \cap B) - P(A \cap B \cap C)] + [P(A \cap C) - P(A \cap B \cap C)] +$$
$$+ [P(B \cap C) - P(A \cap B \cap C)] + P(A \cap B \cap C) =$$
$$= P(A \cap B) + P(A \cap C) + P(B \cap C) - 2P(A \cap B \cap C) =$$
$$= 0{,}2 + 0{,}2 + 0{,}3 - 2 \cdot 0{,}1 = 0{,}5.$$

P 3.5 Los casos posibles son

$$\{CCC, CCX, CXC, XCC, CXX, XCX, XXC, XXX\}$$

y los favorables son $\{XCX, XXC\}$. Por la regla de Laplace, la probabilidad es $2/8 = 1/4$.

P 3.6 El espacio muestral es

$$E = \{BB, VV, NN, BV, BN, VN\}$$

y una probabilidad está definida asignando:

$$P(BB) = 5/33, \quad P(VV) = 1/22, \quad P(NN) = 1/11,$$
$$P(BV) = 5/22, \quad P(BN) = 10/33, \quad P(VN) = 2/11.$$

(a) Se tiene que

$$P(BB) + P(VV) + P(NN) = \frac{5}{33} + \frac{1}{22} + \frac{1}{11} = \frac{19}{66}$$

(b) Análogamente

$$P(BB) + P(BV) + P(BN) = \frac{5}{33} + \frac{5}{22} + \frac{10}{33} = \frac{15}{22}$$

P 3.7 Los casos posibles son tantos como $P_{11}^{5,1,1,1,1,1,1}$ y la palabra GUADALAJARA es una de ellas, por tanto

$$P(GUADALAJARA) = \frac{1}{P_{11}^{5,1,1,1,1,1,1}} = \frac{5!}{11!} = \frac{1}{332\,640}$$

Comienzan por ADULA tantas como $P_6^{3,1,1,1}$, de donde

$$P(ADULA) = \frac{P_6^{3,1,1,1}}{P_{11}^{5,1,1,1,1,1,1}} = \frac{5! \cdot 6!}{11! \cdot 3!} = \frac{1}{2\,772}$$

P 3.8 Indicando los nombres por sus iniciales, la disposición actual es JEDSIM. Anteriores a ella en orden alfabético hay

$$3 \cdot P_5 + P_3 + 4 = 3 \cdot 120 + 6 + 4 = 370.$$

La probabilidad pedida es

$$P(Juntos) = \frac{2 \cdot 5!}{6!} = \frac{2 \cdot 5!}{6 \cdot 5!} = \frac{1}{3}$$

P 3.9 Indicando por A_i el suceso «*el alumno i-ésimo termina la carrera*» se tiene:

(a) $\begin{aligned}[t] P(A_1 \cup A_2 \cup A_3 \cup A_4) &= 1 - P(\overline{A}_1 \cap \overline{A}_2 \cap \overline{A}_3 \cap \overline{A}_4) = \\ &= 1 - P(\overline{A}_1)P(\overline{A}_2)P(\overline{A}_3)P(\overline{A}_4) = 1 - (0{,}4)^4 = 0{,}9744. \end{aligned}$

(b) $\begin{aligned}[t] P(A\ lo\ más\ dos) &= 1 - P(4\ ó\ 3) = \\ &= 1 - P(A_1 \cap A_2 \cap A_3 \cap A_4) - P(\overline{A}_1 \cap A_2 \cap A_3 \cap A_4) - \\ &\quad - P(A_1 \cap \overline{A}_2 \cap A_3 \cap A_4) - P(A_1 \cap A_2 \cap \overline{A}_3 \cap A_4) - \\ &\quad - P(A_1 \cap A_2 \cap A_3 \cap \overline{A}_4) = \\ &= 1 - (0{,}4)^4 - 4 \cdot \left[(0{,}4)^3 \cdot 0{,}6 \right] = 0{,}8208 \end{aligned}$

(c) $\begin{aligned}[t] P(Sólo\ uno) &= P(A_1 \cap \overline{A}_2 \cap \overline{A}_3 \cap \overline{A}_4) + P(\overline{A}_1 \cap A_2 \cap \overline{A}_3 \cap \overline{A}_4) + \\ &\quad + P(\overline{A}_1 \cap \overline{A}_2 \cap A_3 \cap \overline{A}_4) + P(\overline{A}_1 \cap \overline{A}_2 \cap \overline{A}_3 \cap A_4) = \\ &= 4 \cdot (0{,}4) \cdot [0{,}6]^3 = 0{,}3456. \end{aligned}$

(d) $P(A_1 \cap A_2 \cap A_3 \cap A_4) = (0{,}4)^4 = 0{,}0256.$

P 3.10 Los casos posibles son tantos como C_{50}^5 y casos favorables son C_{10}^1 para cada una de las empresas, resultando

$$P(S) = \frac{C_{10}^1 \cdot C_{10}^1 \cdot C_{10}^1 \cdot C_{10}^1 \cdot C_{10}^1}{C_{50}^5} = \frac{10^5 \cdot 5!}{50 \cdot 49 \cdot 48 \cdot 47 \cdot 46} \simeq 0{,}0472.$$

Dos empresas de entres las cinco se pueden elegir de C_5^2 formas y para que una reciba dos llamadas y otra tres, o viceversa, multiplicando por 2, resulta la probabilidad siguiente

$$P(S') = \frac{2 \cdot C_5^2 \cdot C_{10}^2 \cdot C_{10}^3}{C_{50}^5} = \frac{40\,500 \cdot 5!}{50 \cdot 49 \cdot 48 \cdot 47 \cdot 46} \simeq 0{,}0191.$$

P 3.11 Los casos posibles son $\binom{40}{10}$.

(a) Dos ases se pueden recibir de $\binom{4}{2}\binom{36}{8}$ maneras, luego

$$P(Dos\ ases) = \frac{\binom{4}{2}\binom{36}{8}}{\binom{40}{10}} = \frac{3\,915}{18\,278}$$

b) Ningún as se puede recibir de $\binom{36}{10}$ maneras, luego

$$P(Ningún\ as) = \frac{\binom{36}{10}}{\binom{40}{10}} = \frac{5481}{18278}$$

(b) La probabilidad de al menos dos ases es

$$P(Al\ menos\ dos\ ases) = P(Dos\ ases) + P(Tres\ ases) + P(Cuatro\ ases) =$$

$$= \frac{\binom{4}{2}\binom{36}{8}}{\binom{40}{10}} + \frac{\binom{4}{3}\binom{36}{7}}{\binom{40}{10}} + \frac{\binom{4}{4}\binom{36}{6}}{\binom{40}{10}} = \frac{4677}{18278}$$

P 3.12 Si se considera el suceso $\mathbb{N} = \{1, 2, 3, \dots\}$ es

$$P(\mathbb{N}) = P(1) + P(2) + \cdots + P(k) + \cdots = \sum_{k \in \mathbb{N}} P(k) = \sum_{k=1}^{+\infty} \frac{1}{2k}$$

y como la serie $\sum_{k=1}^{+\infty} \frac{1}{2k}$ es divergente, $P(\mathbb{N})$ no es un número real. En consecuencia P no es una probabilidad.

P 3.13 Para que la función definida sea una probabilidad se debe verificar que

$$P([0;3]) = m \int_0^3 t^2\,dt = 1,$$

de donde

$$m\left[\frac{t^3}{3}\right]_0^3 = 1 \quad \Rightarrow \quad \frac{m}{3} \cdot 27 = 1 \quad \Rightarrow \quad 9m = 1 \quad \Rightarrow \quad m = \frac{1}{9}$$

P 3.14 *Primer método.*

Sean A, B, C los destinatarios y se consideran los sucesos:

$$A = \text{«el destinatario A recibe su carta»,}$$
$$B = \text{«el destinatario B recibe su carta»,}$$
$$C = \text{«el destinatario C recibe su carta».}$$

Lo que hay que calcular es $P(A \cup B \cup C)$ y teniendo en cuenta la probabilidad de la unión de sucesos compatibles es

$$P(A \cup B \cup C) = P(A) + P(B) + P(C) - P(A \cap B) - P(A \cap C) - P(B \cap C) + P(A \cap B \cap C) =$$

$$= \frac{2!}{3!} + \frac{2!}{3!} + \frac{2!}{3!} - \frac{1!}{3!} - \frac{1!}{3!} - \frac{1!}{3!} + \frac{1!}{3!} =$$

$$= 3 \cdot \frac{2!}{3!} - 3 \cdot \frac{1!}{3!} + \frac{1!}{3!} = 1 - \frac{1}{2} + \frac{1}{6} = \frac{2}{3}$$

Segundo método.

Puesto que

$$P(\text{«al menos una correctamente»}) = 1 - P(\text{«ninguna correctamente»})$$

y para entregar la primera carta hay tres casos posibles pero dos son favorables al suceso «*ninguna correctamente*», para entregar la segunda carta hay dos casos posibles pero sólo uno favorable al suceso y la tercera carta tiene un caso posible y es favorable al suceso, se tiene que

$$P(\text{«al menos una correctamente»}) = 1 - \left(\frac{2}{3} \cdot \frac{1}{2} \cdot \frac{1}{1}\right) = 1 - \frac{1}{3} = \frac{2}{3}$$

P 3.15 Al ser las bolas distinguibles el orden de los elementos si que importa. Las formas de colocación posibles son

$$VR_4^{10} = 4^{10}.$$

(a) Si una urna dada contiene 6 bolas, éstas pueden elegirse de

$$C_{10}^6 = \binom{10}{6}$$

formas distintas, y cada una de ellas se puede combinar con $VR_3^4 = 3^4$ formas en las que se distribuyen las 4 bolas restantes en las 3 cajas, de manera que es

$$P = \frac{C_{10}^6 VR_3^4}{VR_4^{10}} = \frac{\binom{10}{6}3^4}{4^{10}} = \frac{10! \cdot 3^4}{6! \cdot 4! \cdot 4^{10}} = \frac{10 \cdot 9 \cdot 8 \cdot 7 \cdot 81}{4 \cdot 3 \cdot 2 \cdot 1\,048\,576} = \frac{8\,505}{524\,288}$$

(b) Tenemos 4 bolas, una por cada caja, que se pueden elegir de

$$C_{10}^4 = \binom{10}{4}$$

formas distintas y cada una de ellas se puede combinar con $VR_4^6 = 4^6$ formas de distribuir las 6 bolas restantes, por lo que la probabilidad que se pide es

$$P = \frac{C_{10}^4 VR_4^6}{VR_4^{10}} = \frac{\binom{10}{4}4^6}{4^{10}} = \frac{10!}{4! \cdot 6! \cdot 4^4} = \frac{10 \cdot 9 \cdot 8 \cdot 7}{4 \cdot 3 \cdot 2 \cdot 4^4} = \frac{10 \cdot 3 \cdot 7}{256} = \frac{105}{128}$$

P 3.16 Los números a_n se eligen de forma que $a_n \in \{1, 2, \ldots, n\}$. Sea p_n la probabilidad de que 10 sea un divisor de $a_n^2 - 1$, es decir

$$p_n = P(10|a_n^2 - 1).$$

Puesto que se tiene

$$10|a_n^2 - 1 \quad \Leftrightarrow \quad a_n^2 = 10k + 1, \quad k \in \mathbb{Z},$$

es decir, a_n^2 termina en 1, luego a_n termina en 9 o en 1.

En los 10 primeros números hay 2 y en cada 10 números más hay otros dos. Por tanto resulta que

$$n = 10k \qquad\qquad \Rightarrow \quad p_k = \frac{2k}{10k} = \frac{1}{5}$$

$$n = 10k + 1 \qquad\qquad \Rightarrow \quad p_k = \frac{2k+1}{10k+1}$$

$$n = 10k + q, \quad q \in \{2, 3, \ldots, 8\} \quad \Rightarrow \quad p_k = \frac{2k+1}{10k+q}$$

$$n = 10k + 9 \qquad\qquad \Rightarrow \quad p_k = \frac{2k+2}{10k+9}$$

y como $n \to +\infty \Rightarrow k \to +\infty$ y en los cuatro casos se tiene que

$$\lim_k p_k = \frac{1}{5}$$

concluimos que $\lim_n p_n = 1/5$.

P 3.17 Si consideramos los sucesos

$$A_i = \text{«el miembro i toma la decisión correcta»},$$

se tienen las probabilidades

$$P(A_1) = p, \qquad P(A_2) = p, \qquad P(A_3) = \frac{1}{2}$$

y llamando B al suceso «*el tribunal toma la decisión correcta*», puesto que se toma por mayoría, será

$$B = (A_1 \cap A_2 \cap A_3) \cup (A_1 \cap A_2 \cap \overline{A_3}) \cup (A_1 \cap \overline{A_2} \cap A_3) \cup (\overline{A_1} \cap A_2 \cap A_3)$$

y la probabilidad de que el tribunal tome una decisión correcta será

$$\begin{aligned} P(B) &= P(A_1 \cap A_2 \cap A_3) + P(A_1 \cap A_2 \cap \overline{A_3}) + P(A_1 \cap \overline{A_2} \cap A_3) + P(\overline{A_1} \cap A_2 \cap A_3) = \\ &= pp\frac{1}{2} + pp\frac{1}{2} + p(1-p)\frac{1}{2} + (1-p)p\frac{1}{2} = p^2 + \frac{p}{2} - \frac{p^2}{2} + \frac{p}{2} - \frac{p^2}{2} = p, \end{aligned}$$

es decir, la misma que la de uno de los dos primeros miembros del tribunal. En consecuencia es indiferente que las decisiones las tome la comisión o uno de los dos primeros.

P 3.18

(a) *Primer método.*

Sea A el suceso en que «ningún sobre cae en el buzón de las devoluciones».

Los repartos posibles son: el buzón que recibe la primera carta puede elegirse de 6 maneras, la segunda carta puede ir a uno de los cinco restantes, etc. Los repartos posibles son 6!.

Los repartos favorables son aquéllos en que las cinco cartas están en los cinco buzones de vecinos, lo que ocurre de 5! maneras, luego

$$P(A) = \frac{5!}{6!} = \frac{1}{6}$$

Segundo método.

Un buzón se quedará sin carta, que sea el de devoluciones tiene como probabilidad $1/6$.

(b) Sea A_i el suceso «el vecino i recibe su carta». Se tiene que

$$\begin{aligned} P(\text{Al menos uno recibe su carta}) &= P(A_1 \cup A_2 \cup A_3 \cup A_4 \cup A_5) = \\ &= P(A_1) + P(A_2) + P(A_3) + P(A_4) + P(A_5) - \\ &\quad - P(A_1 \cap A_2) - P(A_1 \cap A_3) - \cdots - P(A_4 \cap A_5) + \\ &\quad + P(A_1 \cap A_2 \cap A_3) + \cdots + P(A_3 \cap A_4 \cap A_5) - \\ &\quad - P(A_1 \cap A_2 \cap A_3 \cap A_4) - \cdots - P(A_2 \cap A_3 \cap A_4 \cap A_5) + \\ &\quad + P(A_1 \cap A_2 \cap A_3 \cap A_4 \cap A_5). \end{aligned}$$

Al ser

$$P(A_i) = \frac{1}{6} \qquad P(A_i \cap A_j) = \frac{1}{6} \cdot \frac{1}{5} \qquad P(A_i \cap A_j \cap A_k) = \frac{1}{6 \cdot 5 \cdot 4}$$

$$P(A_i \cap A_j \cap A_k \cap A_l) = \frac{1}{6 \cdot 5 \cdot 4 \cdot 3} \qquad P(A_1 \cap A_2 \cap A_3 \cap A_4 \cap A_5) = \frac{1}{6!}$$

la probabilidad pedida queda

$$
\begin{aligned}
P(Al\ menos\ uno\ recibe\ su\ carta) &= \binom{5}{1}\frac{1}{6} - \binom{5}{2}\frac{1}{6\cdot5} + \binom{5}{3}\frac{1}{6\cdot5\cdot4} - \binom{5}{4}\frac{1}{6\cdot5\cdot4\cdot3} + \binom{5}{5}\frac{1}{6!} = \\
&= \frac{5}{6} - \frac{5\cdot4}{2\cdot6\cdot5} + \frac{5\cdot4\cdot3}{3\cdot2\cdot6\cdot5\cdot4} - \frac{5}{6\cdot5\cdot4\cdot3} + \frac{1}{6!} = \\
&= \frac{1}{6!}(5\cdot5! - 5\cdot4\cdot4\cdot3 + 5\cdot4\cdot3 - 5\cdot2 + 1) = \\
&= \frac{1}{720}(600 - 240 + 60 - 10 + 1) = \\
&= \frac{661-250}{720} = \frac{411}{720} = \frac{137}{240}
\end{aligned}
$$

P 3.19 En el cubo existen dados de cuatro clases distintas, pues hay

- un dado central sin pintar;

- 6 dados «centro de cara» con una cara pintada;

- 12 dados-arista con dos caras pintadas, y

- 8 dados-vértice con tres caras pintadas.

Primer método.

Al recomponerlo cada dado ha de ir al lugar de otro de su misma clase. Hay 27! formas de ordenar los dados por lugares y además cada dado tiene $6 \cdot 4 = 24$ posiciones distintas, que corresponden a la cara sobre la que se apoya y a la orientación de las cuatro caras laterales.

Hay 24 posiciones favorables para el dado central, 4 posiciones favorables para cada dado «centro de cara», 2 posiciones favorables para cada dado-arista y 3 para cada dado-vértice.

Por tanto la probabilidad de conseguir un nuevo cubo negro es

$$P = \frac{1! \frac{24}{24} \cdot 6! \left(\frac{4}{24}\right)^6 \cdot 12! \left(\frac{2}{24}\right)^{12} \cdot 8! \left(\frac{3}{24}\right)^8}{27!} = \frac{6! \, 12! \, 8!}{6^6 \cdot 12^{12} \cdot 8^8 \cdot 27!}$$

Segundo método.

Vamos a ir razonando sobre las probabilidades a medida que montamos el cubo.

La probabilidad de elegir, entre todos, el dado central y colocarlo adecuadamente es

$$\frac{1}{27}$$

La probabilidad de elegir, entre los restantes dados, los seis dados «centro de cara» y colocarlos adecuadamente es

$$\frac{1}{\binom{26}{6}} \left(\frac{1}{6}\right)^6 = \frac{6! \, 20!}{26!} \frac{1}{6^6}$$

La probabilidad de elegir los 12 cubos-aristas, entre los que quedan, y colocarlos bien es

$$\frac{1}{\binom{20}{12}} \left(\frac{1}{12}\right)^{12} = \frac{12! \, 8!}{26!} \frac{1}{12^{12}}$$

Y la probabilidad de elegir los últimos dados y que se coloquen bien es

$$\frac{1}{\binom{8}{8}}\left(\frac{1}{8}\right)^8 = \frac{1}{8^8}$$

La probabilidad pedida es el producto de estas cuatro, es decir

$$P = \frac{1}{27}\frac{6!\,20!}{26!}\frac{1}{6^6}\frac{12!\,8!}{26!}\frac{1}{12^{12}}\frac{1}{8^8} = \frac{6!\,12!\,8!}{6^6\cdot 12^{12}\cdot 8^8\cdot 27!}$$

P 3.20 Por los datos del problema sabemos que la probabilidad de sacar un tema conocido es

$$P(A) = \frac{80}{100} = \frac{4}{5}$$

y la de sacar un tema desconocido es

$$P(\overline{A}) = \frac{20}{100} = \frac{1}{5}$$

Por tanto se tiene:

(a) La probabilidad de 5 veces el suceso $\overline{A}$ es

$$P = \left(\frac{1}{5}\right)^5 = \frac{1}{5^5} = \frac{1}{3\,125}$$

(b) La probabilidad de las 4 primeras veces $\overline{A}$ y la última A es

$$P = \left(\frac{1}{5}\right)^4\frac{4}{5} = \frac{4}{5^5} = \frac{4}{3\,125}$$

(c) La probabilidad de 5 veces el suceso A es

$$P = \left(\frac{4}{5}\right)^5 = \frac{4^5}{5^5} = \frac{1\,024}{3\,125}$$

P 3.21 Si extendemos las cartas y quitamos los reyes, habrá 36! formas posibles de colocarlos o permutarlos.

Vamos a calcular la probabilidad del suceso contrario: «*ningún rey quede consecutivo*».

Hay entonces 37 lugares o huecos para colocar el primer rey. Hay luego 36 lugares para colocar el segundo rey, 35 lugares para el tercero y 34 para el cuarto. Por tanto

$$P(\text{«}ning\acute{u}n\ rey\ quede\ consecutivo\text{»}) = \frac{36!\cdot 37\cdot 36\cdot 35\cdot 34}{40!} = \frac{36\cdot 35\cdot 34}{40\cdot 39\cdot 38} = \frac{357}{494}$$

y entonces resulta que

$$P(\text{«}al\ menos\ dos\ reyes\ consecutivos\text{»}) = 1 - \frac{357}{494} = \frac{137}{494}$$

P 3.22 Sean c el número de caras y x el número de cruces obtenidas. Se tiene que

$$c + x = 20.$$

Puesto que el móvil se desplaza un kilómetro a la derecha con cada una de las c caras y 2 a la izquierda con cada una de las x cruces, para que al final esté situado 2 km a la derecha del punto de partida tendrá que ser

$$c - 2x = 2.$$

Restando estas ecuaciones se obtiene que $3x = 18$, luego deben ser

$$x = 6 \qquad \text{y} \qquad c = 14.$$

Hallamos la probabilidad de obtener 14 caras y 6 cruces en 20 lanzamientos de una moneda. Ésta es

$$P = C_{20,14} \left(\frac{1}{2}\right)^{14} \left(\frac{1}{2}\right)^{6} = \binom{20}{14}\left(\frac{1}{2}\right)^{20} = \binom{20}{6}\frac{1}{2^{20}} = \frac{20!}{6! \cdot 14! \cdot 2^{20}} = \frac{19 \cdot 17 \cdot 15}{2^{17}} = \frac{4\,845}{131\,072}$$

P 3.23 Sean bolas diferentes $b_1, b_2, \ldots, b_6$ y urnas diferentes U_1, U_2, U_3, y hagamos asignaciones del modo

$$\begin{array}{ccc} b_1 & \longrightarrow & U_1 \\ b_2 & \longrightarrow & U_1 \\ \vdots & \vdots & \vdots \\ b_6 & \longrightarrow & U_2 \end{array}$$

como por ejemplo $(1,1,2,2,1,3)$. Teniendo esto en cuenta resulta:

(a) Casos posibles son $VR_3^6 = 3^6$ y casos favorables son $VR_2^6 = 2^6$, de donde

$$P(U_3 \ vacía) = \frac{2^6}{3^6} = \frac{64}{729}$$

(b) Los casos favorables a que vayan 1, 2 y 3 bolas exactamente son

$$6 \cdot \binom{5}{2}\binom{3}{3} = \frac{6 \cdot 5 \cdot 4 \cdot 1}{2} = 60,$$

o de otra forma, son $PR_6^{3,2,1} = \frac{6!}{3!2!} = 60$, por lo que la probabilidad es

$$P(Vayan \ 1, 2 \ y \ 3) = \frac{60}{729} = \frac{20}{243}$$

(c) En este caso se tiene

$$\begin{aligned} P(Todas \ ocupadas) &= 1 - P(Una \ o \ dos \ vacías) = \\ &= 1 - 3P(Una \ vacía) + 3P(Dos \ vacías) = \\ &= 1 - \frac{3 \cdot 64}{729} + 3 \cdot \frac{1}{729} = 1 - \frac{192}{729} + \frac{3}{729} = \\ &= \frac{729 - 189}{729} = \frac{540}{729} = \frac{20}{27}. \end{aligned}$$

P 3.24 Supongamos que los ases están colocados como

$$A_1A_2A_3A_4,$$

decimos nuestro orden y descubrimos para ver los aciertos. Los casos posibles son $4! = 24$.

Si acertamos sólo A_1, deben estar $A_1A_3A_4A_2$ o bien $A_1A_4A_2A_3$, por lo que

$$P(Acertar\ exactamente\ uno) = 4P(A_1) = 4 \cdot \frac{2}{24} = \frac{1}{3}$$

Si acertamos sólo A_1 y A_2, deben estar $A_1A_2A_4A_3$, por tanto

$$P(Acertar\ exactamente\ dos) = \binom{4}{2}P(A_1\ y\ A_2) = \frac{4 \cdot 3}{2} \cdot \frac{1}{24} = \frac{1}{4}$$

Si acertamos tres, acertamos también el otro, luego

$$P(Acertar\ exactamente\ tres) = 0.$$

Acertamos los cuatro con

$$P(Acertar\ los\ cuatro) = \frac{1}{24}$$

Si calculamos $P(Acertar\ ninguno)$ deben sumar 1, luego debe ser

$$P(Acertar\ ninguno) = \frac{3}{8}$$

y así

$$\frac{1}{3} + \frac{1}{4} + 0 + \frac{1}{24} + \frac{3}{8} = \frac{8+6+0+1+9}{24} = \frac{24}{24} = 1.$$

P 4.1 La probabilidad del suceso $A \cup B$ es

$$P(A \cup B) = P(A) + P(B) - P(A \cap B)$$

y como los sucesos A y B son independientes, es

$$P(A \cap B) = P(A) \cdot P(B)$$

y por tanto se tiene que

$$P(A \cup B) = P(A) + P(B) - P(A)P(B) = 0{,}2 + 0{,}8 - 0{,}2 \cdot 0{,}8 = 0{,}84.$$

Análogamente

$$P(A \cup C) = P(A) + P(C) - P(A) \cdot P(C) = 0{,}2 + 0{,}7 - 0{,}2 \cdot 0{,}7 = 0{,}76.$$

Finalmente se tiene que

$$P(A \cap B \cap C) = P(A) \cdot P(B) \cdot P(C) = 0{,}2 \cdot 0{,}8 \cdot 0{,}7 = 0{,}112.$$

P 4.2 El suceso pedido es $(A \cap \overline{B}) \cup (\overline{A} \cap B)$ y al ser incompatibles los sucesos $A \cap \overline{B}$ y $\overline{A} \cap B$ se tiene que

$$\begin{aligned} P\left[(A \cap \overline{B}) \cup (\overline{A} \cap B)\right] &= P(A \cap \overline{B}) + P(\overline{A} \cap B) = P(A) - P(A \cap B) + P(B) - P(A \cap B) = \\ &= P(A) + P(B) - 2P(A \cap B) = 0{,}5 + 0{,}3 - 2 \cdot 0{,}1 = 0{,}6. \end{aligned}$$

Como
$$P(A \cap B) = 0,1 \qquad y \qquad P(A)P(B) = 0,5 \cdot 0,3 = 0,15,$$
los sucesos no son independientes porque $P(A \cap B) \neq P(A)P(B)$.

P 4.3 Una suma de seis puntos al lanzar tres dados resulta cuando en dos dados sale el número 1 y en el otro el 4, lo cual ocurre de tres formas posibles. También se obtiene la suma 6 cuando cuando resulta 1 en uno de los dados, 2 en otro y 3 en el otro, lo cual puede darse de 6 formas distintas. Y también cuando en cada dado sale el número 2, en total tenemos 10 casos posibles con suma de seis puntos.

El suceso *obtener suma de seis puntos* ocurre en 10 de los $6^3 = 216$ casos posibles. En consecuencia
$$P(A) = \frac{10}{216} = \frac{5}{108}$$

La probabilidad del suceso B es
$$P(B) = \frac{V_6^3}{VR_6^3} = \frac{6 \cdot 5 \cdot 4}{6^3} = \frac{20}{36} = \frac{5}{9}$$

El suceso $A \cap B$ ocurre en 6 de los 6^3 casos posibles y por tanto
$$P(A \cap B) = \frac{6}{6^3} = \frac{1}{36}$$

Como es
$$P(A) \cdot P(B) = \frac{5}{108} \cdot \frac{5}{9} = \frac{25}{972} \neq \frac{1}{36}$$
los sucesos A y B son dependientes.

P 4.4 Considerando los sucesos $A =$«*Apagado*» y $C =$«*Comunica*», es
$$P(Logremos\ hablar) = P(\overline{A} \cap \overline{C}) = P(\overline{A}) \cdot P(\overline{C}/\overline{A}) = 0,6 \cdot 0,8 = 0,48.$$

P 4.5 En el lanzamiento de una moneda 5 veces existen tantos casos como $VR_2^5 = 2^5 = 32$. El suceso contrario de A, obtener dos o más caras, es $\overline{A}$, obtener una o ninguna cara.

Una sola cara, en cinco lanzamientos, puede obtenerse en uno cualquiera de ellos, es decir de cinco formas distintas. No obtener ninguna cara resulta de una sola manera, por tanto
$$P(\overline{A}) = \frac{6}{32} = \frac{3}{16} \qquad y \qquad P(A) = 1 - \frac{3}{16} = \frac{13}{16}$$

P 4.6 Al extraer dos de las diez bolas existen tantos casos posibles como $C_{10}^2 = \binom{10}{2} = 45$.

(a) El suceso A, que consiste en obtener dos bolas de igual color, se presenta en tantos casos como $C_5^2 + C_3^2 + C_2^2 = 10 + 3 + 1 = 14$, con lo cual es
$$P(A) = \frac{14}{45}$$

(b) El suceso contrario a que al menos una de las dos bolas sea roja es que no haya ninguna roja y la probabilidad de B es
$$P(B) = 1 - P(\overline{B}) = 1 - \frac{C_{3+2}^2}{C_{10}^2} = 1 - \frac{\binom{5}{2}}{\binom{10}{2}} = 1 - \frac{10}{45} = \frac{35}{45} = \frac{7}{9}$$

P 4.7

(a) Los casos posibles son $\binom{40}{5}$ y los favorables son $\binom{4}{1}\binom{36}{4}$. Por tanto es

$$P(A) = \frac{\binom{4}{1}\binom{36}{4}}{\binom{40}{5}} = \frac{6545}{18278}$$

(b) Los casos favorables son ahora $\binom{4}{2}\binom{36}{3} + \binom{4}{3}\binom{36}{2} + \binom{4}{4}\binom{36}{1}$. En consecuencia

$$P(B) = \frac{\binom{4}{2}\binom{36}{3} + \binom{4}{3}\binom{36}{2} + \binom{4}{4}\binom{36}{1}}{\binom{40}{5}} = \frac{97}{1406}$$

(c) Los casos favorables son

$$\binom{4}{1}\binom{4}{1}\left[\binom{4}{0}\binom{28}{3} + \binom{4}{1}\binom{28}{2} + \binom{4}{2}\binom{28}{1}\right]$$

y entonces

$$P(C) = \frac{\binom{4}{1}\binom{4}{1}\left[\binom{4}{0}\binom{28}{3} + \binom{4}{1}\binom{28}{2} + \binom{4}{2}\binom{28}{1}\right]}{\binom{40}{5}} = \frac{3304}{27417}$$

(d) Un palo se puede elegir de $\binom{4}{1}$ formas y 5 cartas de ese palo de $\binom{10}{5}$ maneras distintas, por tanto

$$P(D) = \frac{\binom{4}{1}\binom{10}{5}}{\binom{40}{5}} = \frac{14}{9139}$$

P 4.8 De $P(A \cup B) = P(A) + P(B) - P(A \cap B)$ se obtiene que

$$P(A) + P(B) = P(A \cup B) + P(A \cap B)$$

y entonces:

(a) Puede ser $P(A) + P(B) > 1$, por ejemplo si $A = B = E$ será

$$P(A) + P(B) = 1 + 1 = 2.$$

(b) Como $P(A \cap B) = 0$, será

$$P(A) + P(B) = P(A \cup B) \leq 1,$$

de la definición de probabilidad, luego no será posible.

(c) Como es $P(A \cap B) = P(A)P(B)$, será

$$P(A) + P(B) = P(A \cup B)P(A) + P(A)P(B)$$

y puede ser mayor que 1 si, por ejemplo es

$$P(A) = P(B) = \frac{3}{5}$$

siendo entonces

$$P(A \cap B) = \frac{9}{25}$$

y puede ser, por ejemplo,

$$P(A) + P(B) = \frac{6}{5} > 1,$$

para lo cual bastaría que fuese

$$P(A \cup B) = P(A) + P(B) - P(A \cap B) = \frac{6}{5} - \frac{9}{25} = \frac{21}{25}$$

P 4.9 Si la extracción es simultánea

$$P(S) = \frac{\binom{4}{1}\binom{4}{1}\binom{4}{1}}{\binom{40}{3}} = \frac{4 \cdot 4 \cdot 4 \cdot 6}{40 \cdot 39 \cdot 38} = \frac{8}{1\,235}$$

Si la extracción es sucesiva, hay P_3 formas de ordenar A, B, C y $\frac{4}{40} \cdot \frac{4}{39} \cdot \frac{4}{38}$ formas de sacar una de estas combinaciones, luego $8/1\,235$.

P 4.10 Siendo $C =$«la primera es de copas» y $S =$«la segunda es de copas», es

$$
\begin{aligned}
P(S) &= P(C \cap S) + P(\overline{C} \cap S) = \\
&= P(C)P(S/C) + P(\overline{C})P(S/\overline{C}) = \frac{1}{4} \cdot \frac{9}{39} + \frac{3}{4} \cdot \frac{10}{39} = \frac{1}{4} \cdot \left(\frac{9}{39} + \frac{10}{39} \right) = \frac{1}{4}
\end{aligned}
$$

P 4.11 Sean los sucesos

$$
\begin{aligned}
A_1 &= \text{«\textit{extraer bola blanca de la primera bolsa}»,} \\
A_2 &= \text{«\textit{extraer bola negra de la primera bolsa}»,}
\end{aligned}
$$

sus probabilidades son

$$P(A_1) = \frac{3}{4} \qquad \text{y} \qquad P(A_2) = \frac{1}{4}$$

Si la bola pasada es blanca, la composición de la segunda bolsa será $9b$, $5v$, $2n$, mientras que si la bola pasada fuese negra la composición sería $8b$, $5v$, $3n$.

Sea N el suceso «*extraer bola negra de la segunda bolsa*». Por el teorema de la probabilidad total se tiene:

$$P(N) = P(A_1)P(N/A_1) + P(A_2)P(N/A_2) = \frac{3}{4} \cdot \frac{2}{16} + \frac{1}{4} \cdot \frac{3}{16} = \frac{9}{64}$$

P 4.12 Sean los sucesos

$$
\begin{aligned}
A_1 &= \text{«\textit{extraer bola blanca de A}»,} \\
A_2 &= \text{«\textit{extraer bola negra de A}»,}
\end{aligned}
$$

y sea N el suceso «*extraer bola negra de la urna B*». Las probabilidades de estos sucesos son

$$P(A_1) = \frac{4}{10} \qquad \text{y} \qquad P(A_2) = \frac{6}{10}$$

Por el teorema de la probabilidad total es

$$P(N) = P(A_1)P(N/A_1) + P(A_2)P(N/A_2) = \frac{4}{10} \cdot \frac{3}{11} + \frac{6}{10} \cdot \frac{4}{11} = \frac{36}{110} = \frac{18}{55}$$

Aplicando el teorema de Bayes se tiene:

$$P(A_1/N) = \frac{P(A_1)P(N/A_1)}{P(N)} = \frac{\frac{4}{10} \cdot \frac{3}{11}}{\frac{36}{110}} = \frac{12}{36} = \frac{1}{3}$$

P 4.13 Se consideran los sucesos

$$A_i = \text{«el artículo ha sido producido por la máquina i»,}$$

con $i = 1, 2, 3$, cuyas probabilidades son

$$P(A_1) = \frac{50}{100} \qquad P(A_2) = \frac{40}{100} \qquad P(A_3) = \frac{10}{100}$$

y el suceso $D =$«*el artículo es defectuoso*». Las probabilidades condicionadas son

$$P(D/A_1) = \frac{1}{100} \qquad P(D/A_2) = \frac{2}{100} \qquad P(D/A_3) = \frac{6}{100}$$

Aplicando el teorema de Bayes, la probabilidad pedida es

$$P(A_1/D) = \frac{P(A_1)P(D/A_1)}{\sum\limits_{i=1}^{3} P(A_i)P(D/A_i)} =$$

$$= \frac{\frac{50}{100} \cdot \frac{1}{100}}{\frac{50}{100} \cdot \frac{1}{100} + \frac{40}{100} \cdot \frac{2}{100} + \frac{10}{100} \cdot \frac{6}{100}} = \frac{50}{50+80+60} = \frac{50}{190} = \frac{5}{19}$$

P 4.14 Se consideran los sucesos

$$A_1 \quad - \quad \text{«los dos tornillos trasladados son buenos»,}$$
$$A_2 \quad = \quad \text{«los dos tornillos trasladados son defectuosos»,}$$
$$A_3 \quad = \quad \text{«se traslada un tornillo bueno y otro defectuoso»,}$$

cuyas probabilidades son

$$P(A_1) = \frac{\binom{2}{2}}{\binom{5}{2}} = \frac{1}{10} \qquad P(A_2) = \frac{\binom{3}{2}}{\binom{5}{2}} = \frac{3}{10} \qquad P(A_3) = \frac{\binom{2}{2}\binom{3}{1}}{\binom{5}{2}} = \frac{6}{10}$$

Sea B el suceso «*el tornillo extraído de la segunda urna es bueno*». Por el teorema de Bayes la probabilidad pedida es

$$P(A_3/B) = \frac{P(A_3)P(B/A_3)}{P(A_1)P(B/A_1) + P(A_2)P(B/A_2) + P(A_3)P(B/A_3)} =$$

$$= \frac{\frac{6}{10} \cdot \frac{5}{8}}{\frac{1}{10} \cdot \frac{6}{8} + \frac{3}{10} \cdot \frac{4}{8} + \frac{6}{10} \cdot \frac{5}{8}} = \frac{30}{6+12+30} = \frac{30}{48} = \frac{5}{8}$$

P 4.15 Considerando los sucesos $N =$«*día con niebla*» y $A =$«*ocurre accidente*», es

$$P(N) = \frac{123}{365} \simeq 0{,}3370$$

y por probabilidad total es

$$P(A) = P(N)P(A/N) + P(\overline{N})P(A/\overline{N}) = \frac{123}{365} \cdot 0{,}0001 + \frac{242}{365} \cdot 0{,}00001 \simeq 0{,}00004033.$$

Aplicando el teorema de Bayes resulta

$$P(\overline{N}/A) = \frac{P(\overline{N})P(A/\overline{N})}{P(A)} = \frac{\frac{242}{365} \cdot 0{,}00001}{0{,}00004033} \simeq 0{,}1644.$$

Si repetimos las operaciones para un año bisiesto, se obtiene $0{,}1650$.

P 4.16 Sean los sucesos

$$
\begin{aligned}
A &= \text{«\textit{provenir del barrio A}»,} \\
B &= \text{«\textit{provenir del barrio B}»,} \\
C &= \text{«\textit{provenir del barrio C}»,}
\end{aligned}
$$

con probabilidades

$$P(A) = 0{,}20, \qquad P(B) = 0{,}30, \qquad P(C) = 0{,}50,$$

y sean los sucesos

$$
\begin{aligned}
E_1 &= \text{«\textit{estudiar 1}}^o\text{ \textit{de Bachillerato}»,} \\
E_2 &= \text{«\textit{estudiar 2}}^o\text{ \textit{de Bachillerato}».}
\end{aligned}
$$

Se sabe que

$$P(E_1/A) = 0{,}80, \qquad P(E_1/B) = 0{,}50, \qquad P(E_1/C) = 0{,}60,$$

y por tanto

$$P(E_2/A) = 0{,}20, \qquad P(E_2/B) = 0{,}50, \qquad P(E_2/C) = 0{,}40.$$

(a) Aplicando la fórmula de la probabilidad total resulta

$$
\begin{aligned}
P(E_2) &= P(A) \cdot P(E_2/A) + P(B) \cdot P(E_2/B) + P(C) \cdot P(E_2/C) = \\
&= 0{,}20 \cdot 0{,}20 + 0{,}30 \cdot 0{,}50 + 0{,}50 \cdot 0{,}40 = 0{,}04 + 0{,}15 + 0{,}20 = 0{,}39.
\end{aligned}
$$

(b) Por la fórmula de Bayes se tiene que

$$P(B/E_1) = \frac{P(B) \cdot P(E_1/B)}{P(E_1)} = \frac{0{,}30 \cdot 0{,}50}{1 - P(E_2)} = \frac{0{,}15}{0{,}61} \simeq 0{,}246.$$

P 4.17 Consideremos los sucesos

$$A_i = \text{«el jugador A saca bola blanca en su i-ésimo intento»},$$
$$B_i = \text{«el jugador B saca bola blanca en su i-ésimo intento»}.$$

Primer caso: si se trata de extracciones con reposición la probabilidad de que A gane es

$$
\begin{aligned}
P &= P(A_1) + P(\overline{A_1} \cap \overline{B_1} \cap A_2) + P(\overline{A_1} \cap \overline{B_1} \cap \overline{A_2} \cap \overline{B_2} \cap A_3) + \cdots = \\
&= \frac{p}{p+q} + \left(\frac{q}{p+q}\right)^2 \frac{p}{p+q} + \left(\frac{q}{p+q}\right)^4 \frac{p}{p+q} + \cdots = \\
&= \frac{p}{p+q}\left[1 + \left(\frac{q}{p+q}\right)^2 + \left(\frac{q}{p+q}\right)^2 + \cdots\right] = \frac{p}{p+q}\frac{1}{1-\left(\frac{q}{p+q}\right)^2} = \frac{p+q}{p+2q}
\end{aligned}
$$

ya que los términos del corchete forman una serie geométrica ilimitada con razón menor que 1.

Segundo caso: si se trata de extracciones sin reposición las probabilidades van cambiando a medida que se extraen las bolas. Tenemos que

$$
\begin{aligned}
P &= P(A_1) + P(\overline{A_1} \cap \overline{B_1} \cap A_2) + P(\overline{A_1} \cap \overline{B_1} \cap \overline{A_2} \cap \overline{B_2} \cap A_3) + \cdots = \\
&= \frac{p}{p+q} + \frac{q}{p+q}\frac{q-1}{p+q-1}\frac{p}{p+q-2} + \\
&\quad + \frac{q}{p+q}\frac{q-1}{p+q-1}\frac{q-2}{p+q-2}\frac{q-3}{p+q-3}\frac{p}{p+q-4} + \cdots + \\
&\quad + \frac{q}{p+q}\frac{q-1}{p+q-1}\frac{q-2}{p+q-2}\cdots\frac{3}{p+3}\frac{2}{p+2}m
\end{aligned}
$$

donde m es

$$
m = \begin{cases} \frac{1}{p+1}\frac{p}{q}, & \text{si } q \text{ es par,} \\ \frac{p}{p+1}, & \text{si } q \text{ es impar.} \end{cases}
$$

P 4.18 Consideramos los sucesos

$$D = \text{«dar positivo en el análisis»},$$
$$T = \text{«tener la enfermedad»}.$$

Se tienen las probabilidades

$$P(D) = 0{,}025, \qquad P(T) = 0{,}02, \qquad P(D/T) = 0{,}96.$$

(a) La probabilidad de que una persona con análisis positivo tenga la enfermedad es

$$P(T/D) = \frac{P(T \cap D)}{P(D)} = \frac{P(T) \cdot P(D/T)}{P(D)} = \frac{0{,}02 \cdot 0{,}96}{0{,}025} = \frac{0{,}0192}{0{,}025} = 0{,}768.$$

(b) La probabilidad de un diagnóstico equivocado es

$$
\begin{aligned}
P\big((D \cap \overline{T}) \cup (T \cap \overline{D})\big) &= P(D \cap \overline{T}) + P(T \cap \overline{D}) = P(D)P(\overline{T}/D) + P(T)P(\overline{D}/T) = \\
&= 0{,}025\big(1 - P(T/D)\big) + 0{,}02\big(1 - P(D/T)\big) = \\
&= 0{,}025(1 - 0{,}768) + 0{,}02(1 - 0{,}96) = \\
&= 0{,}025 \cdot 0{,}232 + 0{,}02 \cdot 0{,}04 = 0{,}0058 + 0{,}0008 = 0{,}0066.
\end{aligned}
$$

P 4.19 Después de ambos cambios la composición de U_1 puede ser

$$\{2B, 3N\}, \qquad \{3B, 2N\}, \qquad \{1B, 3N, 1R\}, \qquad \{2B, 2N, 1R\},$$

y llamando C_1, C_2, C_3 y C_4, respectivamente, a estas composiciones y B_1, B_2, N_1, N_2 y R_2 a los sucesos que consisten en sacar una de estas bolas de la urna U_1 o U_2, las probabilidades de las composiciones son

$$P(C_1) = P(B_1)P(B_2/B_1) + P(N_1)P(N_2/N_1) = \frac{2}{5} \cdot \frac{3}{6} + \frac{3}{5} \cdot \frac{1}{6} = \frac{9}{30} = \frac{3}{10}$$

$$P(C_2) = P(N_1)P(B_2/N_1) = \frac{2}{5} \cdot \frac{3}{6} = \frac{6}{30} = \frac{2}{10}$$

$$P(C_3) = P(B_1)P(R_2/B_1) = \frac{2}{5} \cdot \frac{3}{6} = \frac{6}{30} = \frac{2}{10}$$

$$P(C_4) = P(N_1)P(R_2/N_1) = \frac{3}{5} \cdot \frac{3}{6} = \frac{9}{30} = \frac{3}{10}$$

donde, por supuesto, $\frac{3}{10} + \frac{2}{10} + \frac{2}{10} + \frac{3}{10} = 1$.

Sea ahora el suceso S que consiste en «*sacar una blanca y una negra*» de U_1 después de efectuados los cambios. Por probabilidad total es

$$
\begin{aligned}
P(S) &= P(C_1)P(S/C_1) + P(C_2)P(S/C_2) + P(C_3)P(S/C_3) + P(C_4)P(S/C_4) = \\
&= \frac{3}{10} \frac{\binom{2}{1}\binom{3}{1}}{\binom{5}{2}} + \frac{2}{10} \frac{\binom{3}{1}\binom{2}{1}}{\binom{5}{2}} + \frac{2}{10} \frac{\binom{1}{1}\binom{3}{1}}{\binom{5}{2}} + \frac{3}{10} \frac{\binom{2}{1}\binom{2}{1}}{\binom{5}{2}} = \\
&= \frac{1}{10\binom{5}{2}}\left[3\binom{2}{1}\binom{3}{1} + 2\binom{3}{1}\binom{2}{1} + 2\binom{1}{1}\binom{3}{1} + 3\binom{2}{1}\binom{2}{1}\right] = \\
&= \frac{1}{100}[3 \cdot 2 \cdot 3 + 2 \cdot 3 \cdot 2 + 2 \cdot 1 \cdot 3 + 3 \cdot 2 \cdot 2] = \frac{18 + 12 + 6 + 12}{100} = \frac{48}{100} = \frac{12}{25}
\end{aligned}
$$

Si al sacar una blanca y una negra no queda ninguna blanca, es porque la composición es C_3, de donde por el teorema de Bayes se tiene que

$$P(C_3/S) = \frac{P(C_3)P(S(C_3)}{P(S)} = \frac{\frac{2}{10} \frac{\binom{1}{1}\binom{3}{1}}{\binom{6}{2}}}{\frac{12}{25}} = \frac{2 \cdot 25}{10 \cdot 12} \cdot \frac{1 \cdot 3}{15} = \frac{1}{12}$$

P 4.20 Consideramos los sucesos

$$H_0 = \text{«\textit{el depósito no es alcanzado}»},$$

$$H_1 = \text{«\textit{el depósito es alcanzado por un proyectil}»},$$

$$H_2 = \text{«\textit{el depósito es alcanzado por dos o más proyectiles}»}.$$

Las probabilidades correspondientes son

$$P(H_0) = \binom{n}{0}p^0(1-p)^n = (1-p)^n \qquad \text{y} \qquad P(H_1) = \binom{n}{1}p(1-p)^{n-1} = np(1-p)^{n-1}.$$

Además, como el suceso H_2 es el contrario a $H_0 \cup H_1$, se tiene que

$$P(H_2) = 1 - P(H_0) - P(H_1) = 1 - (1-p)^n - np(1-p)^{n-1}.$$

Sea ahora el suceso $A =$«*el depósito se incendia*», tenemos las probabilidades

$$P(A/H_0) = 0, \qquad P(A/H_1) = p_1, \qquad P(A/H_2) = 1,$$

luego por el teorema de la probabilidad total resulta

$$
\begin{aligned}
P(A) &= P(H_0)P(A/H_0) + P(H_1)P(A/H_1) + P(H_2)P(A/H_2) = \\
&= (1-p)^n \cdot 0 + np(1-p)^{n-1}p_1 + \left(1 - (1-p)^n - np(1-p)^{n-1}\right) \cdot 1 = \\
&= np(1-p)^{n-1}p_1 + 1 - (1-p)^n - np(1-p)^{n-1} = \\
&= 1 - (1-p)^n - np(1-p)^{n-1}(1-p_1) = 1 - (1-p)^{n-1}(1-p-np+npp_1).
\end{aligned}
$$

P 4.21 Sea $p_k =$«*probabilidad de extraer B en la urna U_k*». Es claro que

$$p_1 = \frac{a}{a+b}$$

y por probabilidad total es

$$p_k = p_{k-1}\frac{a+1}{a+b+1} + (1-p_{k-1})\frac{a}{a+b+1} = \frac{a}{a+b+1} + \frac{1}{a+b+1}p_{k-1}$$

que es una ecuación recurrente. Si escribimos

$$
\begin{aligned}
p_n &= \frac{a}{a+b+1} + \frac{1}{a+b+1}p_{n-1} = \\
&= \frac{a}{a+b+1} + \frac{1}{a+b+1}\left(\frac{a}{a+b+1} + \frac{1}{a+b+1}p_{n-2}\right) = \\
&= \frac{a}{a+b+1} + \frac{a}{(a+b+1)^2} + \frac{1}{(a+b+1)^2}p_{n-2} = \cdots = \\
&= \frac{a}{a+b+1} + \frac{a}{(a+b+1)^2} + \cdots + \frac{a}{(a+b+1)^{n-1}} + \frac{1}{(a+b+1)^{n-1}}p_1
\end{aligned}
$$

los $n-1$ primeros sumandos son una progresión geométrica y p_1 es conocido, luego

$$
\begin{aligned}
p_n &= \frac{\frac{a}{a+b+1} + \frac{a}{(a+b+1)^n}}{1 - \frac{1}{a+b+1}} + \frac{a}{(a+b+1)^{n-1}(a+b)} = \\
&= \frac{\frac{a}{a+b+1} + \frac{a}{(a+b+1)^n}}{\frac{a+b}{a+b+1}} + \frac{a}{(a+b+1)^{n-1}(a+b)} = \\
&= \frac{a}{a+b} - \frac{a}{(a+b+1)^{n-1}(a+b)} + \frac{a}{(a+b+1)^{n-1}(a+b)} = \frac{a}{a+b}
\end{aligned}
$$

Resulta que la probabilidad p_n coincide con p_1, es decir, permanece constante.

P 4.22 Para que al final haya 11 de cada color, se tienen que haber hecho 20 extracciones y haber salido 10 blancas y 10 negras. Una forma de sacar 10 y 10 es que primero salgan las 10 blancas y luego las 10 negras, lo que tiene una probabilidad de

$$\frac{1}{2}\frac{2}{3}\frac{3}{4}\frac{4}{5}\frac{5}{6}\frac{6}{7}\frac{7}{8}\frac{8}{9}\frac{9}{10}\frac{10}{11}\frac{1}{12}\frac{2}{13}\frac{3}{14}\frac{4}{15}\frac{5}{16}\frac{6}{17}\frac{7}{18}\frac{8}{19}\frac{9}{20}\frac{10}{21} = \frac{10!\,10!}{21!}$$

El número de formas de sacar 10 blancas y 10 negras en 20 extracciones es $\binom{20}{10}$, siendo todos los órdenes igualmente probables, luego la probabilidad pedida es

$$P = \binom{20}{10} \frac{10! \, 10!}{21!} = \frac{20! \, 10! \, 10!}{10! \, 10! \, 21!} = \frac{20!}{21!} = \frac{1}{21}$$

P 4.23 Puesto que el jugador A sólo puede ganar en jugadas pares, consideramos los sucesos

$$A_{2n+1} = \text{«}A \text{ gana en la } 2n+1 \text{ tirada»},$$

y la probabilidad de estos sucesos es

$$P(A_{2n+1}) = (1 - p_1)^n (1 - p_2)^n p_1,$$

por lo que la probabilidad de que el jugador A gane la partida será

$$P(A \text{ gane}) = \sum_{n=0}^{+\infty} P(A_{2n+1}) = \sum_{n=0}^{+\infty} (1 - p_1)^n (1 - p_2)^n p_1 = p_1 \sum_{n=0}^{+\infty} \left[(1 - p_1)(1 - p_2) \right]^n =$$

$$= p_1 \frac{1}{1 - (1 - p_1)(1 - p_2)} = \frac{p_1}{1 - 1 + p_1 + p_2 - p_1 p_2} = \frac{p_1}{p_1 + p_2 - p_1 p_2}$$

Imponemos ahora la condición de que esta probabilidad sea $\frac{1}{2}$ para que el juego sea justo y resulta

$$\frac{p_1}{p_1 + p_2 - p_1 p_2} = \frac{1}{2} \quad \Rightarrow \quad p_1 + p_2 - p_1 p_2 = 2p_1 \quad \Rightarrow \quad p_2 - p_1 p_2 = p_1,$$

de donde se obtiene la relación pedida, que es

$$p_2 = \frac{p_1}{1 - p_1}$$

P 4.24 Este es el problema del reparto de Pascal y Fermat. El dinero debe repartirse de acuerdo a las probabilidades que cada uno de los jugadores tiene de ganar.

A puede ganar si gana las dos siguientes, AA, o si gana dos de las tres siguientes, lo que puede ocurrir de dos formas: ABA y BAA, y también si gana dos de las cuatro siguientes, lo que puede ocurrir de tres formas: $ABBA$, $BABA$ y $BBAA$. Por tanto la probabilidad de que el jugador A fuese el ganador será

$$P(Gane \, A) = \left(\frac{1}{2} \right)^2 + 2 \cdot \left(\frac{1}{2} \right)^3 + 3 \cdot \left(\frac{1}{2} \right)^4 = \frac{1}{4} + \frac{2}{4} + \frac{3}{16} = \frac{11}{16}$$

Luego la esperanza matemática será

$$E[A] = 64 \cdot \frac{11}{16} + 0 \cdot \frac{5}{16} = 44 \text{ euros}$$

y los otros 20 euros deben ser para el jugador B que tiene $\frac{5}{16}$ como probabilidad de ganar.

P 4.25 La probabilidad de elegir la urna U_i es

$$P(Elegir \, U_i) = k \cdot i,$$

luego se tiene que

$$1 = \sum_{i=1}^{N} P(\textit{Elegir } U_i) = \sum_{i=1}^{N} k \cdot i = k \sum_{i=1}^{N} i = k(1 + 2 + \cdots + N) = k \frac{N(N+1)}{2}$$

La constante de proporcionalidad será

$$k = \frac{2}{N(N+1)}$$

y la probabilidad de elegir la urna U_i es, por tanto,

$$P(\textit{Elegir } U_i) = \frac{2i}{N(N+1)}$$

Si consideramos el suceso A —«*las n bolas extraídas son negras*», se tiene

$$P(A/U_i) = 0$$

para $i = 1, 2, \ldots, n-1$, ya que no contienen suficientes bolas. Por el teorema de la probabilidad total es

$$P(A) = \sum_{i=1}^{N} P(U_i) \cdot P(A/U_i)$$

y como es

$$P(A/U_i) = \frac{\binom{i}{n}}{\binom{N}{n}}$$

para $i = n, n+1, \ldots, N$, resulta que

$$P(A) = \sum_{i=1}^{N} \frac{2i}{N(N+1)} \cdot \frac{\binom{i}{n}}{\binom{N}{n}} = \frac{2}{N(N+1)\binom{N}{n}} \sum_{i=1}^{N} i \binom{i}{n}$$

Hallemos el valor del sumatorio. Como es

$$\binom{i}{n} = \binom{i+1}{n+1} - \binom{i}{n+1},$$

si es $i > n$, queda que

$$
\begin{aligned}
\sum_{i=1}^{N} i \binom{i}{n} &= n\binom{n}{n} + \sum_{i=n+1}^{N} i \binom{i+1}{n+1} - \sum_{i=n+1}^{N} i \binom{i}{n+1} = \\
&= n + (n+1)\binom{n+2}{n+1} + (n+2)\binom{n+3}{n+1} + (n+3)\binom{n+4}{n+1} + \cdots + N\binom{N+1}{n+1} - \\
&\quad - (n+1)\binom{n+1}{n+1} - (n+2)\binom{n+2}{n+1} - (n+3)\binom{n+3}{n+1} - \cdots - N\binom{N}{n+1} = \\
&= n + N\binom{N+1}{n+1} - (n+1)\binom{n+1}{n+1} - \binom{n+2}{n+1} - \binom{n+3}{n+1} - \cdots - \binom{N}{n+1} = \\
&= n - n - 1 + N\binom{N+1}{n+1} - \left[\binom{n+2}{1} + \binom{n+3}{2} + \cdots + \binom{N}{N-n-1} \right] = \\
&= -1 + N\binom{N+1}{n+1} - \binom{N+1}{N-n-1} + 1 = \\
&= N\binom{N+1}{n+1} - \binom{N+1}{N-n-1} = N\binom{N-1}{n+1} - \binom{N+1}{n+2}
\end{aligned}
$$

Por tanto se tiene

$$P(A) = \frac{2}{N(N+1)\binom{N}{n}} \left[N\binom{N-1}{n+1} - \binom{N+1}{n+2} \right] = \frac{2(Nn+N+n)}{N(n+1)(n+2)}$$

La probabilidad $P(B/A)$, con la probabilidad hallada anteriormente, resulta ser

$$
\begin{aligned}
P(B/A) &= \frac{P(B\cap A)}{P(A)} = \frac{P(n+1 \text{ negras})}{P(n \text{ negras})} = \\
&= \frac{2\big(N(n+1)+N+n+1\big)\cdot N(n+1)(n+2)}{N(n+2)(n+3)\cdot 2(Nn+N+n)} = \frac{\big(N(n+1)+N+n+1\big)(n+1)}{(Nn+N+n)(n+3)}
\end{aligned}
$$

P 4.26 Utilizando el diagrama de árbol de la Figura A.2, y considerando los sucesos $A_1 =$«*A lanza primero*» y $B_1 =$«*B lanza primero*» y los sucesos $A_D =$«*A derriba al otro*» y $B_D =$«*B derriba al otro*», se tiene que

(a)
$$
\begin{aligned}
P(ambos\ sobrevivan) &= P(B\ no\ derriba/A\ no\ derriba/A\ lanza\ primero) + \\
&\quad + P(A\ no\ derriba/B\ no\ derriba/B\ lanza\ primero) = \\
&= P(\overline{B_D}/\overline{A_D}/A_1) + P(\overline{A_D}/\overline{B_D}/B_1) = \\
&= 0{,}6\cdot 0{,}6\cdot 0{,}5 + 0{,}4\cdot 0{,}5\cdot 0{,}6 = 0{,}18 + 0{,}12 = 0{,}30.
\end{aligned}
$$

(b)
$$
\begin{aligned}
P(A\ sobreviva) &= 1 - P(B\ derriba) = 1 - P(B_D) = 1 - [0{,}6\cdot 0{,}6\cdot 0{,}5 + 0{,}4\cdot 0{,}5] = \\
&= 1 - (0{,}18 + 0{,}20) = 1 - 0{,}38 = 0{,}62.
\end{aligned}
$$

(c)
$$
P(A\ lanza\ primero/A\ sobreviva) = \frac{P(A\ lanza\ primero\ y\ sobrevive)}{P(A\ sobreviva)} =
$$

$$
= \frac{P(A\ lanza\ primero\ y\ derriba) + P(A\ lanza\ primero\ y\ B\ no\ derriba)}{P(A\ sobreviva)} =
$$

$$
= \frac{P(A_1\cap A_D) + P(A_1\cap \overline{B_D})}{P(A\ sobreviva)} = \frac{0{,}6\cdot 0{,}4 + 0{,}6\cdot 0{,}6\cdot 0{,}5}{0{,}62} = \frac{0{,}24 + 0{,}18}{0{,}62} = 0{,}68.
$$

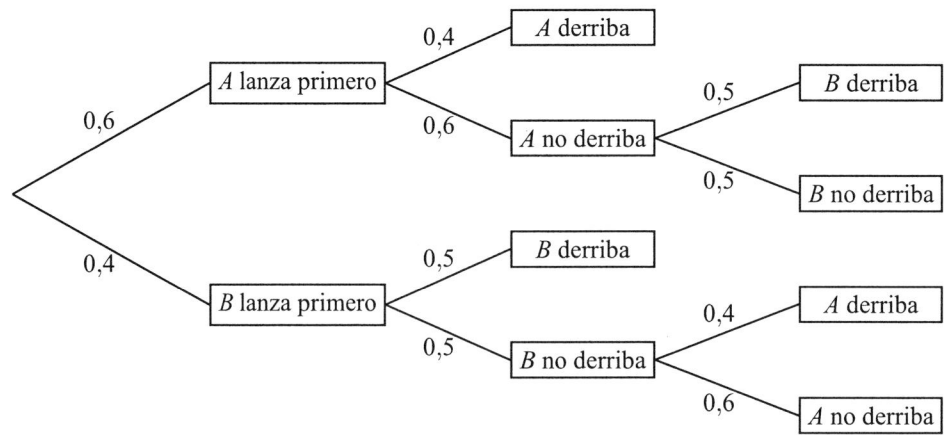

Figura A.2. Diagrama de árbol del problema 4.26

(d)

$$P(\text{el que lanza primero sobreviva}) =$$
$$= 1 - P(\text{A lanza primero y B derriba o B lanza primero y A derriba}) =$$
$$= 1 - P(A_1 \cap B_D) - P(B_1 \cap A_D) =$$
$$= 1 - 0{,}6 \cdot 0{,}6 \cdot 0{,}5 - 0{,}4 \cdot 0{,}5 \cdot 0{,}4 = 1 - 0{,}26 = 0{,}74.$$

P 4.27

(a) Al jugador A le corresponden los lanzamientos $3n+1$, al jugador B los $3n+2$ y al jugador C los lanzamientos que son múltiplos de 3. Consideramos los sucesos

$$A_{3n+1} = \text{«A gana en la tirada } 3n+1\text{»},$$

con probabilidad

$$P(A_{3n+1}) = \left(\frac{5}{6} \cdot \frac{5}{6} \cdot \frac{5}{6}\right)^n \cdot \frac{1}{6}$$

$$B_{3n+2} = \text{«B gana en la tirada } 3n+2\text{»},$$

con probabilidad

$$P(B_{3n+2}) = \left(\frac{5}{6} \cdot \frac{5}{6} \cdot \frac{5}{6}\right)^n \cdot \frac{5}{6} \cdot \frac{1}{6}$$

y

$$C_{3n+3} = \text{«C gana en la tirada } 3n+3\text{»},$$

con probabilidad

$$P(C_{3n+3}) = \left(\frac{5}{6} \cdot \frac{5}{6} \cdot \frac{5}{6}\right)^n \cdot \frac{5}{6} \cdot \frac{5}{6} \cdot \frac{1}{6}$$

Las probabilidades de ganar de cada uno de ellos son

$$P(A \text{ gane}) = \sum_{n=0}^{+\infty} P(A_{3n+1}) = \frac{1}{6} \sum_{n=0}^{+\infty} \left(\frac{125}{216}\right)^n =$$
$$= \frac{1}{6} \frac{1}{1 - \frac{125}{216}} = \frac{1}{6} \frac{216}{216 - 215} = \frac{1}{6} \frac{216}{91} = \frac{36}{91}$$

$$P(B \text{ gane}) = \sum_{n=0}^{+\infty} P(B_{3n+2}) = \frac{5}{36} \sum_{n=0}^{+\infty} \left(\frac{125}{216}\right)^n = \frac{5}{36} \frac{216}{91} = \frac{30}{91}$$

$$P(C \text{ gane}) = \sum_{n=0}^{+\infty} P(C_{3n+3}) = \frac{25}{216} \sum_{n=0}^{+\infty} \left(\frac{125}{216}\right)^n = \frac{25}{216} \frac{216}{91} = \frac{25}{91}$$

Naturalmente se cumple que

$$\frac{36}{91} + \frac{30}{91} + \frac{25}{91} = \frac{91}{91} = 1,$$

ya que no puede haber empates.

(b) Para que el juego se termine en la tirada n-ésima tendrán que haber fallado en los $n-1$ lanzamientos anteriores y acertar en el n-ésimo. Esta probabilidad es

$$P(Acabar\ en\ el\ lanzamiento\ n) = \left(\frac{5}{6}\right)^{n-1}\frac{1}{6} = \frac{5^{n-1}}{6^n}$$

P 4.28 *Primer método.*

En cada tirada A gana con probabilidad $1/3$ y B con probabilidad $2/3$. Consideramos los sucesos

$$A_n = «A\ gana\ en\ la\ tirada\ n».$$

A_2 ocurre en la secuencia AA, cuya probabilidad es

$$P(A_2) = \left(\frac{1}{3}\right)^2$$

A_3 ocurre en la secuencia BAA, con probabilidad

$$P(A_3) = \left(\frac{2}{3}\cdot\frac{1}{3}\right)\frac{1}{3}$$

A_4 ocurre en la secuencia $ABAA$, con probabilidad

$$P(A_4) = \left(\frac{2}{3}\cdot\frac{1}{3}\right)\left(\frac{1}{3}\right)^2$$

A_{2m} ocurre en la secuencia $\underbrace{ABAB\ldots AB}AA$ con

$$P(A_{2m}) = \left(\frac{2}{3}\cdot\frac{1}{3}\right)^{m-1}\left(\frac{1}{3}\right)^2$$

A_{2m+1} ocurre en la secuencia $\underbrace{BABA\ldots BA}A$ con

$$P(A_{2m+1}) = \left(\frac{2}{3}\cdot\frac{1}{3}\right)^m\frac{1}{3}$$

Todos los sucesos A_i son incompatibles dos a dos, de donde

$$
\begin{aligned}
P(Gane\ A) &= \sum_{n=2}^{+\infty}P(A_n) = \sum_{m=1}^{+\infty}P(A_{2m}) + \sum_{m=1}^{+\infty}P(A_{2m+1}) = \\
&= \left(\frac{1}{3}\right)^2\sum_{m=1}^{+\infty}\left(\frac{2}{9}\right)^{m-1} + \frac{1}{3}\sum_{m=1}^{+\infty}\left(\frac{2}{9}\right)^m = \\
&= \frac{1}{9}\frac{1}{1-\frac{2}{9}} + \frac{1}{3}\frac{\frac{2}{9}}{1-\frac{2}{9}} = \frac{1}{9-2} + \frac{2}{3(9-2)} = \frac{1}{7} + \frac{2}{21} = \frac{5}{21}
\end{aligned}
$$

Segundo método.

Si en la última tirada ha ganado A, la probabilidad de que A gane el juego es p tal que

$$p = \frac{1}{3} + \frac{2}{3}\frac{1}{3}p,$$

por lo que es $p = 3/7$. Pero si en la última ganó B, la probabilidad de que A gane el juego es q tal que

$$q = \frac{1}{3}\left(\frac{1}{3} + \frac{2}{3}q\right),$$

de donde es $q = 1/7$. Puesto que las probabilidades de estas situaciones son $1/3$ y $2/3$, por el teorema de la probabilidad total queda

$$P(Gane\ A) = \frac{1}{3}\cdot\frac{3}{7} + \frac{2}{3}\cdot\frac{1}{7} = \frac{3}{21} + \frac{2}{21} = \frac{5}{21}$$

P 4.29 Las $n+1$ posibles composiciones de la urna son

$$0b, \quad 1b, \quad 2b, \quad \ldots, \quad nb,$$

siendo éstas equiprobables. Considerando los sucesos

$$U_i = \textit{«la urna contiene i blancas»},$$

con $i = 0, 1, 2, \ldots, n$, la probabilidad de cada uno de estos sucesos está dada por

$$P(U_i) = \frac{1}{n+1}$$

Al añadir una bola blanca las posibles composiciones serán

$$1b, \quad 2b, \quad 3b, \quad \ldots, \quad (n+1)b,$$

y siendo B el suceso $B = \textit{«obtener bola blanca»}$, por el teorema de la probabilidad total, resulta

$$
\begin{aligned}
P(B) &= P(U_0)\cdot P(B/U_0) + P(U_1)\cdot P(B/U_1) + \cdots + P(U_n)\cdot P(B/U_n) = \\
&= \frac{1}{n+1}\left[P(B/U_0) + P(B/U_1) + \cdots + P(B/U_n)\right] = \\
&= \frac{1}{n+1}\left[\frac{1}{n+1} + \frac{2}{n+1} + \cdots + \frac{n+1}{n+1}\right] = \\
&= \frac{1}{(n+1)^2}\left(1 + 2 + \cdots + (n+1)\right) = \frac{1}{(n+1)^2}\frac{(n+1)(n+2)}{2} = \frac{n+2}{2(n+1)}
\end{aligned}
$$

P 4.30

(a) Construyendo el rectángulo como se indica en el enunciado, véase la parte izquierda de la Figura A.3, se consideran los sucesos

$$
\begin{aligned}
A &= \textit{«el dardo cae en el triángulo»} \\
B &= \textit{«el dardo cae en el cuadrilátero superior»} \\
C &= \textit{«el dardo cae en el cuadrilátero inferior»} \\
R &= \textit{«el dardo cae en zona roja»}
\end{aligned}
$$

y tenemos las probabilidades que nos dan:

$$P(R/A) = 0{,}30 = \frac{3}{10} \qquad P(R/B) = 0{,}20 = \frac{1}{5} \qquad P(R/C) = 0{,}20 = \frac{1}{5}$$

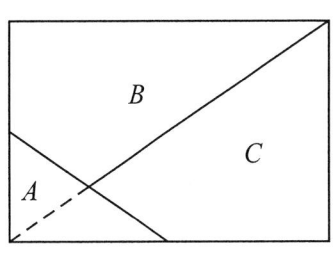 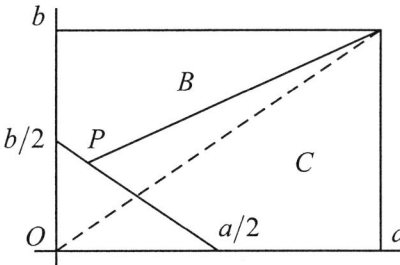

Figura A.3. El rectángulo del problema 4.30

Para hallar las probabilidades de que el dardo caiga en cada zona, como el triángulo es $1/8$ del rectángulo y los cuadriláteros tienen igual área, cada uno $\frac{1}{2}\left(1-\frac{1}{8}\right) = \frac{7}{16}$, las probabilidades son

$$P(A) = \frac{1}{8} \quad \text{y} \quad P(B) = P(C) = \frac{7}{16}$$

La probabilidad de que el dardo caiga en zona roja, por el teorema de la probabilidad total, es

$$
\begin{aligned}
P(R) &= P(A)\cdot P(R/A) + P(B)\cdot P(R/B) + P(C)\cdot P(R/C) = \\
&= \frac{1}{8}\cdot\frac{3}{10} + \frac{7}{16}\cdot\frac{1}{5} + \frac{7}{16}\cdot\frac{1}{5} = \frac{3+7+7}{80} = \frac{17}{80}
\end{aligned}
$$

(b) Si el dardo ha caído en zona roja, la probabilidad de que esté precisamente en el triángulo, por el teorema de Bayes, es

$$P(A/R) = \frac{P(A)\cdot P(R/A)}{P(R)} = \frac{\frac{1}{8}\cdot\frac{3}{10}}{\frac{17}{80}} = \frac{3}{17}$$

(c) Supongamos que el rectángulo tiene dimensiones a y b y situémoslo en unos ejes coordenados, como se indica en la parte derecha de la Figura A.3, y sea $P = (x,y)$ el punto sobre el segmento que unimos con el vértice opuesto. El punto medio de este segmento tiene por coordenadas $\left(\frac{a}{4}, \frac{b}{4}\right)$ y dependiendo de que se elija P por encima o por debajo de este punto, sobre el segmento naturalmente, el cuadrilátero superior será el menor o el mayor respectivamente.

La recta que contiene al segmento tiene por ecuación segmentaria

$$\frac{x}{a/2} + \frac{y}{b/2} = 1,$$

es decir

$$2bx + 2ay = ab$$

y la medida del segmento es la mitad que la medida de la diagonal, es decir

$$\frac{1}{2}\sqrt{a^2 + b^2}$$

Sea λ la proporción entre la longitud del segmento menor en que se ha dividido la hipotenusa y la longitud de ésta, las coordenadas del punto P serán en este caso

$$
\begin{cases}
x = \frac{\lambda a}{2} \\
y = \frac{b}{2} - \frac{\lambda b}{2}
\end{cases}
$$

y el área del cuadrilátero superior B será, como suma de triángulo y trapecio,

$$
\begin{aligned}
S(B) &= \frac{1}{2}(a-x)(b-y) + \frac{1}{2}\left(\frac{b}{2}+b-y\right)x = \\
&= \frac{1}{2}\left(a-\frac{\lambda a}{2}\right)\left(b-\frac{b}{2}+\frac{\lambda b}{2}\right) + \frac{1}{2}\left(\frac{b}{2}+b-\frac{b}{2}+\frac{\lambda b}{2}\right)\frac{\lambda a}{2} = \\
&= \frac{ab}{2}\left[\left(1-\frac{\lambda}{2}\right)\left(\frac{1}{2}+\frac{\lambda}{2}\right) + \left(1+\frac{\lambda}{2}\right)\frac{\lambda}{2}\right] = \\
&= \frac{ab}{2}\left[\frac{1}{2}+\frac{\lambda}{2}-\frac{\lambda}{4}-\frac{\lambda^2}{4}+\frac{\lambda}{2}+\frac{\lambda^2}{4}\right] = \frac{ab}{2}\left[\frac{1}{2}+\lambda-\frac{\lambda}{4}\right] = \frac{ab(2+3\lambda)}{4}
\end{aligned}
$$

Puesto que el área del rectángulo es $S_{\text{rect}} = ab$, la probabilidad de que el dardo caiga en el cuadrilátero de menor área será

$$
P(\text{cuadrilátero de menor área}) = \frac{S(B)}{S_{\text{rect}}} = \frac{\frac{ab(2+3\lambda)}{4}}{ab} = \frac{2+3\lambda}{4}
$$

con $\lambda \in [0, \frac{1}{2}]$.

En el caso particular en que sea $\lambda = 1/2$ se obtiene $P(B) = P(C) = 7/16$, resultado coincidente con el obtenido en el apartado (a).

P 5.1 La suma de puntos que representa la variable aleatoria ξ se recoge en la tabla siguiente

+	1	2	3	4	5	6
1	2	3	4	5	6	7
2	3	4	5	6	7	8
3	4	5	6	7	8	9
4	5	6	7	8	9	10
5	6	7	8	9	10	11
6	7	8	9	10	11	12

La probabilidad de que la variable aleatoria ξ tome cada valor, de acuerdo con la tabla anterior, es

$$
P(\xi = x) = \begin{cases}
1/36 & \text{si } x = 2, \\
2/36 & \text{si } x = 3, \\
3/36 & \text{si } x = 4, \\
4/36 & \text{si } x = 5, \\
5/36 & \text{si } x = 6, \\
6/36 & \text{si } x = 7, \\
5/36 & \text{si } x = 8, \\
4/36 & \text{si } x = 9, \\
3/36 & \text{si } x = 10, \\
2/36 & \text{si } x = 11, \\
1/36 & \text{si } x = 12.
\end{cases}
$$

P 5.2 Sea ξ la variable aleatoria que representa el número de aciertos, entonces la variable aleatoria que nos da la nota del examen es

$$
\eta = \xi - 0{,}5(10-\xi) = \xi - 5 + \frac{1}{2}\xi = \frac{3}{2}\xi - 5.
$$

Así, cuando $\xi = n$ la nota es $\eta = \frac{3}{2}n - 5$. La probabilidad de obtener la nota $\eta = \frac{3}{2}n - 5$ es

$$P\left(\eta = \frac{3}{2}n - 5\right) = P(\xi = n),$$

con $\eta = \frac{3}{2}n - 5$, $n = 0, 1, 2, \ldots, 10$, las posibles notas. Resultando

$$P(\xi = n) = \binom{10}{n} \left(\frac{1}{4}\right)^n \left(\frac{3}{4}\right)^{10-n}$$

y la distribución de calificaciones:

η	-5	$-3,5$	-2	$-0,5$	1	$2,5$
$P(\eta)$	$0,0563$	$0,1877$	$0,2816$	$0,2503$	$0,1460$	$0,0584$

4	$5,5$	7	$8,5$	10
$0,0162$	$0,0031$	$3,9 \cdot 10^{-4}$	$2,9 \cdot 10^{-5}$	$9,5 \cdot 10^{-7}$

P 5.3 Como la función de distribución es una primitiva de la función de densidad, por derivación de F en cada intervalo, resulta:

$$f(x) = \begin{cases} 0, & \text{si } x \leq 0, \\ x/9, & \text{si } 0 < x \leq 3, \\ 1/2, & \text{si } 3 < x \leq 4, \\ 0, & \text{si } x > 4. \end{cases}$$

P 5.4 Por definición de función de densidad debe verificarse que $\int_{-\infty}^{+\infty} f(x)\,dx = 1$, que aplicado a nuestro caso es

$$\int_{-\infty}^{+\infty} f(x)\,dx = \int_{-\infty}^{0} 0\,dx + \int_{0}^{3} ax\,dx + \int_{3}^{6} \frac{1}{2}\,dx + \int_{6}^{+\infty} 0\,dx =$$

$$= 0 + \left[\frac{ax^2}{2}\right]_0^3 + \left[\frac{x}{2}\right]_3^6 + 0 = \frac{9a}{2} + 3 - \frac{3}{2} = \frac{9a+3}{2}$$

De $\frac{9a+3}{2} = 1$ resulta $a = -1/9$. Este valor no es admisible ya que f tendría valores negativos en el intervalo $[0; 3]$.

P 5.5

(a) A partir de la función de probabilidad dada, la correspondiente función de distribución es

$$F(x) = \begin{cases} 0 & \text{si } x < 2, \\ 0,4 & \text{si } 2 \leq x < 4, \\ 0,6 & \text{si } 4 \leq x < 6, \\ 1 & \text{si } x \geq 6. \end{cases}$$

(b) La representación gráfica es la que aparece en la Figura A.4.

Figura A.4. Gráfica de la función de distribución del problema 5.5

(c) Al ser $F(x) = P(\xi \leq x)$, la probabilidad pedida es

$$P(\xi \leq 5) = F(5) = 0{,}6$$

ya que $5 \in [4; 6]$.

P 5.6 En el problema resuelto 5.6 se demostró que $P(\xi = b) = 0$, por lo que

$$P(a < \xi \leq b) = P(a < \xi < b) + P(\xi = b) = P(a < \xi < b).$$

De manera análoga se tiene que

$$
\begin{aligned}
P(a \leq \xi \leq b) &= P(a < \xi \leq b) + P(\xi = a) = P(a < \xi \leq b) = P(a < \xi < b), \\
P(a \leq \xi < b) &= P(a < \xi < b) + P(\xi = a) = P(a < \xi < b).
\end{aligned}
$$

P 5.7

(a) Para que f sea función de densidad debe cumplir $\int_{-\infty}^{+\infty} f(x)\, dx = 1$. Es decir

$$\int_0^{+\infty} be^{-ax}\, dx = b \lim_{u \to +\infty} \int_0^u e^{-ax}\, dx = b \lim_{u \to +\infty} \left[-\frac{1}{a} e^{-ax} \right]_0^u = b \left(\frac{1}{a} - \frac{1}{a} \lim_{u \to +\infty} e^{-au} \right) = \frac{b}{a}$$

En consecuencia $b/a - 1$, es decir, $a - b$.

(b) Por integración de f se obtiene la correspondiente función de distribución, que es

$$F(x) = \begin{cases} 0, & \text{si } 0 < x, \\ 1 - e^{-ax}, & \text{si } x \geq 0. \end{cases}$$

(c) Para que la duración sea mayor que $1/a$, debe ser $\xi > 1/a$ y esta probabilidad está dada por

$$P\left(\xi \geq \frac{1}{a} \right) = 1 - P\left(\xi < \frac{1}{a} \right) = 1 - F\left(\frac{1}{a} \right) = 1 - \left(1 - e^{-a\frac{1}{a}} \right) = e^{-1}$$

(d) Tenemos una probabilidad $P = e^{-1}$ de que la vida útil de la pila sea superior a un tiempo $t = 1/a$. El número a es el inverso de la duración mínima de la pila con una probabilidad de valor $1/e$.

P 6.1 La variable ξ toma los valores 0, 1, 2 y 3 con probabilidades 1/8, 3/8, 3/8 y 1/8, respectivamente, obteniéndose

$$E[\xi] = \sum_{j=1}^{4} x_j P(\xi = x_j) = 0 \cdot \frac{1}{8} + 1 \cdot \frac{3}{8} + 2 \cdot \frac{3}{8} + 3 \cdot \frac{1}{8} = \frac{12}{8} = \frac{3}{2}$$

$$\text{Var}[\xi] = E[\xi^2] - (E[\xi])^2 = \sum_{j=1}^{4} x_j^2 P(\xi = x_j) - (E[\xi])^2 =$$

$$= 0^2 \cdot \frac{1}{8} + 1^2 \cdot \frac{3}{8} + 2^2 \cdot \frac{3}{8} + 3^2 \cdot \frac{1}{8} - \left(\frac{3}{2}\right)^2 = \frac{24}{8} - \frac{9}{4} = \frac{3}{4}$$

P 6.2

(a) Para que f sea función de densidad debe ser $\int_{-\infty}^{+\infty} f(x)\,dx = 1$, es decir

$$\int_{0}^{+\infty} \frac{kx}{1+x^4}\,dx = \lim_{u \to +\infty} \left(k\frac{1}{2}\int_{0}^{u} \frac{2x}{1+(x^2)^2}\,dx\right) = \frac{k}{2}\lim_{u \to +\infty} \left[\arctan x^2\right]_0^u =$$

$$= \frac{k}{2}\left(\lim_{u \to +\infty} \arctan u^2 - \arctan 0\right) = \frac{k}{2}\frac{\pi}{2} = \frac{k\pi}{4} = 1,$$

de donde resulta $k = \frac{4}{\pi}$ y por tanto $f(x) = \frac{4}{\pi}\frac{x}{1+x^4}, x \geq 0$.

La función de distribución se obtiene integrando

$$F(x) = \int_{0}^{x} \frac{4}{\pi}\frac{t}{1+t^4}\,dt = \frac{2}{\pi}\int_{0}^{x} \frac{2t}{1+t^4}\,dt = \frac{2}{\pi}\arctan x^2, \quad \text{si} \quad x \geq 0.$$

En cuanto a la probabilidad pedida resulta ser

$$P(0 < \xi \leq 1) = F(1) - F(0) = \frac{2}{\pi}\arctan 1 - \frac{2}{\pi}\arctan 0 = \frac{2}{\pi}\frac{\pi}{4} - 0 = \frac{1}{2}$$

(b) No existe $E[\xi]$, ya que

$$E[\xi] = \int_{0}^{+\infty} \frac{4}{\pi}\frac{x^2}{1+x^4}\,dx = \frac{2}{\pi}\int_{0}^{+\infty} \frac{x(2x)}{1+(x^2)^2}\,dx =$$

$$= \frac{2}{\pi}\int_{0}^{+\infty} x\,d(\arctan x^2) = \frac{2}{\pi}\left(\left[x\arctan x^2\right]_0^{+\infty} - \int_{0}^{+\infty} \arctan x^2\,dx\right)$$

y el término del corchete no está acotado.

P 6.3

(a) Las probabilidades pedidas son

$$p_0 = P(\xi = 0) = \frac{\binom{4}{3}}{\binom{9}{3}} = \frac{1}{21} \qquad p_1 = P(\xi = 1) = \frac{\binom{5}{1}\binom{4}{2}}{\binom{9}{3}} = \frac{5}{14}$$

$$p_2 = P(\xi = 2) = \frac{\binom{5}{2}\binom{4}{1}}{\binom{9}{3}} = \frac{10}{21} \qquad p_3 = P(\xi = 3) = \frac{\binom{5}{3}}{\binom{9}{3}} = \frac{5}{42}$$

(b) La media de ξ es

$$E[\xi] = 0 \cdot p_0 + 1 \cdot p_1 + 2 \cdot p_2 + 3 \cdot p_3 = 0 + 1 \cdot \frac{5}{14} + 2 \cdot \frac{10}{21} + 3 \cdot \frac{5}{42} = \frac{70}{42} = \frac{5}{3}$$

y la varianza

$$
\begin{aligned}
\text{Var}[\xi] &= E[\xi^2] - (E[\xi])^2 = 0^2 \cdot p_0 + 1^2 \cdot p_1 + 2^2 \cdot p_2 + 3^2 \cdot p_3 - \left(\frac{5}{3}\right)^2 = \\
&= 1 \cdot \frac{5}{14} + 4 \cdot \frac{10}{21} + 9 \cdot \frac{5}{42} - \frac{25}{9} = \frac{5}{9}
\end{aligned}
$$

(c) El momento pedido es

$$
\begin{aligned}
\mu_3 &= E[(\xi - \mu)^3] = \sum_{i=0}^{3} (x_i - \mu)^3 p_i = \\
&= \left(0 - \frac{5}{3}\right)^3 \frac{1}{21} + \left(1 - \frac{5}{3}\right)^3 \frac{5}{14} + \left(2 - \frac{5}{3}\right)^3 \frac{10}{21} + \left(3 - \frac{5}{3}\right)^3 \frac{5}{42} = \\
&= -\frac{125}{27}\frac{2}{42} - \frac{8}{27}\frac{15}{42} + \frac{1}{27}\frac{20}{42} + \frac{64}{27}\frac{5}{42} = \frac{-250 - 120 + 20 + 320}{27 \cdot 42} = -\frac{30}{27 \cdot 42} = \frac{-5}{189}
\end{aligned}
$$

(d) Si la extracción es con reemplazamiento las probabilidades son

$$p_0 = P(\xi = 0) = \frac{4}{9}\frac{4}{9}\frac{4}{9} = \frac{64}{729} \qquad p_1 = P(\xi = 1) = 3\frac{5}{9}\frac{4}{9}\frac{4}{9} = \frac{240}{729}$$

$$p_2 = P(\xi = 2) = 3\frac{5}{9}\frac{5}{9}\frac{4}{9} = \frac{300}{729} \qquad p_3 = P(\xi = 3) = \frac{5}{9}\frac{5}{9}\frac{5}{9} = \frac{125}{729}$$

De forma análoga al apartado b) se obtienen

$$
\begin{aligned}
E[\xi] &= \frac{1215}{729} \simeq 1,667 \qquad \text{y} \\
\text{Var}[\xi] &= E[\xi^2] - (E[\xi])^2 = \frac{393660}{531441} \simeq 0,7407.
\end{aligned}
$$

El momento pedido se obtiene por analogía con el apartado c) siendo

$$
\begin{aligned}
\mu_3 &= E[(\xi - \mu)^3] = \sum_{i=0}^{3} (x_i - \mu)^3 p_i = \\
&= \left(0 - \frac{1215}{729}\right)^3 \frac{64}{729} + \left(1 - \frac{1215}{729}\right)^3 \frac{240}{729} + \left(2 - \frac{1215}{729}\right)^3 \frac{300}{729} + \left(3 - \frac{1215}{729}\right)^3 \frac{125}{729} = \\
&= \frac{-20}{243} \simeq -0,084.
\end{aligned}
$$

P 6.4

(a) Debe cumplirse que

$$\int_{-\infty}^{+\infty} f(x)\,dx = \int_{0}^{3} k(1 + 3x^2)\,dx = 1,$$

es decir $k[x + x^3]_0^3 = 30k = 1$, con lo que es $k = 1/30$ y $f(x) = \frac{1}{30}(1 + 3x^2)$.

La representación de la función de densidad de esta distribución es la que aparece en la Figura A.5.

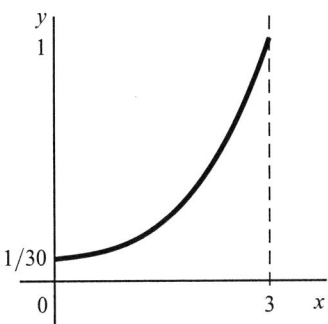

Figura A.5. La gráfica del problema 6.4

(b) Se tiene que

$$
\begin{aligned}
E[\xi] &= \int_0^3 x f(x)\,dx = \int_0^3 x \frac{1}{30}(1+3x^2)\,dx = \\
&= \frac{1}{30}\int_0^3 (x+3x^3)\,dx = \frac{1}{30}\left[\frac{x^2}{2}+\frac{3x^4}{4}\right]_0^3 = \frac{1}{30}\left(\frac{9}{2}+\frac{243}{4}\right) = \frac{261}{120} = \frac{87}{40}
\end{aligned}
$$

$$
\begin{aligned}
E[\xi^2] &= \int_0^3 x^2 \frac{1}{30}(1+3x^2)\,dx = \\
&= \frac{1}{30}\int_0^3 (x^2+3x^4)\,dx = \frac{1}{30}\left[\frac{x^3}{3}+\frac{3x^5}{5}\right]_0^3 = \frac{1}{30}\left(9+\frac{729}{5}\right) = \frac{258}{50} = 5{,}16.
\end{aligned}
$$

(c) La varianza es

$$
\mathrm{Var}[\xi] = E[\xi^2]-(E[\xi])^2 = \frac{258}{50}-\left(\frac{87}{40}\right)^2 = \frac{258}{50}-\frac{7\,569}{1\,600} = 5{,}16-4{,}730\,6 = 0{,}429\,4.
$$

y la desviación típica $\sigma[\xi] = \sqrt{\mathrm{Var}[\xi]} = 0{,}655\,3$.

P 6.5

(a) Si es ξ la variable que toma por valores el número de coches vendidos, se trata de acotar $P(\xi \geq 65)$, que en virtud del teorema de Markov, resulta ser

$$
P(\xi \geq 65) \leq \frac{50}{65} = 0{,}769
$$

con lo cual, la probabilidad de vender 65 automóviles no excede de 0,769.

(b) Como sabemos que

$$
P\big(\mu - k\sigma \leq \xi \leq \mu + k\sigma\big) \geq 1 - \frac{1}{k^2}
$$

en virtud de la desigualdad de Chebyshev, k debe ser tal que verifique $1-\frac{1}{k^2} = 0{,}95$, de donde resulta que $k = \sqrt{20}$ y el intervalo donde se mueve la variable es

$$
[50 - \sqrt{20}\cdot 10; 50 + \sqrt{20}\cdot 10] = [45{,}53; 94{,}72],
$$

por lo que el concesionario debe disponer de 95 automóviles.

P 6.6

(a) F es la función de distribución de ξ si su derivada es la función de densidad para ξ y por tanto $\int_{-\infty}^{+\infty} f(x)\,dx = 1$. Como es

$$F'(x) = f(x) = \begin{cases} 0, & \text{si } x < 0, \\ \frac{1}{2}xe^{-x^2/4}, & \text{si } x \geq 0, \end{cases}$$

calculando la integral resulta

$$
\begin{aligned}
\int_{-\infty}^{+\infty} f(x)\,dx &= -\int_{0}^{+\infty} \frac{-x}{2}e^{-x^2/4}\,dx = -\int_{0}^{+\infty} d(e^{-x^2/4}) = \\
&= -\lim_{m\to+\infty}\int_{0}^{m} d(e^{-x^2/4}) = -\lim_{m\to+\infty}(e^{-m^2/4} - e^{0}) = 1,
\end{aligned}
$$

luego F es función de distribución.

(b) La esperanza matemática es

$$
\begin{aligned}
E[\xi] &= \int_{-\infty}^{+\infty} f(x)\,dx = \int_{0}^{+\infty} \frac{x^2}{2}e^{-x^2/4}\,dx = \left[\frac{x^3}{6}e^{-x^2/4}\right]_{0}^{+\infty} + \int_{0}^{+\infty} \frac{x^4}{12}e^{-x^2/4}\,dx = \\
&= 0 + \frac{16}{12}\int_{0}^{+\infty} t^{3/2}e^{-t}\,dt = \frac{16}{12}\Gamma\left(\frac{5}{2}\right) = \Gamma\left(\frac{1}{2}\right) = \sqrt{\pi},
\end{aligned}
$$

donde hemos integrado por partes y realizado el cambio $t = x^2/4$.

Como

$$
\begin{aligned}
E[\xi^2] &= \int_{0}^{+\infty} x^2\frac{1}{2}xe^{-x^2/4}\,dx = \int_{0}^{+\infty} \frac{x^3}{2}e^{-x^2/4}\,dx = \\
&= \left[\frac{x^4}{8}e^{-x^2/4}\right]_{0}^{+\infty} + \int_{0}^{+\infty} \frac{x^4}{8}e^{-x^2/4}\frac{2x}{4}\,dx = \left[\frac{x^4}{8e^{x^2/4}}\right]_{0}^{+\infty} + \int_{0}^{+\infty} \frac{1}{16}x^5 e^{-x^2/4}\,dx = \\
&= 0 + \int_{0}^{+\infty} \frac{1}{16}2^5 u^{5/2}e^{-u}u^{-1/2}\,du = 2\int_{0}^{+\infty} u^2 e^{-u}\,du = \\
&= 2\Gamma(3) = 2\cdot 2\Gamma(2) = 4\cdot 1 = 4
\end{aligned}
$$

resulta

$$\text{Var}[\xi] = E[\xi^2] - E^2[\xi] = \int_{0}^{+\infty} \frac{x^3}{2}e^{-x^2/4}\,dx - \left(\sqrt{\pi}\right)^2 = 4 - \pi$$

también integrando por partes.

(c) Utilizando la desigualdad de Chebyshev, resulta que $k = 2$, de donde se obtiene el intervalo $\left[\sqrt{\pi} - 2\sqrt{4-\pi}; \sqrt{\pi} + 2\sqrt{4-\pi}\right] \simeq [-0{,}080\,6; 3{,}625\,5]$.

P 6.7

(a) De la simetría de la función se deduce que $E[\xi] = 0$. La varianza es $\text{Var}[\xi] = \frac{4}{\pi} - 1$, por lo que $\sigma[\xi] \simeq 0{,}22$. El momento pedido es $\alpha_3 = 0$, por la simetría de la función de densidad.

(b) Siendo $[-a; a]$ el intervalo pedido, debe ser

$$\frac{2}{3} = \int_{-a}^{a} f(x)\, dx = 2\int_{0}^{a} \frac{2}{\pi(1+x^2)}\, dx = \frac{2}{\pi}\left[\arctan x\right]_{0}^{a} = \frac{2}{\pi}\arctan a,$$

luego $\arctan a = \pi/6$ y, por tanto, $a = 1/\sqrt{3}$ y el intervalo pedido es $\left[\frac{-1}{\sqrt{3}}; \frac{1}{\sqrt{3}}\right]$.

P 6.8

(a) Representando, respectivamente, por A, B, C los sucesos «*la carta extraída es de oros*», «*la carta extraída es de copas*», «*la carta extraída es de espadas o bastos*», las probabilidades son $P(A) = 9/37$, $P(B) = 10/37$, $P(C) = 18/37$. Siendo $x_1 = 3$, $x_2 = 2$ y $x_3 = 1$ los valores que puede tomar la variable aleatoria ξ, tenemos

$$\xi(A) = x_1 = 3, \qquad \xi(B) = x_2 = 2, \qquad \xi(C) = x_3 = 1.$$

La función de probabilidad de ξ se define como

$$
\begin{aligned}
P(\xi = x_1) &= P(\xi = 3) = P(A) = p_1 = \tfrac{9}{37} \\
P(\xi = x_2) &= P(\xi = 2) = P(B) = p_2 = \tfrac{10}{37} \\
P(\xi = x_3) &= P(\xi = 1) = P(C) = p_3 = \tfrac{18}{37}
\end{aligned}
$$

y esta función está bien definida, pues $P(\xi = x_1) + P(\xi = x_2) + P(\xi = x_3) = 1$.

(b) La esperanza es

$$E[\xi] = \alpha_1 = x_1 p_1 + x_2 p_2 + x_3 p_3 = \frac{65}{37} \simeq 1{,}757$$

y la varianza

$$
\begin{aligned}
\mathrm{Var}[\xi] &= E[\xi^2] - (E[\xi])^2 = \alpha_2 - \alpha_1^2 = x_1^2 p_1 + x_2^2 p_2 + x_3^2 p_3 - \alpha_1^2 = \\
&= 3^2\frac{9}{37} + 2^2\frac{10}{37} + 1^2\frac{18}{37} - \left(\frac{65}{37}\right)^2 = \frac{139}{37} - \frac{65^2}{37^2} = \frac{918}{1369} \simeq 0{,}671.
\end{aligned}
$$

(c) Los momentos pedidos son

$$
\begin{aligned}
\alpha_3 &= E[\xi^3] = x_1^3 p_1 + x_2^3 p_2 + x_3^3 p_3 = \frac{341}{37} \simeq 9{,}216. \\
\mu_3 &= E[(\xi - \mu)^3] = \alpha_2 - 3\alpha_1\alpha_2 + 2\alpha_1^3 \simeq 0{,}261, \qquad \text{ya que } \alpha_2 = \frac{139}{37}
\end{aligned}
$$

(d) Apostar a los oros tiene probabilidad $P(\xi = 3) = 9/37$, mientras que apostar a copas y espadas tiene probabilidad $\frac{10}{37} + \frac{8}{37} = \frac{18}{37}$. Es más ventajosa la segunda opción.

P 6.9 Se pide la esperanza de la variable

$$\xi = \text{«\textit{número de lanzamientos necesarios}».}$$

Es claro que

$$P(\xi = 3) = 1 \cdot \frac{5}{6} \cdot \frac{4}{6} = \frac{20}{36}$$

y también llegamos al mismo resultado por la regla de Laplace, ya que los casos posibles son $VR_6^3 = 6^3$ y los favorables al suceso son $V_6^3 = 6 \cdot 5 \cdot 4$, siendo entonces

$$P(\xi = 3) = \frac{6 \cdot 5 \cdot 4}{6^3} = \frac{20}{36}$$

Para hallar $P(\xi = 4)$, los casos posibles son $VR_6^4 = 6^4$ y para hallar los favorables con c final, tal como $abbc$, elegimos los otros dos de $\binom{5}{2}$ formas posibles y los permutamos de forma que siempre haya al menos una a y una b, lo que puede ocurrir de $PR_3^{2,1} = \binom{3}{1}$ formas, luego es

$$P(\xi = 4) = \frac{6 \cdot \binom{5}{2} \cdot PR_3^{2,1} \cdot 2}{6^4} = \frac{\binom{5}{2}\binom{3}{1}2}{6^3}$$

donde el factor 2 viene de considerar las posibilidades como $abbc$ y $aabc$. En este caso no coinciden permutaciones con variaciones con repetición, es decir $PR_3^{2,1} \neq VR_2^3$, ya que ésta última contiene $aaac$ y $bbbc$, es decir dos más. Pero sí valdría escribir $VR_2^3 - 2$.

Para hallar $P(\xi = k)$ debemos tener en cuenta que los casos posibles son tantos como $VR_6^k = 6^k$. Para hallar los casos favorables con c final, considerando que debemos multiplicar por 6, elegimos otros dos resultados, lo cual puede hacerse de $\binom{5}{2}$ maneras, y los colocamos de todas las formas posibles, con al menos uno de cada uno de ellos. Estos casos son tantos como

$$VR_2^{k-1} - 2 = 2^{k-1} - 2,$$

luego

$$P(\xi = k) = \frac{6 \cdot \binom{5}{2}(2^{k-1} - 2)}{6^k} = \frac{10(2^{k-1} - 2)}{6^{k-1}}$$

Por tanto la esperanza es

$$E[\xi] = \sum_{k=3}^{+\infty} kP(\xi = k) = \sum_{k=3}^{+\infty} \frac{10k(2^{k-1} - 2)}{6^{k-1}} = 10 \sum_{k=3}^{+\infty} k\left(\frac{1}{3}\right)^{k-1} - 20 \sum_{k=3}^{+\infty} k\left(\frac{1}{6}\right)^{k-1}$$

Estas series son aritmético-geométricas y convergen, pues $\left|\frac{1}{3}\right| < 1$ y $\left|\frac{1}{6}\right| < 1$. Sus sumas se obtienen haciéndolo desde $k = 1$ y quitando los valores de $k = 1$ y $k = 2$, respectivamente

$$\frac{1}{\left(1 - \frac{1}{3}\right)^2} - 1 - \frac{2}{3} \quad \text{y} \quad \frac{1}{\left(1 - \frac{1}{6}\right)^2} - 1 - \frac{2}{6}$$

En consecuencia resulta finalmente

$$E[\xi] = 10\left(\frac{9}{4} - 1 - \frac{2}{3}\right) - 20\left(\frac{36}{25} - 1 - \frac{2}{6}\right) = 10\frac{27 - 12 - 8}{12} - 20\frac{216 - 150 - 50}{150} =$$

$$= \frac{5 \cdot 7}{6} - \frac{2 \cdot 16}{15} = \frac{25 \cdot 7 - 4 \cdot 16}{30} = \frac{175 - 64}{30} = \frac{111}{30} = \frac{37}{10} = 3{,}7.$$

Es decir, la media de lanzamientos necesarios es 3,7 lanzamientos.

P 6.10 En el lanzamiento de tres monedas el número de caras que pueden aparecer es 0, 1, 2 y 3. La variable ξ toma entonces estos valores con probabilidades dadas en la siguiente tabla:

ξ	0	1	2	3
$P(\xi)$	$\frac{1}{8}$	$\frac{3}{8}$	$\frac{3}{8}$	$\frac{1}{8}$

A continuación lanzaremos 0, 1, 2 ó 3 dados con esas probabilidades, llamando η a la suma de las puntuaciones obtenidas en los dados, esta variable tomará valores entre 0 y 18 dependiendo de los valores de ξ. Se trata de calcular la esperanza $E[\eta]$, que es

$$E[\eta] = \sum_i P(x_i)E[\eta/x_i]$$

y vamos a calcularlo de dos formas.

Primer método.

Lo haremos analizando los casos.

1. Si se lanzan 0 dados, no se obtienen puntos, luego $E[\eta/\xi = 0] = 0$.

2. Si se lanza un solo dado, hay seis resultados igualmente probables, luego es

$$E[\eta/\xi = 1] = 1 \cdot \frac{1}{6} + 2 \cdot \frac{1}{6} + 3 \cdot \frac{1}{6} + 4 \cdot \frac{1}{6} + 5 \cdot \frac{1}{6} + 6 \cdot \frac{1}{6} = (1+2+3+4+5+6) \cdot \frac{1}{6} = \frac{21}{6} = \frac{7}{2}$$

3. Si se lanzan dos dados, las sumas posibles y sus probabilidades respectivas están dadas por la tabla

2	3	4	5	6	7	8	9	10	11	12
$\frac{1}{36}$	$\frac{2}{36}$	$\frac{3}{36}$	$\frac{4}{36}$	$\frac{5}{36}$	$\frac{6}{36}$	$\frac{5}{36}$	$\frac{4}{36}$	$\frac{3}{36}$	$\frac{2}{36}$	$\frac{1}{36}$

luego es

$$\begin{aligned} E[\eta/\xi = 2] &= 2 \cdot \frac{1}{36} + 3 \cdot \frac{2}{36} + 4 \cdot \frac{3}{36} + \cdots + 11 \cdot \frac{2}{36} + 12 \cdot \frac{1}{36} = \\ &= (2+6+12+20+30+42+40+36+30+22+12) \cdot \frac{1}{36} = \frac{252}{36} = 7. \end{aligned}$$

4. Si se lanzan tres dados, las sumas posibles y sus probabilidades son

3	4	5	6	7	8	9	10	11	12	13	14	15	16	17	18
$\frac{1}{216}$	$\frac{3}{216}$	$\frac{6}{216}$	$\frac{10}{216}$	$\frac{15}{216}$	$\frac{21}{216}$	$\frac{25}{216}$	$\frac{27}{216}$	$\frac{27}{216}$	$\frac{25}{216}$	$\frac{21}{216}$	$\frac{15}{216}$	$\frac{10}{216}$	$\frac{6}{216}$	$\frac{3}{216}$	$\frac{1}{216}$

donde, por ejemplo, la suma de 6 puntos puede obtenerse mediante las sumas $1+1+4$, $1+2+3$ y $2+2+2$, que corresponden a $3 + 3! + 1 = 10$ formas favorables entre las 216 posibles. Por tanto es

$$\begin{aligned} E[\eta/\xi = 3] &= 3 \cdot \frac{1}{216} + 4 \cdot \frac{3}{216} + 5 \cdot \frac{6}{216} + \cdots + 17 \cdot \frac{3}{216} + 18 \cdot \frac{1}{216} = \\ &= (3 + 12 + 30 + \cdots + 51 + 18) \cdot \frac{1}{216} = \frac{2268}{216} = \frac{21}{2} \end{aligned}$$

La esperanza pedida será entonces

$$\begin{aligned} E[\eta] &= \sum_{i=0}^{3} P(\xi = x_i) \cdot E[\eta/\xi = x_i] = \\ &= P(\xi = 0) \cdot E[\eta/\xi = 0] + P(\xi = 1) \cdot E[\eta/\xi = 1] + \\ &\quad + P(\xi = 2) \cdot E[\eta/\xi = 2] + P(\xi = 3) \cdot E[\eta/\xi = 3] = \\ &= \frac{1}{8} \cdot 0 + \frac{3}{8} \cdot \frac{7}{2} + \frac{3}{8} \cdot 7 + \frac{1}{8} \cdot \frac{21}{2} = \frac{1}{16}(21 + 42 + 21) = \frac{84}{16} = \frac{21}{4} = 5{,}5 \text{ puntos.} \end{aligned}$$

Segundo método.

En el lanzamiento de un dado la esperanza matemática es $7/2 = 3,5$ puntos. En el lanzamiento de dos dados será doble, es decir obtener 7 puntos y en el lanzamiento de tres dados será $21/2$, luego la esperanza pedida está dada por

$$E[\eta] = \frac{1}{8} \cdot 0 + \frac{3}{8} \cdot \frac{7}{2} + \frac{3}{8} \cdot 7 + \frac{1}{8} \cdot \frac{21}{2} = \frac{21}{4} = 5,5 \text{ puntos.}$$

P 7.1 Las probabilidades para los distintos valores de ξ son

$$P(\xi = 0) = \frac{\binom{4}{2}}{\binom{6}{2}} = \frac{6}{15} \qquad P(\xi = 1) = \frac{\binom{2}{1}\binom{4}{1}}{\binom{6}{2}} = \frac{8}{15} \qquad P(\xi = 2) = \frac{\binom{2}{2}}{\binom{6}{2}} = \frac{1}{15}$$

de donde resulta

$$
\begin{aligned}
\varphi(t) &= E\left[e^{it\xi}\right] = \sum_{j=1}^{3} e^{itx_j} P(x_j) = \\
&= e^0 P(\xi = 0) + e^{it} P(\xi = 1) + e^{2it} P(\xi = 2) = \frac{1}{15}\left(e^{2it} + 8e^{it} + 6\right).
\end{aligned}
$$

P 7.2 La función característica es

$$\varphi(t) = E\left[e^{it\xi}\right] = \frac{e^{it}}{2} + \left(\frac{e^{it}}{2}\right)^2 + \left(\frac{e^{it}}{2}\right)^3 + \cdots + \left(\frac{e^{it}}{2}\right)^k + \cdots = \frac{1}{1 - \frac{e^{it}}{2}} = \frac{2}{2 - e^{it}}$$

sin más que sumar la serie geométrica convergente, por ser el módulo de la razón

$$\left|\frac{e^{it}}{2}\right| = \frac{1}{2}|e^{it}| = \frac{1}{2} < 1.$$

P 7.3 Los momentos pedidos son

$$\alpha_k = E[\xi^k] = \int_{-\infty}^{+\infty} x^k f(x)\, dx - \int_0^3 \frac{x^k}{3}\, dx - \left[\frac{x^{k+1}}{3(k+1)}\right]_0^3 - \frac{3^k}{k+1}$$

y la función característica es

$$\varphi(t) = E\left[e^{it\xi}\right] = \sum_{k=0}^{+\infty} \frac{(3it)^k}{(k+1)!} = \frac{1}{3it}\sum_{k=0}^{+\infty} \frac{(3it)^{k+1}}{(k+1)!} = \frac{1}{3it}\left[e^{3it} - 1\right].$$

P 7.4 Como todos los momentos existen, utilizando (7.7) y que $\alpha_0 = 1$ y $\alpha_m = k$, se tiene que, si $|t| < 1$, es

$$
\begin{aligned}
\varphi(t) &= 1 + kit + \frac{k}{2!}(it)^2 + \frac{k}{3!}(it)^3 + \cdots + \frac{k}{m!}(it)^m + \cdots = \\
&= 1 - k + k\left(1 + \frac{it}{1!} + \frac{(it)^2}{2!} + \cdots + \frac{(it)^m}{m!} + \cdots\right) = 1 - k + ke^{it},
\end{aligned}
$$

sin más que utilizar el desarrollo en serie de e^{it}.

P 7.5 No, porque es $\varphi(0) = 1/3$ y tendría que ser $\varphi(0) = 1$, según la primera propiedad de la función característica.

P 7.6 Se debe estudiar la existencia de los momentos

$$\alpha_k = E[\xi^k] = \frac{1}{\pi} \int_{-\infty}^{+\infty} \frac{x^k}{1+x^2}\, dx.$$

Para $k = 0$ es

$$\alpha_0 = E[\xi^0] = \frac{1}{\pi} \int_{-\infty}^{+\infty} \frac{1}{1+x^2}\, dx = \frac{1}{\pi} \left[\arctg x\right]_{-\infty}^{+\infty} = \frac{1}{\pi} \left(\frac{\pi}{2} + \frac{\pi}{2}\right) = 1.$$

Para $k = 1$ es

$$\alpha_1 = E[\xi] = \frac{1}{\pi} \int_{-\infty}^{+\infty} \frac{x}{1+x^2}\, dx = \frac{1}{2\pi} \int_{-\infty}^{+\infty} \frac{2x}{1+x^2}\, dx$$

y esta integral es divergente ya que para todo $c \in \mathbb{R}$ la integral

$$\int_{c}^{+\infty} \frac{2x}{1+x^2}\, dx = \lim_{m \to +\infty} \left[\ln(1+x^2)\right]_{c}^{m} = \lim_{m \to +\infty} \left(\ln(1+m^2) - \ln(1+c^2)\right) = +\infty.$$

Recordemos que una integral impropia de primera especie de la forma

$$\int_{-\infty}^{+\infty} f(x)\, dx$$

es convergente si y sólo si existe un $c \in \mathbb{R}$ tal que son convergentes las integrales

$$\int_{-\infty}^{c} f(x)\, dx \qquad \text{y} \qquad \int_{c}^{+\infty} f(x)\, dx.$$

Para $k = 2$ se tiene que

$$\alpha_2 = E[\xi^2] = \frac{1}{\pi} \int_{-\infty}^{+\infty} \frac{x^2}{1+x^2}\, dx = \frac{1}{\pi} \int_{-\infty}^{+\infty} 1\, dx - \frac{2}{\pi} \int_{-\infty}^{+\infty} \frac{1}{1+x^2}\, dx,$$

donde la primera integral es divergente y lo mismo ocurrirá con los restantes momentos, pues la parte polinómica de la integral tiende a infinito. Por tanto, el único momento respecto del origen que existe es α_0. La función generatriz de momentos tampoco existe.

P 8.1 La media pedida es la esperanza matemática, es decir

$$E[\xi] = \frac{1}{2}(1 + 2 + 3 + \cdots + 12) = \frac{78}{12} = 6{,}5.$$

P 8.2 La probabilidad de rotura es

$$p = \frac{1}{10\,000} = 10^{-4}.$$

(a) La probabilidad de que el lote sea rechazado es la probabilidad de que existan más de diez elementos rotos, por tanto

$$
\begin{aligned}
P(\xi > 10) &= 1 - P(\xi \le 10) = \\
&= 1 - \left[\binom{40\,000}{0}(10^{-4})^0(1-10^{-4})^{40\,000} + \right. \\
&\quad \left. + \cdots + \binom{40\,000}{10}(10^{-4})^{10}(1-10^{-4})^{39\,990}\right] \\
&\simeq 0{,}0028.
\end{aligned}
$$

b) La probabilidad de que haya exactamente diez elementos rotos es

$$P(\xi = 10) = \binom{40\,000}{10}(10^{-4})^{10}(1-10^{-4})^{39\,990} \simeq 0,005\,3.$$

P 8.3 La probabilidad de realizar una venta es $p = 1/12$. Se pide la probabilidad de tener 18 fracasos antes de la segunda venta, por lo que se trata de una distribución binomial negativa. La probabilidad de r éxitos en $k+r$ intentos está dada por

$$P(\xi = r) = \binom{k+r-1}{k-1}p^k q^r = \binom{k+r-1}{r}p^k q^r.$$

En nuestro caso

$$P(\xi = 2) = \binom{18+2-1}{2}\left(\frac{1}{12}\right)^2\left(1-\frac{1}{12}\right)^{18} = \binom{19}{2}\frac{1}{144}\frac{11^{18}}{12^{18}} \simeq 0,248\,0.$$

P 8.4 La probabilidad de que se produzca una rotura es $1/1\,000$. La probabilidad pedida es la de que se den cinco botellas correctas y la sexta se rompa, y esta probabilidad está dada por

$$P(\xi = 6) = \frac{1}{1\,000}\left(1-\frac{1}{1\,000}\right)^5 \simeq 9,95\cdot10^{-4}.$$

P 8.5 La probabilidad de que sea rechazado es $p = 1/1\,250 = 0,000\,8$ y al ser $np = 5\,000\cdot0,000\,8 = 4 < 5$, esta distribución binomial se puede aproximar por una de Poisson con parámetro $\lambda = np = 4$.

(a) El lote será rechazado si hay más de diez piezas rotas, es decir

$$P(\xi > 10) = 1 - \left[\frac{e^{-0}4^0}{0!} + \cdots + \frac{e^{-10}4^{10}}{10!}\right] \simeq 0,002\,8.$$

(b) La probabilidad de que el lote tenga exactamente diez piezas rotas es

$$p(\xi = 10) = \frac{e^{-10}4^{10}}{10!} \simeq 0,005\,3.$$

P 8.6

(a) La probabilidad de que el ordenador realice cuatro o más trabajos es

$$P(\xi \geq 4) = 1 - P(\xi \leq 3) = 1 - \left[\frac{e^{-2}2^0}{0!} + \frac{e^{-2}2^1}{1!} + \frac{e^{-2}2^2}{2!} + \frac{e^{-2}2^3}{3!}\right] \simeq 0,142\,9.$$

(b) La media en la distribución de Poisson es el parámetro, luego

$$E[\xi] = \lambda = 2.$$

P 8.7 El problema se rige por la distribución hipergeométrica donde, de acuerdo a la fórmula (8.8), se tienen $N_1 = 4$, $N_2 = 400 - 4$, $k = 2$ y $n = 100$. Por tanto la probabilidad pedida es

$$P(\xi = 2) = \frac{\binom{4}{2}\binom{400-4}{100-2}}{\binom{400}{100}} \simeq 0{,}2113.$$

P 8.8 Al pedirnos la probabilidad de que el juego no se termine antes de la jugada undécima, para que esto ocurra, en las diez primeras jugadas han tenido que aparecer como máximo dos caras o dos cruces. es decir, tenemos 0, 1 ó 2 caras, ó 0, 1 ó 2 cruces, es decir 8, 9 ó 10 caras.

Llamando ξ a la variable aleatoria $\xi =$«*número de cruces que se obtienen*», se sigue una distribución binomial

$$P(\xi = k) = \binom{n}{k}p^k q^{n-k},$$

con $n = 10$ y $p = q = 1/2$, por tratarse de una moneda. Es decir la función de probabilidad es

$$P(\xi = k) = \binom{10}{k}\left(\frac{1}{2}\right)^k \left(\frac{1}{2}\right)^{10-k} = \binom{10}{k}\frac{1}{2^{10}}$$

La probabilidad pedida es que salgan 0, 1, 2, 8, 9 ó 10 caras, es decir

$$P(\xi = 0) + P(\xi = 1) + P(\xi = 2) + P(\xi = 8) + P(\xi = 9) + P(\xi = 10) =$$

$$= \binom{10}{0}\frac{1}{2^{10}} + \binom{10}{1}\frac{1}{2^{10}} + \binom{10}{2}\frac{1}{2^{10}} + \binom{10}{8}\frac{1}{2^{10}} + \binom{10}{9}\frac{1}{2^{10}} + \binom{10}{10}\frac{1}{2^{10}} =$$

$$= \frac{1}{2^{10}}\left[\binom{10}{0} + \binom{10}{1} + \binom{10}{2} + \binom{10}{2} + \binom{10}{1} + \binom{10}{0}\right] =$$

$$= \frac{2}{2^{10}}\left[\binom{10}{0} + \binom{10}{1} + \binom{10}{2}\right] = \frac{1}{2^9}\left[1 + 10 + \frac{10\cdot 9}{2}\right] = \frac{56}{2^9} = \frac{7}{2^6} = \frac{7}{64}$$

P 8.9

(a) El número de lanzamientos hasta obtener un 6 tiene probabilidad

$$P(\xi = n) = \left(\frac{5}{6}\right)^{n-1}\cdot\frac{1}{6}$$

es decir, una binomial con $p = 1/6$ y $q = 5/6$.

El juego termina cuando aparece un 6. La probabilidad de que A lo obtenga en el lanzamiento n es

$$P(\xi = n) = \left(\frac{5}{6}\right)^{n-1}\cdot\frac{1}{6}$$

y para B es

$$P(Y = n) = \left(\frac{5}{6}\right)^{n}\cdot\frac{1}{6}$$

Por ser sucesos independientes, la probabilidad de que lo obtengan en el mismo lanzamiento y empaten es

$$P(\xi = \eta = n) = \sum_{n=1}^{+\infty} P(\xi = n)P(\eta = n) = \sum_{n=1}^{+\infty} \left[\left(\frac{5}{6}\right)^{n-1} \cdot \frac{1}{6} \right]^2 =$$

$$= \frac{1}{36} \sum_{n=1}^{+\infty} \left(\frac{5}{6}\right)^{2n-2} = \frac{1}{36} \cdot \frac{1}{1-\left(\frac{5}{6}\right)^2} = \frac{1}{36} \cdot \frac{1}{1-\frac{25}{36}} = \frac{1}{36-25} = \frac{1}{11}$$

(b) La probabilidad de que gane A es

$$P(\xi < \eta) = P\left(\bigcup_{n=1}^{\infty} \{\xi = n, \eta > n\} \right) = \sum_{n=1}^{+\infty} \left[P(\xi = n) \cdot \left(\sum_{k=n+1}^{+\infty} P(\eta = k) \right) \right] =$$

$$= \sum_{n=1}^{+\infty} \left[\left(\frac{5}{6}\right)^{n-1} \cdot \frac{1}{6} \cdot \left(\sum_{k=n+1}^{+\infty} \left(\frac{5}{6}\right)^{k-1} \cdot \frac{1}{6} \right) \right] =$$

$$= \frac{1}{36} \sum_{n=1}^{+\infty} \left[\left(\frac{5}{6}\right)^{n-1} \left(\sum_{k=n+1}^{+\infty} \left(\frac{5}{6}\right)^{k-1} \right) \right] =$$

$$= \frac{1}{36} \sum_{n=1}^{+\infty} \left[\left(\frac{5}{6}\right)^{n-1} \cdot \frac{\left(\frac{5}{6}\right)^n}{1-\frac{5}{6}} \right] = \frac{1}{36} \sum_{n=1}^{+\infty} \left(\frac{5}{6}\right)^{n-1} \frac{\left(\frac{5}{6}\right)^n}{\frac{1}{6}} =$$

$$= \frac{6}{36} \sum_{n=1}^{+\infty} \left(\frac{5}{6}\right)^{2n-1} = \frac{1}{6} \cdot \frac{\frac{5}{6}}{1-\left(\frac{5}{6}\right)^2} = \frac{5}{36} \cdot \frac{1}{1-\frac{25}{36}} = \frac{5}{11}$$

(c) La probabilidad es la misma, $5/11$. Sabiendo que A y B tienen igual probabilidad de ganar, bastaba restar

$$1 - \frac{1}{1} = \frac{10}{11}$$

y dividir esta probabilidad entre ellos.

P 8.10 Se trata de una distribución binomial con $n = 20\,000$ intentos y $p = 0{,}000\,1$. Puesto que es

$$np = 20\,000 \cdot 0{,}000\,1 = 2 < 5,$$

se puede aproximar por una distribución de Poisson con función de probabilidad

$$P(\xi = K) = \frac{e^{-\lambda} \lambda^K}{K!},$$

donde es $\lambda = np = 2$.

Sea ξ la variable aleatoria $\xi =$«*número de piezas defectuosas*». Se tiene que

$$P(\xi \geq 3) = 1 - P(\xi < 3) = 1 - [P(\xi = 1) + P(\xi = 2) + P(\xi = 3)] =$$

$$= 1 - \left[\frac{e^{-2}2^0}{0!} + \frac{e^{-2}2^1}{1!} + \frac{e^{-2}2^2}{2!} \right] = 1 - e^{-2}\left(1 + 2 + \frac{4}{2!} \right) = 1 - \frac{5}{e^2} \simeq 0{,}323.$$

P 8.11

(a) Llamaremos ξ a la variable aleatoria del número de huevos puestos y η a la variable aleatoria del número de insectos nacidos. El problema nos dice que la variable ξ sigue una distribución de Poisson de parámetro λ, por lo que ξ puede tomar los valores $0, 1, 2, 3, \dots$ con probabilidades

$$P(\xi = k) = \frac{e^{-\lambda}\lambda^k}{k!}$$

Puesto que

$$P(\eta = m) = \sum_{k=m}^{+\infty} P(\xi = k)\binom{k}{m}p^m q^{k-m} = \sum_{k=m}^{+\infty}\frac{e^{-\lambda}\lambda^k}{k!}\cdot\frac{k!}{m!\,(k-m)!}p^m q^{k-m} =$$

$$= \frac{e^{-\lambda}(\lambda p)^m}{m!}\sum_{k=m}^{+\infty}\frac{(\lambda q)^{k-m}}{(k-m)!} = \frac{e^{-\lambda}(\lambda p)^m}{m!}e^{\lambda q} = \frac{(\lambda p)^m}{m!}e^{\lambda(-1+q)} = \frac{(\lambda p)^m}{m!}e^{-\lambda p}$$

se obtiene la distribución de Poisson de parámetro λp.

(b) Nos piden la distribución del número de huevos que había en la planta sabiendo que han nacido n insectos. Se tiene que

$$P(\xi = k/\eta = n) = \frac{P(\xi = k, \eta = n)}{P(\eta = n)} = \frac{e^{-\lambda}\frac{\lambda^k}{k!}\binom{k}{n}p^n q^{k-n}}{\frac{(\lambda p)^n}{n!}e^{-\lambda p}} = e^{-\lambda q}\frac{(\lambda q)^{k-n}}{(k-n)!}$$

fórmula válida para $k = n, n+1, \dots$

P 8.12 Considerando la variable

$$\xi = \text{«Número de personas que no asisten»},$$

se tiene una binomial $B(n, p)$, con $n = 25$ y $p = 0,15$, por lo que

$$P(\xi = k) = \binom{25}{k}(0,15)^k(0,85)^{25-k},$$

con $k = 0, 1, 2, \dots, 25$.

(a) Dos reservas se pueden quedar sin mesa si fallan exactamente 3, luego

$$P(\xi = 3) = \binom{25}{3}(0,15)^3(0,85)^{22} \simeq 0,217.$$

(b) Las reservas se ajustan a las mesas si fallan exactamente 5, luego

$$P(\xi = 5) = \binom{25}{5}(0,15)^5(0,85)^{20} \simeq 0,156.$$

(c) Habrá exceso de clientes, es decir más reservas que mesas, si fallan 4 ó menos, luego

$$P(no\ haya\ exceso\ de\ clientes) = 1 - P(\xi \leq 4) =$$
$$= 1 - [P(\xi = 0) + P(\xi = 1) + P(\xi = 2) + P(\xi = 3) + P(\xi = 4)]$$
$$\simeq 1 - 0,682 = 0,318.$$

P 9.1 Al ser la función de distribución

$$F(x) = \begin{cases} 0 & \text{si } x < 1, \\ \frac{x-1}{3-1} & \text{si } 1 \leq x \leq 3, \\ 1 & \text{si } x > 3. \end{cases}$$

se tiene que

$$F(x = 2) = P(\xi \leq 2) = \frac{1}{2}$$

P 9.2 La probabilidad de que funcione ocho días o más es

$$P(\xi > 8) = 16 \int_8^{+\infty} xe^{-4x}\, dx = \left[-16\frac{e^{-4x}}{4} \left(x + \frac{1}{4} \right) \right]_8^{+\infty} \simeq 4{,}2 \cdot 10^{-13}.$$

P 9.3 La probabilidad de que una furgoneta funciones más de 100 horas es

$$P(\xi \geq 100) = e^{-0{,}01 \cdot 100} \simeq 0{,}3678$$

luego la probabilidad de que se averíen como mucho dos furgonetas es

$$\binom{10}{0} 0{,}6322^0 \cdot 0{,}3678^{10} + \binom{10}{1} 0{,}6322^1 \cdot 0{,}3678^9 + \binom{10}{2} 0{,}6322^2 \cdot 0{,}3678^8 \simeq 0{,}000958.$$

P 9.4 La probabilidad pedida es

$$P(\xi \geq 0{,}7) = \frac{\Gamma(4+3)}{\Gamma(4)\Gamma(3)} \int_{0{,}7}^1 t^{4-1}(1-t)^{3-1}\, dt = 0{,}2557.$$

P 9.5 La probabilidad pedida es

$$P(\xi > 2\,000) = \left(\frac{500}{2\,000} \right)^{1{,}5} = 0{,}125.$$

P 9.6 La probabilidad de que la bombilla dure 15 500 horas o más es

$$\begin{aligned} P(\xi \geq 15\,500) &= P(2\,000\eta + 15\,000 \geq 15\,500) = \\ &= P\left(\eta \geq \frac{15\,500 - 15\,000}{20\,000} \right) = P(\eta \geq 0{,}25) = 1 - 0{,}5987 = 0{,}4013 \end{aligned}$$

con η distribuida $N(0,1)$.

P 9.7 La variable aleatoria $\frac{20S^2}{\sigma^2}$ tiene una distribución chi-cuadrado de 20 grados de libertad, en consecuencia

$$\begin{aligned} P\left(0{,}543 < \frac{S^2}{\sigma^2} < 0{,}622 \right) &= P\left(10{,}86 < \frac{20S^2}{\sigma^2} < 12{,}44 \right) = P(10{,}86 < \chi_{20}^2 < 12{,}44) = \\ &= P(\chi_{20}^2 > 10{,}86) - P(\chi_{20}^2 > 12{,}44) = 0{,}95 - 0{,}90 = 0{,}05. \end{aligned}$$

P 9.8 La variable aleatoria $\frac{\overline{X}-\mu}{S/\sqrt{n}}$ sigue una distribución de Student de $n-1=9$ grados de libertad. Como

$$\frac{18-20}{2/\sqrt{10}} = -3,16,$$

la probabilidad es $P(\xi \leq -3,16) = P(\xi \geq 3,16) < 0,01$. En consecuencia la información proporcionada no es nada fiable.

P 9.9 La función $f: \mathbb{R} \to \mathbb{R}$ es una función de densidad si es $f(x) \geq 0$, para todo $x \in \mathbb{R}$ y debe ser

$$\int_{-\infty}^{+\infty} f(x)\, dx = 1.$$

La primera condición obliga a ser $k > 0$ y la segunda condición es

$$\int_{-\infty}^{+\infty} f(x)\, dx = \int_{0}^{+\infty} ke^{-kx}\, dx = \left[-e^{-kx}\right]_{0}^{+\infty},$$

teniendo en cuenta que es una integral impropia,

$$\int_{-\infty}^{+\infty} f(x)\, dx = \left[-e^{-kx}\right]_{0}^{+\infty} = \lim_{m\to+\infty}(-ke^{-km}) + e^0 = 1 - k\lim_{m\to+\infty}\frac{1}{e^{km}} = 1 - 0 = 1,$$

es decir, es una función de densidad independientemente del valor de k. Por tanto se trata de una función de densidad de parámetro k.

P 9.10

(a) Es $b > 0$ y $e^{-bx} > 0$, luego debe ser $a > 0$. Además

$$1 = \int_{0}^{+\infty} ae^{-bx}\, dx = \frac{-a}{b}\int_{0}^{+\infty} -be^{-bx}\, dx = \frac{-a}{b}\left[e^{-bx}\right]_{0}^{+\infty} =$$

$$= \frac{-a}{b}\left(\lim_{M\to+\infty} e^{-bM} - e^0\right) = \frac{a}{b}\left(1 - \lim_{M\to+\infty}\frac{1}{e^{bM}}\right) = \frac{a}{b}$$

de donde $b = a$, para todo a, es decir, es una función de densidad de parámetro a.

Su media es

$$15 = E[\xi] = \int_{-\infty}^{+\infty} xf(x)\, dx = a\int_{0}^{+\infty} xe^{-ax}\, dx$$

y esta integral se puede hacer por partes, o bien con el cambio de variables $ax = t$, es $dx = \frac{dt}{a}$ y queda

$$15 = E[\xi] = \int_{0}^{+\infty} axe^{-ax}\, dx = \int_{0}^{+\infty} te^{-t}\frac{dt}{a} = \frac{1}{a}\Gamma(2) = \frac{1}{a}$$

por tanto $a = 1/15$.

(b) Como

$$P(\xi \geq n) = \int_{n}^{+\infty} f(x)\, dx = \int_{n}^{+\infty} \frac{1}{15}e^{-\frac{x}{15}}\, dx = \left[-e^{-\frac{x}{15}}\right]_{n}^{+\infty} = e^{-\frac{n}{15}} - e^{-\infty} = e^{-\frac{n}{15}}$$

por probabilidad condicionada resulta

$$P(\xi \geq 4/\xi \geq 3) = \frac{P(\xi \geq 4)}{P(\xi \geq 3)} = \frac{e^{-\frac{4}{15}}}{e^{-\frac{3}{15}}} = e^{-\frac{1}{15}} = \frac{1}{e^{\frac{1}{15}}} \simeq 0,9355.$$

(c) La función de distribución es $F : \mathbb{R} \to \mathbb{R}$ tal que

$$F(x) = P(\xi \leq x) = \int_{-\infty}^{x} f(x)\,dx,$$

por lo que si es $x \leq 0$, se tiene

$$F(x) = P(\xi \leq x) = \int_{-\infty}^{x} f(x)\,dx = 0$$

y si es $x > 0$,

$$F(x) = P(\xi \leq x) = 1 - P(\xi \geq x) = 1 - e^{\frac{-x}{15}},$$

de donde resulta

$$F(x) = \left\{ \begin{array}{cc} 0 & \text{si } x \leq 0, \\ 1 - e^{\frac{-x}{15}} & \text{si } x > 0. \end{array} \right.$$

Para hallar la varianza, como

$$\text{Var}[\xi] = E[\xi^2] - (E[\xi])^2 = E[\xi^2] - 15^2$$

y es

$$E[\xi^2] = \int_{-\infty}^{+\infty} x^2 f(x)\,dx = \int_{0}^{+\infty} x^2 \frac{1}{15} e^{\frac{-x}{15}}\,dx,$$

con el cambio $\frac{x}{15} = t$ es $dx = 15dt$, resultando

$$\begin{aligned} E[\xi^2] &= 15 \int_{0}^{+\infty} \left(\frac{x}{15}\right)^2 e^{\frac{-x}{15}}\,dx = 15 \int_{0}^{+\infty} t^2 e^{-t} 15\,dt = \\ &= 15^2 \Gamma(3) = 15^2 \cdot 2 \cdot \Gamma(2) = 225 \cdot 2 \cdot 1 = 450, \end{aligned}$$

y por tanto la varianza es

$$\text{Var}[\xi] = 450 - 15^2 = 450 - 225 = 225$$

y la desviación típica $\sigma = \sqrt{225} = 15$.

P 9.11

(a) La distribución exponencial de parámetro λ tiene por función de densidad

$$f(x) = \lambda e^{-\lambda x}, \qquad \text{para} \quad x \geq 0.$$

Siendo ξ_1, ξ_2, ξ_3 las variables aleatorias que nos dan la duración de las bombillas, para que B_1 se funda antes que B_2, debe ser $\xi_1 < \xi_2$. Como las variables son independientes, la función de densidad conjunta es el producto de las funciones de densidad:

$$f(x_1, x_2) = f(x_1)f(x_2) = \lambda_1 \lambda_2 e^{-\lambda_1 x_1} e^{-\lambda_2 x_2}.$$

La probabilidad pedida será entonces, a través de la función de distribución,

$$
\begin{aligned}
P(\xi_1 < \xi_2) &= \iint_{0 < x_1 < x_2} f(x_1, x_2)\, dx_1 dx_2 = \iint_{0 < x_1 < x_2} \lambda_1 \lambda_2 e^{-\lambda_1 x_1} e^{-\lambda_2 x_2}\, dx_1 dx_2 = \\
&= \int_0^{+\infty} \left(\int_0^{x_2} \lambda_1 e^{-\lambda_1 x_1}\, dx_1 \right) \lambda_2 e^{-\lambda_2 x_2}\, dx_2 = \int_0^{+\infty} \left[-e^{-\lambda_1 x_1} \right]_0^{x_2} \lambda_2 e^{-\lambda_2 x_2}\, dx_2 = \\
&= \int_0^{+\infty} \left(e^{-\lambda_1 x_2} + e^0 \right) \lambda_2 e^{-\lambda_2 x_2}\, dx_2 = \\
&= \int_0^{+\infty} \left(-\lambda_2 e^{-(\lambda_1 + \lambda_2) x_2} + \lambda_2 e^{-\lambda_2 x_2} \right) dx_2 = \\
&= \left[\frac{\lambda_2 e^{-(\lambda_1 + \lambda_2) x_2}}{\lambda_1 + \lambda_2} - e^{-\lambda_2 x_2} \right]_0^{+\infty} = 0 - 0 - \frac{\lambda_2}{\lambda_1 + \lambda_2} + 1 = \frac{\lambda_1}{\lambda_1 + \lambda_2}
\end{aligned}
$$

donde hemos integrado variando x_2 desde 0 a $+\infty$ y la variable x_1 de 0 a x_2, para imponer que sea $x_1 < x_2$.

(b) La probabilidad pedida ahora es $P(\xi_1 < \xi_2 < \xi_3)$, para ello calculamos la función de densidad conjunta de estas variables independientes:

$$
f(x_1, x_2, x_3) = f(x_1) f(x_2) f(x_3) = \lambda_1 \lambda_2 \lambda_3 e^{-\lambda_1 x_1} e^{-\lambda_2 x_2} e^{-\lambda_3 x_3},
$$

para los valores $x_1 \geq 0$, $x_2 \geq 0$, $x_3 \geq 0$.

Para hallar la probabilidad anterior bastará permitir a x_3 que varíe de 0 a $+\infty$, a x_2 que varíe de 0 a x_3 y que x_1 varíe de 0 a x_2, pero es más interesante hacer que x_1 varíe de 0 a $+\infty$, x_2 varíe de x_1 a $+\infty$ y x_3 de x_2 a $+\infty$, ya que las exponenciales en $+\infty$ se anulan y simplifican los cálculos. En efecto,

$$
\begin{aligned}
P(\xi_1 < \xi_2 < \xi_3) &= \iiint_{0 < x_1 < x_2 < x_3} f(x_1, x_2, x_3)\, dx_1 dx_2 dx_3 = \\
&= \int_0^{+\infty} \left(\int_{x_1}^{+\infty} \left(\int_{x_2}^{+\infty} \lambda_3 e^{-\lambda_3 x_3}\, dx_3 \right) \lambda_2 e^{-\lambda_2 x_2}\, dx_2 \right) \lambda_1 e^{-\lambda_1 x_1}\, dx_1 = \\
&= \int_0^{+\infty} \left(\int_{x_1}^{+\infty} \left[-e^{-\lambda_3 x_3} \right]_{x_2}^{+\infty} \lambda_2 e^{-\lambda_2 x_2}\, dx_2 \right) \lambda_1 e^{-\lambda_1 x_1}\, dx_1 = \\
&= \int_0^{+\infty} \left(\int_{x_1}^{+\infty} \lambda_2 e^{-(\lambda_2 + \lambda_3) x_2}\, dx_2 \right) \lambda_1 e^{-\lambda_1 x_1}\, dx_1 = \\
&= \int_0^{+\infty} \left[\frac{-\lambda_2}{\lambda_2 + \lambda_3} e^{-(\lambda_2 + \lambda_3) x_2} \right]_{x_1}^{+\infty} \lambda_1 e^{-\lambda_1 x_1}\, dx_1 = \\
&= \int_0^{+\infty} \frac{\lambda_1 \lambda_2}{\lambda_2 + \lambda_3} e^{-(\lambda_1 + \lambda_2 + \lambda_3) x_1}\, dx_1 = \\
&= \left[\frac{-\lambda_1 \lambda_2 e^{-(\lambda_1 + \lambda_2 + \lambda_3) x_1}}{(\lambda_2 + \lambda_3)(\lambda_1 + \lambda_2 + \lambda_3)} \right]_0^{+\infty} = \frac{\lambda_1 \lambda_2}{(\lambda_2 + \lambda_3)(\lambda_1 + \lambda_2 + \lambda_3)}
\end{aligned}
$$

(c) Para que la última bombilla que se funda sea B_3, bastará hallar la probabilidad de los sucesos disjuntos $\xi_1 < \xi_2 < \xi_3$ y $\xi_2 < \xi_1 < \xi_3$. Sabemos que es

$$
P(\xi_1 < \xi_2 < \xi_3) = \frac{\lambda_1 \lambda_2}{(\lambda_2 + \lambda_3)(\lambda_1 + \lambda_2 + \lambda_3)}
$$

y de modo análogo obtendremos

$$P(\xi_2 < \xi_1 < \xi_3) = \frac{\lambda_1 \lambda_2}{(\lambda_1 + \lambda_3)(\lambda_1 + \lambda_2 + \lambda_3)}$$

de donde resulta

$$
\begin{aligned}
P(B_3 \text{ es la última en fundirse}) &= P(\xi_1 < \xi_2 < \xi_3) + P(\xi_2 < \xi_1 < \xi_3) = \\
&= \frac{\lambda_1 \lambda_2}{(\lambda_2 + \lambda_3)(\lambda_1 + \lambda_2 + \lambda_3)} + \frac{\lambda_1 \lambda_2}{(\lambda_1 + \lambda_3)(\lambda_1 + \lambda_2 + \lambda_3)} = \\
&= \frac{\lambda_1 \lambda_2 (\lambda_1 + \lambda_2 + 2\lambda_3)}{(\lambda_1 + \lambda_3)(\lambda_2 + \lambda_3)(\lambda_1 + \lambda_2 + \lambda_3)}
\end{aligned}
$$

P 9.12 Puesto que

$$y = \pm\sqrt{-x^2 + 4x - 3} \quad \Leftrightarrow \quad x^2 + y^2 - 4x + 3 = 0 \quad \Leftrightarrow \quad (x-2)^2 + y^2 = 1,$$

resulta que la curva es una circunferencia de radio 1. Resolviendo los sistemas

$$\left.\begin{array}{r} x - y - 2 = 0 \\ x + y - 2 = 0 \end{array}\right\} \quad \Rightarrow \quad (2,0) \text{ es el punto de corte,}$$

$$\left.\begin{array}{r} (x-2)^2 + y^2 = 1 \\ x - y - 2 = 0 \end{array}\right\} \quad \Rightarrow \quad \left(2 \pm \frac{\sqrt{2}}{2}, \pm\frac{\sqrt{2}}{2}\right) \text{ son puntos de corte,}$$

$$\left.\begin{array}{r} (x-2)^2 + y^2 = 1 \\ x + y - 2 = 0 \end{array}\right\} \quad \Rightarrow \quad \left(2 \pm \frac{\sqrt{2}}{2}, \mp\frac{\sqrt{2}}{2}\right) \text{ son puntos de corte,}$$

por tanto el punto (x,y) pertenece al sector que puede verse sombreado en la Figura A.6.

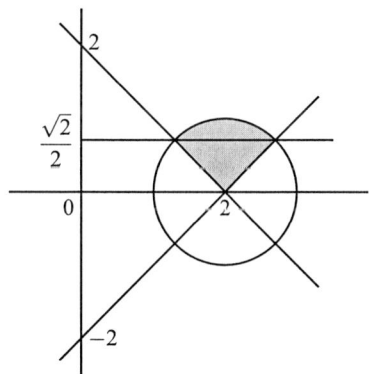

Figura A.6. Región del plano correspondiente a los casos favorables

La probabilidad de que sea $2y > \sqrt{2}$ corresponde a que el punto (x,y) esté en el sector pero por encima de la recta $y = \sqrt{2}/2$, es decir en el segmento circular. Por tanto

$$
\begin{aligned}
P\left(2y > \sqrt{2}\right) &= P\left(y > \frac{\sqrt{2}}{2}\right) = \frac{\text{Área del segmento}}{\text{Área del sector}} = \\
&= \frac{\frac{\pi}{4} - \text{Área triángulo } (OAB)}{\frac{\pi}{4}} = \frac{\frac{\pi}{4} - \frac{1}{2}}{\frac{\pi}{4}} = \frac{\pi - 2}{\pi} = 1 - \frac{2}{\pi} \simeq 0{,}363.
\end{aligned}
$$

P 9.13 Supongamos que el segmento tiene longitud L y se divide aleatoriamente en tres partes de longitudes x, y, z. Se tiene que $x+y+z = L$, es decir, $z = L-x-y$. Para que puedan formar un triángulo es condición necesaria y suficiente que cada lado sea menor que la suma de los otros dos, luego

$$\left.\begin{array}{l} x < y+z \\ y < x+z \\ z < x+y \end{array}\right\} \Rightarrow \left.\begin{array}{l} x < y+L-x-y \\ y < x+L-x-y \\ z < L-z \end{array}\right\} \Rightarrow \left.\begin{array}{l} 2x < L \\ 2y < L \\ 2z < L \end{array}\right\} \Rightarrow \left.\begin{array}{l} x < L/2 \\ y < L/2 \\ z < L/2 \end{array}\right\}$$

Como $x+y+z = L$ representa un plano en el espacio y deben ser $x, y, z > 0$, cualesquiera longitudes x, y, z posibles al dividir el segmento corresponden a un punto en el triángulo de vértices $(L,0,0)$, $(0,L,0)$, $(0,0,L)$ de la Figura A.7, mientras que las longitudes que verifican las condiciones obtenidas para que puedan formar triángulo, corresponden a un punto en el triángulo pequeño de la misma figura, cuya superficie es $1/4$ de la del grande. Por tanto, por probabilidades geométricas, la probabilidad pedida es $P = 1/4$.

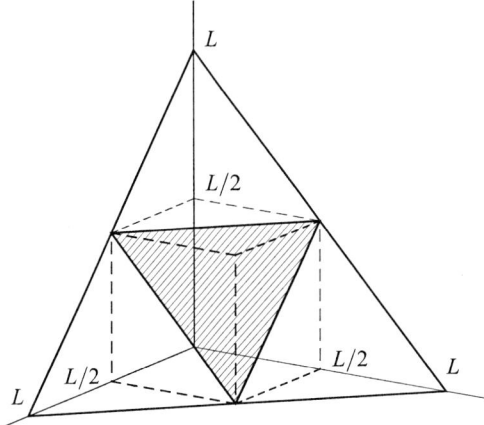

Figura A.7. Casos favorables y posibles del problema propuesto 9.13

P 9.14 Las longitudes 4, x, y formarán triángulo si cada lado es menor que la suma de los otros dos, luego se tiene

$$\left.\begin{array}{l} 4 < x+y \\ x < 4+y \\ y < 4+x \end{array}\right\} \Rightarrow \left.\begin{array}{l} y > 4-x \\ y > -4+x \\ y < 4+x \end{array}\right\}$$

y haciendo una representación gráfica, que puede verse en la Figura A.8, se tiene que son casos posibles todos los del cuadrado de lado 10, mientras que son favorables los que cumplen las condiciones dadas, que son la parte sombreada, luego resulta

$$P(\text{«formar triángulo»}) = \frac{\acute{A}rea\ sombreada}{\acute{A}rea\ del\ cuadrado} = \frac{\frac{1}{2}\cdot 4\cdot 4 + \sqrt{6^2+6^2}\sqrt{4^2+4^2}}{10\cdot 10} =$$
$$= \frac{8+6\sqrt{2}\cdot 4\sqrt{2}}{100} = \frac{8+48}{100} = \frac{56}{100} = \frac{14}{25}$$

P 9.15 Sean ξ =«*lugar al que llega uno de ellos*» y η =«*lugar al que llega el otro*» en unos ejes coordenados. Estas variables son independientes y uniformes. Las bicicletas chocarán si es

$$|\eta - \xi| \leq 2,$$

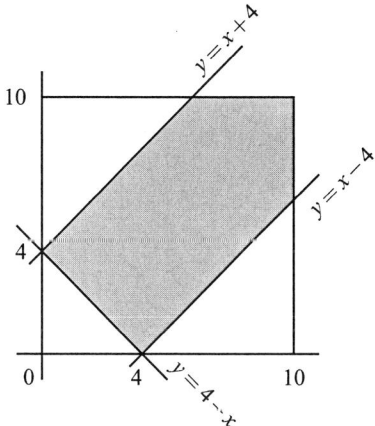

Figura A.8. Casos favorables y posibles del problema propuesto 9.14

como puede verse en la Figura A.9. Por tanto se tiene

$$
\begin{aligned}
P(choque) &= P(|\eta - \xi| \leq 2) = P(-2 \leq \eta - \xi \leq 2) = P(\xi - 2 \leq \eta \leq \xi + 2) = \\
&= \frac{\acute{A}rea\ sombreada}{\acute{A}rea\ total} = \frac{10 \cdot 10 - 8 \cdot 8}{10 \cdot 10} = \frac{100 - 64}{100} = \frac{36}{100} = \frac{9}{25}
\end{aligned}
$$

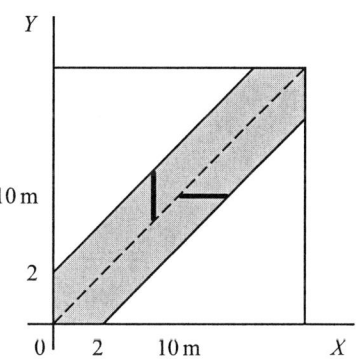

Figura A.9. Las variables ξ y η del problema propuesto 9.15

P 9.16 Para simplificar los cálculos podemos comenzar fijando el primer punto sobre el eje OX positivo y sobre la circunferencia de radio 1 y elegir ahora otros dos puntos sobre la circunferencia cuyos arcos desde el eje OX positivo midan x e y. De este modo la circunferencia queda dividida en los tres arcos

$$
x, \qquad y - x, \qquad 2\pi - x - (y - x) = 2\pi - y,
$$

si es $x < y$, y si es al revés los arcos serán

$$
y, \qquad x - y, \qquad 2\pi - y - (x - y) = 2\pi - y.
$$

Los valores de estos arcos son números aleatorios elegidos en el cuadrado de lado 2π. Si queremos que la suma de dos arcos cualesquiera sea mayor que el tercero, supuesto que estamos en el caso

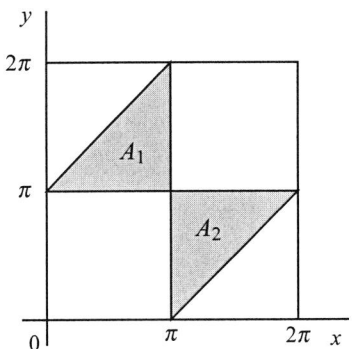

Figura A.10. Las regiones del problema propuesto 9.16

$x < y$, se debe verificar que

$$\left.\begin{array}{l} x+y-x > 2\pi-y \\ x+2\pi-y > y-x \\ y-x+2\pi-y > x \end{array}\right\} \Rightarrow \left.\begin{array}{l} 2y > 2\pi \\ 2x-2y > -2\pi \\ -2x > -2\pi \end{array}\right\} \Rightarrow \left.\begin{array}{l} y > \pi \\ y-x < \pi \\ x > \pi \end{array}\right\}$$

Llevando estas condiciones al cuadrado de lado 2π se obtiene la región A_1 de la Figura A.10. y si fuese $y < x$ se obtiene análogamente la región A_2 de la figura, por lo que la probabilidad pedida es

$$P = \frac{\text{Área } A_1 + \text{Área } A_2}{\text{Área del cuadrado}} = \frac{\frac{1}{2}\pi^2 + \frac{1}{2}\pi^2}{(2\pi)^2} = \frac{\pi^2}{4\pi^2} = \frac{1}{4}$$

Nótese que el radio de la circunferencia es indiferente y por ello se eligió radio igual a uno.

P 9.17 Las condiciones son

$$\begin{cases} x+y < 1 \\ xy > \frac{2}{9} \end{cases}$$

es decir, el recinto limitado por la recta de ecuación $y = 1-x$ y la hipérbola $y = \frac{2}{9x}$, que pueden verse en la Figura A.11.

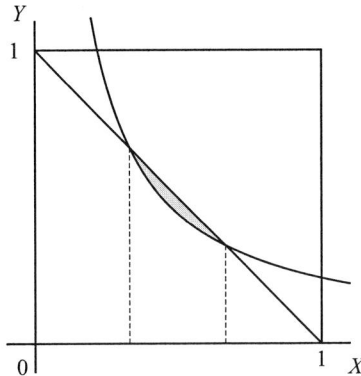

Figura A.11. Zona común a las dos condiciones

Estas curvas se cortan en

$$1-x = \frac{2}{9x} \quad \Rightarrow \quad 9x-9x^2 = 2 \quad \Rightarrow \quad 9x^2-9x+2 = 0,$$

es decir en

$$x = \frac{9 \pm \sqrt{81-72}}{18} = \frac{9 \pm 3}{18} = \begin{cases} 2/3 \\ 1/3 \end{cases}$$

En consecuencia resulta

$$\begin{aligned} P(cumplir\ condiciones) &= \frac{\acute{A}rea\ sombreada}{\acute{A}rea\ del\ cuadrado} = \frac{\int_{1/3}^{2/3} \left(1 - x - \frac{2}{9x}\right) dx}{1} = \\ &= \left[x - \frac{x^2}{2} - \frac{2}{9}\ln x\right]_{1/3}^{2/3} = \frac{2}{3} - \frac{2}{9} - \frac{2}{9}\ln\frac{2}{3} - \frac{1}{3} + \frac{1}{18} + \frac{2}{9}\ln\frac{1}{3} = \\ &= \frac{12-4-6+1}{18} + \frac{2}{9}\ln\left(\frac{1}{3}:\frac{2}{3}\right) = \frac{1}{6} - \frac{2}{9}\ln 2. \end{aligned}$$

P 9.18 Es $\alpha < \beta$ y si X e Y son los puntos elegidos, se trata de una distribución uniforme siendo los puntos independientes. La condición pedida es $|Y - X| \geq \alpha$ y el suceso contrario es $|Y - X| < \alpha$, pero se tiene que

$$|Y - X| < \alpha \quad \Leftrightarrow \quad -\alpha < Y - X < \alpha \quad \Leftrightarrow \quad X - \alpha < Y < X + \alpha,$$

por lo que observando la Figura A.12, resulta finalmente

$$\begin{aligned} P(distancia \geq \alpha) &= 1 - P(distancia < \alpha) = \frac{\acute{A}rea\ sombreada}{\acute{A}rea\ del\ cuadrado} = \\ &= \frac{(\beta - \alpha)(\beta - \alpha)}{\beta\beta} = \frac{(\beta - \alpha)^2}{\beta^2} = \left(\frac{\beta - \alpha}{\beta}\right)^2 = \left(1 - \frac{\alpha}{\beta}\right)^2. \end{aligned}$$

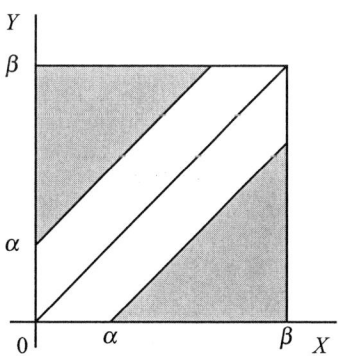

Figura A.12. Representación gráfica de la condición

P 10.1 Para cada valor fijo x, $x \leq n$, se tiene que

$$\lim_{n\to\infty} \frac{x+2n}{3n} = \frac{2}{3}$$

luego $F(-\infty) = 2/3 \neq 0$. En consecuencia no converge en distribución.

P 10.2 Considerando la variable aleatoria suma $\eta = \xi_1 + \xi_2 + \cdots + \xi_{1000}$ y utilizando el teorema central del límite con $n = 1\,000$, encontramos que

$$\xi = \frac{\eta - n\mu}{\sigma\sqrt{n}} = \frac{\eta - 1\,000}{\sqrt{20}} \xrightarrow{D} N(0,1).$$

La probabilidad pedida es por tanto

$$\begin{aligned}
P(998 \leq \eta \leq 1\,003) > &= P(998 \leq \sqrt{20}\xi + 1\,000 \leq 1\,003) = \\
&= P\left(\frac{998 - 1\,000}{\sqrt{20}} \leq \xi \leq \frac{1\,003 - 1\,000}{\sqrt{20}}\right) = \\
&= P(-0{,}45 \leq \xi \leq 0{,}67) = 0{,}4222.
\end{aligned}$$

P 10.3

(a) Como ξ_n es no negativa tenemos que $|\xi_n| = \xi_n$, entonces

$$\sum_{n=1}^{+\infty} P(|\xi_n - 0| > \varepsilon) = \sum_{n=1}^{+\infty} P(\xi_n > \varepsilon).$$

Por otro lado tenemos que:

I) Si $0 < \varepsilon < 1$, entonces $\xi_n > \varepsilon$ cuando $\xi_n = 1$, así que

$$\sum_{n=1}^{+\infty} P(\xi_n > \varepsilon) = \sum_{n=1}^{+\infty} P(\xi_n = 1) = \sum_{n=1}^{+\infty} \frac{1}{2^n} = 1.$$

II) Si $\varepsilon \geq 1$, entonces $P(\xi_n > \varepsilon) = P(\xi_n > 1)$. Como el conjunto $\{\xi_n : \xi_n > 1\}$ es vacío, tenemos que $P(\xi_n > \varepsilon) = P(\xi_n > 1) = 0$, así que

$$\sum_{n=1}^{+\infty} P(\xi_n > \varepsilon) = 0.$$

Recapitulando

$$\sum_{n=1}^{+\infty} P(|\xi_n - 0| > \varepsilon) = \sum_{n=1}^{+\infty} P(\xi_n > \varepsilon) = \begin{cases} 1 & \text{si } 0 < \varepsilon < 1, \\ 0 & \text{si } \varepsilon \geq 1, \end{cases}$$

por tanto la serie es convergente, entonces por la propiedad 8 de la convergencia casi segura tenemos que $\xi_n \xrightarrow{c.s.} 0$.

(b) Estudiemos la convergencia en probabilidad. Para que haya convergencia en probabilidad debe cumplirse

$$\lim_n P(|\xi_n - 0| > \varepsilon) = 0.$$

Del apartado anterior sabemos que $|\xi_n| = \xi_n$, y que

$$P(\xi_n > \varepsilon) = \begin{cases} \frac{1}{2^n} & \text{si } 0 < \varepsilon < 1, \\ 0 & \text{si } \varepsilon \geq 1. \end{cases}$$

lo que muestra, evidentemente, que se cumple la condición para que haya convergencia en probabilidad.

P 10.4

(a) Dado que

$$E\left[|\xi_n - 0|^2\right] = E[\xi_n^2]$$

como

$$\xi_n = \begin{cases} 1 & \text{con } P(\xi_n = 1) = \frac{1}{n!}, \\ 0 & \text{con } P(\xi_n = 0) = 1 - \frac{1}{n!}, \end{cases}$$

tenemos que

$$\xi_n^2 = \begin{cases} 1 & \text{con } P(\xi_n = 1) = \frac{1}{n!}, \\ 0 & \text{con } P(\xi_n = 0) = 1 - \frac{1}{n!}, \end{cases}$$

así que

$$E[\xi_n^2] = 0 \cdot \left(1 - \frac{1}{n!}\right) + 1 \cdot \frac{1}{n!} = \frac{1}{n!}$$

por lo que

$$\lim_n E[\xi_n^2] = \lim_n \frac{1}{n!} = 0,$$

de lo que se deduce que $\xi_n \xrightarrow{m.c.} 0$.

(b) La función de distribución de ξ_n es

$$F_n(x) = \begin{cases} 0 & \text{si } x < 0, \\ 1 - \frac{1}{n!} & \text{si } 0 \le x < 1, \\ 1 & \text{si } x \ge 1, \end{cases}$$

porque, como variable aleatoria ξ_n sólo toma los valores 0 y 1, tenemos que

$$\text{si } x < 0, \qquad F_n(x) = P(\xi_n \le x) = \sum_{x_j < 0} p_j = 0,$$

$$\text{si } 0 \le x < 1, \qquad F_n(x) = P(\xi_n \le x) = \sum_{x_j < 1} p_j = 1 - \frac{1}{n!},$$

$$\text{si } 1 \le x < +\infty, \quad F_n(x) = P(\xi_n \le x) = \sum_{x_j < +\infty} p_j = \left(1 - \frac{1}{n!}\right) + \frac{1}{n!} = 1.$$

Por otro lado tenemos la función de distribución de la variable ξ degenerada en cero

$$F_\xi(x) = \begin{cases} 0 & \text{si } x < 0, \\ 1 & \text{si } x \ge 0, \end{cases}$$

como

$$\lim_n \left(1 - \frac{1}{n!}\right) = 1,$$

tenemos que

$$\lim_n F_n(x) = F_\xi(x)$$

y deducimos que

$$\xi_n \xrightarrow{D} 0.$$

P 10.5 Integrando la función de densidad en cada término de la sucesión obtenemos su función de distribución, es decir,

$$F_n(x) = \begin{cases} 0 & x \le 0, \\ \int_0^x \frac{n\cos nt}{\operatorname{sen} n\theta}\, dt & 0 < x < \theta, \\ 1 & x \ge \theta. \end{cases} = \begin{cases} 0 & x \le 0, \\ \frac{\operatorname{sen} nt}{\operatorname{sen} n\theta} & 0 < x < \theta, \\ 1 & x \ge \theta. \end{cases} \quad \text{con } \theta \in (0; \tfrac{\pi}{2}),$$

Considerando valores de ε tales que $0 < \varepsilon < \theta$ se tiene que

$$P\big[|\xi_n - \theta| \le \varepsilon\big] = F_n(\theta + \varepsilon) - F_n(\theta - \varepsilon) = 1 - \frac{\operatorname{sen} n(\theta - \varepsilon)}{\operatorname{sen} n\theta}$$

y como no existe el límite

$$\lim_{n \to +\infty} \frac{\operatorname{sen} n(\theta - \varepsilon)}{\operatorname{sen} n\theta},$$

la convergencia en probabilidad no se cumple.

P 10.6 Si se calcula el valor esperado de $(\xi_n - 0)^2$ se obtiene

$$E\big[(\xi - 0)^2\big] = E[\xi^2] = 1^2 \cdot \frac{n!}{n^n} + 0^2 \cdot \left(1 - \frac{n!}{n^n}\right) = \frac{n!}{n^n}$$

y por tanto es

$$\lim_{n \to +\infty} E\big[(\xi - 0)^2\big] = \lim_{n \to +\infty} \frac{n!}{n^n} = 0.$$

El que sea $\lim_{n \to +\infty} \frac{n!}{n^n} = 0$ se deduce de la fórmula de Stirling, que dice que

$$n! \simeq n^n \sqrt{2\pi n}\, e^{-n}$$

para $n \to +\infty$.

P 10.7 Como ξ_n es no negativa se tiene que $|\xi_n| = \xi_n$ y por tanto es

$$\sum_{n=1}^{+\infty} P(|\xi_n - 0| > \varepsilon) = \sum_{n=1}^{+\infty} P(\xi_n > \varepsilon).$$

Si consideramos las dos situaciones siguientes:

1. Si $0 < \varepsilon < 1$, entonces es $\xi_n > \varepsilon$ para $\xi_n = 1$ y por tanto

$$\sum_{n=1}^{+\infty} P(\xi_n > \varepsilon) = \sum_{n=1}^{+\infty} P(\xi_n = 1) = \sum_{n=1}^{+\infty} \frac{1}{n^2} = \frac{\pi^2}{6}$$

2. Si $\varepsilon \ge 1$, entonces $P(\xi_n > \varepsilon) = P(\xi_n > 1) = 0$ y en este caso es

$$\sum_{n=1}^{+\infty} P(\xi_n > \varepsilon) = 0.$$

En consecuencia la suma de la serie es

$$\sum_{n=1}^{+\infty} P(|\xi_n - 0| > \varepsilon) = \sum_{n=1}^{+\infty} P(\xi_n > \varepsilon) = \begin{cases} \pi^2/6 & \text{si } 0 < \varepsilon < 1, \\ 0 & \text{si } \varepsilon \ge 1, \end{cases}$$

y por tanto converge y por la propiedad 8 de la convergencia casi segura se tiene que

$$\xi \xrightarrow{c.s.} 0.$$

Apéndice B

Tablas

Tabla de la distribución normal
Áreas bajo la curva normal tipificada

$$A(z) = \frac{1}{\sqrt{2\pi}} \int_{-\infty}^{z} e^{-x^2/2} \, dx$$

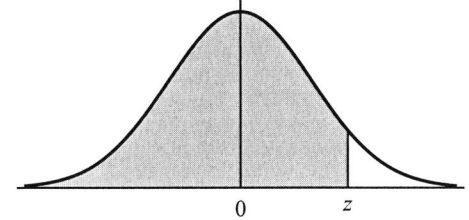

z	0,00	0,01	0,02	0,03	0,04	0,05	0,06	0,07	0,08	0,09
0,0	0,5000	0,5040	0,5080	0,5120	0,5160	0,5199	0,5239	0,5279	0,5319	0,5359
0,1	0,5398	0,5438	0,5478	0,5517	0,5557	0,5596	0,5636	0,5675	0,5714	0,5754
0,2	0,5793	0,5832	0,5871	0,5910	0,5948	0,5987	0,6026	0,6064	0,6103	0,6141
0,3	0,6179	0,6217	0,6255	0,6293	0,6331	0,6368	0,6406	0,6443	0,6480	0,6517
0,4	0,6554	0,6591	0,6628	0,6664	0,6700	0,6736	0,6772	0,6808	0,6844	0,6879
0,5	0,6915	0,6950	0,6985	0,7019	0,7054	0,7088	0,7123	0,7157	0,7190	0,7224
0,6	0,7258	0,7291	0,7324	0,7357	0,7389	0,7422	0,7454	0,7486	0,7518	0,7549
0,7	0,7580	0,7612	0,7642	0,7673	0,7704	0,7734	0,7764	0,7794	0,7823	0,7852
0,8	0,7881	0,7910	0,7939	0,7967	0,7996	0,8023	0,8051	0,8078	0,8106	0,8133
0,9	0,8159	0,8186	0,8212	0,8238	0,8264	0,8289	0,8315	0,8340	0,8365	0,8389
1,0	0,8413	0,8438	0,8461	0,8485	0,8508	0,8531	0,8554	0,8577	0,8599	0,8621
1,1	0,8643	0,8665	0,8686	0,8708	0,8729	0,8749	0,8770	0,8790	0,8810	0,8830
1,2	0,8849	0,8869	0,8888	0,8907	0,8925	0,8944	0,8962	0,8980	0,8997	0,9015
1,3	0,9032	0,9049	0,9066	0,9082	0,9099	0,9115	0,9131	0,9147	0,9162	0,9117
1,4	0,9192	0,9207	0,9222	0,9236	0,9251	0,9265	0,9279	0,9292	0,9306	0,9319
1,5	0,9332	0,9345	0,9357	0,9370	0,9382	0,9394	0,9406	0,9418	0,9429	0,9441
1,6	0,9452	0,9463	0,9474	0,9484	0,9495	0,9505	0,9515	0,9525	0,9535	0,9545
1,7	0,9554	0,9564	0,9573	0,9582	0,9591	0,9599	0,9608	0,9616	0,9625	0,9633
1,8	0,9641	0,9648	0,9656	0,9664	0,9671	0,9678	0,9686	0,9693	0,9699	0,9706
1,9	0,9713	0,9719	0,9726	0,9732	0,9738	0,9744	0,9750	0,9756	0,9761	0,9767
2,0	0,9772	0,9778	0,9783	0,9788	0,9793	0,9798	0,9803	0,9808	0,9812	0,9817
2,1	0,9821	0,9826	0,9830	0,9834	0,9838	0,9842	0,9846	0,9850	0,9854	0,9857
2,2	0,9861	0,9864	0,9868	0,9871	0,9875	0,9878	0,9881	0,9884	0,9887	0,9890
2,3	0,9893	0,9896	0,9898	0,9901	0,9904	0,9906	0,9909	0,9911	0,9913	0,9916
2,4	0,9918	0,9920	0,9922	0,9925	0,9927	0,9929	0,9931	0,9932	0,9934	0,9936
2,5	0,9938	0,9940	0,9941	0,9943	0,9945	0,9946	0,9948	0,9949	0,9951	0,9952
2,6	0,9953	0,9955	0,9956	0,9957	0,9959	0,9960	0,9961	0,9962	0,9963	0,9964
2,7	0,9965	0,9966	0,9967	0,9968	0,9969	0,9970	0,9971	0,9972	0,9973	0,9974
2,8	0,9974	0,9975	0,9976	0,9977	0,9977	0,9978	0,9979	0,9979	0,9980	0,9981
2,9	0,9981	0,9982	0,9982	0,9983	0,9984	0,9984	0,9985	0,9985	0,9986	0,9986
3,0	0,9986	0,9987	0,9987	0,9988	0,9988	0,9989	0,9989	0,9989	0,9990	0,9990
3,1	0,9990	0,9991	0,9991	0,9991	0,9992	0,9992	0,9992	0,9992	0,9993	0,9993
3,2	0,9993	0,9993	0,9994	0,9994	0,9994	0,9994	0,9994	0,9995	0,9995	0,9995
3,3	0,9995	0,9995	0,9995	0,9996	0,9996	0,9996	0,9996	0,9996	0,9996	0,9997
3,4	0,9997	0,9997	0,9997	0,9997	0,9997	0,9997	0,9997	0,9997	0,9997	0,9998
3,5	0,9998	0,9998	0,9998	0,9998	0,9998	0,9998	0,9998	0,9998	0,9998	0,9998
3,6	0,9998	0,9998	0,9999	0,9999	0,9999	0,9999	0,9999	0,9999	0,9999	0,9999

Tabla de la distribución Chi-cuadrado de Pearson

Valores $\chi^2_{\alpha,v}$ tales que $\alpha = \int_{\chi^2_{\alpha,v}}^{+\infty} f\left(\chi^2\right) d\chi^2$

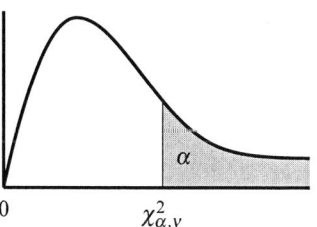

α / v	0,99	0,95	0,90	0,80	0,50	0,20	0,10	0,05	0,01	0,001
1	0,000157	0,00393	0,0158	0,0642	0,455	1,642	2,706	3,841	6,635	10,827
2	0,0201	0,103	0,211	0,446	1,386	3,219	4,605	5,991	9,210	13,815
3	0,115	0,352	0,584	1,005	2,366	4,642	6,251	7,815	11,345	16,268
4	0,297	0,711	1,064	1,649	3,357	5,989	7,779	9,488	13,277	18,465
5	0,554	1,145	1,610	2,343	4,351	7,289	9,236	11,070	15,086	20,517
6	0,872	1,635	2,204	3,070	5,348	8,558	10,645	12,592	16,812	22,457
7	1,239	2,167	2,833	3,822	6,346	9,803	12,017	14,067	18,475	24,322
8	1,646	2,733	3,490	4,594	7,344	11,030	13,362	15,507	20,090	26,125
9	2,088	3,325	4,168	5,380	8,343	12,242	14,684	16,919	21,666	27,877
10	2,558	3,940	4,865	6,179	9,342	13,442	15,987	18,307	23,209	29,588
11	3,053	4,575	5,578	6,989	10,341	14,631	17,275	19,675	24,725	31,264
12	3,571	5,226	6,304	7,807	11,340	15,812	18,549	21,026	26,217	32,909
13	4,107	5,892	7,042	8,634	12,340	16,985	19,812	22,362	27,688	34,528
14	4,660	6,571	7,790	9,467	13,339	18,151	21,064	23,685	29,141	36,123
15	5,229	7,261	8,547	10,307	14,339	19,311	22,307	24,996	30,578	37,697
16	5,812	7,962	9,312	11,152	15,338	20,465	23,542	26,296	32,000	39,252
17	6,408	8,672	10,085	12,002	16,338	21,615	24,769	27,587	33,409	40,790
18	7,015	9,390	10,865	12,857	17,338	22,760	25,989	28,869	34,805	42,312
19	7,633	10,117	11,651	13,716	18,338	23,900	27,204	30,144	36,191	43,820
20	8,260	10,851	12,443	14,578	19,337	25,038	28,412	31,410	37,566	45,315
21	8,897	11,591	13,240	15,445	20,337	26,171	29,615	32,671	38,932	46,797
22	9,542	12,338	14,041	16,314	21,337	27,301	30,813	33,924	40,289	48,268
23	10,196	13,091	14,848	17,187	22,337	28,429	32,007	35,172	41,638	49,728
24	10,856	13,848	15,659	18,062	23,337	29,553	33,196	36,415	42,980	51,179
25	11,524	14,611	16,473	18,940	24,337	30,675	34,382	37,652	44,314	52,620
26	12,198	15,379	17,292	19,820	25,336	31,795	35,563	38,885	45,642	54,052
27	12,879	16,151	18,114	20,703	26,336	32,912	36,741	40,113	46,963	55,476
28	13,565	16,928	18,939	21,588	27,336	34,027	37,916	41,337	48,278	56,893
29	14,256	17,708	19,768	22,475	28,336	35,139	39,087	42,557	49,588	58,302
30	14,953	18,493	20,599	23,364	29,336	36,250	40,256	43,773	50,892	59,703

Fijados el número de grados de libertad v (primera columna) y el nivel de significación α (primera fila) la tabla proporciona el valor $\chi^2_{\alpha,v}$ que deja a la derecha un área de valor α.

Ejemplo: Para $v = 6$ y $\alpha = 0,05$ se lee $\chi^2_{\alpha,v} = 12,592$.

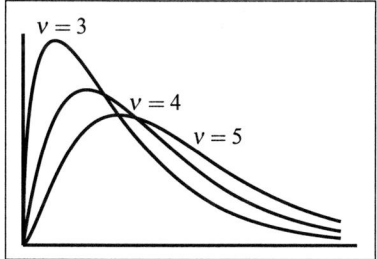

Tabla de la distribución *t* de Student

Valores $t_{\alpha,v}$ tales que $\alpha = \int_{\chi_{\alpha,v}}^{+\infty} f(t)\,dt$

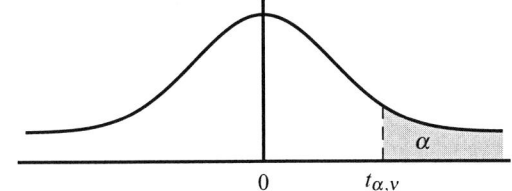

v \ α	0,45	0,40	0,30	0,25	0,20	0,10	0,05	0,025	0,01	0,005
1	0,158	0,325	0,727	1,000	1,376	3,078	6,314	12,706	31,821	63,657
2	0,142	0,289	0,617	0,816	1,061	1,886	2,920	4,303	6,964	9,925
3	0,137	0,277	0,584	0,765	0,978	1,638	2,353	3,182	4,541	5,841
4	0,134	0,271	0,569	0,741	0,941	1,533	2,132	2,776	3,747	4,604
5	0,132	0,267	0,559	0,727	0,920	1,476	2,015	2,571	3,365	4,032
6	0,131	0,265	0,553	0,718	0,906	1,440	1,943	2,447	3,143	3,707
7	0,130	0,263	0,549	0,711	0,896	1,415	1,895	2,365	2,998	3,499
8	0,130	0,262	0,546	0,706	0,889	1,397	1,860	2,306	2,896	3,355
9	0,129	0,261	0,543	0,703	0,883	1,383	1,833	2,262	2,821	3,250
10	0,129	0,260	0,542	0,700	0,879	1,372	1,812	2,228	2,764	3,169
11	0,129	0,260	0,540	0,697	0,876	1,363	1,796	2,201	2,718	3,106
12	0,128	0,259	0,539	0,695	0,873	1,356	1,782	2,179	2,681	3,055
13	0,128	0,259	0,538	0,694	0,870	1,350	1,771	2,160	2,650	3,012
14	0,128	0,258	0,537	0,692	0,868	1,345	1,761	2,145	2,624	2,977
15	0,128	0,258	0,536	0,691	0,866	1,341	1,753	2,131	2,602	2,947
16	0,128	0,258	0,535	0,690	0,865	1,337	1,746	2,120	2,583	2,921
17	0,128	0,257	0,534	0,689	0,863	1,333	1,740	2,110	2,567	2,898
18	0,127	0,257	0,534	0,688	0,862	1,330	1,734	2,101	2,552	2,878
19	0,127	0,257	0,533	0,688	0,861	1,328	1,729	2,093	2,539	2,861
20	0,127	0,257	0,533	0,687	0,860	1,325	1,725	2,086	2,528	2,845
21	0,127	0,257	0,532	0,686	0,859	1,323	1,721	2,080	2,518	2,831
22	0,127	0,256	0,532	0,686	0,858	1,321	1,717	2,074	2,508	2,819
23	0,127	0,256	0,532	0,685	0,858	1,319	1,714	2,069	2,500	2,807
24	0,127	0,256	0,531	0,685	0,857	1,318	1,711	2,064	2,492	2,797
25	0,127	0,256	0,531	0,684	0,856	1,316	1,708	2,060	2,485	2,787
30	0,127	0,256	0,530	0,683	0,854	1,310	1,697	2,042	2,457	2,750
40	0,126	0,255	0,529	0,681	0,851	1,303	1,684	2,021	2,423	2,704
60	0,126	0,254	0,527	0,679	0,848	1,296	1,671	2,000	2,390	2,660
120	0,126	0,254	0,526	0,677	0,845	1,288	1,658	1,981	2,367	2,619
∞	0,126	0,253	0,524	0,674	0,842	1,282	1,645	1,960	2,326	2,576

Fijados el número de grados de libertad v (primera columna) y el nivel de significación α (primera fila) la tabla proporciona el valor $t_{\alpha,v}$ que deja a la derecha un área de valor α.
Ejemplo: Para $v=6$ y $\alpha=0,05$ se lee $t_{\alpha,v}=1,943$.
Por la simetría de la distribución, la tabla permite también la lectura para valores negativos de $t_{\alpha,v}$, correspondientes a niveles de significación mayores que 0,5.
Ejemplo: Para $v=11$ y $\alpha=0,80$ se tiene $t_{0,80,v}=-t_{0,20,v}=-0,876$.

Tabla de la función Gamma
Valores entre 1 y 2

p	$\Gamma(p)$	p	$\Gamma(p)$	p	$\Gamma(p)$	p	$\Gamma(p)$
1,00	1,00000	1,25	0,90640	1,50	0,88623	1,75	0,91906
1,01	1,99433	1,26	0,90440	1,51	0,88659	1,76	0,92137
1,02	0,98884	1,27	0,90250	1,52	0,88704	1,77	0,92376
1,03	0,98355	1,28	0,90072	1,53	0,88757	1,78	0,92623
1,04	0,97844	1,29	0,89904	1,54	0,88818	1,79	0,92877
1,05	0,97350	1,30	0,89747	1,55	0,88887	1,80	0,93138
1,06	0,96874	1,31	0,89600	1,56	0,88964	1,81	0,93408
1,07	0,96415	1,32	0,89464	1,57	0,89049	1,82	0,93685
1,08	0,95973	1,33	0,89338	1,58	0,89142	1,83	0,93969
1,09	0,95546	1,34	0,89222	1,59	0,89243	1,84	0,94261
1,10	0,95135	1,35	0,89115	1,60	0,89352	1,85	0,94561
1,11	0,94740	1,36	0,89018	1,61	0,89468	1,86	0,94869
1,12	0,94359	1,37	0,88931	1,62	0,89592	1,87	0,95184
1,13	0,93993	1,38	0,88854	1,63	0,89724	1,88	0,95507
1,14	0,93642	1,39	0,88785	1,64	0,89864	1,89	0,95838
1,15	0,93304	1,40	0,88726	1,65	0,90012	1,90	0,96177
1,16	0,92980	1,41	0,88676	1,66	0,90167	1,91	0,96523
1,17	0,92670	1,42	0,88636	1,67	0,90330	1,92	0,96877
1,18	0,92373	1,43	0,88604	1,68	0,90500	1,93	0,97240
1,19	0,92089	1,44	0,88581	1,69	0,90678	1,94	0,97610
1,20	0,91817	1,45	0,88566	1,70	0,90864	1,95	0,97988
1,21	0,91558	1,46	0,88560	1,71	0,91057	1,96	0,98374
1,22	0,91311	1,47	0,88563	1,72	0,91258	1,97	0,98768
1,23	0,91075	1,48	0,88575	1,73	0,91467	1,98	0,99171
1,24	0,90852	1,49	0,88595	1,74	0,91683	1,99	0,99581
						2,00	1,00000

Cuadro resumen de distribuciones discretas

Distribución	Función de probabilidad	$E[\xi]$	$\text{Var}[\xi]$	Función característica	Parámetros
Uniforme $U(N)$	$P(\xi = x_j) = \dfrac{1}{N}$	$\dfrac{1}{N}\sum_{j=1}^{N} x_j$	$\dfrac{1}{N}\sum_{j=1}^{N} x_j^2 - \left(\dfrac{1}{N}\sum_{j=1}^{N} x_j\right)^2$	$\dfrac{1}{N}\sum_{j=1}^{N} e^{itx_j}$	$N = 1, 2, \ldots$
Binomial $B(n,p)$	$P(\xi = k) = \dbinom{n}{k} p^k q^{n-k}$ $k = 0, 1, \ldots, n$	np	npq	$(pe^{it} + q)^n$	$n = 1, 2, \ldots$ $0 < p < 1$
Binomial negativa $BN(k,p)$	$P(\xi = r) = \dbinom{k+r-1}{k-1} p^k q^r$ $r = 0, 1, 2, \ldots$	$\dfrac{kq}{p}$	$\dfrac{kq}{p^2}$	$\left(\dfrac{p}{1 - qe^{it}}\right)^n$	$k = 1, 2, \ldots$ $0 \le p \le 1$
Geométrica $G(p)$	$P(\xi = n) = pq^{n-1}$ $n = 1, 2, 3, \ldots$	$\dfrac{1}{p}$	$\dfrac{q}{p^2}$	$\dfrac{pe^{it}}{1 - qe^{it}}$	$0 \le p \le 1$
De Poisson $P(\lambda)$	$P(\xi = k) = \dfrac{e^{-\lambda}\lambda^k}{k!}$ $n = 0, 1, 2, \ldots$	λ	λ	$e^{\lambda(e^{it}-1)}$	$\lambda > 0$
Hipergeométrica $H(N,n,p)$	$P(\xi = k) = \dfrac{\binom{N_1}{k}\binom{N_2}{n-k}}{\binom{N}{n}}$ $k = 0, 1, \ldots, n$	np	$npq\dfrac{N-n}{N-1}$		$N = 1, 2, \ldots$ $N_1 = 1, 2, \ldots, N$ $n = 1, 2, \ldots, N$

Cuadro resumen de distribuciones continuas

Distribución	Función de densidad	$E[\xi]$	$\mathrm{Var}[\xi]$	Función característica	Parámetros
Uniforme $U(a;b)$	$f(x)=\dfrac{1}{b-a},\,x\in(a;b)$	$\dfrac{a+b}{2}$	$\dfrac{(b-a)^2}{12}$	$\dfrac{e^{itb}-e^{ita}}{it(b-a)}$	$-\infty<a<b<+\infty$
Gamma $\gamma(p,a)$	$f(x)=\dfrac{a^p x^{p-1}e^{-ax}}{\Gamma(p)},\,x\ge 0$	$\dfrac{p}{a}$	$\dfrac{p}{a^2}$	$\dfrac{1}{\left(1-\frac{it}{a}\right)^p}$	$p>0$ $a>0$
Beta $\beta(p,q)$	$f(x)=\dfrac{x^{p-1}(1-x)^{q-1}}{B(p,q)},$ $x\in(0;1)$	$\dfrac{p}{p+q}$	$\dfrac{pq}{(p+q)^2(p+q+1)}$		$p>0$ $q>0$
De Pareto $P(\alpha,x_0)$	$f(x)=\dfrac{\alpha}{x}\left(\dfrac{x_0}{x}\right)^{\alpha},\,x\ge x_0$	$\dfrac{\alpha x_0}{\alpha-1},\,\alpha>1$	$\dfrac{\alpha x_0^2}{(\alpha-2)(\alpha-1)},\,\alpha>2$		$x_0,\alpha\in\mathbb{R}$
Normal $N(\mu,\sigma)$	$f(x)=\dfrac{1}{\sigma\sqrt{2\pi}}e^{-\frac{(x-\mu)^2}{2\sigma^2}}$	μ	σ^2	$e^{it\mu-\frac{t^2\sigma^2}{2}}$	$\mu\in\mathbb{R},\,\sigma>0$
χ^2 de Pearson	$f(x)=\dfrac{x^{\frac{n}{2}-1}e^{-\frac{x}{2}}}{2^{\frac{n}{2}}\Gamma\left(\frac{n}{2}\right)},\,x>0$	n	$2n$		$n=1,2,\ldots$
t de Student	$f(x)=\dfrac{\left(1+\frac{x^2}{n}\right)^{-\frac{n+1}{2}}}{\sqrt{n}B\left(\frac{n}{2},\frac{1}{2}\right)}$	0	$\dfrac{n}{n-2}$		$n=1,2,\ldots$

Bibliografía

[1] ARNAIZ, G.: *Introducción a la Estadística teórica.* Lex Nova, Valladolid, 1986.

[2] CRAMER, H.: *Teoría de Probabilidades y aplicaciones.* Aguilar, Madrid, 1968.

[3] GMURMAN, V.: *Teoría de la Probabilidades y Estadística.* Mir, Moscú, 1974.

[4] RÍOS, S.: *Métodos estadísticos.* Ediciones del Castillo, Madrid, 1967.

[5] TUCKER, H.G.: *Introducción a la Teoría Matemática de la Probabilidad y a la Estadística.* Vicens-Vives, Barcelona, 1966.

Índice alfabético